筑桂北民间建筑桂北民间建筑桂北民间建筑桂北民间建筑桂北民间建筑桂北民间建筑桂北民

北民间建筑桂北民间建筑桂北民间建筑桂北民间建筑桂北民间建筑桂北民间建筑桂北民间建筑桂北民

桂北民间建筑桂北民间建筑桂北民间建筑桂北民间建筑桂北民间建筑桂北民间建筑桂北民间建筑桂北民

桂北民間建築

（第二版）

主　编　李长杰

副主编　全　湘　鲁愚力

中国建筑工业出版社

图书在版编目（CIP）数据

桂北民间建筑 / 李长杰主编. — 2版. — 北京：
中国建筑工业出版社，2016.10
ISBN 978-7-112-19501-5

Ⅰ. ①桂… Ⅱ. ①李… Ⅲ. ①建筑实录—广西 Ⅳ.
①TU-092

中国版本图书馆CIP数据核字（2016）第128908号

责任编辑：李东禧 毛士儒
责任校对：王宇枢 姜小莲

桂北民间建筑
（第二版）
主 编 李长杰
副主编 全 湘 鲁愚力
*
中国建筑工业出版社出版、发行（北京西郊百万庄）
各地新华书店、建筑书店经销
北京圣彩虹制版印刷技术有限公司制版
北京圣彩虹制版印刷技术有限公司印刷
*
开本：850×1168毫米 1/16 印张：35¼ 字数：870千字
2016年11月第二版 2016年11月第二次印刷
定价：198.00元
ISBN 978-7-112-19501-5
（29022）

陕北民間建築

可染題

可染

著名艺术大师李可染先生
为本书撰写书名

主　　编　李长杰
副 主 编　全　湘　鲁愚力
编　　委　李长杰　全　湘　鲁愚力
　　　　　刘　亮　卿小华　祝长生
摄　　影　祝长生　李细秋　刘　亮　卿小华

作者简历

李长杰，1939年出生于重庆，1959～1964年毕业于重庆建筑大学。曾任桂林市规划局局长、规划设计研究院院长。教授级高级规划师、国家注册规划师、国家资深规划师、中国民居建筑大师。重庆建筑大学兼职教授、西南交大建筑学院兼职教授、德国慕尼黑建筑大学客座教授、瑞士比尔大学客座教授、意大利巴勒莫市建筑师学会永久会员。曾任中国风景环境研究会常务副会长、中国民居研究会副会长、顾问、中国民族建筑研究会副秘书长等。

编著出版了大型著作《桂北民间建筑》和《中国传统民居与文化》、《历史文化名城桂林》等书。合作编著出版了《中国传统民居建筑》、《中国羌族建筑》、《中国民族建筑》、《建筑小品》等书。创刊了《规划师》杂志，并任《规划师》杂志主编13年，将《规划师》杂志提升到向国内外发行的国家级刊物。发表学术论文100多篇。1994年秋至1995年春应邀到德国慕尼黑大学、瑞士比尔大学、德国卡塞尔市米歇尔建筑与景观设计事务所、汉诺威斯图特建筑师事务所、法兰克福斯特隆克建筑师事务所等部门讲学，向国际弘扬与传播中国传统民族建筑文化。1997年4月至5月应邀到中国台湾地区台湾大学、东海大学和中国香港地区香港大学、香港中文大学建筑系等巡讲《中国传统民居与文化》。

再版序

《桂北民间建筑》一书主要以壮、侗、苗、瑶四个民族的传统民居为主，包含民居所在的村落村寨及其中的各类公共建筑，如鼓楼、风雨桥、戏楼、鼓楼广场、寨门、萨堂、井亭、路亭、公厕、建筑门窗、花格、雕花、装饰细部、建筑构造以及村寨空间、村寨道路、村寨水系、村寨环境等。

《桂北民间建筑》一书，由中国建筑工业出版社1990年5月出版。全书近90万字，全书的所有刊图均为钢笔画，共1105幅，是一本“建筑艺术”民居专著。书尾所附的照片，是说明确有这些奇特的建筑存在。

《桂北民间建筑》一书，1992年12月由台湾地景出版社用繁体字再版，销往世界各国。《桂北民间建筑》在台湾再版后，获得台湾“金鼎奖”。

《桂北民间建筑》一书在编辑前的资料调查过程中，为了忠实于“传统民居的原真性”，采取了一系列精准、科学、实事求是、一丝不苟的调查方法：

（1）书中所有的村寨总平面图，均采用千分之一的比例测绘成图，独立坐标，以村寨所在的河流水面为基点的村寨独立高程系统，以利在成书过程中为村寨的“平面空间分析”与“竖向空间分析”等提供准确、科学的基础资料与数据。

（2）书中所有的民居平面、立面、剖面等均为实测成图。有利于在成书过程中作民居平面功能、立面造型、风格特色的科学分析。

（3）书中所有的村寨公共建筑平面、立面、剖面等也均为实测成图，特别是大型公共建筑风雨桥、鼓楼、戏楼等，如所有的风雨桥桥梁圆木的直径、长短、数量和风雨桥立柱直径、长短、数量等均为实测成图。鼓楼、戏楼等其他公共建筑也均为实测成图。

中国建筑科学研究院原院长、建筑学家汪之力1990年9月在实地考察了桂北村寨与民居后说：“目前我国民居研究专著中，《桂北民间建筑》一书的村寨空间分析是最好的”。“该书的民居、风雨桥、鼓楼、戏台等单体建筑图的比例准确，形象逼真，具有原真性的美感，文字中的研究分析言之有理，不但是一部‘民居研究专著’，也是一部桂北民居的‘工具书’。”

西南建筑设计研究院总建筑师徐尚志建筑大师说："我完全同意汪老的意见。《桂北民间建筑》编得好，画得好，地域性也很强，完全体现了桂北民居的原真性风格，是目前我国民居专著中的一部'最好珍品'，也是一本价值很高的 '建筑艺术专著'。广西人民感谢你们，历史会给本书作者记下一笔的。"

建筑学博士，建筑评论家洪铁城在《建筑》杂志1991年第6期发表的《桂北民间建筑》书评中说："认认真真画出来的钢笔画，像照片一样清晰准确。幅幅都可称为钢笔画的艺术佳作"。他又说："我手上有很多民居专著，都没有《桂北民间建筑》这样厚、这样重、这样浩瀚似海。誉之宏篇巨制，似不为过"。

广西综合建筑设计研究院总建筑师莫博古没去过桂北，他接到深圳锦绣中华的紧急任务，设计代表广西的壮族民居、风雨桥、鼓楼等民族建筑群，并且要两个月交图。他已经没有时间去桂北考察，情急之下派人从我处拿了一本《桂北民间建筑》作"工具书"而完成了设计任务。

我1964年分配到桂林，1965年到桂北龙胜、三江一带工作时，发现此地到处都是"民族村寨"，仅三江一县就有400多个"民族村寨"，全是保存很好的木结构建筑，且全部有人居住使用，是一个鲜活的"民族村寨"居住环境。

凡是"侗族村寨"，都有丰富的民居、风雨桥、鼓楼、戏楼、寨门、井亭、路亭、公厕、萨堂等村寨公共建筑。仅三江县独峒、八江、林溪三个民族乡，就有风雨桥112座，鼓楼186座。其他如壮族村寨、苗族村寨、瑶族村寨等也多有风雨桥等有关村寨的公共建筑。这些纯净、纯朴、别无杂质的木结构建筑简直就是民族村寨的"大地博物馆"！当时年轻的我，已经产生了要将其总结成资料的思想。以利保护、弘扬与传承这些民族建筑。

之后多年我经常到桂北村寨作调查研究，几乎所有节假日都在这些村寨里度过。

除了桂林北部的龙胜、三江、融水、融安等县的"民族村寨"外，湘、黔、桂三省区交界的从江、榕江、黎平、通道等十余个县的广大地区也都是"民族村寨"的奇特景观，我们也多次到这些地区作了现场考察。还到南部藤县、容县等地作了相关的民族建筑调查研究。作为研究《桂北民间建筑》的启发、借鉴、拓宽眼界的实例资料，丰富研究思路。到1990年此书出版，共耗时25年。

李长杰

2015年末于桂林

序 言

桂北地区位于湘、黔、桂三省区接壤处，这里居住着壮、侗、瑶等少数民族，他们以其勤劳和智慧创造出清秀绮丽、风格迥异的建筑文化，具有鲜明的民族传统和强烈的地方特色。列入全国重点文物保护单位的三江程阳桥，以及一大批迄今尚鲜为人知的鼓楼、风雨桥和无数千姿百态的民居建筑瑰宝，就点缀在这一山林茂密的区域内。由于该地区过去长期交通不便、与外界联系甚少．所以分布广、数量大、集中紧凑和独具特色的民间建筑，能一直保存至今，未受到其他建筑形式的干扰。

桂林市规划设计院的同志们，多年来一直关注着这一宝贵的建筑文化财富，从一九八七年起，组织了专职工作组，用三年时间，对这一地区的民间建筑进行了大量的调查、测绘和研究工作，并将其整理出版，贡献给广大建筑工作者，确是做了一件极其有益的事。

早在六十年代初、建筑工程部曾通知各地有关单位，开展民居调查研究工作，并取得一定成绩，出版了一些专著。然而，这项工作还远远做得不够，桂林市规划设计院的同志们对桂北地区民间建筑所做的工作弥补了一个空白，为丰富我国建筑文化宝库增添了光辉的一页。也将对桂林这座世界著名风景游览城市和历史文化名城的建筑创作做出有益的贡献。

我国地域辽阔、众多的民族都具有本民族的建筑文化。我们应当进一步发掘与研究这些宝贵的遗产，繁荣建筑创作、建设各具特色的城市。

艺术贵在创新，但创新也必须基于继承和借鉴，继承和借鉴二者缺一不可。在借鉴与吸收的同时，整理和继承本民族的优秀传统，创作出具有时代特征和民族精神的作品，服务于经济和社会的发展，是我们这一代建筑工作者的重任。基于这样的认识，就不难看出这本书的价值和作用了。

吴良镛

一九九〇年三月

目录

总　论

本书所调查的民间建筑区域位于桂林市以北，也就是广西北部，故简称桂北。桂北地区与湘、黔二省毗邻，地处云贵高原边缘，在东径109°～111°、北纬25°～26°之间，属大丘陵地貌，地势高峻，山峦连绵，溪流纵横，温湿多雨，森林茂密。

桂北山区居住着壮、侗、瑶、苗、汉等多种民族，由于各民族有自己特有的文化传统、风俗习惯及宗教信仰，其生活方式、生活习惯均有不同。加之这里地域偏僻，地势险要，历史上长期交通不便，中原文化对这里影响很小。因此，桂北山区的壮、侗等民族，以其勤劳和智慧，创造出了与中国广大地区有着迥异风格的建筑形式。

图 1　侗族鼓楼和风雨桥

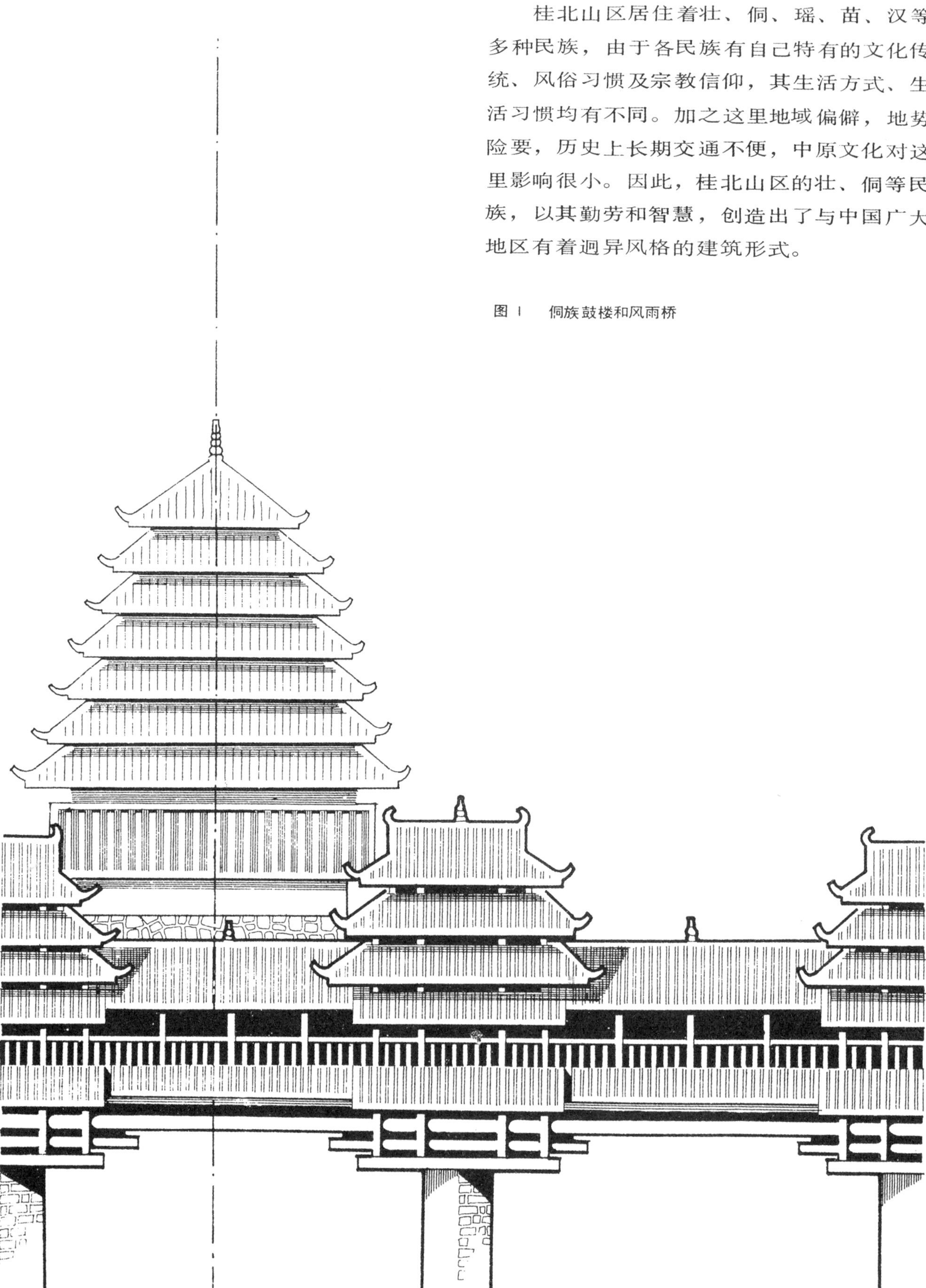

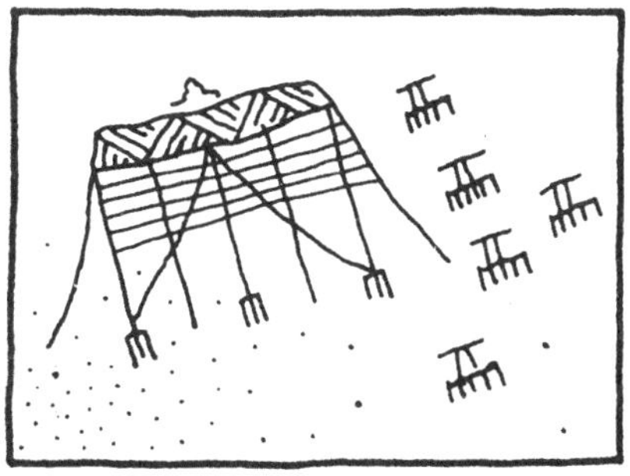

图 2　桂北侗族“干阑”民居

图 3　“干阑”建筑史载图形

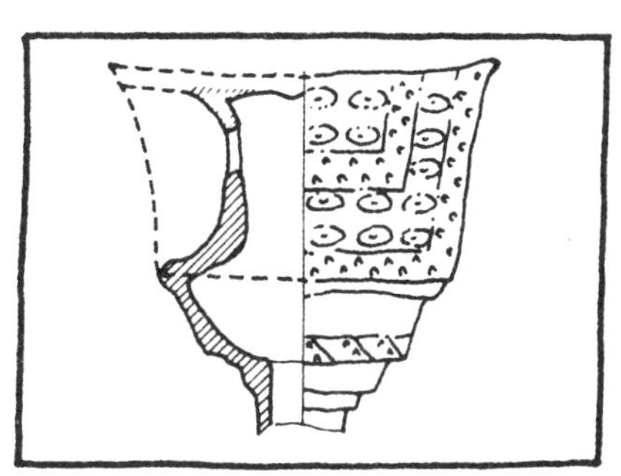

桂北山区属中亚热带季风气候带，潮湿多雨。年均气温17～19℃，7月最热，月均温度27℃，1月最冷，月均温度7℃。年均降雨量1500毫米左右，多集中在4～6月，6月为高峰，占全年降雨量的18%左右。年均日照在1400～1600小时以下，属日照偏少地区。桂北山区的“干阑”建筑正适应其潮湿多雨的气候条件和各种变化的地理环境。

桂北“干阑”建筑形式，据史籍记载源于古代“百越”，已有两千余年历史。

依树积木以居其上，谓之干阑。

结栅以居，上设茅屋，下豢牛豕。

无问贫富俱喜架楼而名之曰栏，上人下畜。

图 4　独峒寨一角

桂北山区山峦叠嶂、森林茂密、河溪纵横、水源丰富，为生产和生活提供了方便。对于水利之用，桂北村寨有着多种巧方妙法。在溪边，用水车借助流水的力量将水从河中引入村寨和农田。山寨中，除了依山筑塘外，广泛使用“竹筒分泉”法。由于村寨建筑皆为木结构、木装修，容易失火。为防火灾，除了在建筑组团之间留有一定防火间距外，主要采取建造水塘的方法，在一定的建筑组群中设有人工修筑的水面，火灾时能就近取水，平时则作养鱼塘。饮用水一般是将远处清澈山泉用挖空的竹筒引入寨中及各家各户。这便是所谓的“竹筒分泉”法。有记载：“竹空其中，百十相接，架谷越涧，虽三四十里，皆可引流。”“竹竿袅袅细泉分，远而望之，泉筒纷交有如乱绳，然不目观，难悉其用之巧也。”这一古老的引水方法一直沿用至今。

图 5　平安寨建筑组群中流淌的小溪

图 6　桂北村寨水系基本模式。寨中每个组群内均有水塘，村寨道路与之相连，路旁有小溪或泉筒随之深入寨内

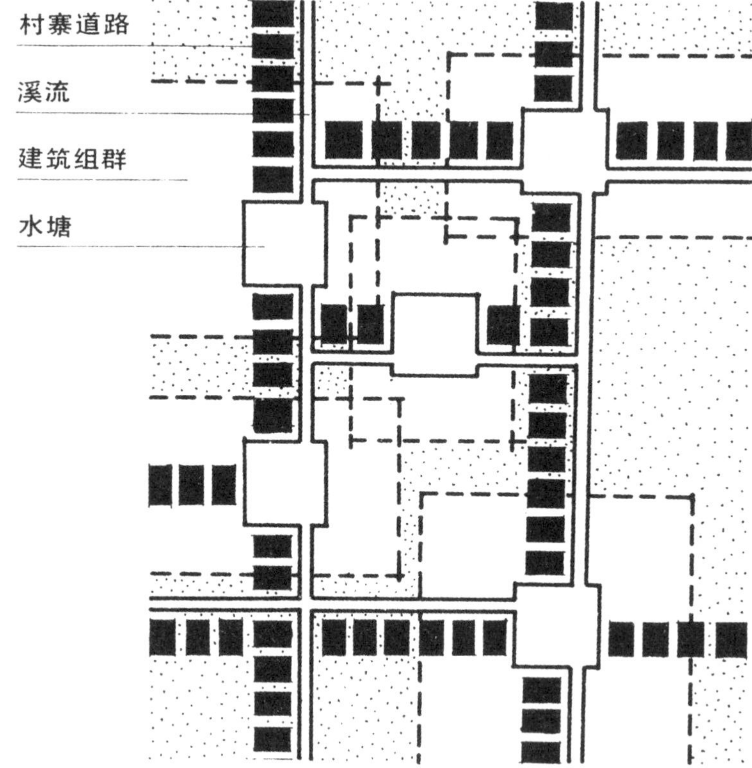

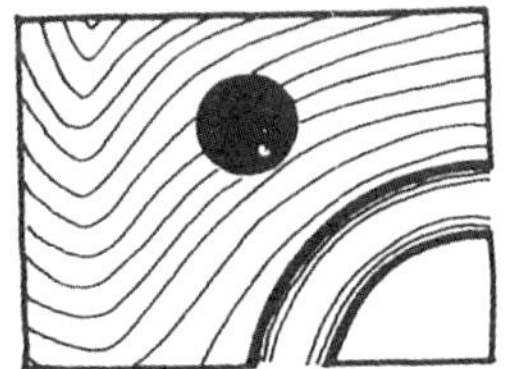
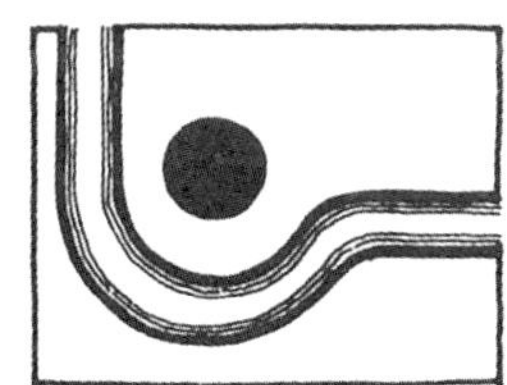
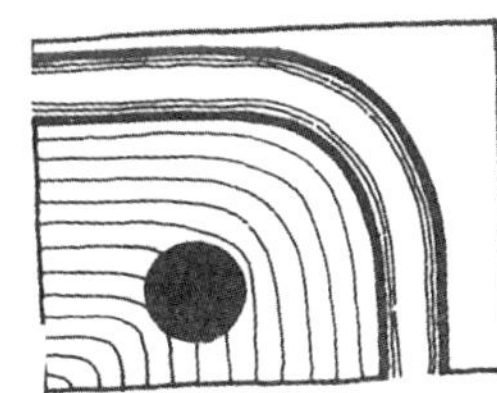

图 7 ·建在山坳的村寨
·建在河边的村寨
·建在山脊的村寨

图 8 皇朝寨陈宅，依山架空

桂北山区是广西北部与云贵高原东部相交的丘陵地带，其地形复杂，地貌多样，山岭连绵起伏，呈现大丘陵地貌。桂北绵延百里以上的大山脉有九万大山、大苗山、大南山、天平山等。桂北全境平均海拔约700米，35°以上的陡坡占土地面积的一半，15°至35°的斜坡占37%，15°以下的缓坡仅占13%。

图 9 八协寨刘宅，层层后缩

桂北山区15°以上的坡地面积约占土地总面积的87%，村寨多建于坡地上。充分利用了复杂多变的地形，建筑或悬挑、或垒台、或架空、或按地形层层后缩等，在这种困难的地形条件下，产生了与环境有机结合、融为一体，造型质朴多样，个性强烈的桂北民间建筑形式。

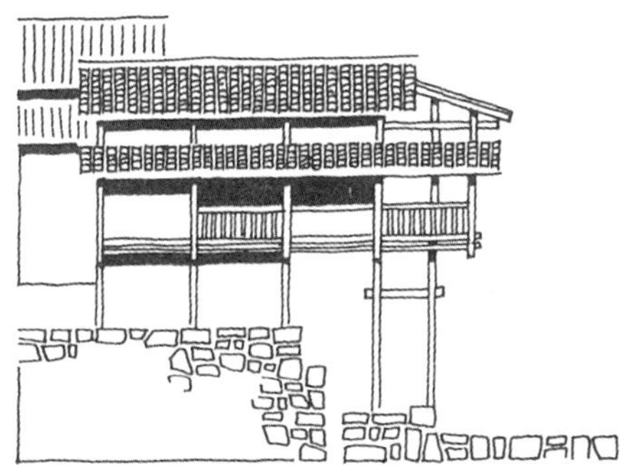

图10 皇朝寨吴宅，筑台架空

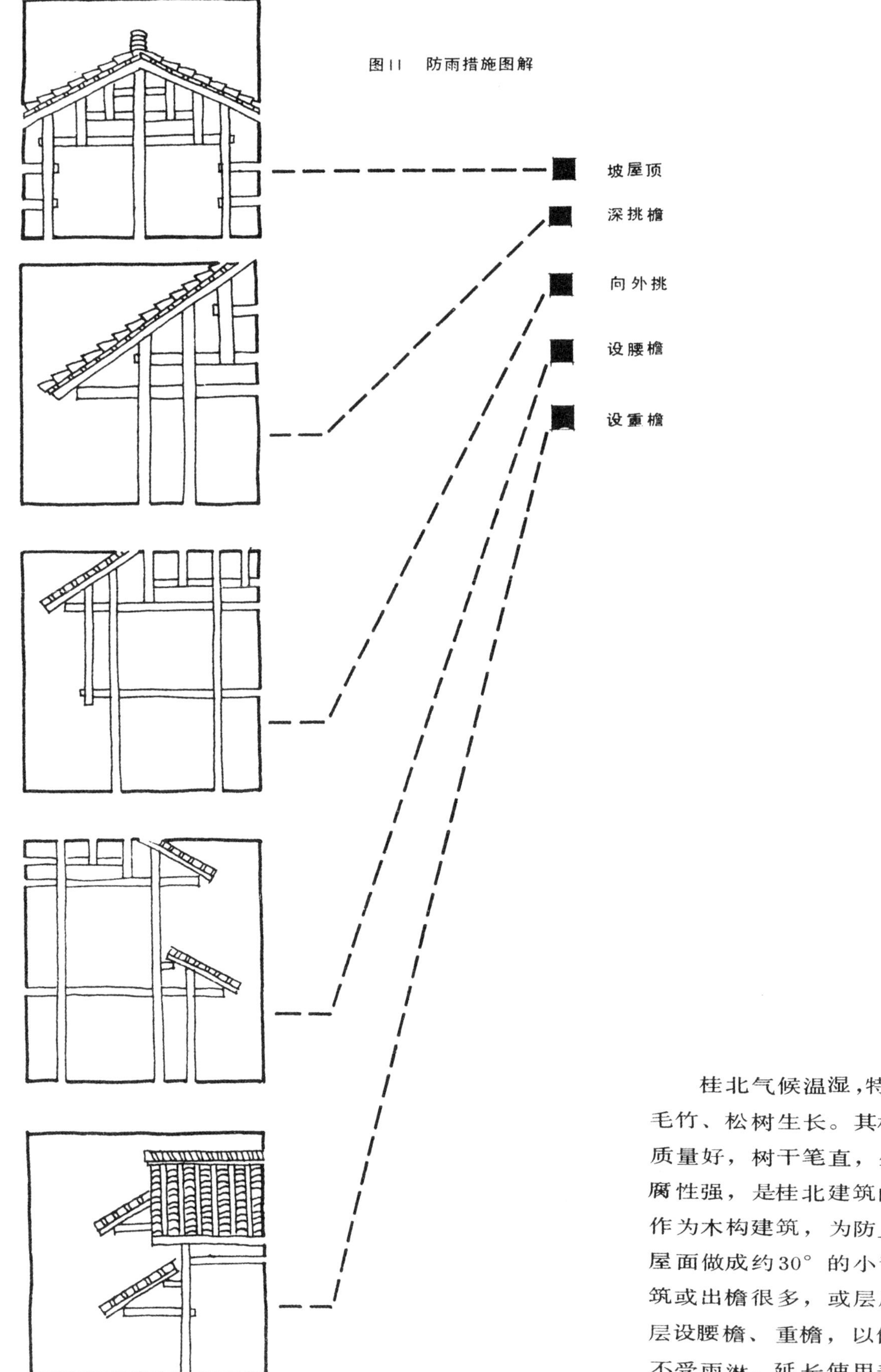

图11　防雨措施图解

桂北气候温湿，特别适宜杉树、毛竹、松树生长。其杉木产量高，质量好，树干笔直，生长迅速，防腐性强，是桂北建筑的优良栋材。作为木构建筑，为防止雨水浸蚀，屋面做成约30°的小青瓦坡顶。建筑或出檐很多，或层层外挑，或分层设腰檐、重檐，以保护结构墙体不受雨淋，延长使用寿命。

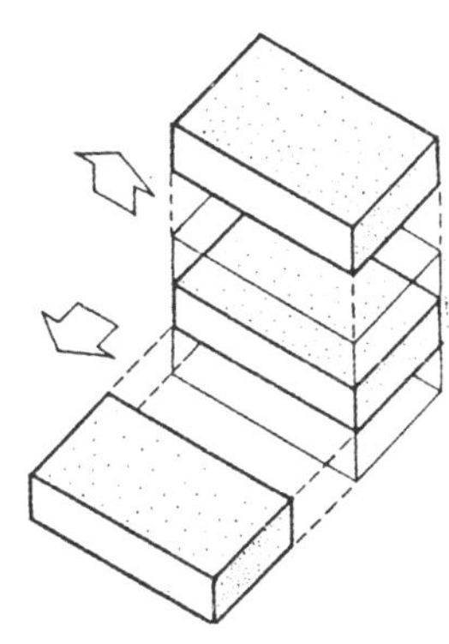

图12　岩寨某宅开敞宽阔的过厅
图13　居住空间分解模式
图14　多虚少实的居住空间

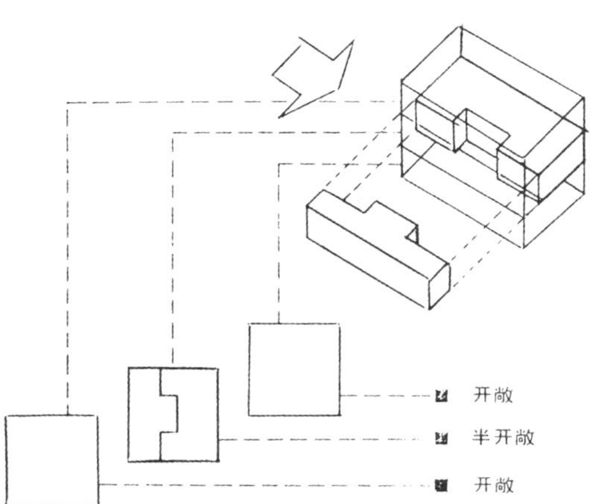

由于当地气候多热而少寒，桂北民居主要以满足夏季气候条件而修建。室内外空间相互贯通，前厅多为大开敞空间，底层与顶层也较开敞，通风十分良好。由于经济条件限制，冬季防寒设施较简单，通常采用卧室开小窗，以减少冷空气侵入而达到防寒目的。为适应冬夏大温差气候条件，桂北民居开敞间十分开敞，封闭间则十分封闭。

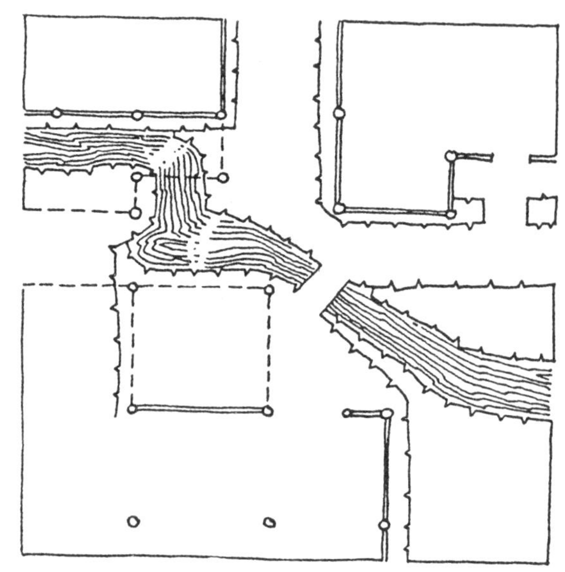

图15　龙脊寨一民居，小溪从宅内流出，室内外空间巧妙结合，浑然一体。图为该民居平面。

桂北山区河溪分布甚广，在溪流纵横的村寨中，建筑结合自然地形，或依山傍水，或架于流水之上，或使溪水穿室而过。寨中彼此间的联系，创造出“小桥·流水·人家”的诗境。

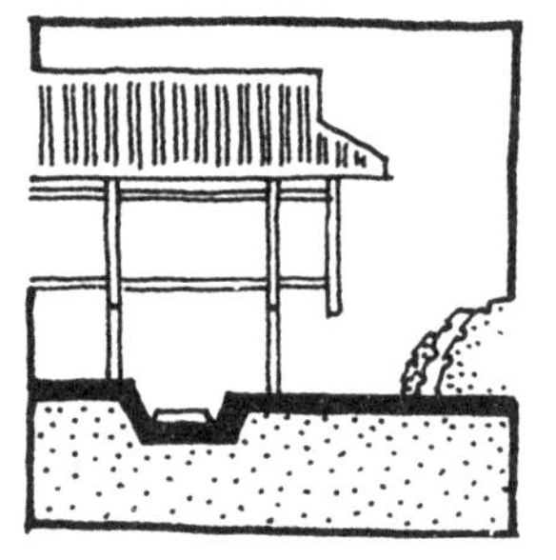

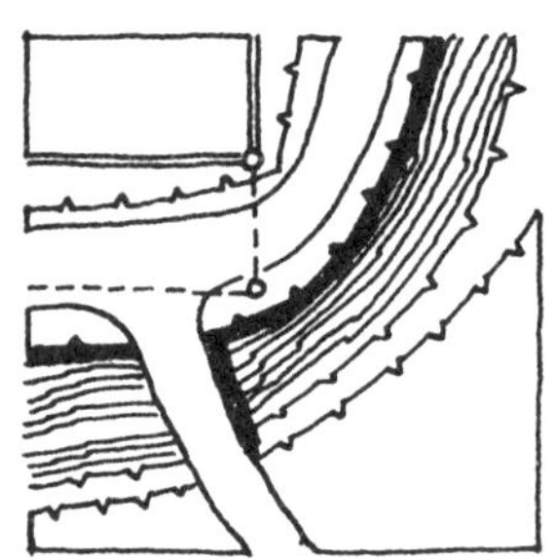

图16　道路与建筑四种基本关系
1. 横穿房屋底层
2. 穿越房屋挑台
3. 斜穿房屋一角
4. 设于房屋高差之间的居中台阶上

桂北村寨道路路面宽度通常只有1米左右，但由两侧民居构成的道路空间却十分富于变化。道路自然延伸，往往横穿建筑底层，或穿过建筑一角，或于建筑之间而过，形成完整的道路网络，使村寨交通纵横方便。

桂北村寨道路与建筑结合十分有机，形成开敞、半开敞和封闭等相互渗透的空间，构成许多绝妙景观，常常出现“山穷水复疑无路，柳暗花明又一村”的意境。

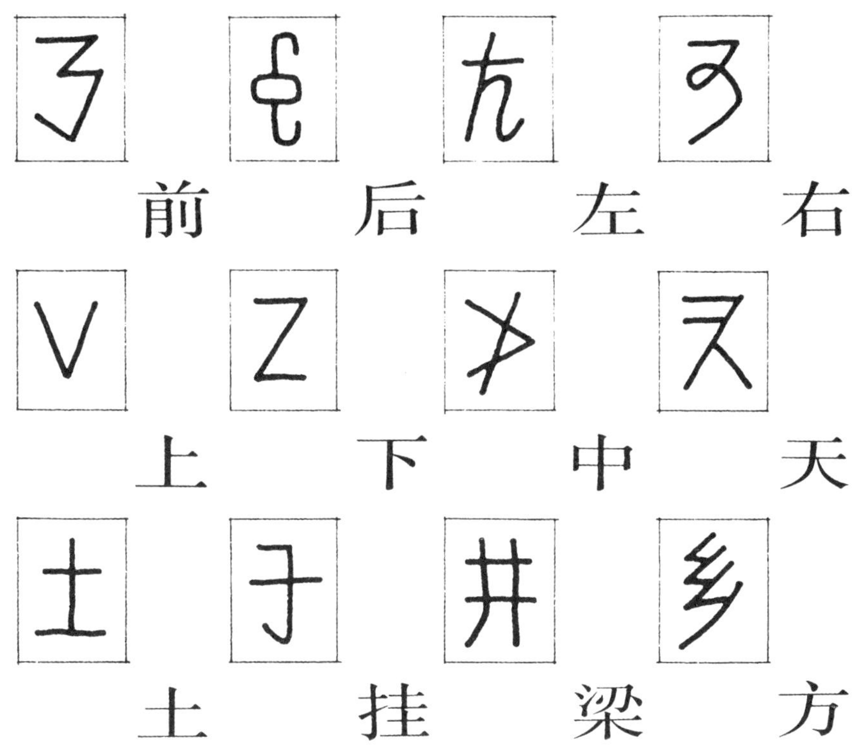

图17　侗族建筑文字

桂北山区各民族都有自己的宗教观念，崇拜祖先及各种自然神。他们善于将本民族固有的宗教信仰融于后期传入的道教之中，使之自然成为该教的一个组成部分。这种宗教观直接影响建筑位置的选择“向地”及室内布置。在“向地”上，依据伏羲八卦，由人的生辰八字推算出房屋的地基、朝向、高度、开间尺寸、大门位置等。宗教观念对桂北民居有着重大的影响，在许多方面制约着民间建筑。

侗族源于古“百越”族系，由秦汉时期一支系发展而来，自称“甘”。侗族民间有一种“款”，“款”在侗语中的含义即法律条款，指侗族的民族法典。村寨中则有以地域为纽带具有“部落联盟”性质的“合款”。侗族逢村必有鼓楼，它不仅是“合款”集会议事的场所，也是族姓和村寨的标志及公众休憩、娱乐的场所。

侗族文化艺术丰富多彩，有“诗的家乡，歌的海洋”之称。诗歌取韵自由，有腰韵、叠韵、脚韵，句子长短不一，善于比喻，寓意深远。

侗族擅长石木建筑，鼓楼、风雨桥是其建筑艺术的结晶。鼓楼为木结构，以榫穿合，不用铁钉，有三、五、七、九层至十五层，呈四面、六面或八面倒水，高四、五丈不等，飞阁重檐，装饰细致，色彩朴质，形似宝塔，巍峨壮观。

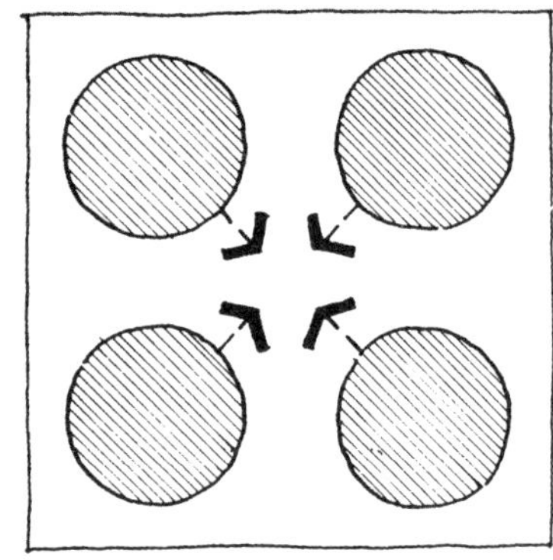

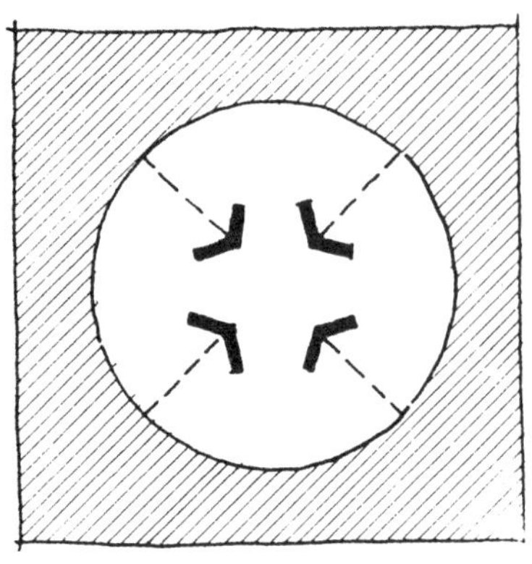

图18　侗族外聚社交　　壮族内聚社交

作为侗族村寨聚落中心的鼓楼具有以下五种主要功能：

1.族姓标志
2.聚众议事
3.击鼓报信
4.礼仪庆典
5.休息娱乐

桂北山区各民族都具有善良、朴质、勤劳、热情的优良品质，由于民族习俗不同而导致的不同生活习惯、社交方式等因素，对民间建筑的平面布局、空间形式及立面造型均有不同程度的影响。侗族有较完善的宗法组织“合款”,许多社交活动都是在家庭以外进行的，这种外聚社交特征促使侗族村寨建立起了包括鼓楼、风雨桥、戏台、凉亭等庞大的公共建筑系统。而壮族则具有内聚社交特征,许多活动都集中在家里,使厅堂在平面和空间上占据了民居内部的重要位置。

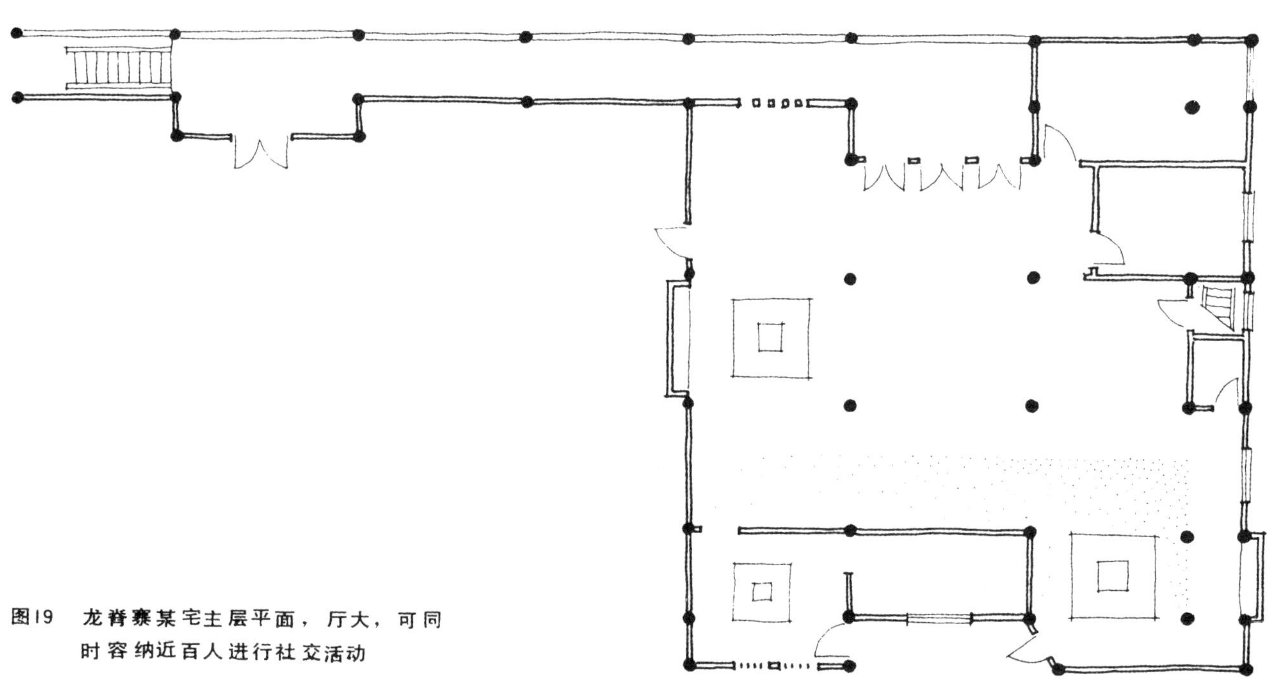

图19　龙脊寨某宅主层平面，厅大，可同时容纳近百人进行社交活动

图20　以火塘为中心的壮族内聚社交。火膛作为堂屋的重要组成部分，在民居及壮族人民生活中，占有崇高地位。这是人们围坐火塘喜度春节的场景

图21 龙胜平段寨优美的村寨环境

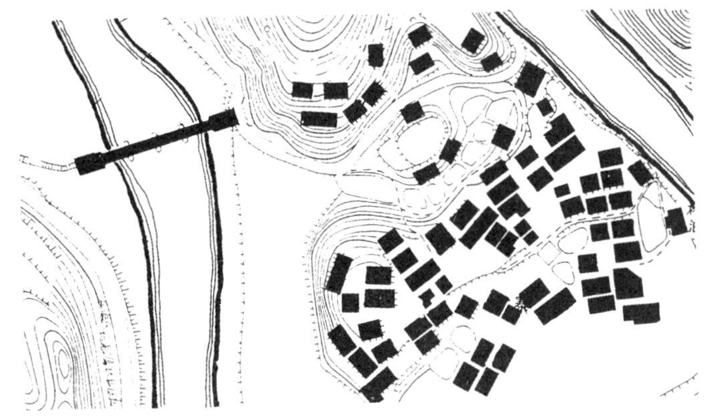

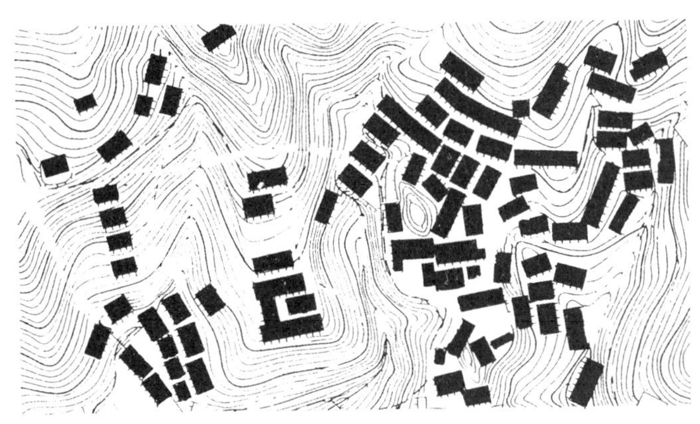

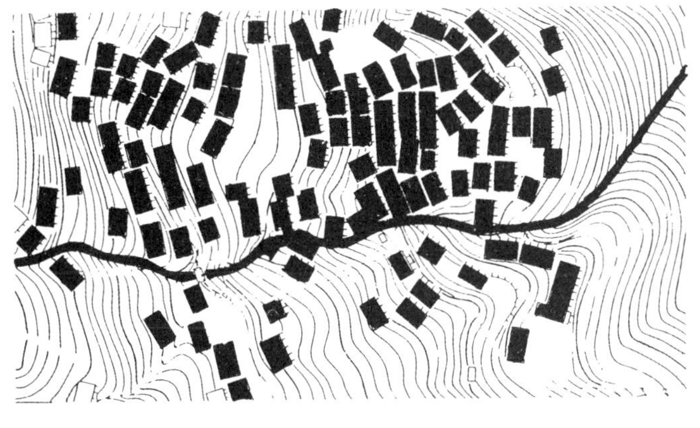

一个地区的自然地理、社会历史及经济文化等条件，是该范围村寨形成和发展的主要因素。居住在桂北地区的壮、侗、瑶、苗等民族，在以农业为主的小农经济基础条件下，充分利用自然地形，依山傍水，因地制宜，在高山顶、半山腰及河溪畔修筑了无数大小不同的村寨。

“有利生产，方便生活”，这是桂北村寨选址中所遵循的基本原则。桂北村寨位置选择体现了以下几种因素：

1.水源充足：水是生活及生产不可缺少的基本要素，桂北村寨多选址于河流两侧，或泉水丰富的山坡上，使生产、生活有一定用水来源。

2.土地肥沃，便于开发：土地是生活之本，村寨选建在肥沃土地附近，可以就近耕种，有利生产，方便生活。

图22　村寨沿河选址

图23　山顶或半山选址

图24　村寨沿路选址

3.地势优越、通风良好：桂北山区潮湿多雨，时有山洪袭击，村寨多选址于能防止山洪冲刷，朝向和通风良好的高山阳坡及依傍河谷的平坦地带。

4.交通方便、利于联系：村寨选址多在河流及道路两旁，是为了获得便利的交通。

图25 龙胜平安寨一角。该寨顺势建于大丘地带，充分利用地形，空间丰富，层次分明

桂北地区各民族聚居的村寨，均按以上因素进行选址，由于地理条件及各民族文化习俗等差异，桂北村寨选址主要可概括为两大类型：

一、以龙胜壮族民居为代表的村寨，多建于高山大丘地带。

二、以三江侗族民居为代表的村寨，多建于河谷小丘地域。

龙胜地区的壮族村寨，一般选建在海拔700～800米左右的高山上。由于平地少，只能开发山地以增加耕种面积，从而形成绵延数里，高耸入云

的壮丽梯田景观。村寨选建山腰，对于“日出而作，日落而息”的小农生产，提供了出寨不必远行，即可就近耕作的方便条件。

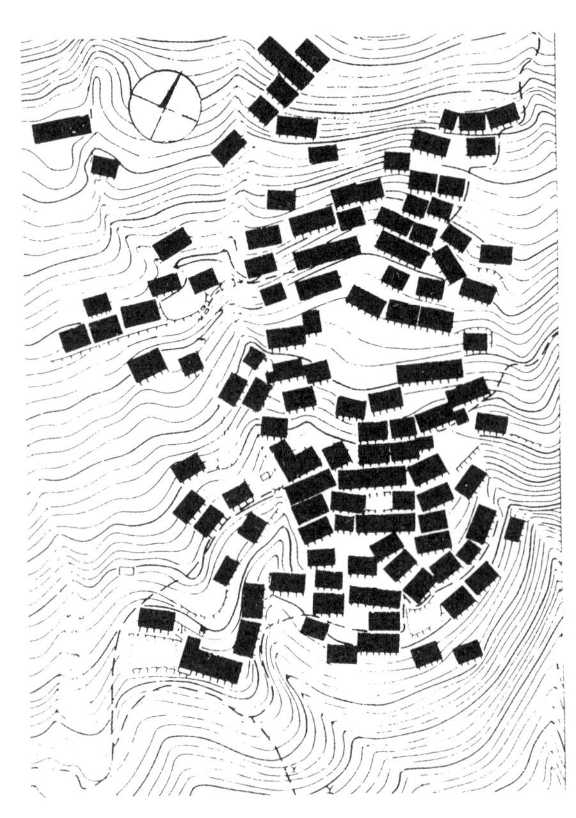

山腰上，既能保证良好的日照，又有理想的通风、防潮条件，这在雨水甚多的桂北山区是十分重要的。该地区水源丰富，山泉四溢，采用“竹筒分泉”法，可将水直接引入农田和村寨各家各户，可获得方便的生活及生产用水。村寨选址高山，雄据要隘，也是过去为防范匪击的重要因素之一。

图26 龙脊寨总平面

图27 平安寨总平面

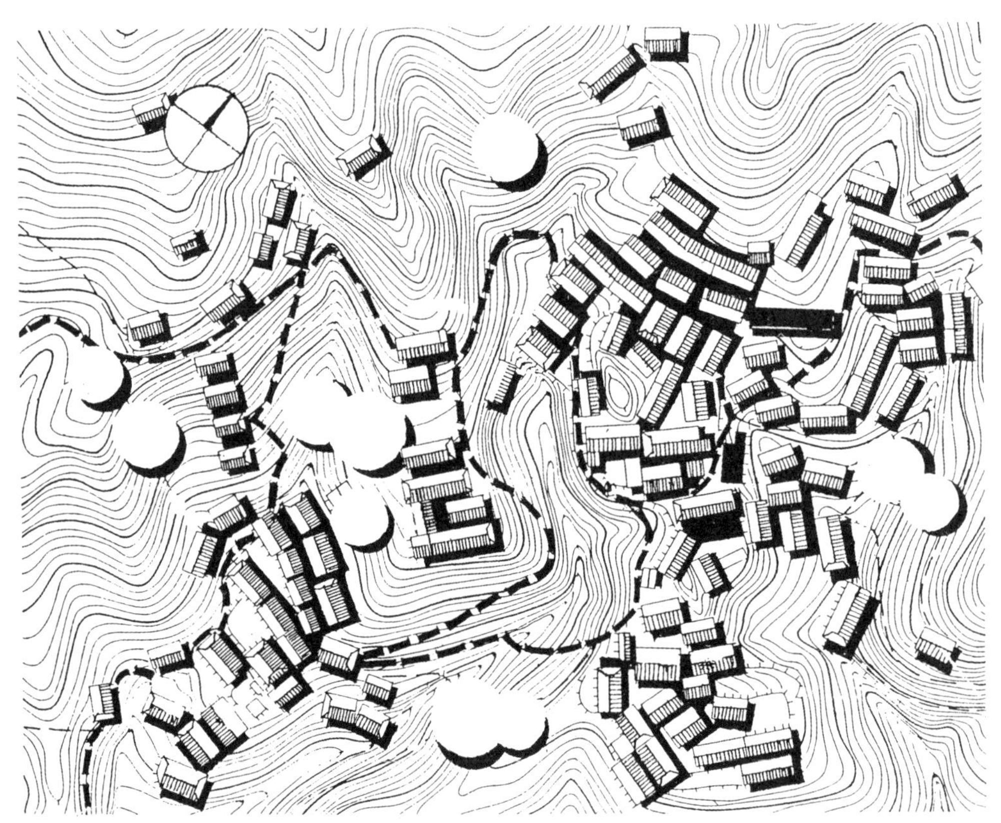

村　寨

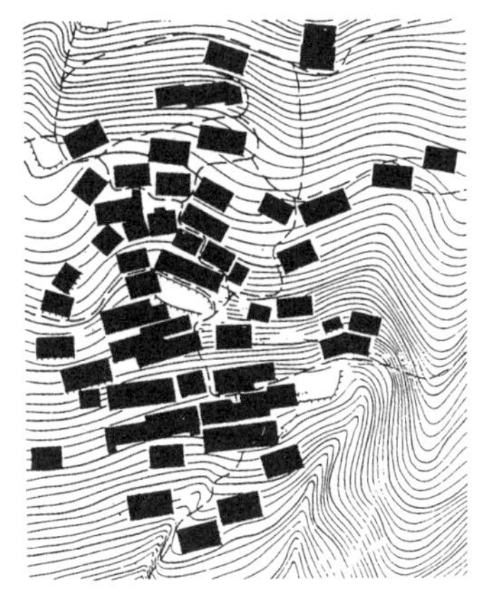

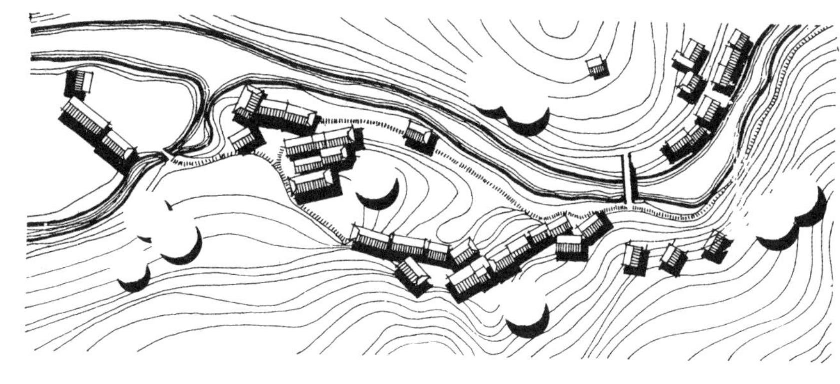

图 1　金竹寨总平面图
图 2　金江寨总平面图
图 3　三江盘贵寨总平面图
图 4　三江马安寨总平面图

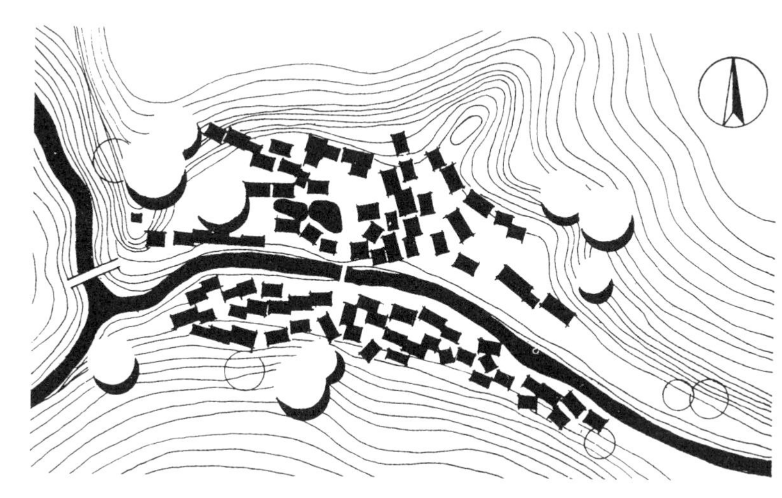

一、村寨选址

龙脊寨、平安寨及金竹寨是桂北壮族村寨选址于山腰坡地的典型实例。这些村寨的选址，不仅具备了上述各种因素，而且，山寨俯卧于层层梯田间，干阑民居沿等高线自由嵌入山腰坡地，叠叠重重，随山势起伏变化，与梯田曲线韵律协调，有机结合。体现了桂北村寨的选址，在“有利生产，方便生活”的同时，也注意了环境美的因素。

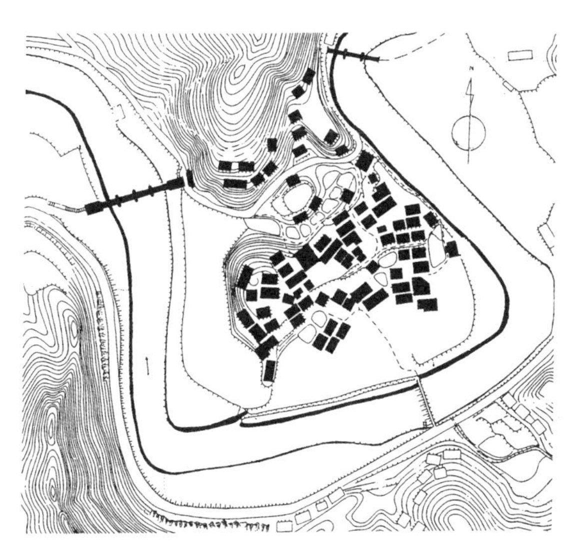

三江侗族居住区域，林溪河、马胖河等大小河流及支溪水网纵横四贯，沿河两岸较平缓的地带，土地肥沃，水源丰富，利于耕种，交通方便，环境良好，侗族村寨多选址于此。马安寨、盘贵寨等是建于河畔谷地的典型实例。

图 5 三江盘贵寨一角，民居以鼓楼为中心，具有典型的侗族村寨风格

盘贵寨位于两河交汇处的河谷地带，溪水从村寨中蜿蜒流过，两岸绿树成荫。村寨周围群山环抱，森林茂密，自然条件优越。民居布局自由，以鼓楼为中心向四周扩散，形成典型的侗族村寨选址、格局及风貌特征。

二、村寨规模与总体布局

因受自然地形及生产、生活等诸因素的影响，桂北地区的村寨规模大小不等，小则为十几户，大则几百户，甚至上千户。村寨布点也较分散，但相距一般不远，均选择有利地形而建。随历史的发展，人口不断增加，村寨规模日益扩大，人均耕地面积相应减少，出现了生产力与生产资料占有和分配的矛盾。为了解决这一矛盾，一些规模较大的村寨便分散部分人口，异地开发新的生产资料——土地。由此而产生了新的聚居地，形成新的村寨。

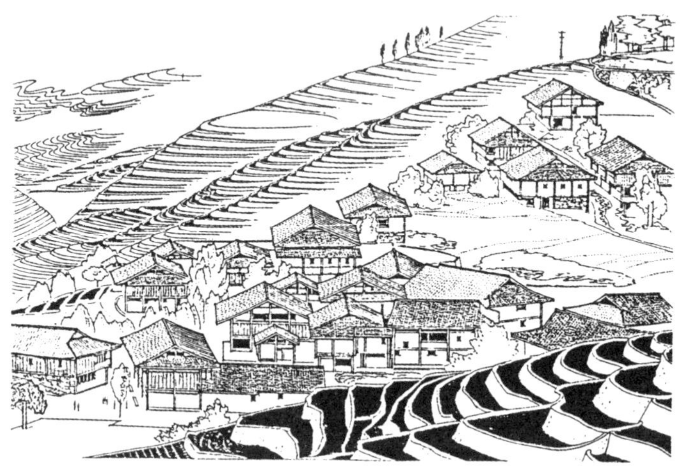

图 6　数百户的林溪岩寨
图 7　百余户的平安寨
图 8　村寨发展，演变模式

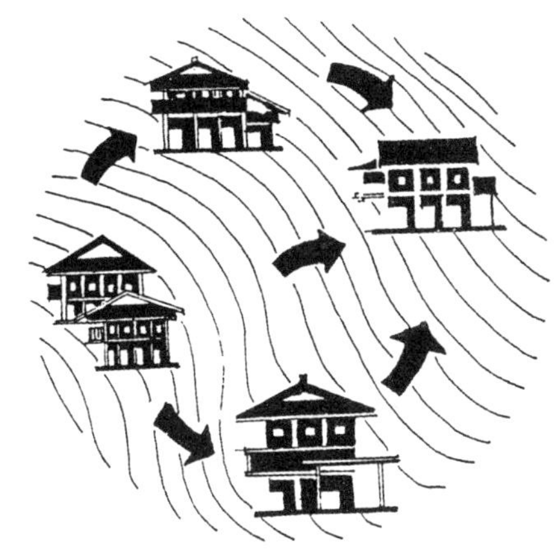

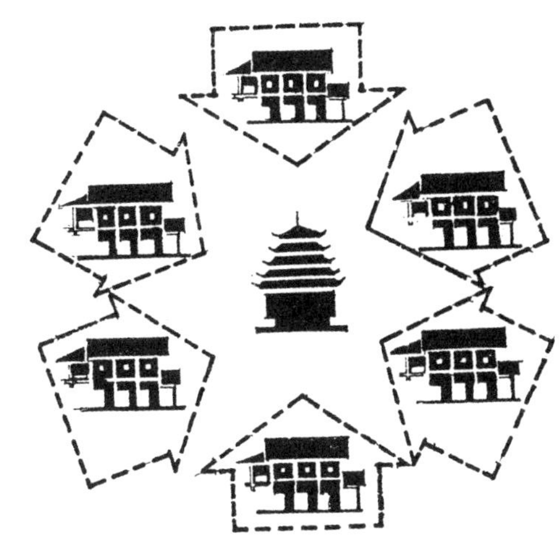

桂北村寨布局丰富多变，各具特色。主要可归纳为内聚向心式布局和自由分散式布局两大类。

侗族村寨多呈内聚向心式布局。这与该民族的历史文化，社交礼信及生活习俗有着密切的关系。侗族过去有较完善的“合款”制度，鼓楼便是“合款”的象征，也是侗族村寨的中心。全寨民居均围绕鼓楼而建，在布局中，呈现出内聚向心的特征。鼓楼高耸、挺拔的形象，在视觉上也控制着整个村寨，更加强调了作为村寨中心的意义。

图 9　村寨自由分散式布局模式
图 10　村寨内聚向心式布局模式
图 11　沿河串联式布局示意图

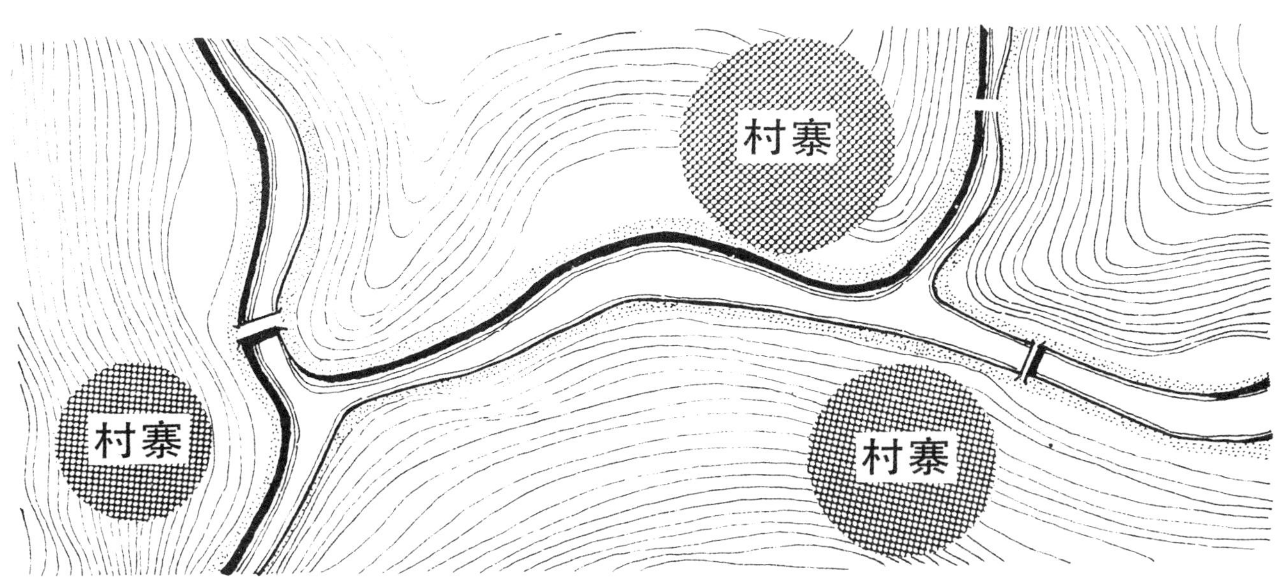

图 12 侗族盘贵寨透视

图 13 侗族马安寨透视

图 14 内聚向心式的两种形式

1.单鼓楼的内聚向心式布局

2.多鼓楼的内聚向心式布局

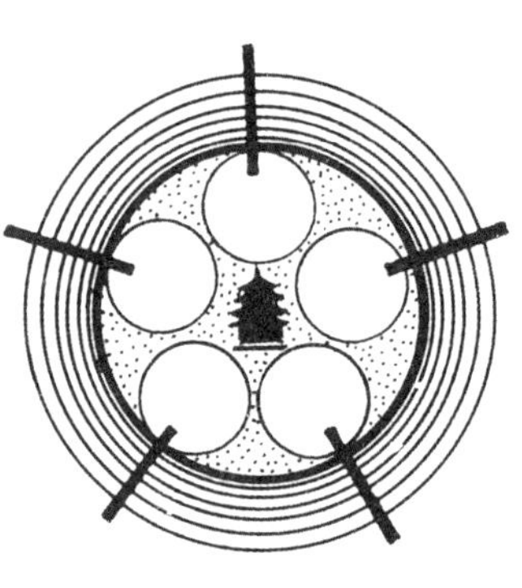

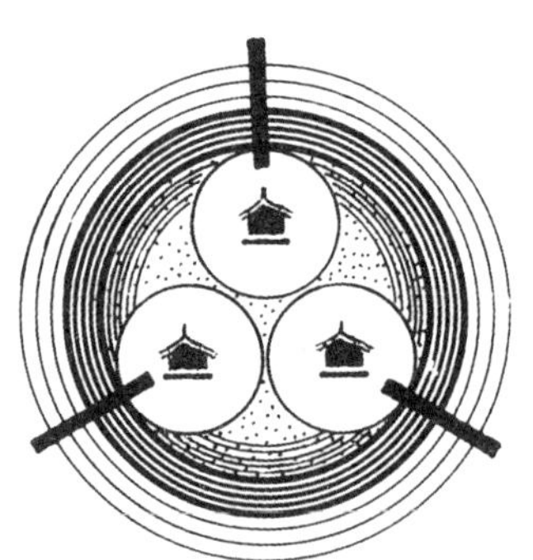

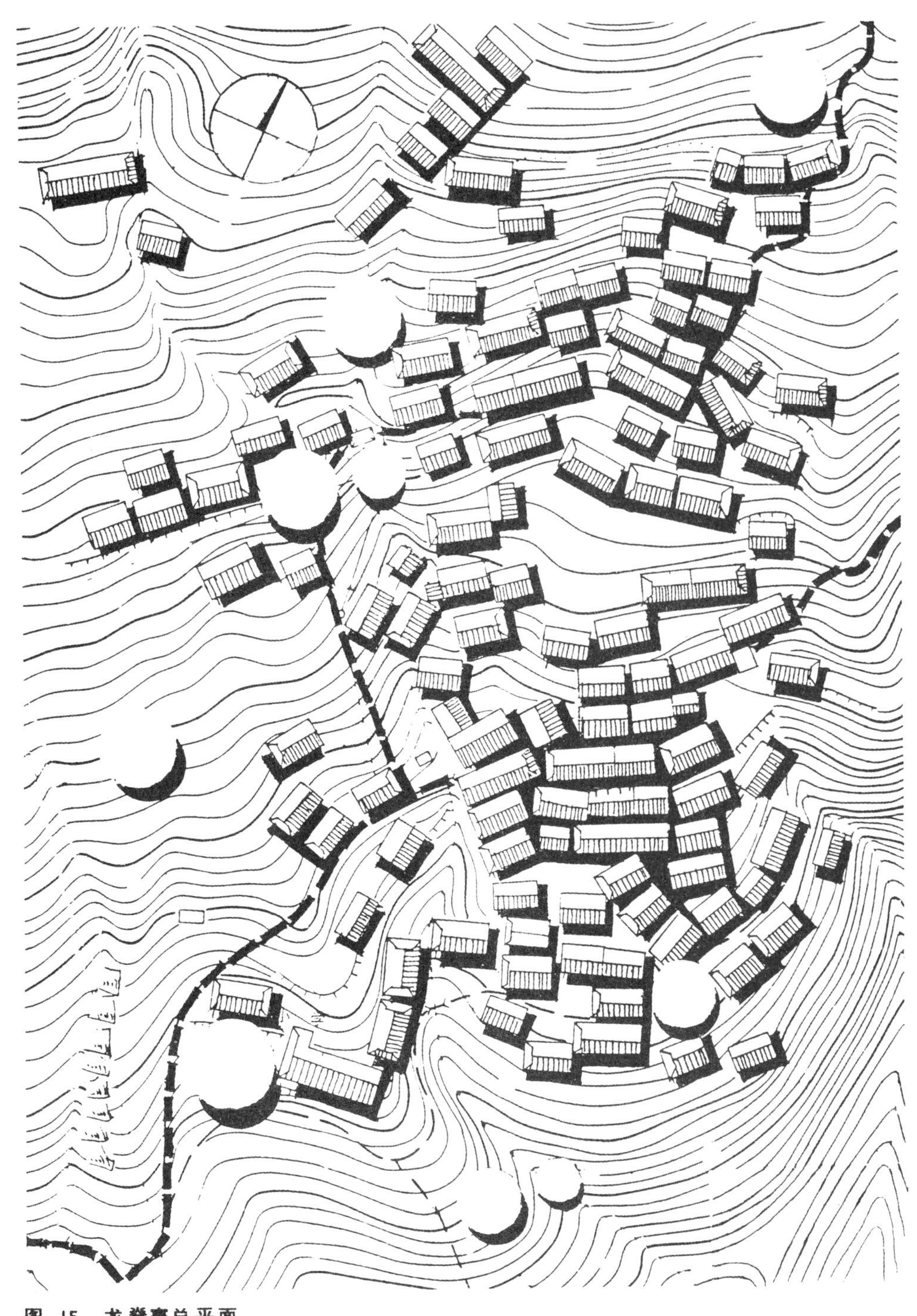

图 15 龙脊寨总平面

壮族及瑶族等民族村寨，其布局以自由分散式居多。这种布局的特征是，村寨建筑随自然地形自由布置，不受任何格局约束，既不存在纵横轴线，也没有明显的村寨边缘，村寨外轮廓不遵守一定的几何形状，而是随其自然因势利导。这类布局形式，往往会出现一些与山势有机结合，耐人寻味的奇特的内部空间。

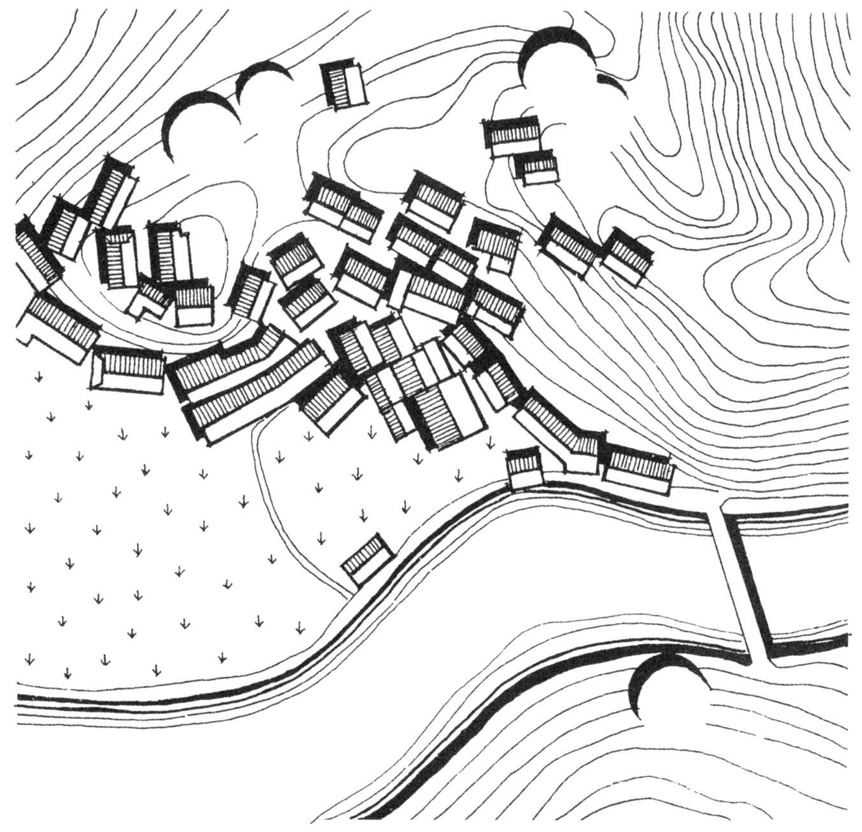

图 16 龙胜平段寨一角
图 17 龙胜官寨总平面

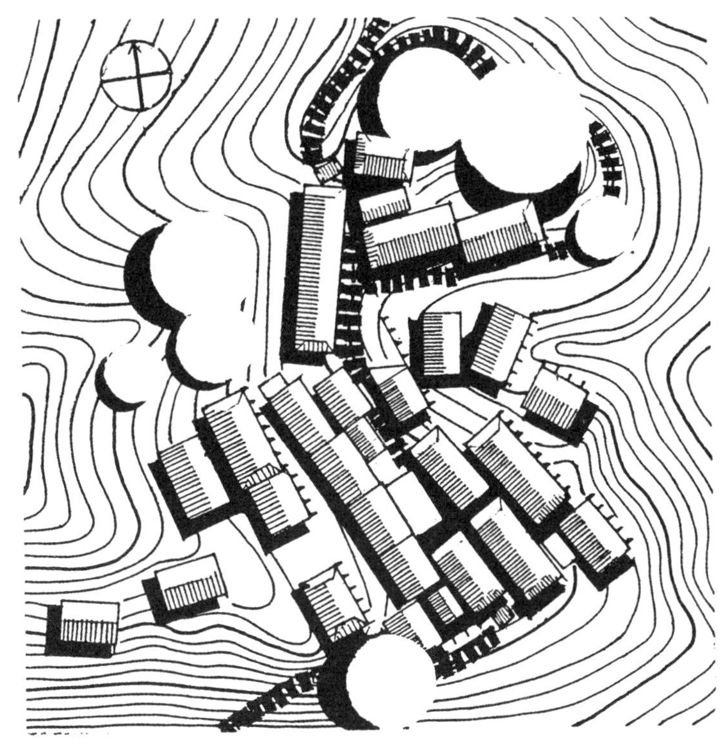

图 18　龙胜新寨总平面。由于山地可耕地少，村寨建筑尽可能紧密布置

图 19　与地形完美结合的平安寨

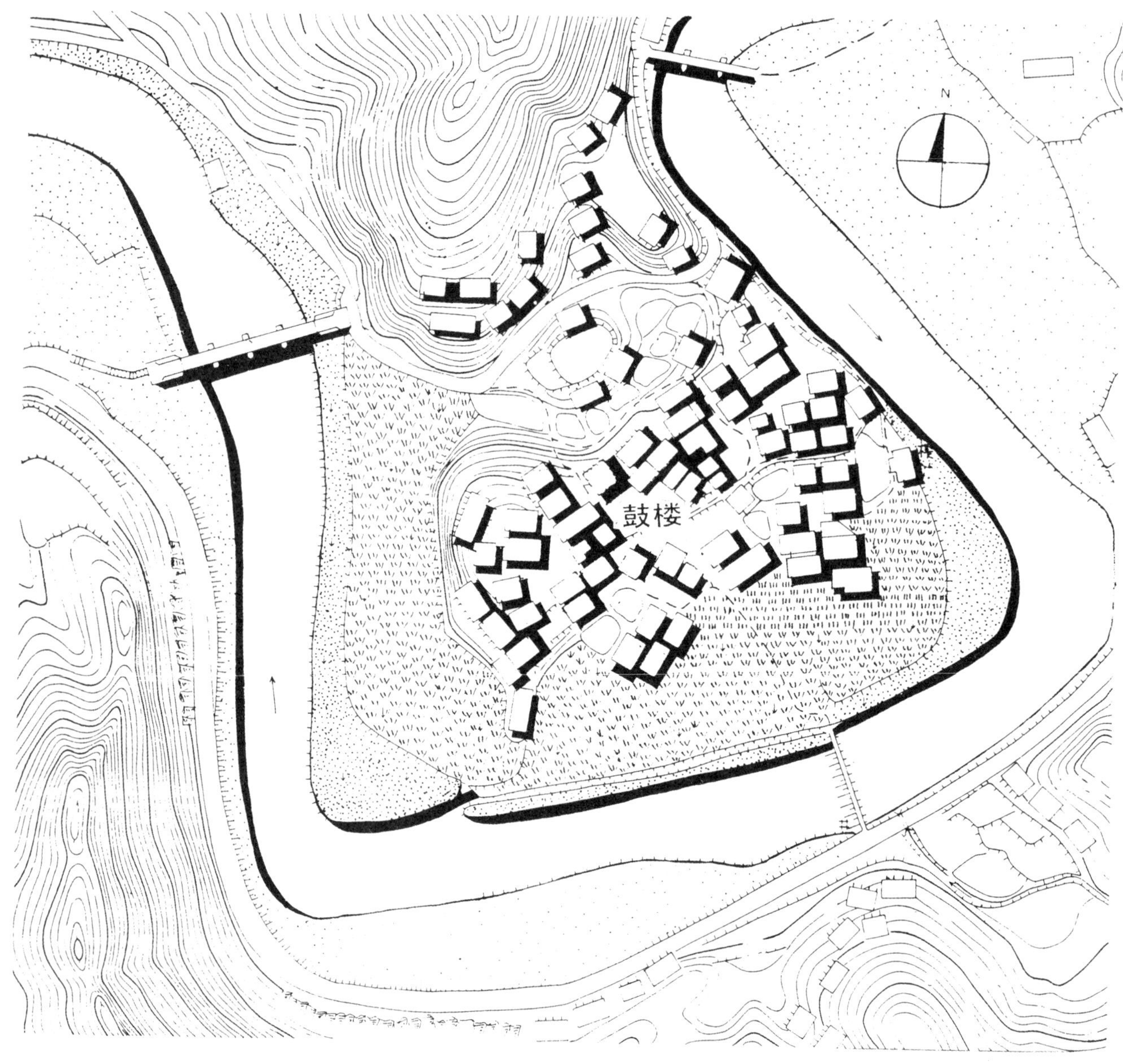

图 20 马安寨总平面

马安寨是侗族村寨布局的典型实例。林溪河环绕该寨，三面临水，一侧靠山，民居围绕地处中心位置的鼓楼而建。在不同的等高线上，建筑高低错落，层次各异。村寨通过程阳桥和平岩桥等两座风雨桥与外界取得方便的交通联系。风雨桥、鼓楼及民居与地形妥善结合，使马安寨不仅具有典型的村寨布局形态，而且有着丰富、完美的独具特色的侗寨景观。

图 21　马安寨局部环境

图 22　马安寨建筑群体景观

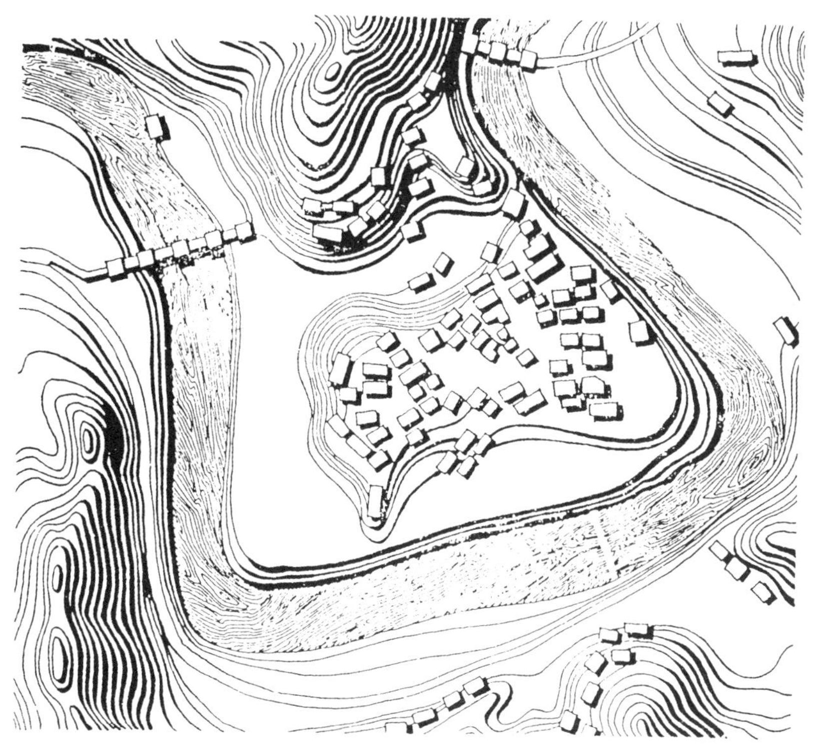

图 23　平岩桥景观
图 24　马安寨景观
图 25　马安寨环境
图 26　程阳桥景观

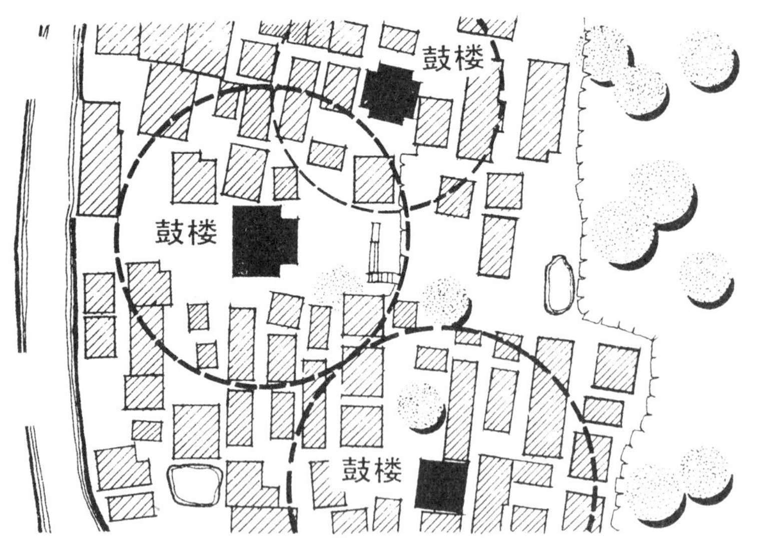

三江独峒寨由若干鼓楼组成多中心布局形式。在同一村寨中存在多处大小各异的鼓楼，体现了侗寨的族性特征，并构成了村寨的特殊风貌。

图 27 独峒寨局部平面
图 28 八协寨局部平面
图 29 岩寨局部平面

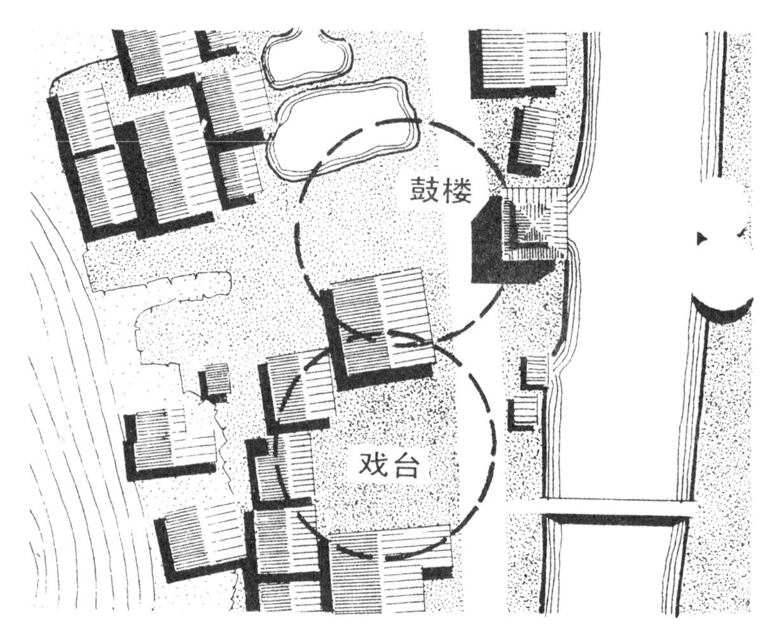

三江八协寨沿鼓楼两侧延伸发展，虽然村寨较大，建筑密集，但以鼓楼为首的村寨中心始终控制着全寨布局。

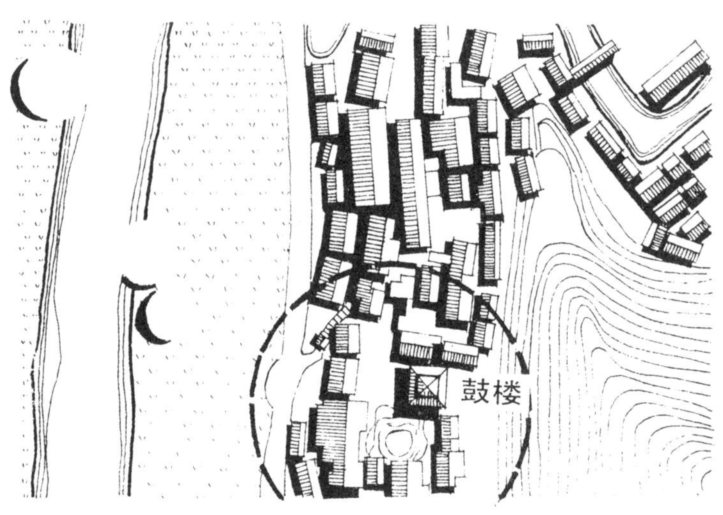

虽然鼓楼偏离村寨一侧，靠河沿路布置，但由于它所起到的控制作用，仍然是村寨的中心。

三、村寨道路

图 30　亮寨道路空间

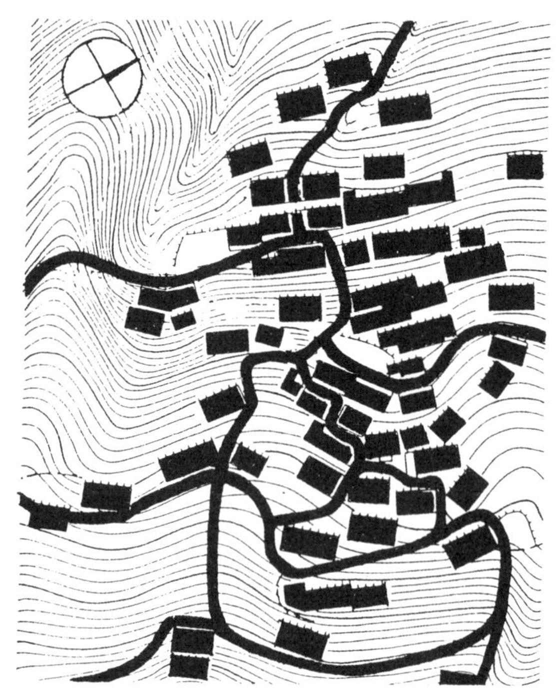

桂北地区山高坡陡，地貌复杂，构成村寨骨架的道路系统充分利用地形，顺其自然，随其地理，灵活多变，构成桂北村寨特有的道路网络。

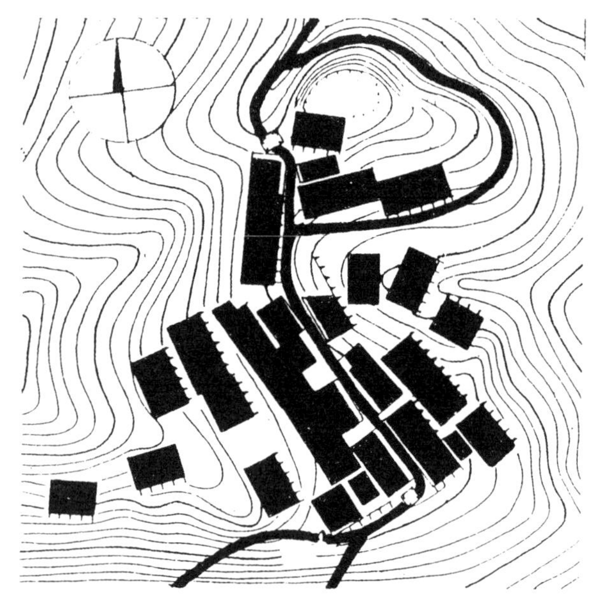

桂北村寨道路是结合地形，巧于因借的自由式系统，既包括了树枝状，放射形及棋盘式等各种道路形式，又不孤立地出现其中一种或几种的简单结合，而是与地形及民居有机结合，共存于村寨整体空间中。道路或收或放，或掩或伸，步移景异，曲径通幽。

桂北村寨道路在长期的历史发展进程中，总结了许多因地制宜的经验与做法，最后形成完整的村寨道路网络。

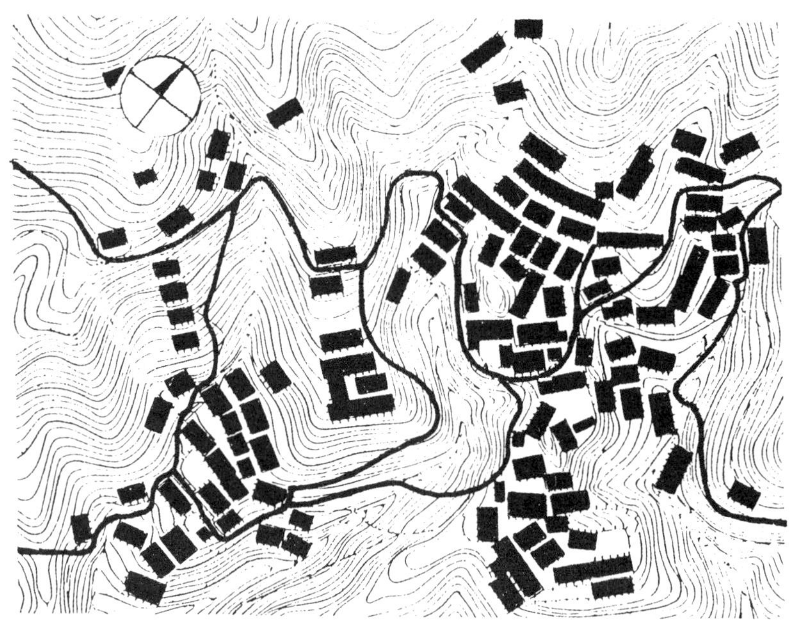

图 31　金竹寨主要道路系统
图 32　新寨主要道路系统
图 33　平安寨主要道路系统

图 34 龙脊寨道路顺应地形与民居紧密结合

图 35 平安寨道路穿越建筑一角

这一网络主要由垂直等高线的纵向道路和平行等高线的横向道路，以及与等高线任意斜交的道路所组成。虽处复杂地形，交通联系仍较方便。道路系统在形成和延伸过程中，不遵循任何固定模式，以方便使用、结合环境为主。因此，桂北村寨中，常常出现道路或斜穿民居一角，或横穿民居底层中部，或与民居檐廊并行等等，形成许多特殊的道路空间和景观。这种穿房道路，不仅方便了寨内交通，也给来往行人提供了遮阳、避雨场所，使村寨空间更富于特色和魅力。

图 36　龙胜瑶族中禄寨，道路由民居之间拾阶而上

图 37　新寨道路穿越民居端头底层为行人提供小憩之地

桂北村寨道路，通常采用石材铺设，既粗糙防滑，利于行走，又能就地取材，且在民居组团中与环境协调，并产生深远幽雅的气氛。

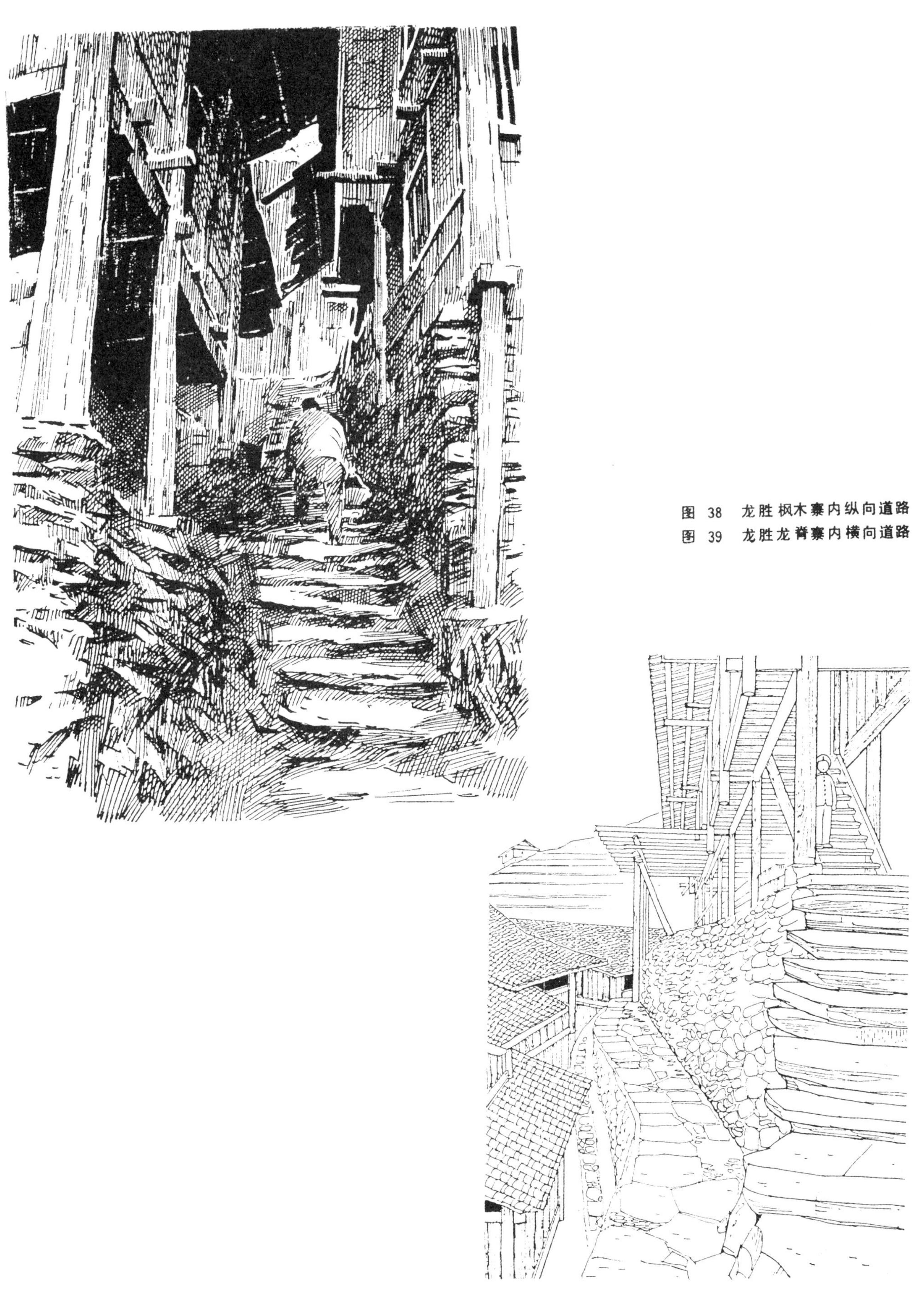

图 38　龙胜枫木寨内纵向道路
图 39　龙胜龙脊寨内横向道路

图 40 皇朝寨道路景观
图 41 龙脊寨道路穿越建筑一角

龙胜壮族村寨雄居地形复杂的大坡度地带，道路顺势多变，独具特征。

侗族聚居的三江地区，水系发达，河溪纵横，侗寨人民为使交通方便，在漫长的历史发展中，建起了许多能避雨遮阳，可供休息的带顶木桥，这就是闻名中外的桂北风雨桥。风雨桥是侗寨道路系统的重要构成部分，也是侗寨道路的主要景观之一。风雨桥跨河而过，把村寨与河对岸联系起来，不仅解决了交通问题，其风雨桥的造型还增添了道路景观。

图 42 平岩风雨桥

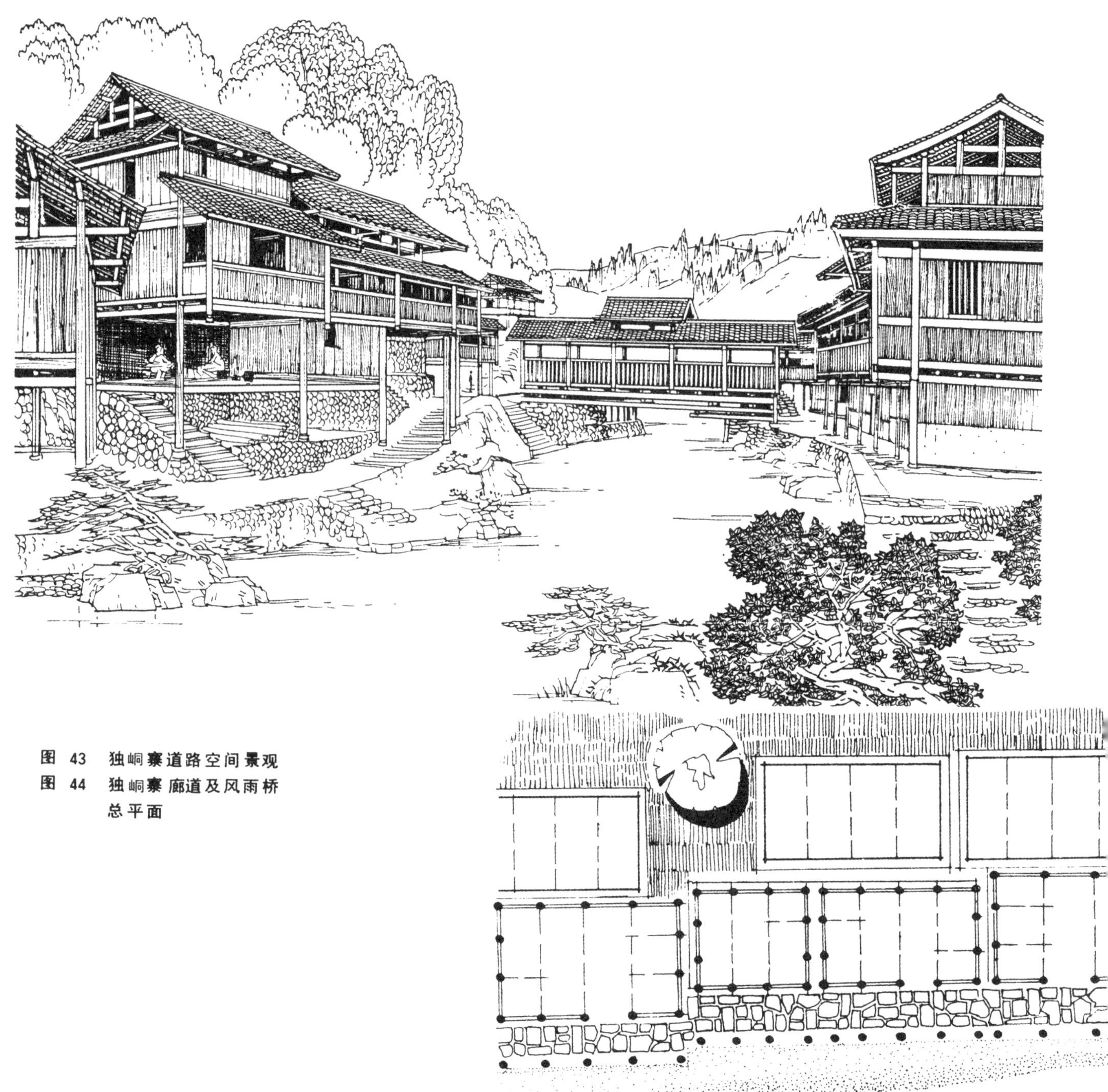

图 43 独峒寨道路空间景观
图 44 独峒寨廊道及风雨桥总平面

三江独峒寨民居木楼沿河两岸布置，靠河一侧均将底层局部架空，形成长廊式通道，道路从多栋建筑下纵穿而过，既保证了建筑用地，又使得寨内道路畅通，具有浓厚的地方特色。风雨桥横跨河流，把两岸骑楼式道路连为一体。小河、民居建筑、廊式道路及风雨桥等构成了独特的侗寨空间环境。

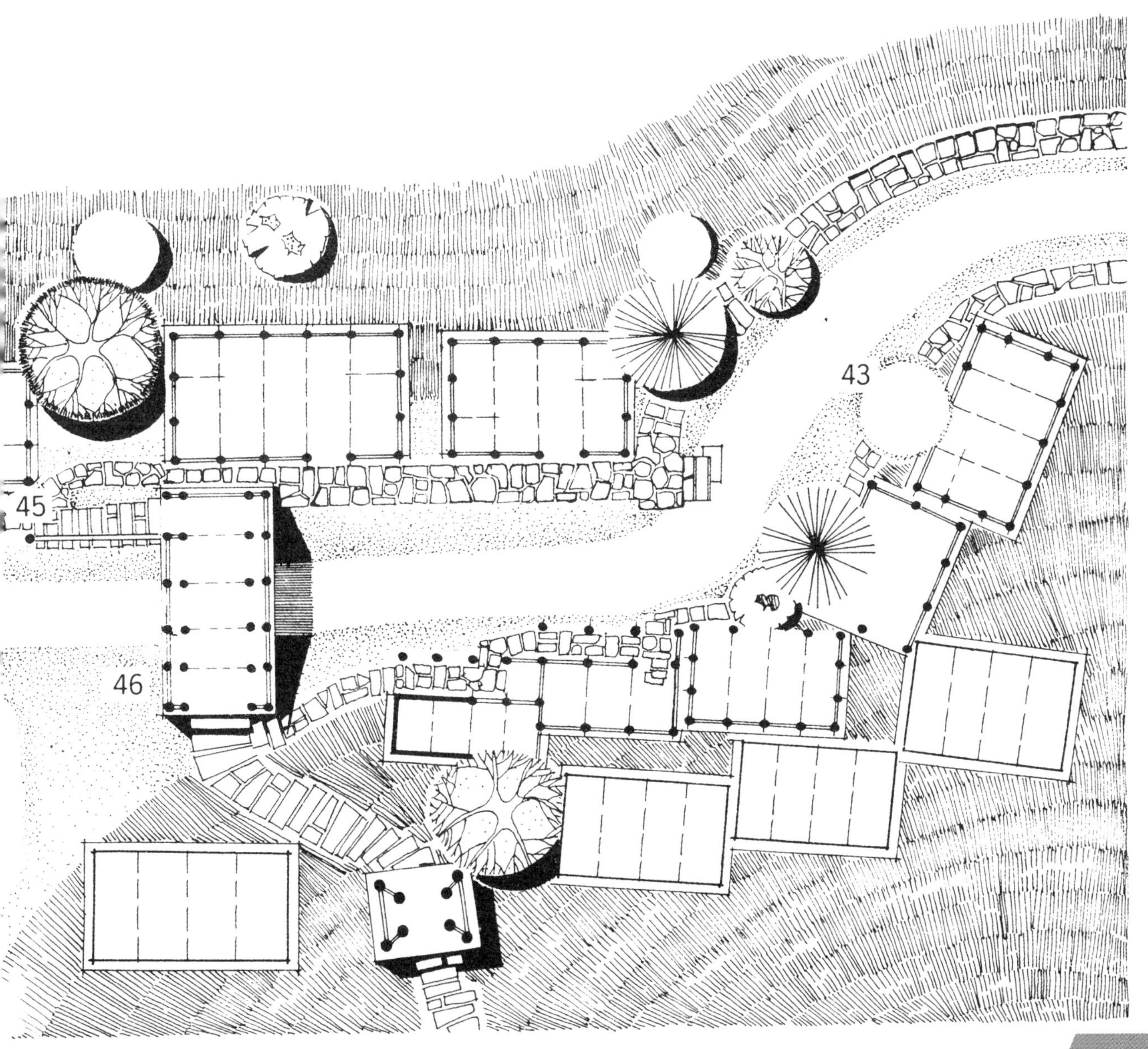

图 45 独峒寨沿河道路纵穿民居底层

图 46 独峒寨沿河廊式道路及环境

图 47　林溪亮寨道路空间

桂北村寨道路的另一特点是道路随建筑环境左右灵活，上下自如，形成丰富多变的道路空间，步移景异。如龙脊寨道路迂回曲折，高下自由，道路空间方、长、狭等形式无所不具。并将若干大小空间串于一路，独具风采。道路随着地形与高低错落的建筑形成了开敞与封闭的空间对比，大大增强与丰富了道路的节奏感。

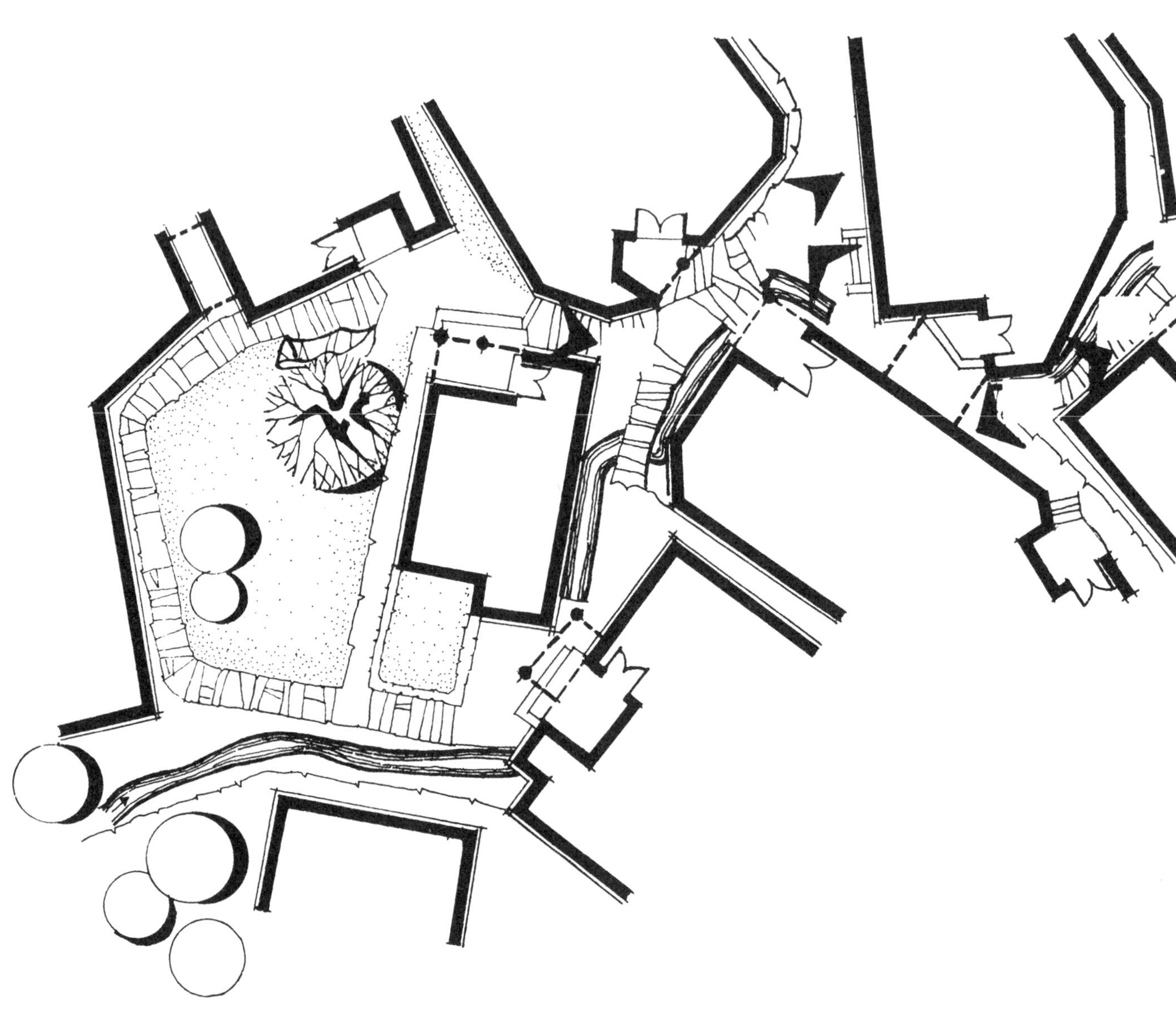

图 48 龙脊寨局部道路空间总平面
图 49 龙脊寨道路空间序列

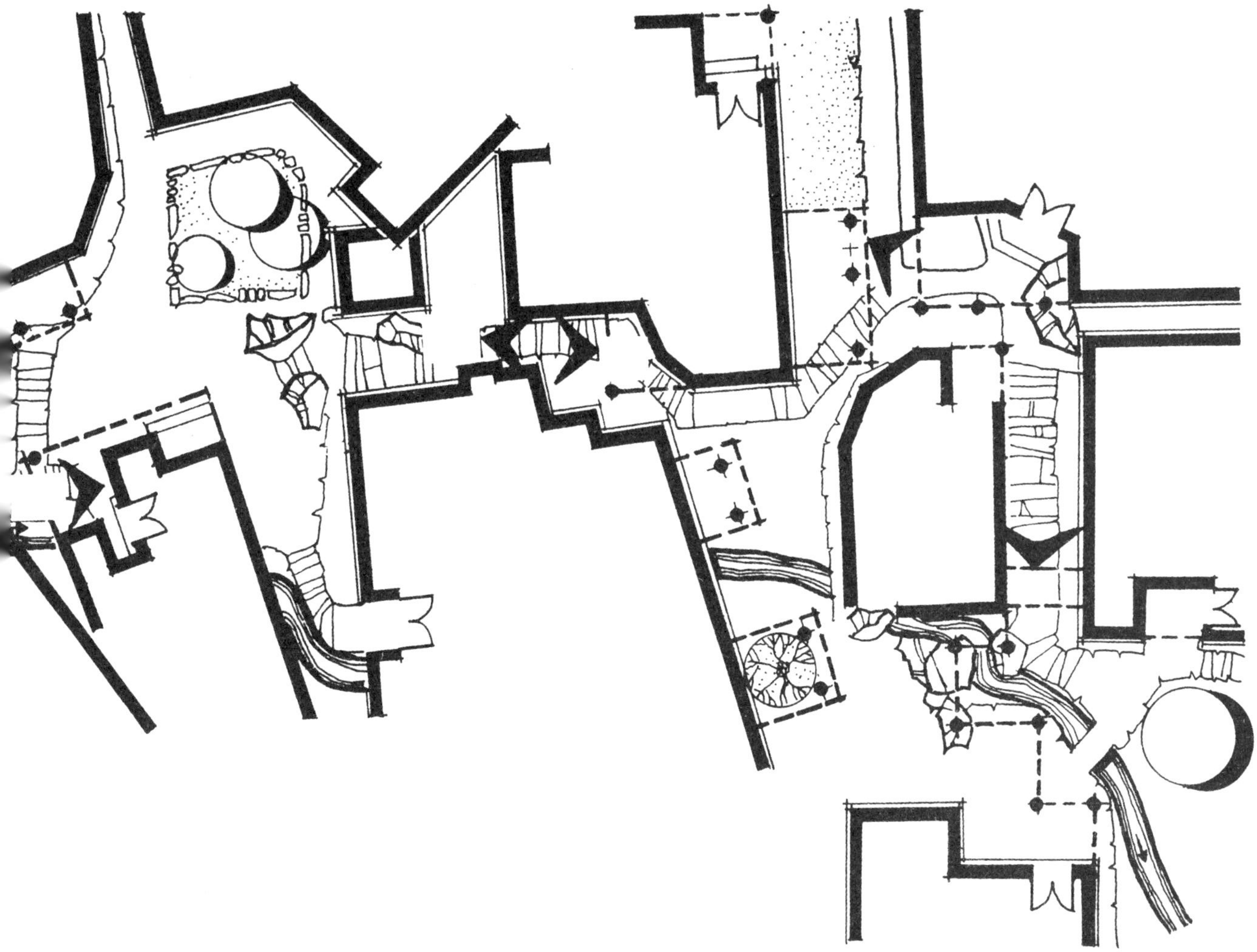

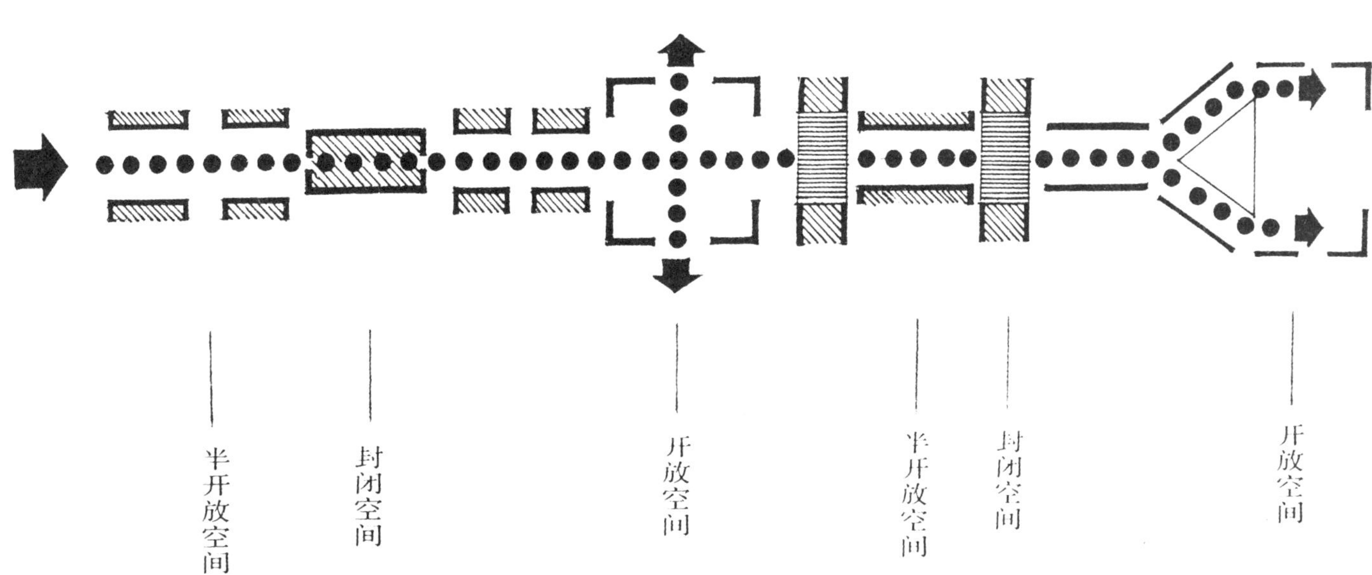
半开放空间
封闭空间
开放空间
半开放空间
封闭空间
开放空间

在顺应山势起伏的民居建筑之间，道路为媒介，沿路两侧的民居入口、步级、挑廊、晒台等组成道路空间的丰富层次。从狭长的通道至开阔的空间，时收时放，产生不同景观，吸引视线，增强空间的延伸性和连续性。龙脊寨的道路空间，没有明显的入口标志，其道路也不终止于一个明确的空间内，而是与环境有机联系，结束于自然之中。

水是构成桂北民居道路空间的要素之一。龙脊寨道路空间中，山路自上而下，时而平路而行，时而穿道而过，时隐时现，活跃了空间气氛，增强了道路情趣，具有引人入胜之魅力。

图 54　龙脊寨局部道路空间及屋顶平面

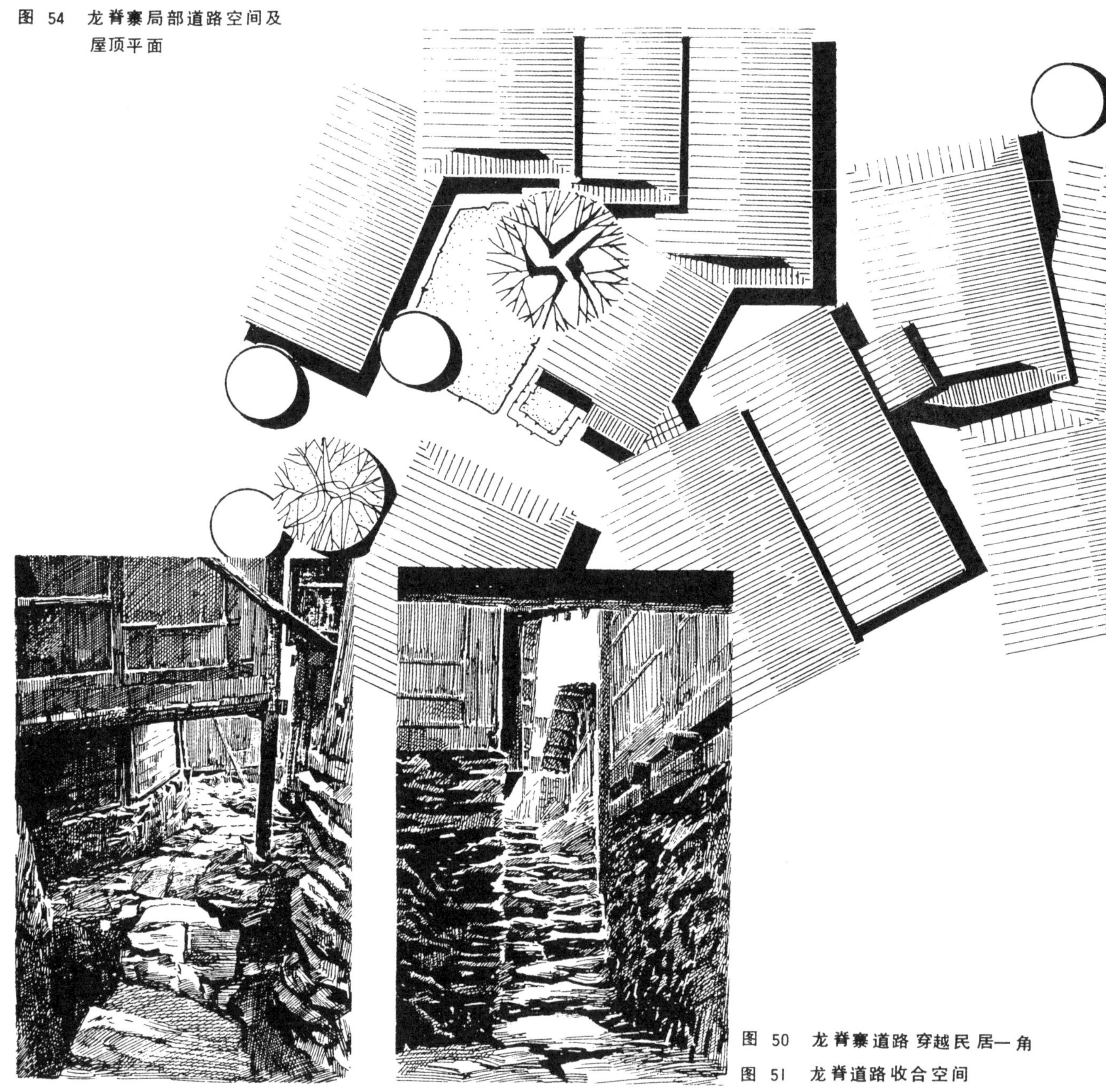

图 50　龙脊寨道路穿越民居一角

图 51　龙脊道路收合空间

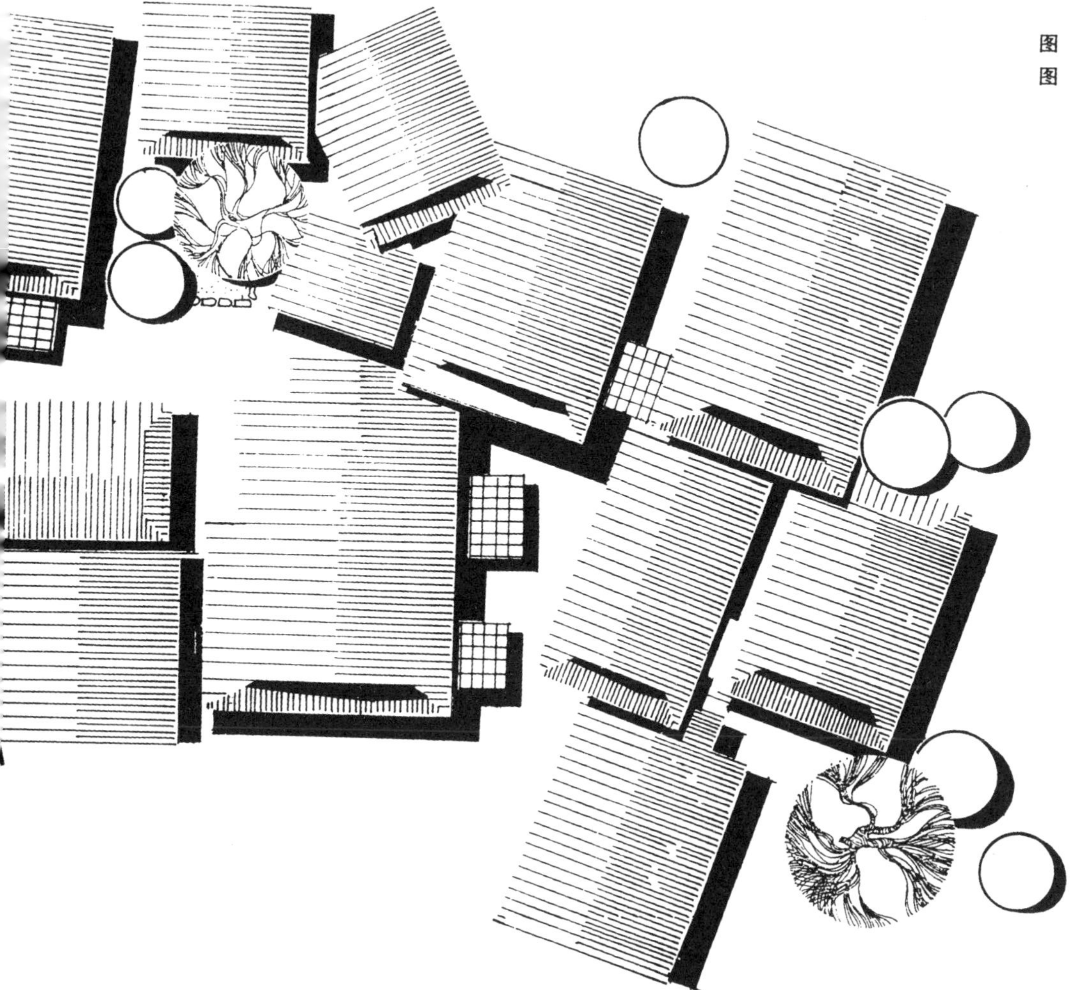

图 52　龙脊道路收合空间
图 53　龙脊道路穿越民居底层

龙胜枫木寨主要道路纵贯全寨，地势高差极为悬殊，几乎全是石阶踏步联系。两旁建筑层层叠叠，使空间产生封闭感和纵深感。

枫木寨道路空间是典型的线性空间，封闭狭长，沿路两旁丰富的民居建筑打破了这种窄长空间的呆板格局。这类坡度大、纵深感强的道路空间在桂北村寨中具有一定普遍性。

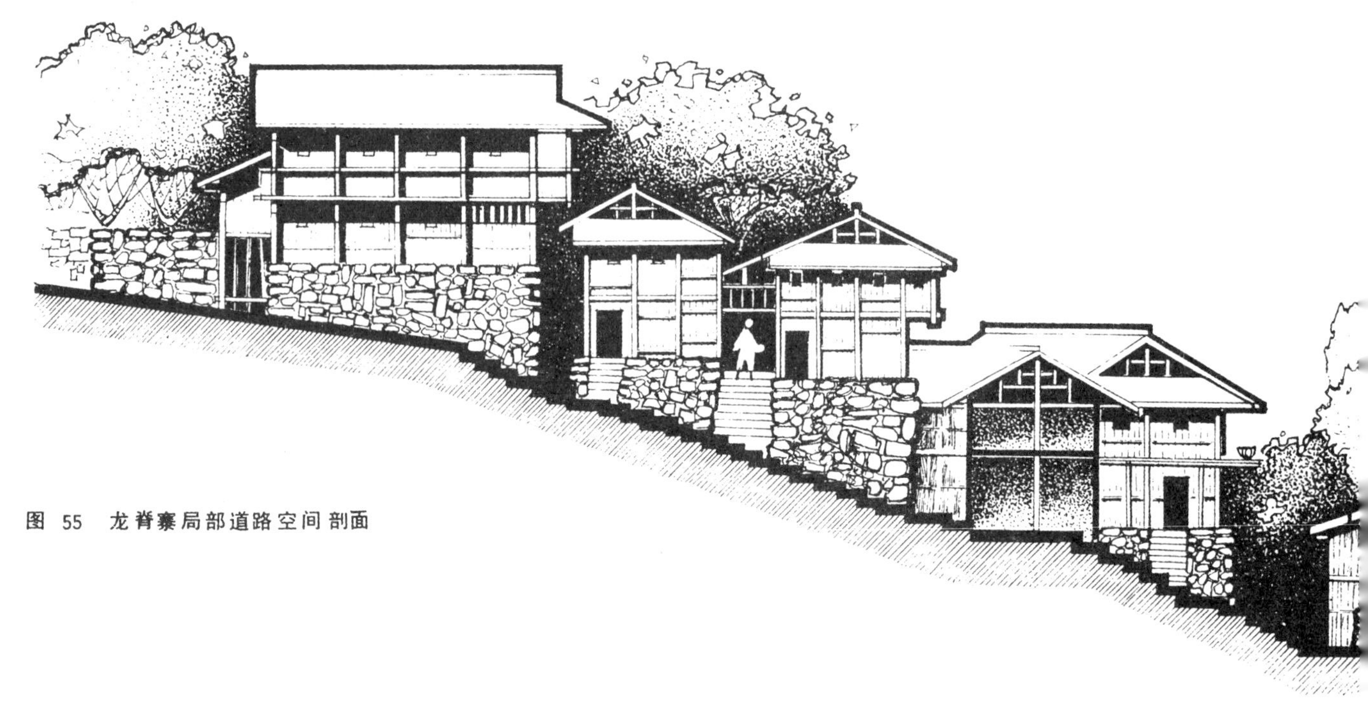

图 55 龙脊寨局部道路空间剖面

图 56 道路穿越民居底层
图 57 道路穿越民居底层

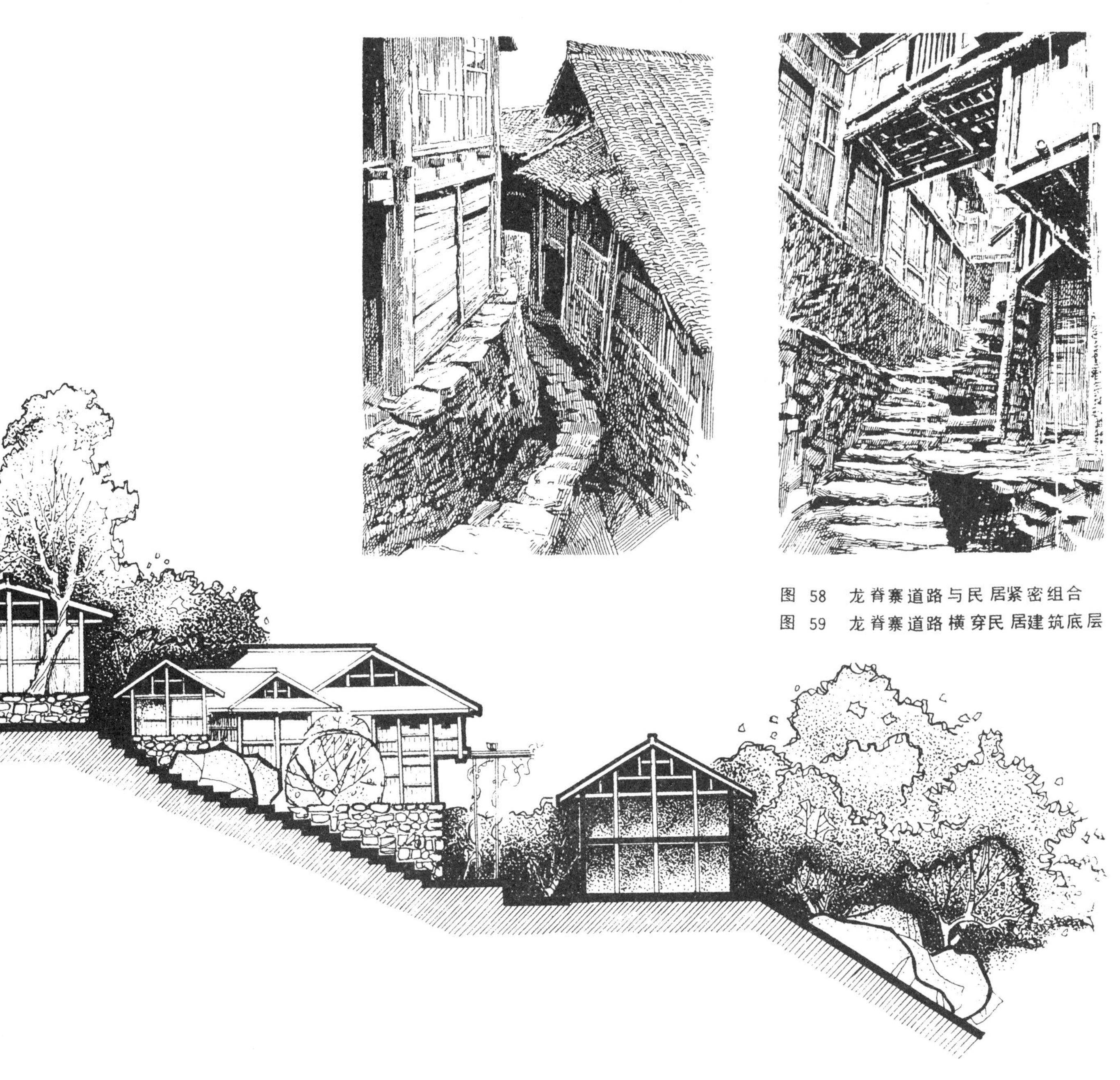

图 58 龙脊寨道路与民居紧密组合
图 59 龙脊寨道路横穿民居建筑底层

图 60　龙脊寨局部道路空间剖面

图 61　道路横穿民居连廊
图 62　道路迂回空间
图 63　道路起伏空间

图 64 龙脊寨道路收放空间
图 65 龙脊寨道路随地形高差穿越民居
图 66 龙脊寨道路空间透视点位置图

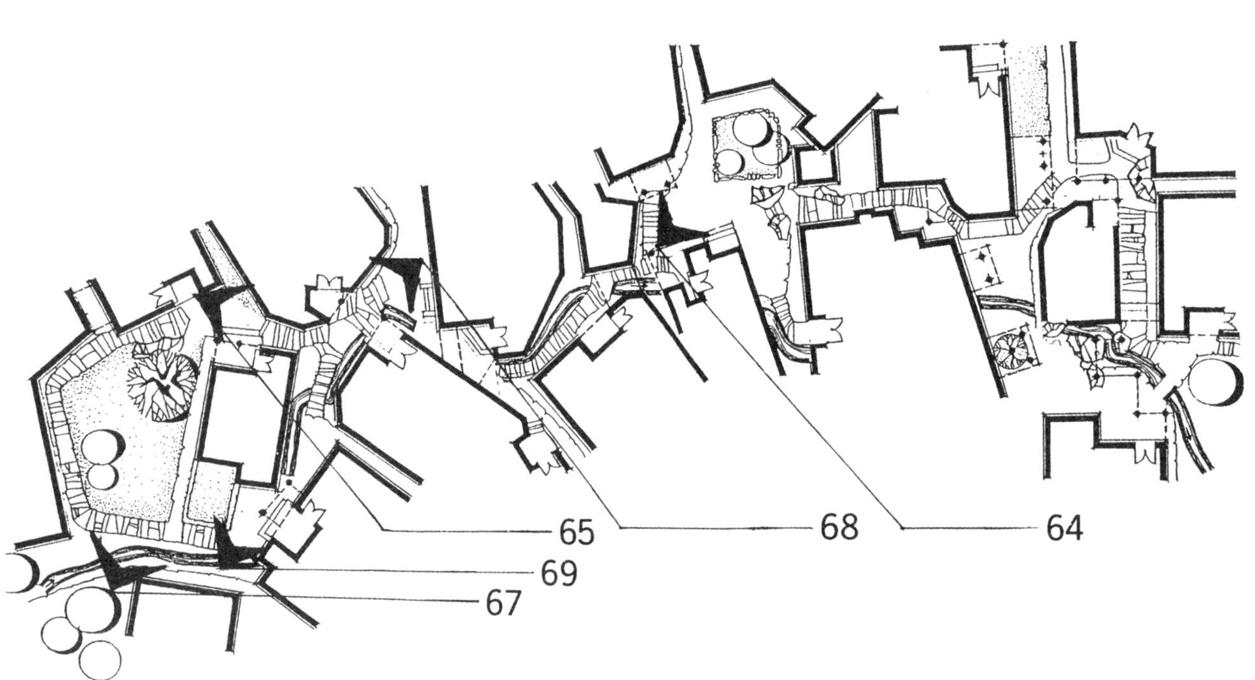

图 67　龙脊寨道路开敞空间
图 68　龙脊寨道路迂回起伏空间
图 69　龙脊寨道路穿越民居

图 70 狭长封闭的道路空间
图 71 枫木寨局部道路空间及民居屋顶平面

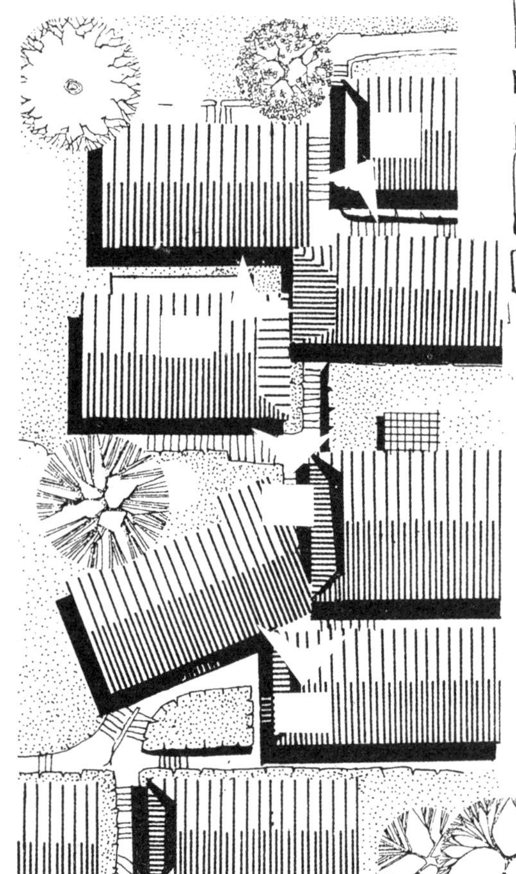

图 72　枫木寨道路空间与建筑环境

图 73　枫木寨向上而封闭的道路空间

图 74　枫木寨丰富的民居建筑环境所构成的道路空间

图 75　枫木寨道路空间

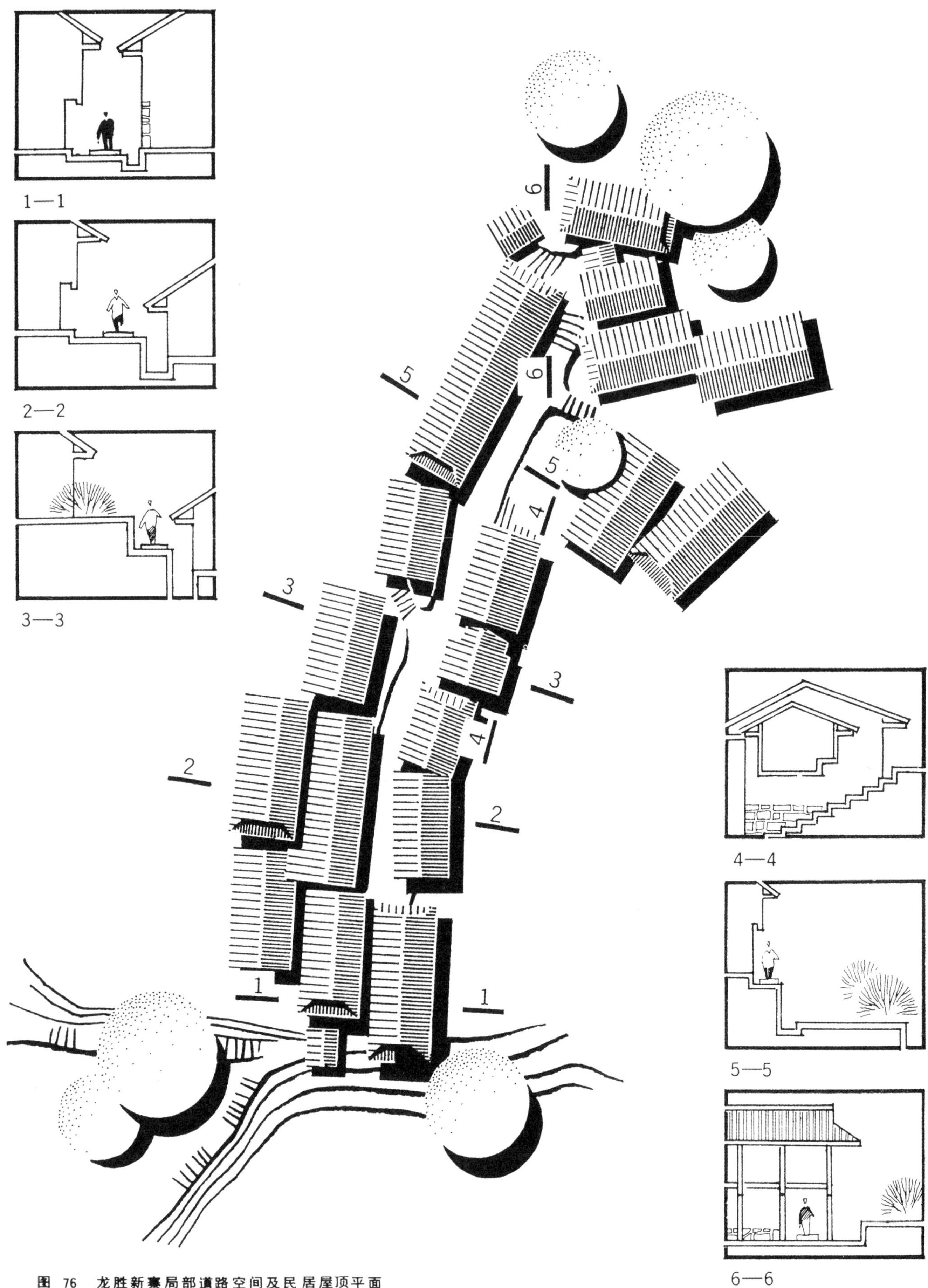

图 76 龙胜新寨局部道路空间及民居屋顶平面

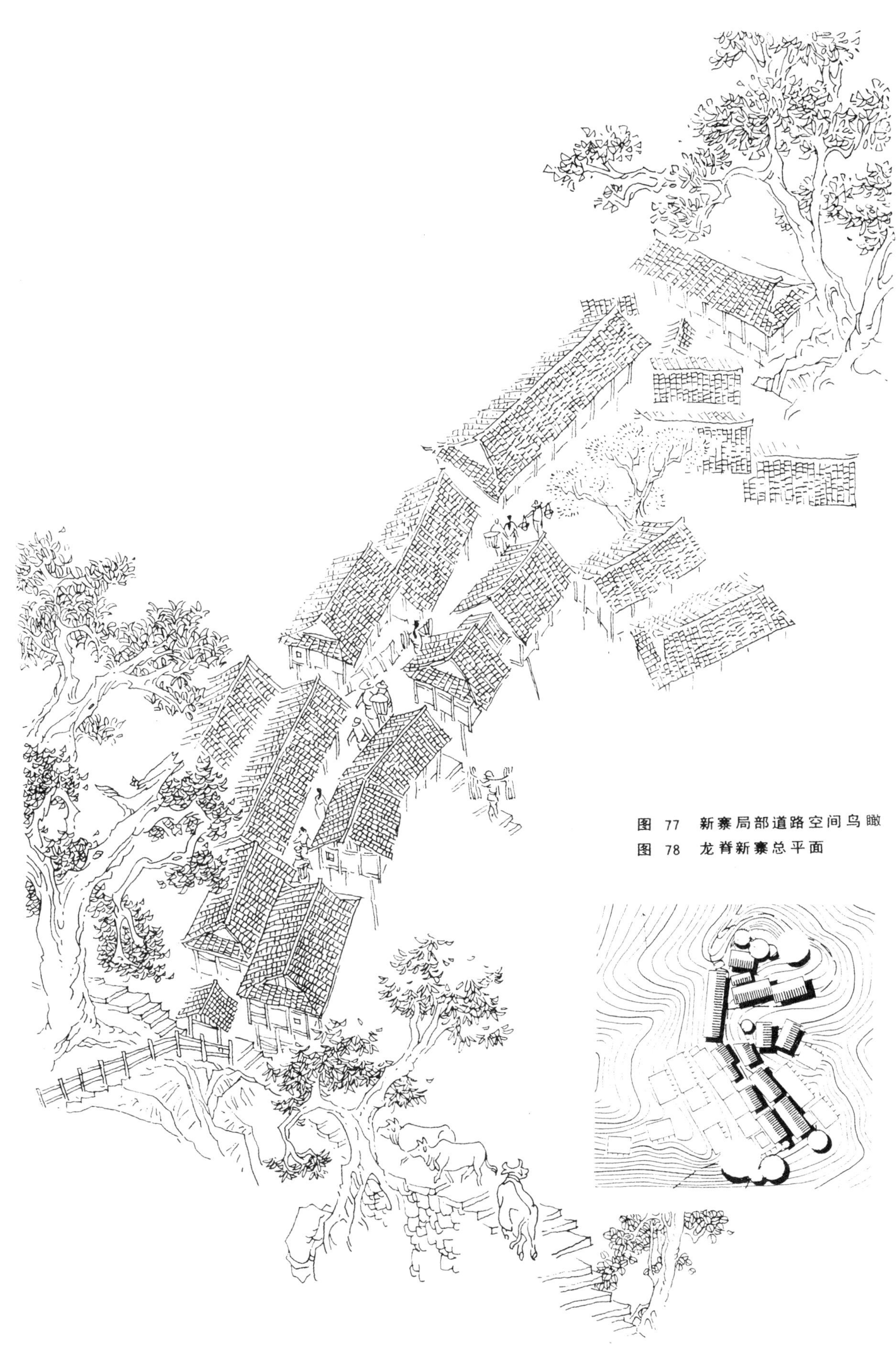

图 77 新寨局部道路空间鸟瞰

图 78 龙脊新寨总平面

龙胜新寨地处山腰，是一个独立的自然村寨。寨内主要道路随自然呈“S”形。由于地形限制，建筑均不在一个标高上，利用踏步联系各建筑入口，丰富了道路空间。整个村寨没有任何围栏，与自然地形浑然一体。村寨前后的寨门限定了这一空间，使村寨道路有明确的空间范围。

图 79 新寨道路空间入口（寨门）
图 80 新寨道路空间出口（寨门）
图 81 新寨道路空间中段透视

图 82　新寨道路空间一角

图 83　新寨道路空间一角

图 84　新寨道路穿越民居一角

图 85　道路空间各景观透视点

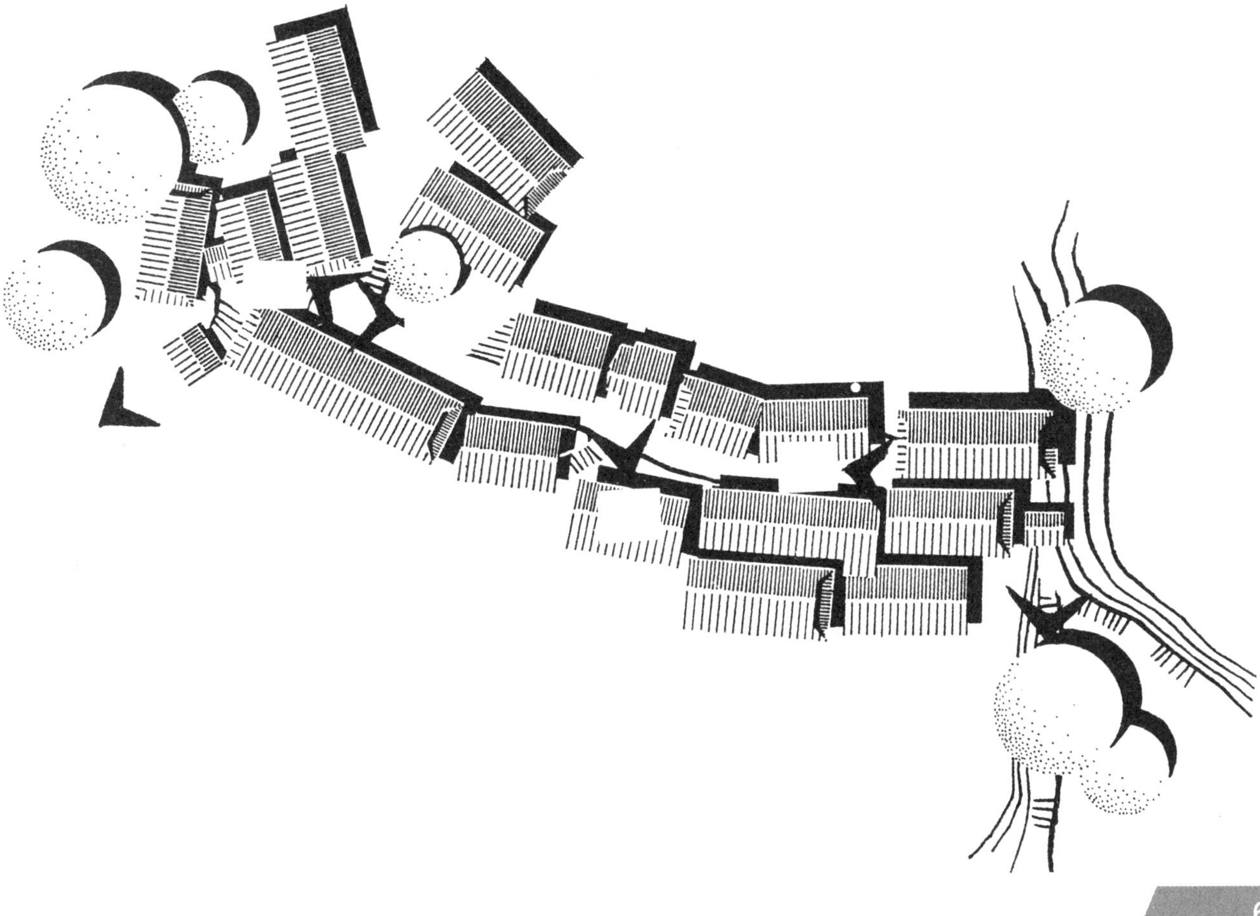

图 86 道路空间景观透视点

图 87 金竹寨局部道路空间平面

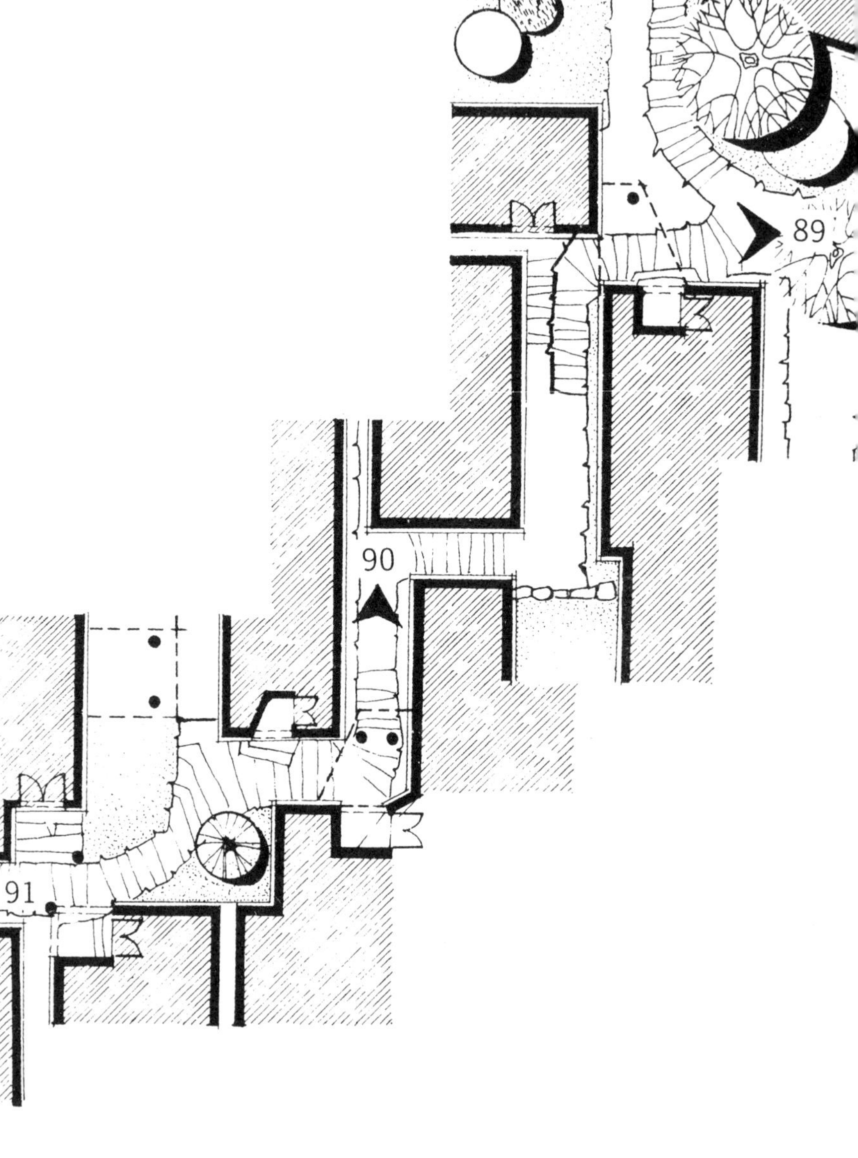

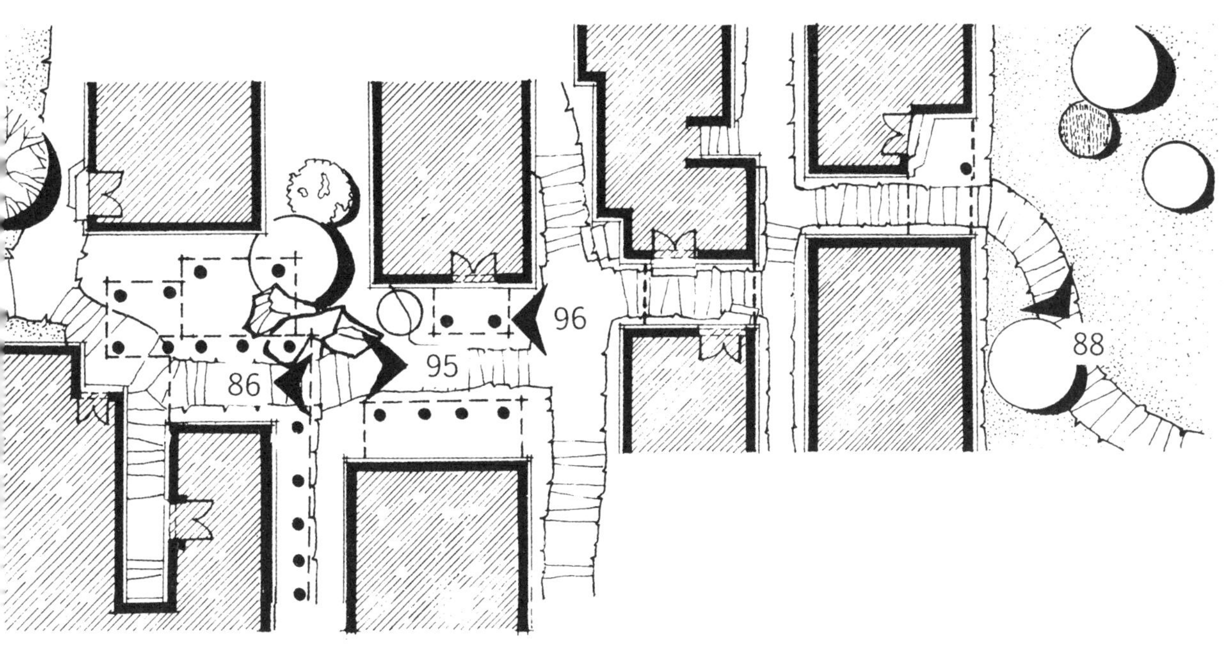

图 88 道路景观透视

图 89 道路景观透视

图 90 道路景观透视

图 91 道路景观透视

图 92 道路景观透视

龙胜金竹寨位于陡坡地段，道路随地形自下而上，纵向贯穿全寨。建筑沿等高线布置于道路两侧，形成多个“开”、“合”空间序列。风格独特，景观丰富。

金竹寨建筑与道路高差悬殊，从不同的层次用踏步联系进入某栋建筑或某一空间环境，取得微妙的空间效果。在道路空间的开放处均有自然绿化处理，高大的树木构成了道路空间序列的高潮。在这高低曲折的道路空间中，建筑、踏步、古树、流水、行人等综合构成动、静、声、色诸因素，大大丰富与增强了道路空间的景观。

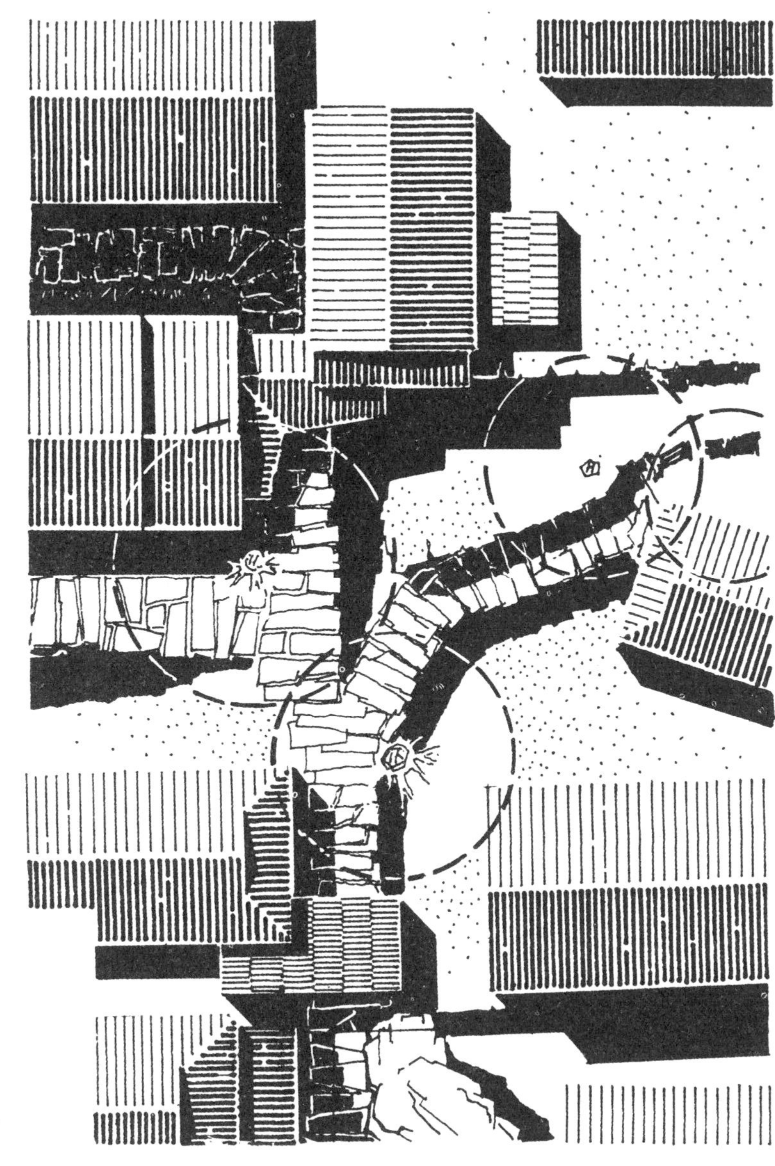

图 93　金竹寨道路空间序列高潮处平面

图 94　金竹寨道路空间及民居屋顶平面

图 95 金竹寨道路连续横穿数栋民居底层
图 96 金竹寨坡道横穿民居底层

图 97　金竹道路与空间建筑环境

四、村寨水系

桂北地区雨量充沛，溪流纵横，为村寨用水提供了便利的条件。高山村寨与河谷村寨虽在水的利用上各有所异，但都有比较完整的用水系统。

桂北壮族村寨的用水主要选用山泉溪流。寨中通常都有几条小溪穿流而过，为生产、生活提供了方便的水源。在山洪暴发时，寨内溪流还可起到排洪作用，确保村寨安全。

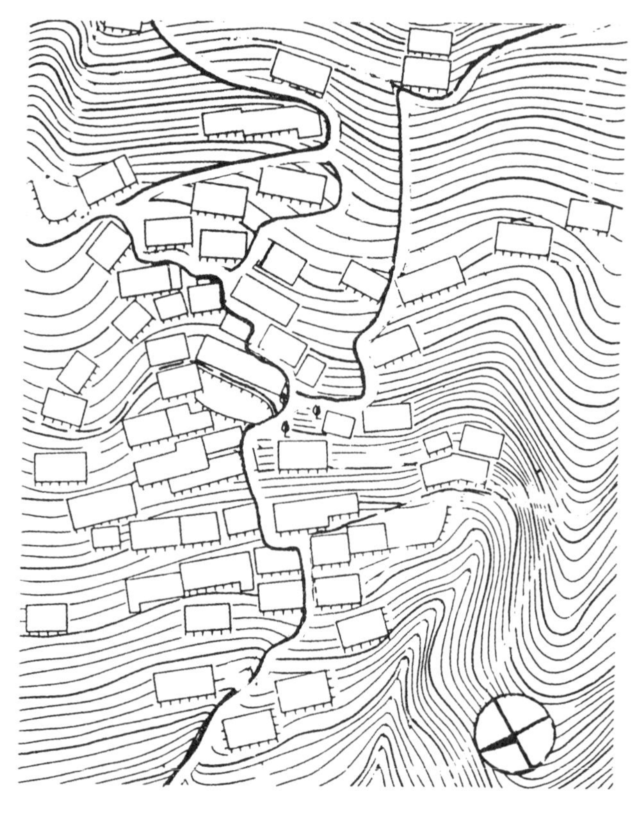

图 98 金竹寨主要溪流分布
图 99 龙脊寨主要溪流分布
图 100 寨内溪流与道路关系

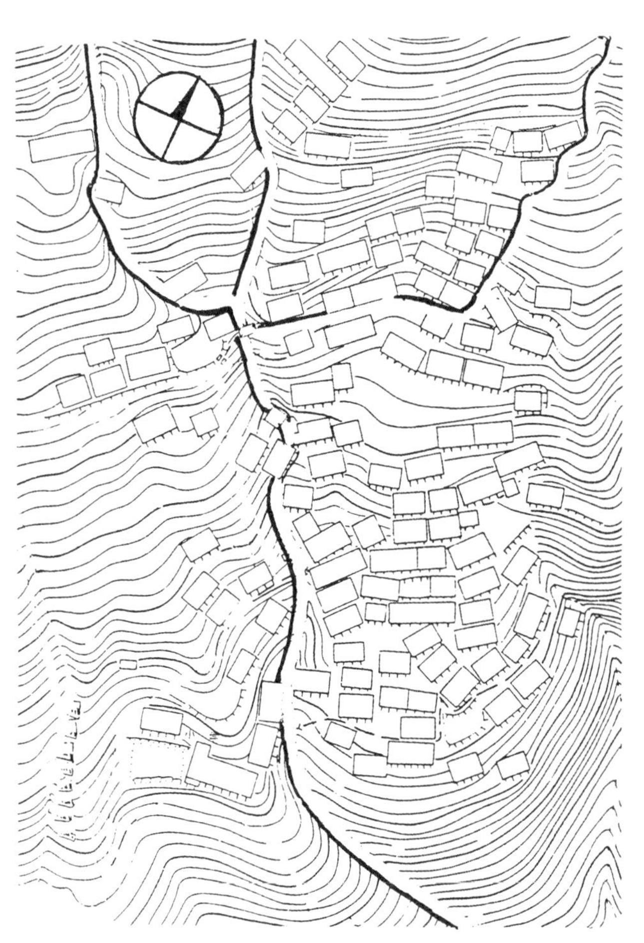

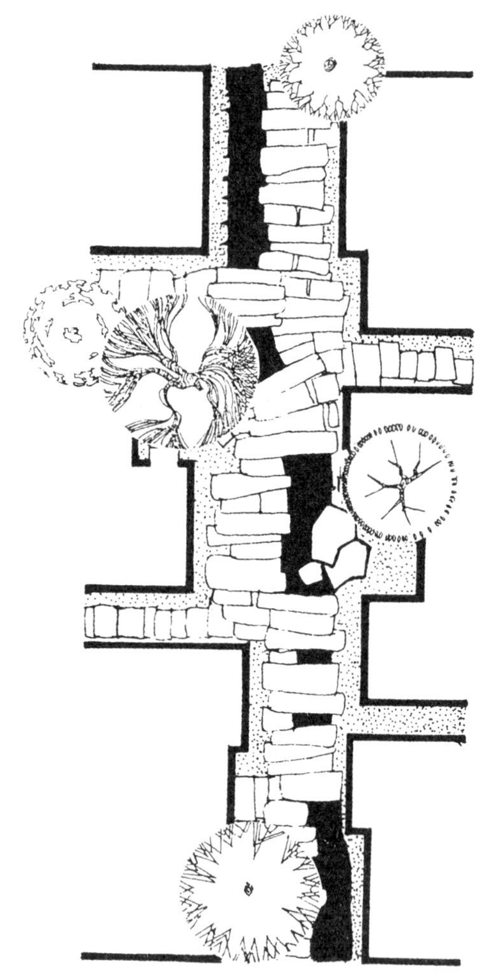

山寨中，小溪常在民居间穿流，时而与道路并行，时而隐于路下，时而又从民居中穿过，时隐时现，水声潺潺。使村寨空间更加丰富和生动。

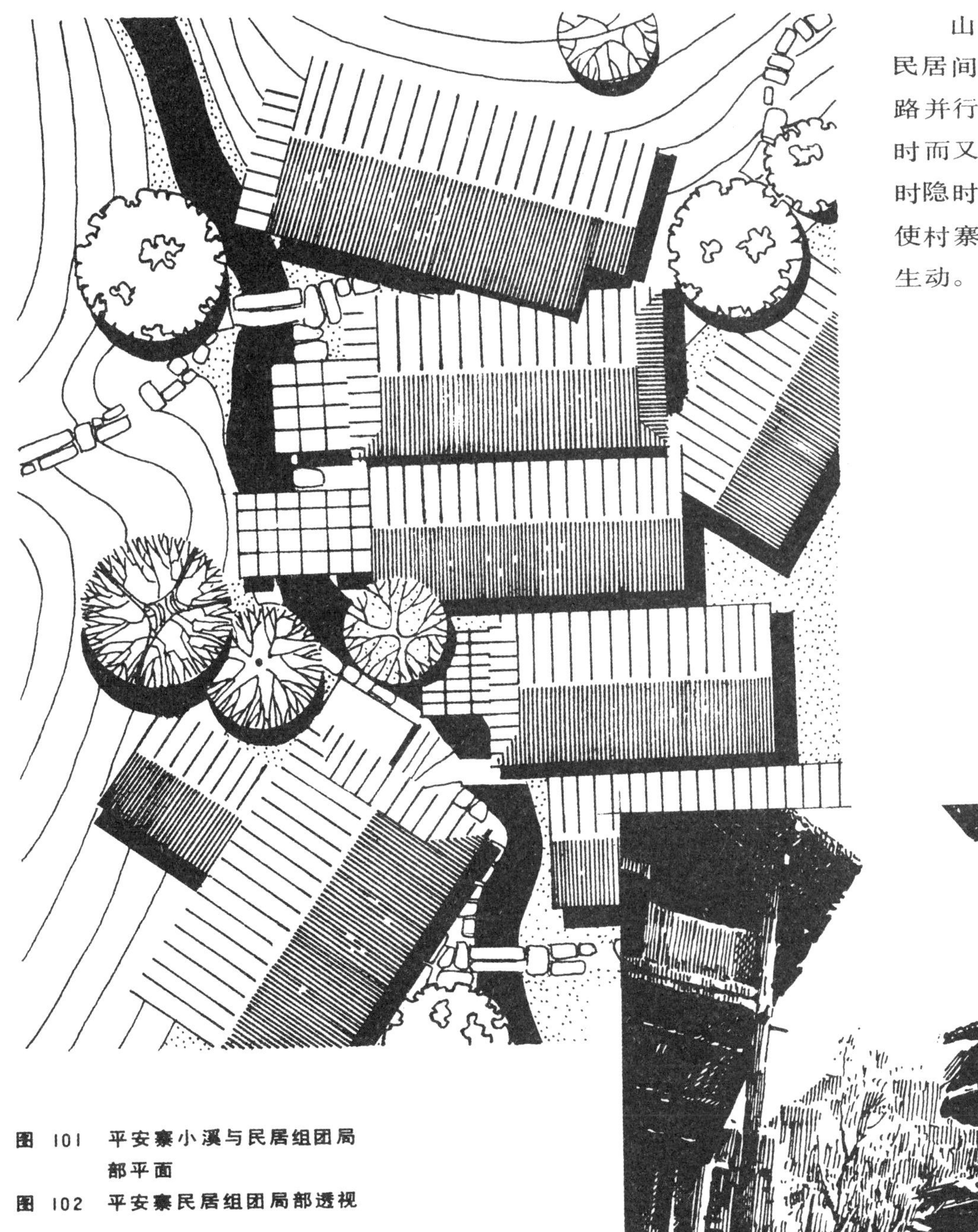

图 101　平安寨小溪与民居组团局部平面

图 102　平安寨民居组团局部透视

村寨对饮水质量讲究，大多采用“竹筒分泉”法，从几里或几十里外的源头将清澈卫生的山泉引入寨内各户。这种山寨传统引水法，与现代城市的枝状供水系统十分相似，是桂北村寨水系的一大特色。

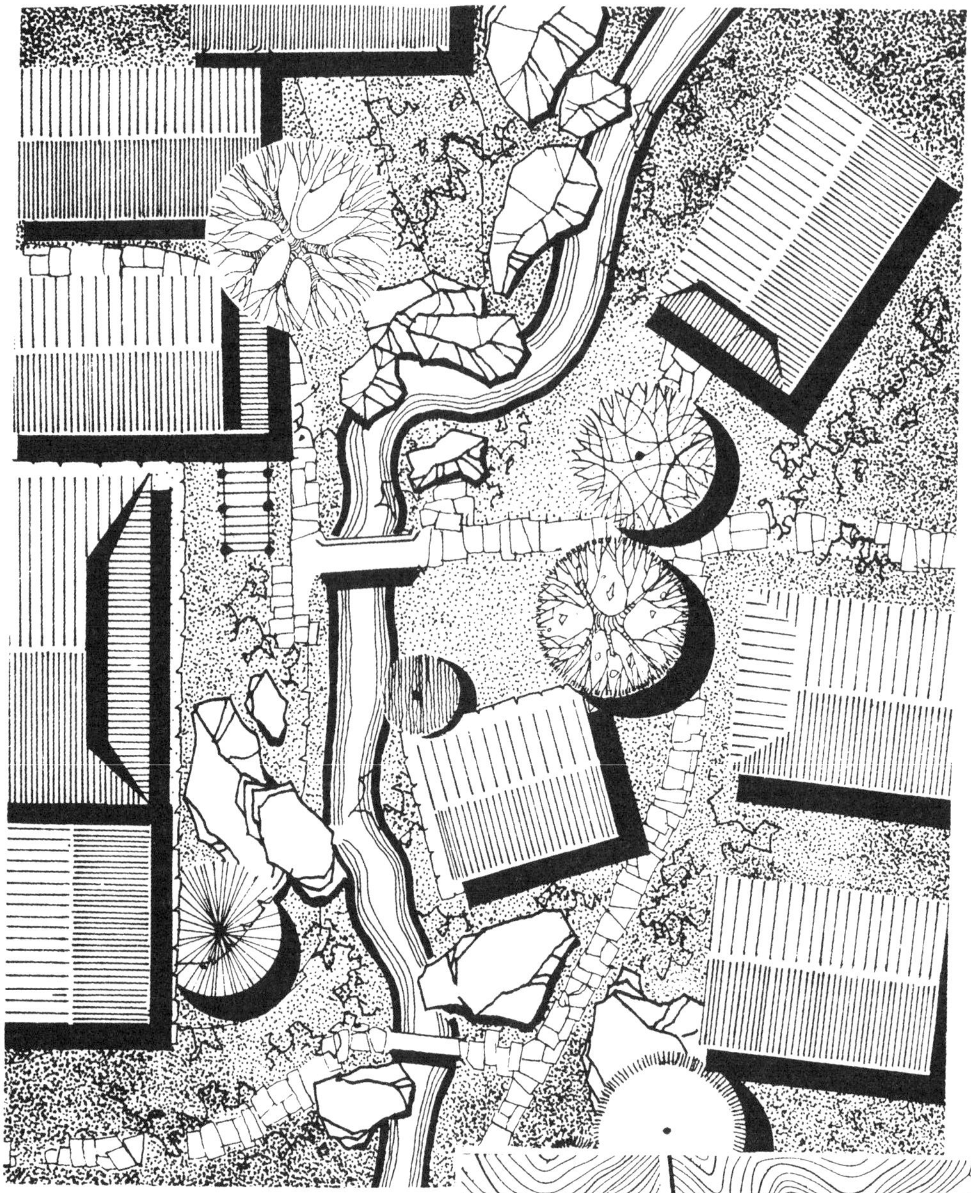

图 103 龙脊寨小溪与民居组团局部平面

图 104 平安寨主要溪流分布

图 105　平安寨局部水景透视，溪流与道路平行，设小桥入户

图 106　平安寨水景一角，水系与道路平行，设小桥入户

图 107 平安寨水环境

侗族村寨多沿河而建，生产用水主要以水力自动水车从河中提取，灌入村寨及农田。水车是侗族村寨水系的组成部分，其古朴的造型、低沉的声响，又是侗寨不可多得的视，听景观。

侗族水系的另一特色是寨内水塘密布，穿插于民居组团之间，自成系统。这种水面，既可成为防火隔离带，又是消防水源，平时用作养鱼，可谓一水多用。还为村寨创造了优美的水空间。

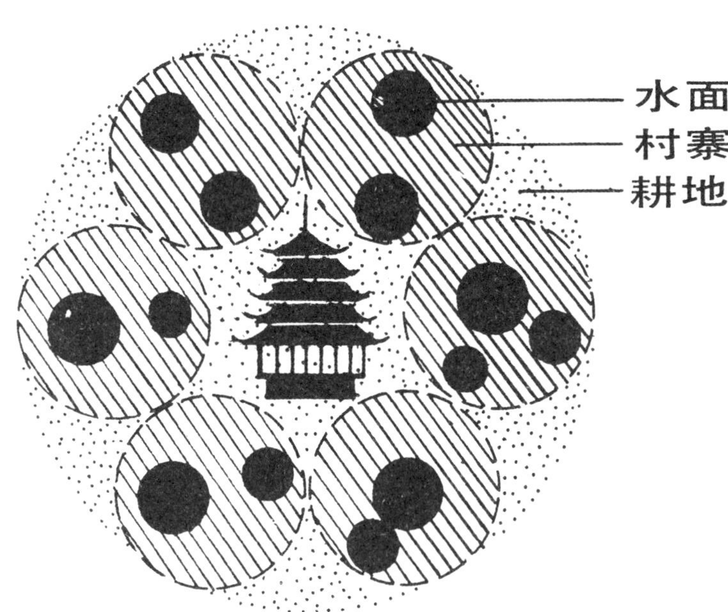

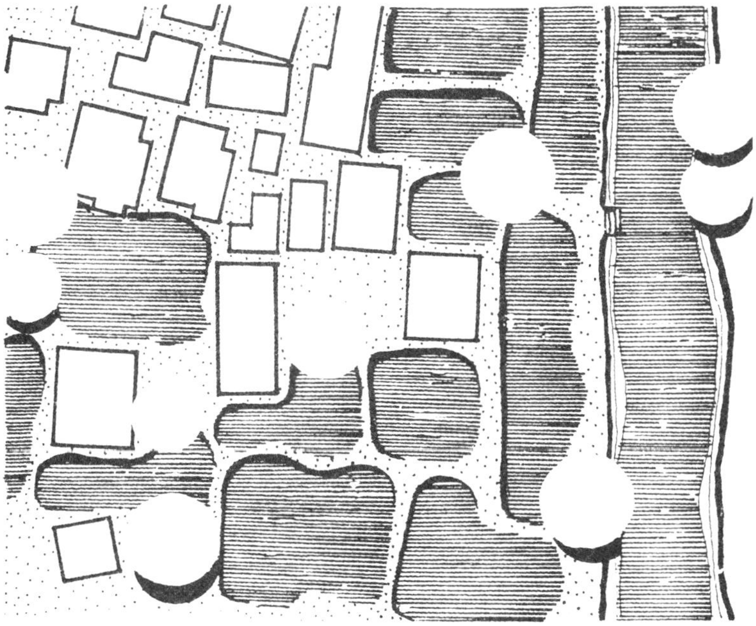

由于桂北地下水源丰富，水质良好，侗寨的生活用水一般为打井取水，由此而产生了井亭，形成侗族“寨寨有井亭”的特点。

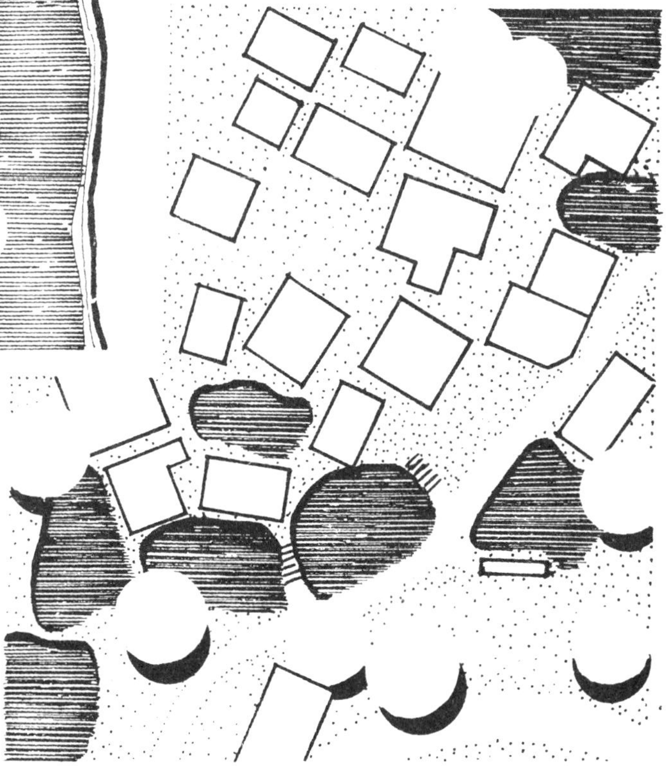

图 108　侗族村寨水系模式
图 109　亮寨局部水环境平面
图 110　八斗寨局部水环境平面

图 111　平辅寨局部水空间

图 112　亮寨局部水景透视

图 113　马胖寨局部水空间

图 114　马安寨局部水空间

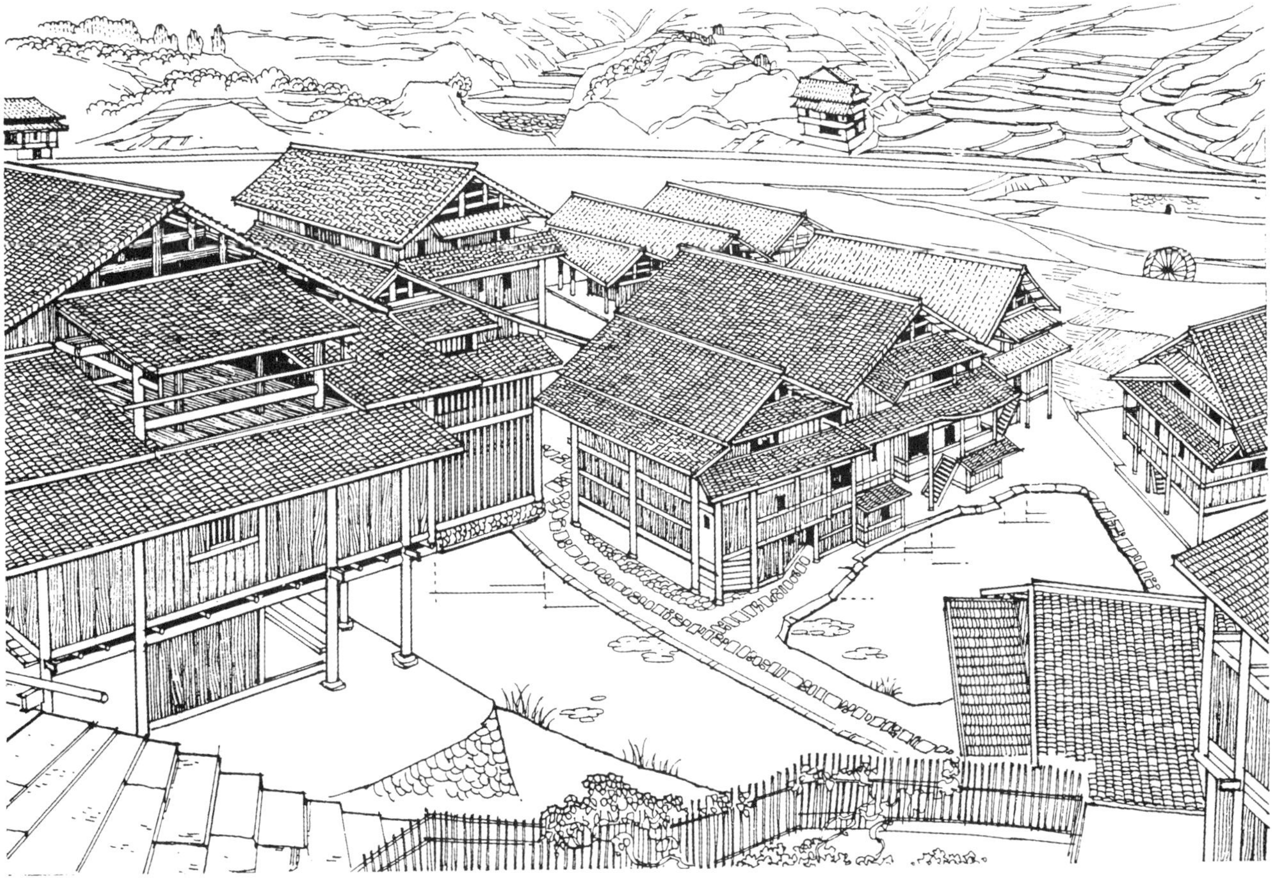

图 115　金竹寨一角。该寨设于半坡，建筑沿等高线布局，因地制宜，层次丰富

图 116 与坳地结合的平安寨透视
图 117 与坡地结合的新寨总平面

五、村寨与地形

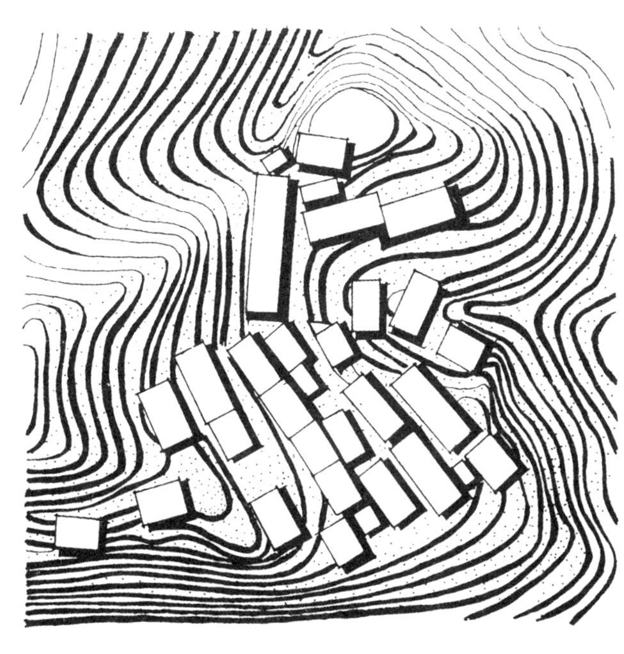

复杂的山势地形往往给村寨建筑带来困难和限制，正是在这种特殊限制的复杂环境中，桂北村寨建筑显示出其不拘一格的特色。

桂北村寨依山傍水，在山坡、山顶、山坳及河畔，灵活利用地形，顺应自然，使村寨与山势融为一体，成为自然环境中的有机组成部分。

图 118 金竹寨利用地形所形成的丰富外貌

图 119 金竹寨总平面

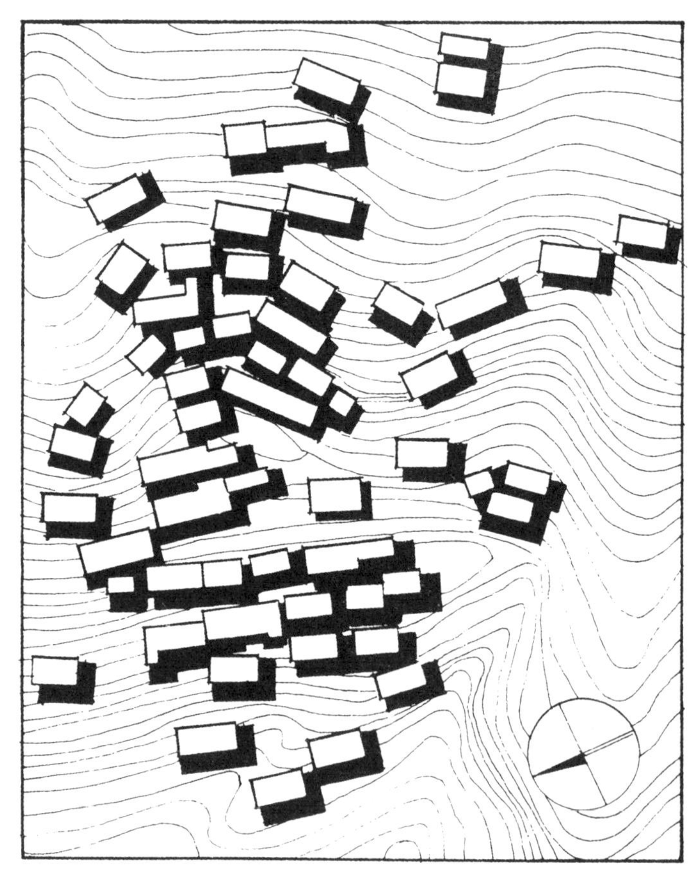

金竹寨建于半山腰的陡坡地段，村寨建筑沿等高线布置，在依托于山势的同时，对地形进行了适当的改造，形成与民居等宽的台阶式用地，利于房屋修建，也能节约造价。这种处理手法还能在保持民居良好日照和通风的同时，减小房屋间距，节约村寨用地。

图 120　与地形结合紧密的华炼寨

图 121　与坡地紧密结合、气势磅礴的龙背寨

图 122 民居、鼓楼、水车、小溪有机组合的马安寨
图 123 高差悬殊的平安寨一角

六、村寨环境

建筑与其环境协调一致，有机地融为一体时，才能显现其特殊的艺术魅力。

桂北村寨面貌丰富多采，但按不同的民族及地势差异，主要有侗寨和壮、瑶寨两大类。

侗族村寨的特色除了成片干栏式民居依山就势，与环境协调一致以外，更在于有鼓楼、风雨桥等建筑的点缀。村寨中的鼓楼，无论雄伟挺拔，还是玲巧雅致，都能在视觉上构成村寨的中心，并丰富村寨的外轮廓线。风雨桥是进入某些村寨的必经之路，也是村寨的大门，成为侗族村寨风貌的主要标志之一。

图 124　村寨外轮廓与山势一致的平辅寨外貌

图 125　高差一至二层的民居纵剖面

图 126 优美的盘贵寨环境景观

通常建于高山上的壮族、瑶族村寨，有着与侗族村寨完全不同的风貌。村寨建筑随山势而构成团组点缀于梯田延绵的山地上。梯田蜿蜒曲折的韵律增添了村寨的自然风趣，村寨建筑的造型、材料和色彩与四周环境协调，又成为梯田韵律美的一部份。二者相辅相成，形成桂北壮、瑶村寨的独特面貌。

图 127　金竹寨环境一角
图 128　龙脊寨环境一角

图 129　背山面水的三江平寨
图 130　顺势弧状布局的盘贵寨

图 131　层次丰富的三江华炼寨环境景观

图 132 独峒盘贵寨一角。鼓楼广场临水
图 133 八斗寨一角。鼓楼居于高地

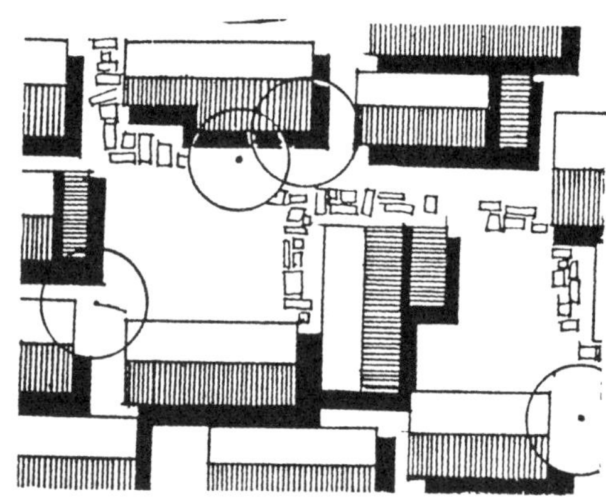

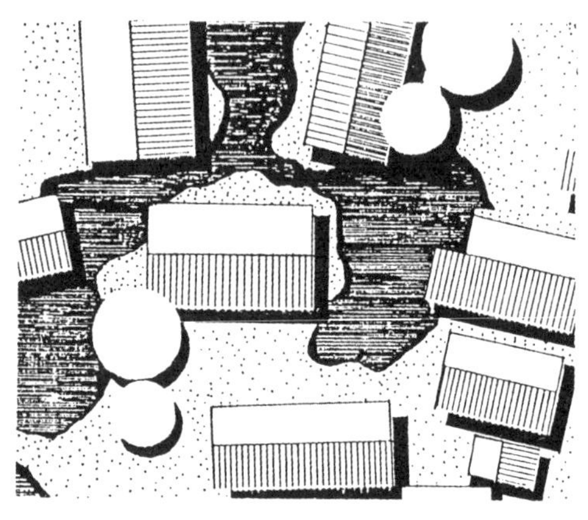

图 134 以鼓楼为主体的八协寨群体环境 （见前页）
图 135 平等寨某住宅组团水空间
图 136 亮寨住宅组团水空间
图 137 村寨矩形空间模式

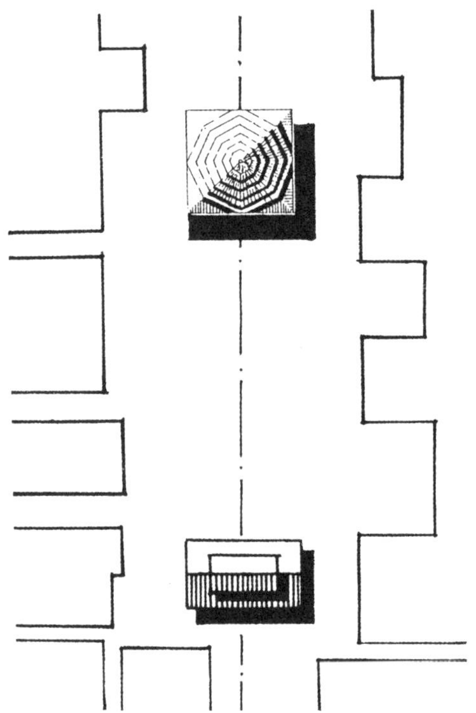

七、村寨空间

桂北村寨除了有独特的自然环境、巧妙的总体布局，丰富的建筑艺术等特点外，还具有不同形式、富有情趣的村寨空间。这些空间形式活泼、丰富多采、灵活自由，尺度相宜。正是这些不同的空间组合，丰富了村寨层次，构成了独特的村寨空间环境。

1.中心空间

（1）民居组团空间

这类空间形式在村寨中最为普遍，它是由若干栋民居建筑在一定环境中组成的自由空间。由于民居建筑位置注重风水，而不受地形约束、排列灵活、形式不拘、形成了各种封闭与半封闭、规整与不规整，相互交替穿插的民居组团空间。

（2）水空间

这类空间是以水面为中心组成的，在侗族村寨中较为常见。为了防止火灾，调节气候，美化环境，侗族人民常在民居布局中设置水面，围绕水塘布置，形成民居群体中的水空间。这种空间生动活泼，优美朴素。

（3）中心空间

由于鼓楼的特殊功能意义和突出的造型，使之自然成为了村寨的中心。因此，中心空间又称鼓楼广场空间，是侗族村寨特有的一种公共空间形式。

中心空间的构成要素除了鼓楼外，还有戏台、民居、广场及绿化等。中心空间一般位于村寨中较突出的地段，其空间尺度较民居组团空间大，也有一定的秩序，即鼓楼一般与戏台相对，强调中轴对称，并形成较规整的矩形鼓楼广场。此外，中心空间还有自由式，封闭式、开敞式、综合式等。

由于中心广场是集会议事、文化娱乐的公共活动场所，其地面装饰往往予以特别强调。通常采用各色鹅卵石铺就，拼成各种带有民族格调的图案，进一步丰富、划定了中心空间层次。

图 138 民族色彩的铺地图案

图 139 鼓楼广场卵石铺装形式

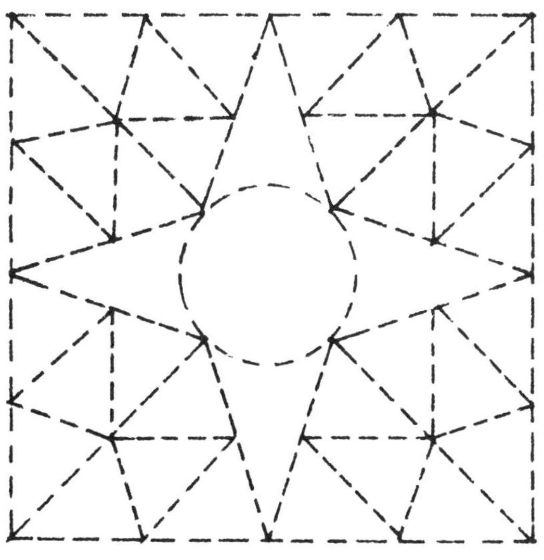

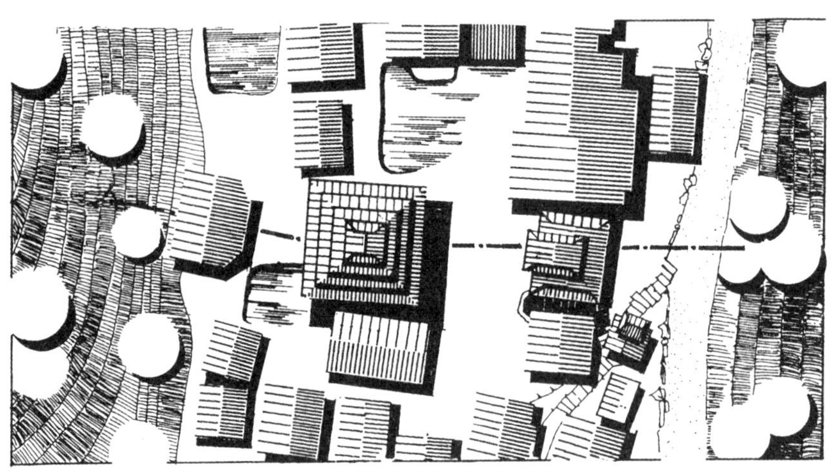

2. 空间实例

（1）八协寨

八协寨民居布局灵活、朝向自由，河流将村寨分为两部分，用风雨桥将其连为一体。寨内水陆空间各具，大小空间穿插，互为渗透。是桂北较为典型的村寨群体空间布局。

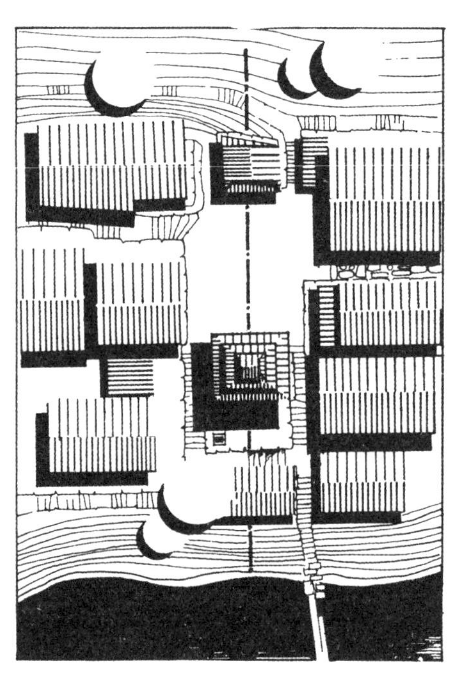

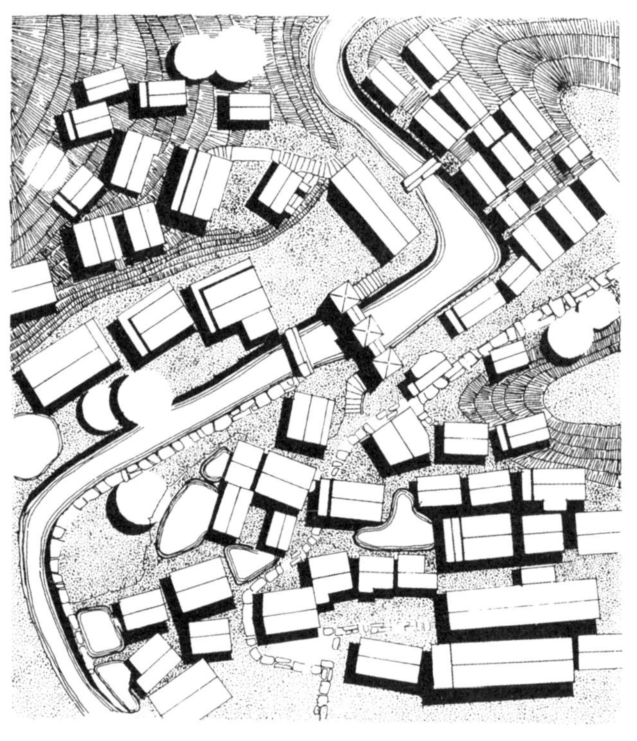

图 140　八协寨中轴对称的自由式中心空间
图 141　冠洞寨中轴对称的矩形中心空间
图 142　八协寨总平面

图 143 马安寨民居组团屋顶平面
图 144 马安寨民居组团平面

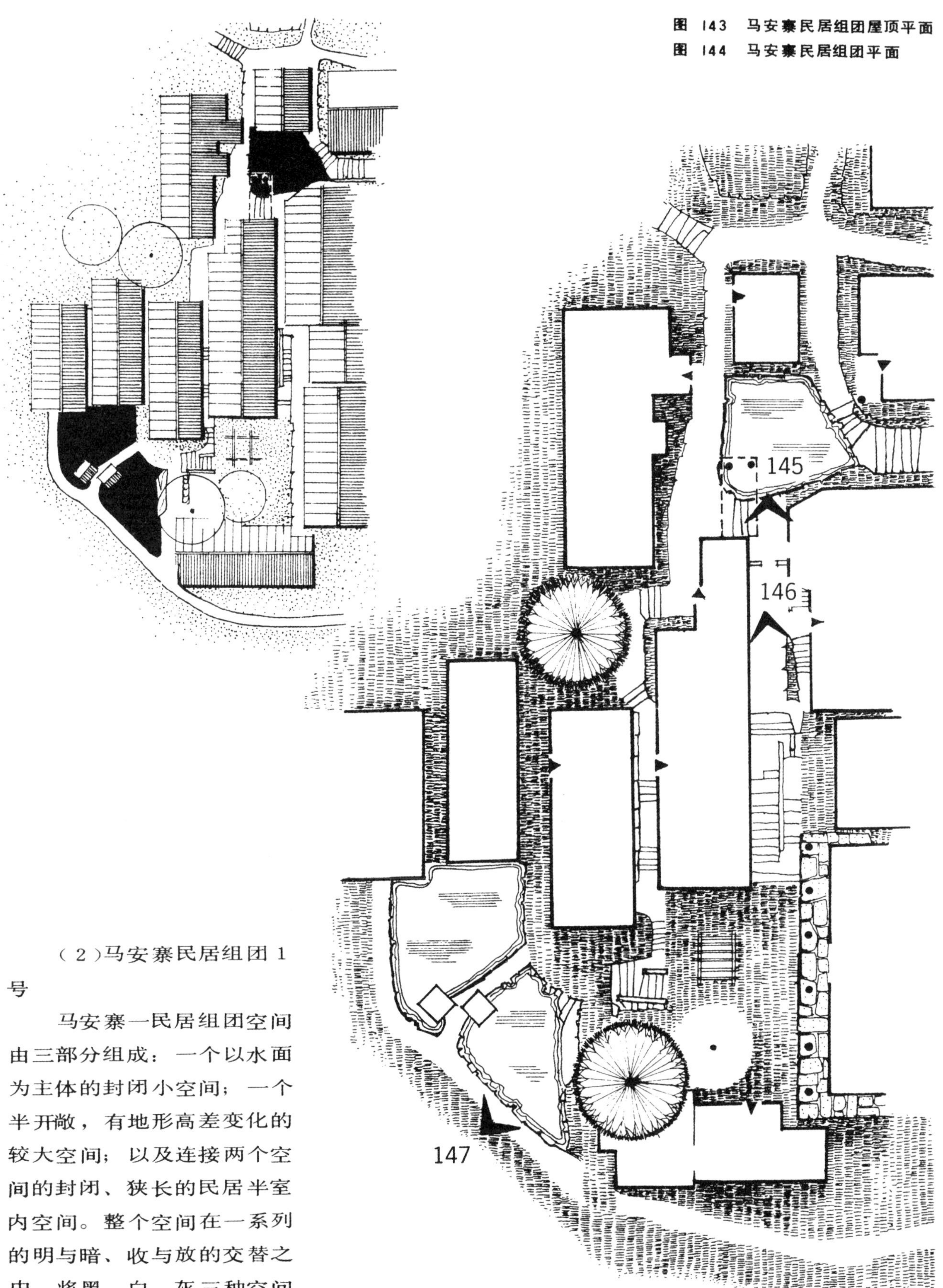

（2）马安寨民居组团1号

马安寨一民居组团空间由三部分组成：一个以水面为主体的封闭小空间；一个半开敞，有地形高差变化的较大空间；以及连接两个空间的封闭、狭长的民居半室内空间。整个空间在一系列的明与暗、收与放的交替之中，将黑、白、灰三种空间形式巧妙地融合在一起。

图 145　半室内连接空间
图 146　过渡空间框景
图 147　民居组团水空间

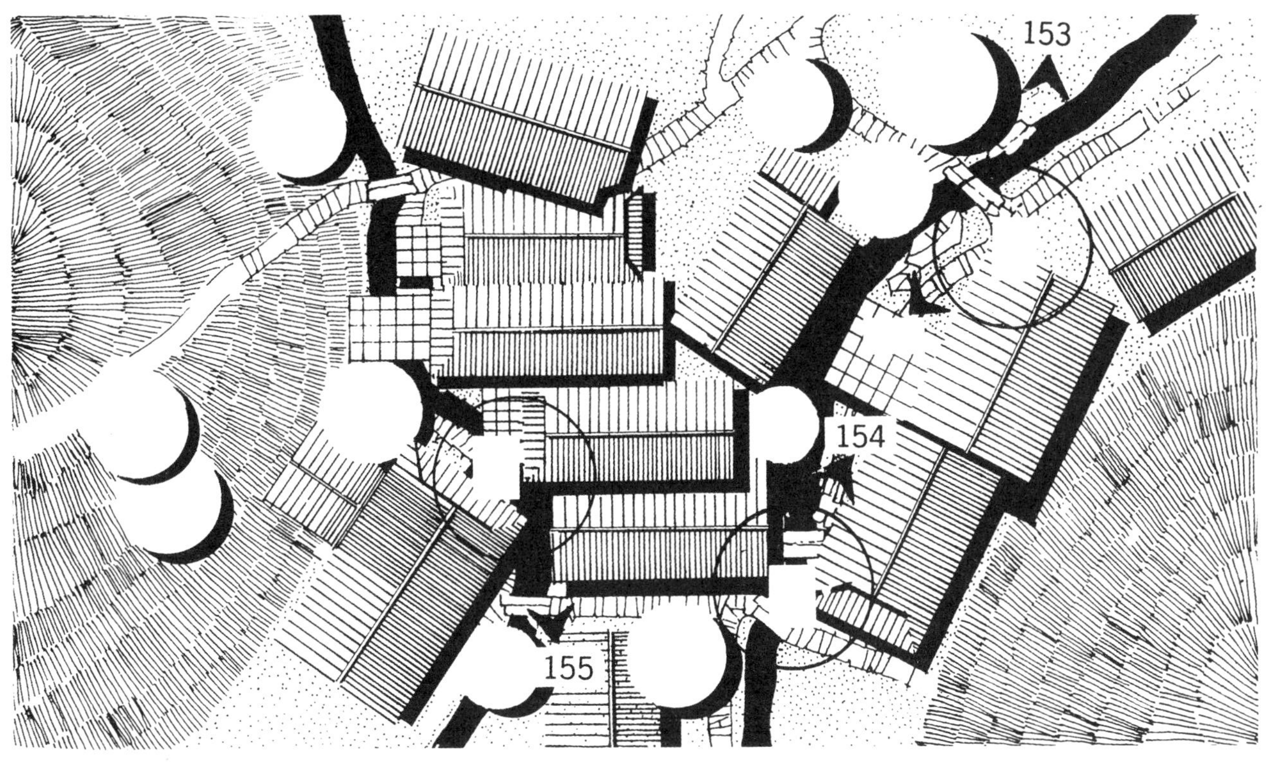

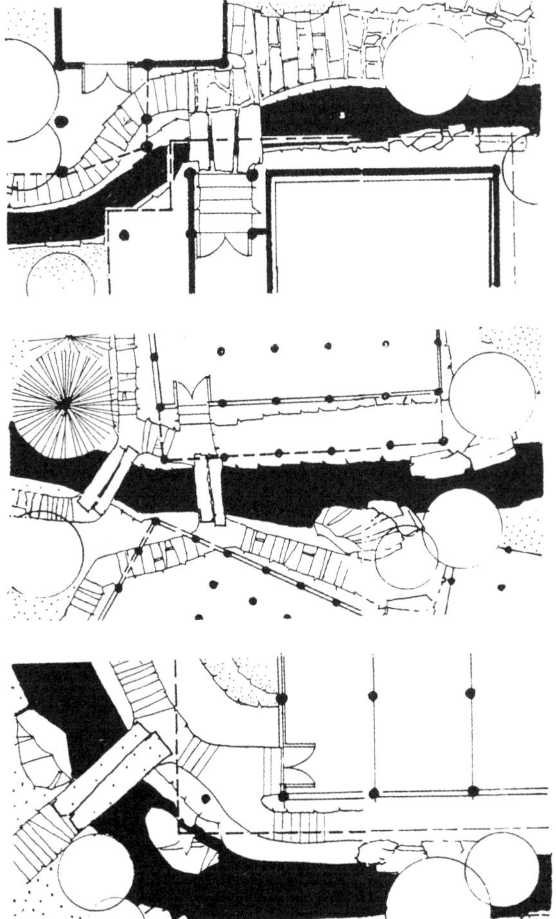

图 148 平安寨民居组团平面
图 149 民居入口局部平面 1
图 150 民居入口局部平面 2
图 151 民居入口局部平面 3

（3）平安寨民居组团

平安寨一民居组团，座落在两山之间，两条小溪流经组团之中。小路与流水并行，数处小桥横跨溪流，建筑、道路、流水、树木融为一体，展现了民居组团丰富的空间层次。

图 152　平安寨民居组团一角，道路穿越建筑底层

图 153　小路，溪流穿越民居底层

图 154　民居组团入口小桥

图 155　溪流与民居小路平行

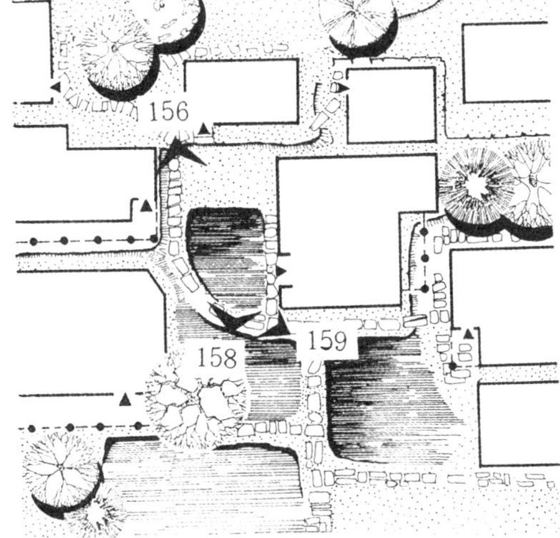

（4） 马安寨民居组团2号

图 156 马安寨民居组团水空间

图 157 马安寨民居组团平面

图 158 马安寨民居水空间一角

图 159 马安寨民居环绕的水塘

图 160 平安寨民居组团剖面
图 161 平安寨民居组团平面

163

164

（5） 平安寨民居组团 2 号

龙胜平安寨一民居组团独立于三面环山的小山坳之间，建筑布局充分利用地形，各自位于不同的高度，山间小溪从宅旁流过，道路自由穿插于民居中。四周辅以层层梯田。

图 162 平安寨民居组团一角
图 163 平安寨民居组团一角

图 164 独峒民居组团水空间

图 165 独峒民居组团平面图

（6） 独峒寨民居组团

图 166 独峒民居组团空间
图 167 独峒民居组团水空间
图 168 独峒民居组团间的水塘

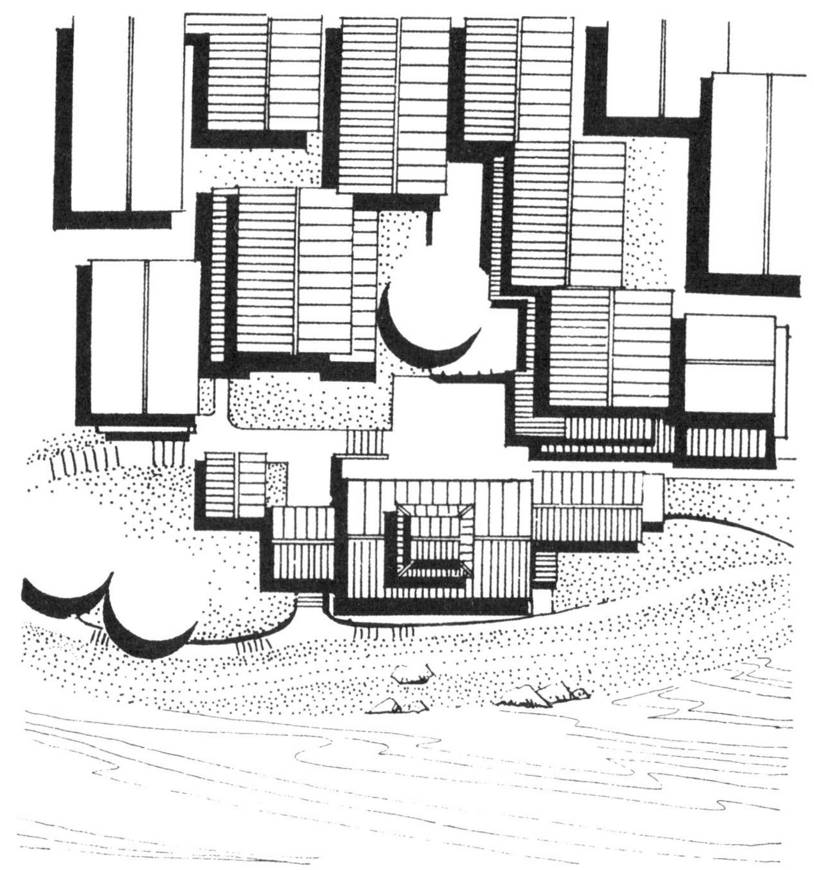

图 169 岩寨中心广场及四周民居平面图
图 170 从寨边河面上望岩寨

(7) 岩寨中心空间

村寨中心是以鼓楼、戏台和广场组成，是村寨中最突出的部分。由于地形影响，中心布置较自由，场地也不太规则。有的中心将水面结合入内，更增加了空间的艺术效果。

鼓楼的形式、大小、高低决定了空间的尺度。侗族村寨中，一般鼓楼分为阁式与塔式两种。前者与民居建筑尺度接近，所形成的广场空间尺度较亲切。如三江岩寨中心空间。而后者由于体形高大，与民居建筑形成对比，其空间尺度也大，所形成的广场较庄严。如八斗寨中心以及华炼中心空间等。

(8) 八斗寨中心空间

八斗寨鼓楼位于村寨的中心，体形高大，造型挺拔，与四周民居建筑形成强烈对比。突出了村寨的中心空间。

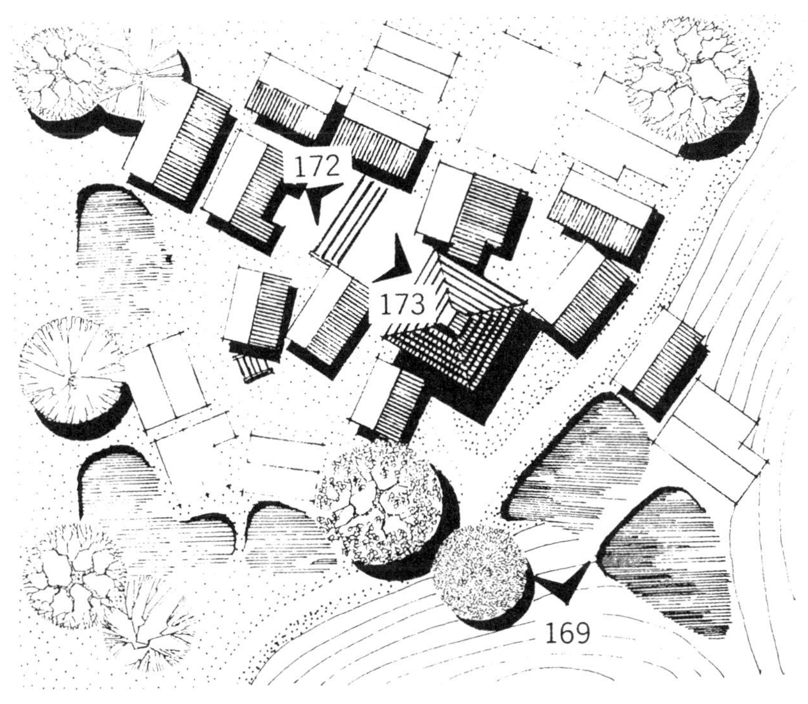

图 171 八斗寨中心平面

图 172　八斗寨中心空间。从鼓楼看戏台

图 173　八斗寨中心空间。从戏台看鼓楼

图 174　平辅寨中心广场。从戏台外眺景观
图 175　平辅寨中心平面

（9）　平辅寨中心空间

平辅寨中心地带建筑曾因一场火灾所毁。后来，村寨人民对建筑防火引起了重视，在原有中心地带又拆除了部分建筑，重建戏台，并以戏台为中心形成典型的十字形布局。防火隔离带均有十余米宽，不仅能很好的起到防火作用，也为寨民举行各种活动提供了足够的场地。村寨从低到高，建筑依自然地形布置，集中于戏台周围，层层向上发展，其中心空间具有鲜明特点。

图 176 平辅寨中心戏台
图 177 平辅寨中心水空间
图 178 平辅寨中心水空间

图 179　马胖寨中心空间景观

图 180　马胖寨中心平面

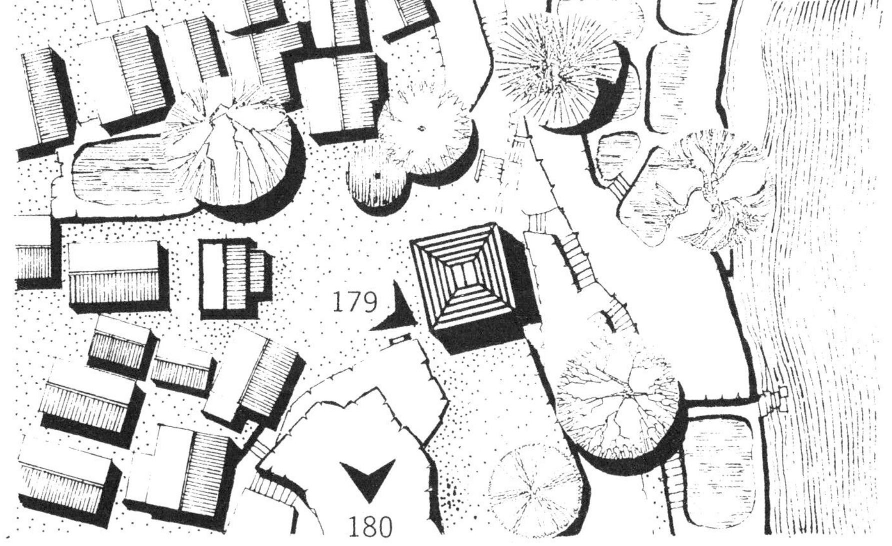

（10） 马胖寨中心空间

马胖寨中心，鼓楼高大，空间开阔，广场自由，戏台与鼓楼相对，但不对称，且不平行。民居、鼓楼、戏台、水体、绿树以及历史村规碑刻等，使村寨空间环境十分丰富，别具一格。

图 181 远眺马胖鼓楼
图 182 从鼓楼望戏台

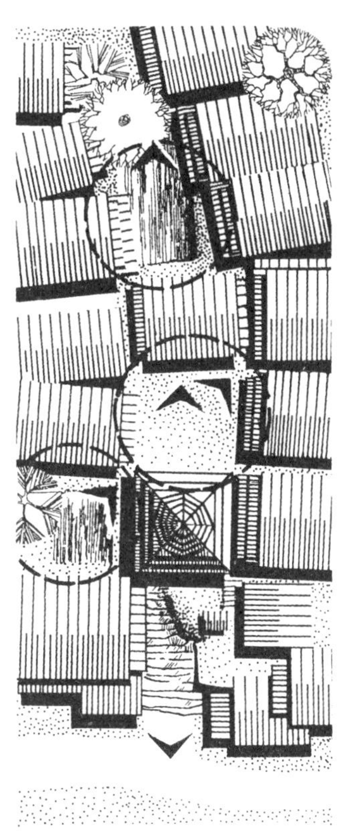

图 183　冠洞寨中心平面图

图 184　冠洞寨中心鼓楼广场

（11）　冠洞寨中心空间

冠洞寨中心由三个规整的矩形空间组合而成，是一典型的封闭形广场空间。鼓楼前，石阶踏步强调了空间入口。鼓楼与戏台位于不同高差地面，通过踏步进入鼓楼坪，穿过戏台到达以水面为主的空间环境。

图 185　冠洞寨中心空间入口

图 186　冠洞寨中心次空间
图 187　冠洞寨中心水空间

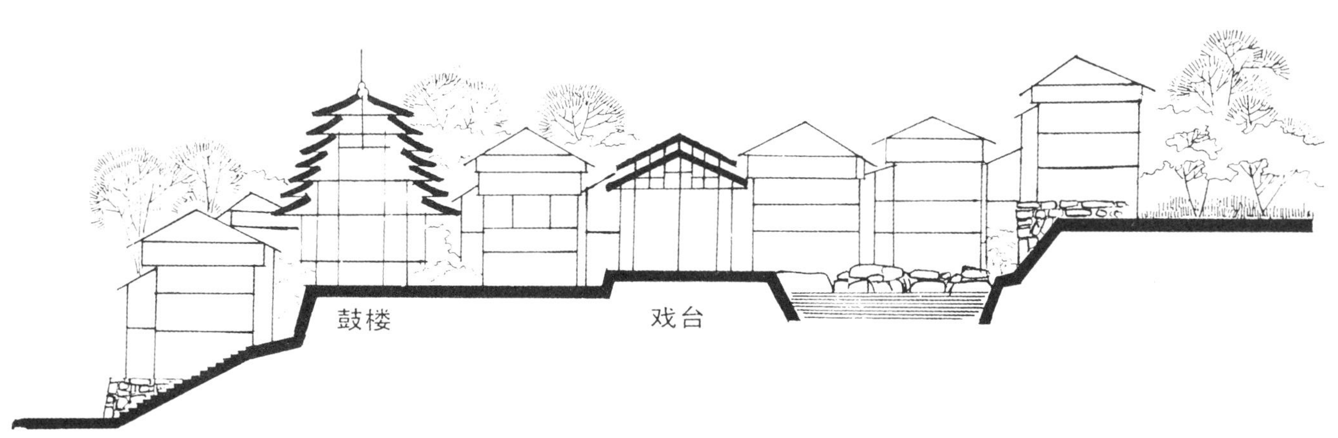

图 188　冠洞寨中心，从戏台看鼓楼广场

图 189　冠洞寨中心空间剖面

图 190　华炼寨中心空间局部透视
图 191　华炼寨中心平面

（12）华炼寨中心空间

由于地势高差大，华炼寨中心划分成上、下两个空间环境，并由多级踏步联系，使之成为一个整体。鼓楼与戏台不在对称轴上，广场布置灵活自由。

图 192 华炼寨中心上部广场景观

图 193 华炼寨中心下部广场景观

图 194 华炼寨下部水空间环境

图 195　岩寨中心沿江景观
图 196　岩寨中心平面图

（13）　岩寨中心空间

三江岩寨中心位于马胖河畔，是一个典型的自由布局式的村寨中心。鼓楼与戏台由民居分开，形成两个半开敞的空间环境，为特殊的多空间层次的自由布局村寨中心。

图 197 岩寨中心空间
图 198 岩寨戏台广场空间
图 199 岩寨鼓楼广场空间

图 200　亮寨中心环境景观

图 201　亮寨中心平面图

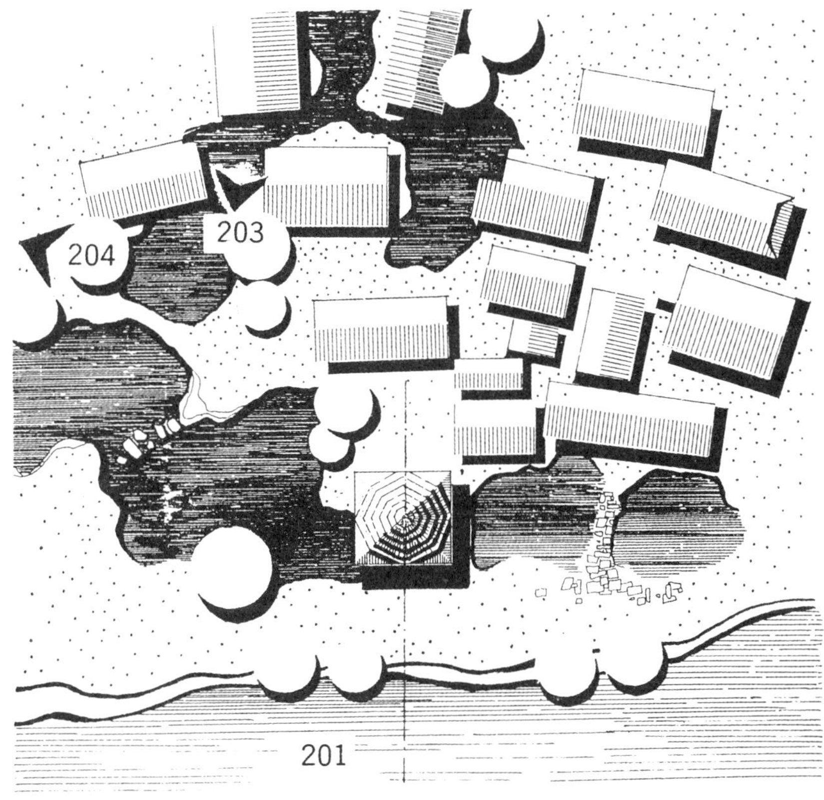

图 202　亮寨中心水空间
图 203　亮寨中心环境

（14）亮寨中心空间

亮寨环境优美，鼓楼坐落于林溪河畔，高耸挺拔。寨内许多大小水体穿插于民居之间，分散在鼓楼四周，围合成了环境优美的广场空间，形成以水面为主的独特村寨中心。

图 204　大田寨中心入口远视
图 205　大田寨中心平面图

（15）　大田寨中心空间

大田寨中心顺应地形，鼓楼建于高地上，四根檐柱落于坎下，其余各柱全在坡地上，使平面处于架空位置。鼓楼与戏台并列设置，巧妙利用了地形高差。村寨入口设于戏台架空部分的石阶地段，手法巧妙。由于村寨内外地形高差大，自然划分了村寨中心内外空间，使之独具艺术风格。

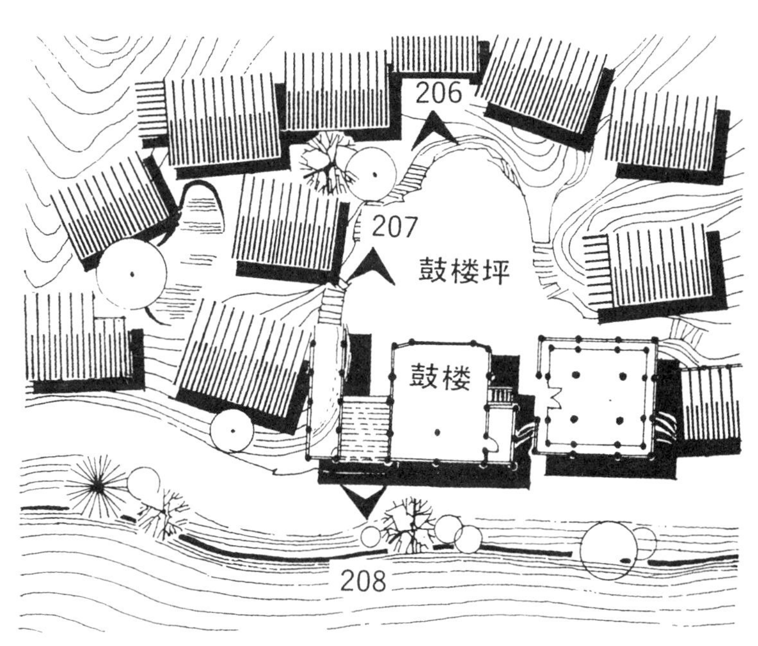

图 206　大田寨中心广场一角
图 207　从鼓楼坪望空间入口
图 208　中心空间入口 架空 透视

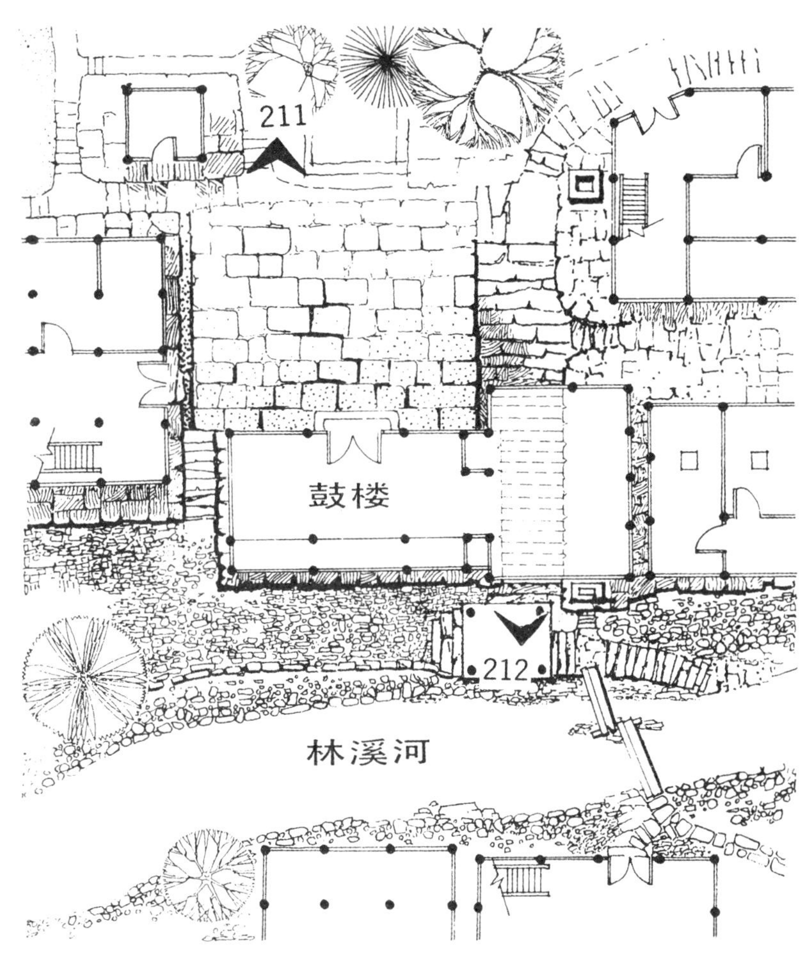

图 209　林溪岩寨中心平面
图 210　林溪岩寨中心入口外景

图 211 林溪岩寨中心广场透视
图 212 林溪岩寨中心入口透视

（16） 林溪岩寨中心空间

林溪岩寨中心位于溪旁高地上，由鼓楼与民居建筑围合成一个封闭、完整、尺度适宜的中心广场空间。

林溪岩寨中心空间与大田寨有类似特点，不同之处在于其鼓楼架空部分进入中心空间的石阶更长，具有强烈的视线吸引力。入口经过木桥，穿越鼓楼架空通道，沿着石阶步入村寨中心广场，这一空间序列变化，正是林溪岩寨中心空间的特点。

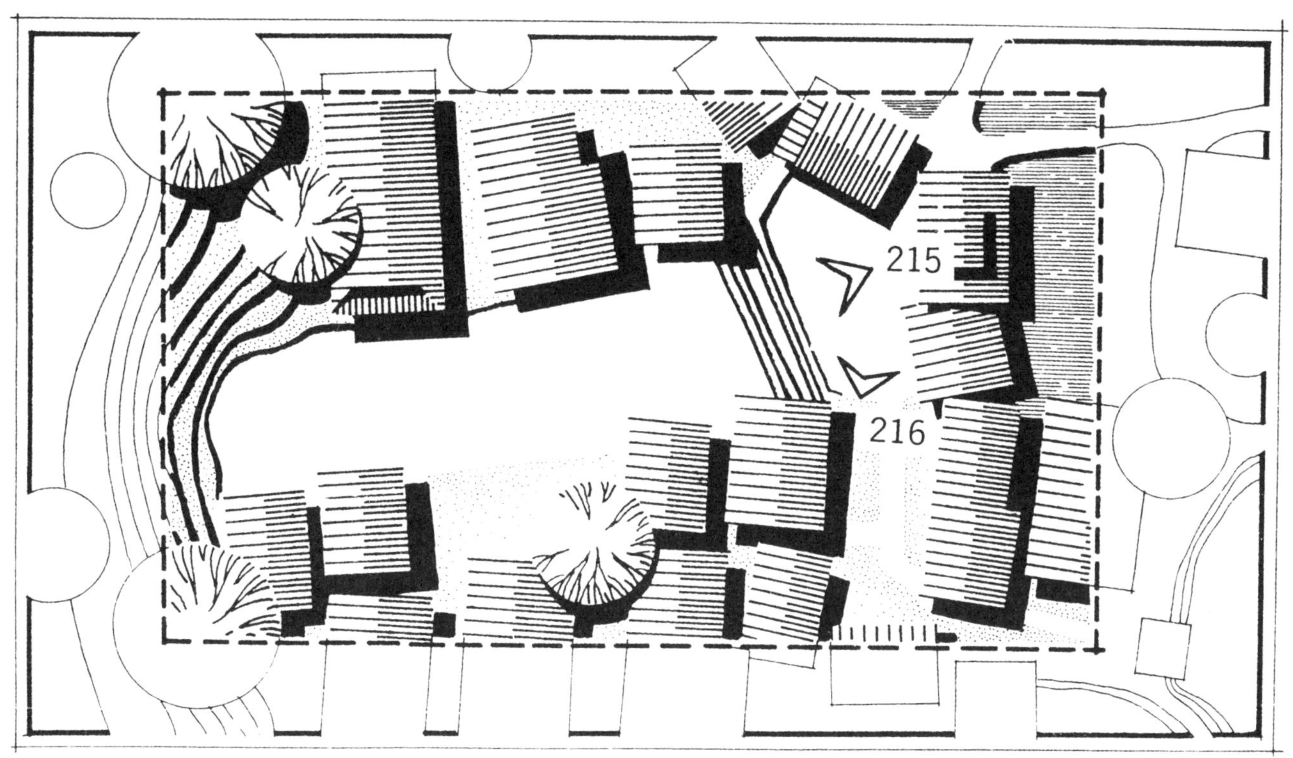

图 213　平寨中心平面图
图 214　平寨广场空间
从鼓楼外眺
图 215　平寨广场空间
对面是戏台

（17）平寨中心空间

平寨由鼓楼、戏台、民居及坡地组成狭长的中心空间。该空间封闭、完整、灵活，广场由地形高差划分成两部分，用大踏步联系，形成完整的广场空间，且增强了村寨中心的层次。

(18) 皇朝寨中心空间

皇朝寨中心空间是正方形的封闭空间，尺度宜人。登上数百级石阶、经寨门入村寨。踏进这一空间，顿时令人产生一种愉快的归属感。

图 216 皇朝寨中心入口
图 217 皇朝寨中心平面图

鼓　楼

图 1　盘贵寨鼓楼

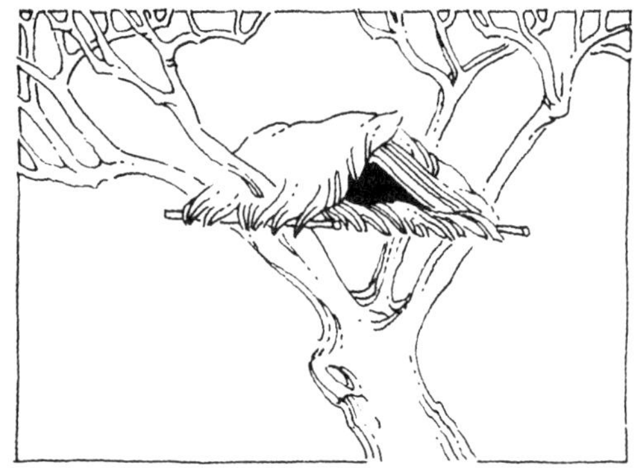

一、鼓楼概论

鼓楼不仅是侗族固有文化的象征，与侗族的形成和发展有着密切关系，而且其形式与民居也有着直接的联系。鼓楼形式来源及成因：

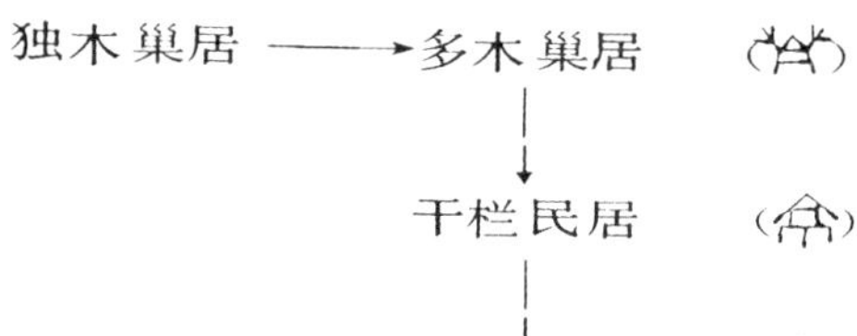

［明］邝露对鼓楼初形“罗汉堂”有如下描述：“以大木一株埋地，作独脚楼，高百尺，烧五色瓦覆之，望之若锦鳞矣，扳男子歌唱饮嗽，夜缘宿其上。”“罗汉楼”的建筑形式与古越人“巢居”形式相近，具有“干栏”建筑雏形，其功能主要是娱乐。鼓楼形式又与古时侗家建筑“聚堂”相吻合。［清］李宗昉《黔记》中言：“邻近诸寨共于高坦处造一楼，高数层，名“聚堂”，“聚堂”有聚众集会之意，与“罗汉楼”的娱乐性，正似侗族鼓楼的主要功能。

图 2　独木巢居

图 3　多木巢居

图 4　干栏民居

图 5　鼓楼初形

侗族是我国南方古老的民族之一,分布在我国湘、黔、桂三省区毗邻的广大地带,人口约一百五十余万。据史籍记载，侗族属“百越”,可能是骆越人中的一支。侗族内部在历史上曾经有过许多小支系，至今侗族内部仍自称有“老侗”、“旦侗”、“皎侗”三支。这三部分侗人，在服饰、风俗习惯上均有差别。桂北地区以“皎侗”分布较广，他们不仅有完整的“款”邦制度，而且多住在依山傍水、交通便利的沿河地带，生产水平较高。“皎侗”擅长石木建筑，仅三江县就有风雨桥112座，鼓楼186座。民居木楼多为三层，是典型“干栏”建筑。

鼓楼是侗族村寨的标志，以其挺拔的身姿，轻灵的飞檐，严整的结构，精美的雕饰，展示了侗族建筑特有的风格。

侗族集居地主要受高原文化影响，为群聚而居的集团生活，既包含家庭生活，又寄托于宗法社会。聚居多以氏族为集团，这一族系社会需要某种标志物予以强调，以加强氏族社会的内聚力，于是，逐步出现了鼓楼这一产物。侗族是以“款”为代表的氏族组织，由“款首”召集众人商议御敌、团结、治安、道德、生产等活动，寨中需有聚众集会议事场所，这也是形成鼓楼的重要原因。

鼓楼的形式也与侗族生活习惯、社交礼仪有着密切关系。鼓楼成了必然的公共活动中心。

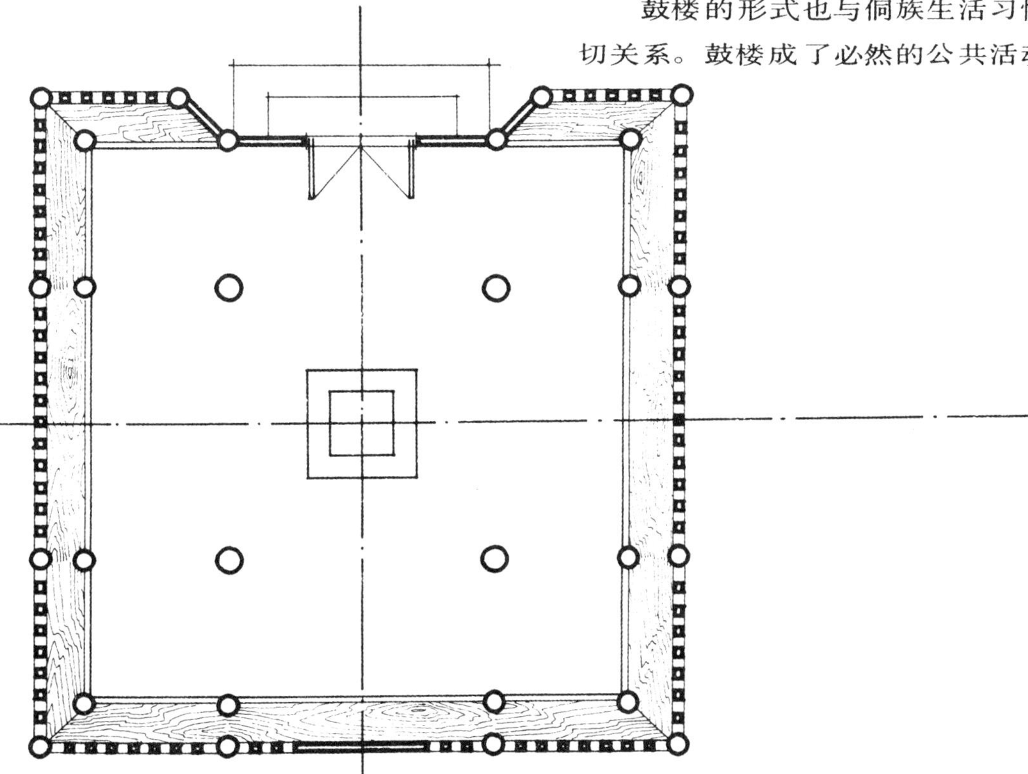

图 6　鼓楼典型平面

由鼓楼雏形进一步发展、完善，形成了鼓楼的两种基本形式——塔式鼓楼和阁式鼓楼。两种鼓楼具有同样的性质和功能作用，其差别在于：平面上，塔式鼓楼呈正方形，严谨、规整、对称；阁式鼓楼以长方形居多，灵活、自由。立面上，塔式鼓楼形似古塔，造型优美，高耸挺拔；阁式鼓楼与民居相似，造型朴素，平易近人。

鼓楼和以鼓楼为中心的广场是侗族村寨的多功能聚落中心，其主要功能有：

1.族姓标志　侗族的群体意识表现在以族姓为集团的聚集，按族姓聚居。一个鼓楼代表一个族姓，作为氏族的聚集场所和标志，它建在村寨的重要位置上，由全体氏族成员集资，献工筹料而成。人们视鼓楼为“遮荫树”，以保佑全寨的兴旺和安宁。因此，不仅逢寨必有鼓楼，而且往往先建鼓楼后建寨。

2.聚众议事　侗族过去有以“款”为代表的氏族社会组织形式，村寨中有以地域为纽带的，具有“部落联盟”性质的“合款”。由款首召集众人商议款内大事，订立款规、款约，惩罚违反款规的人，组织兴修水利、开山造田、评议物价等生产、经济活动，决定对外抵御行动等等。鼓楼则是聚会议事，执行款约，排解各种纠纷的场所。

图 7　塔式鼓楼基本形式

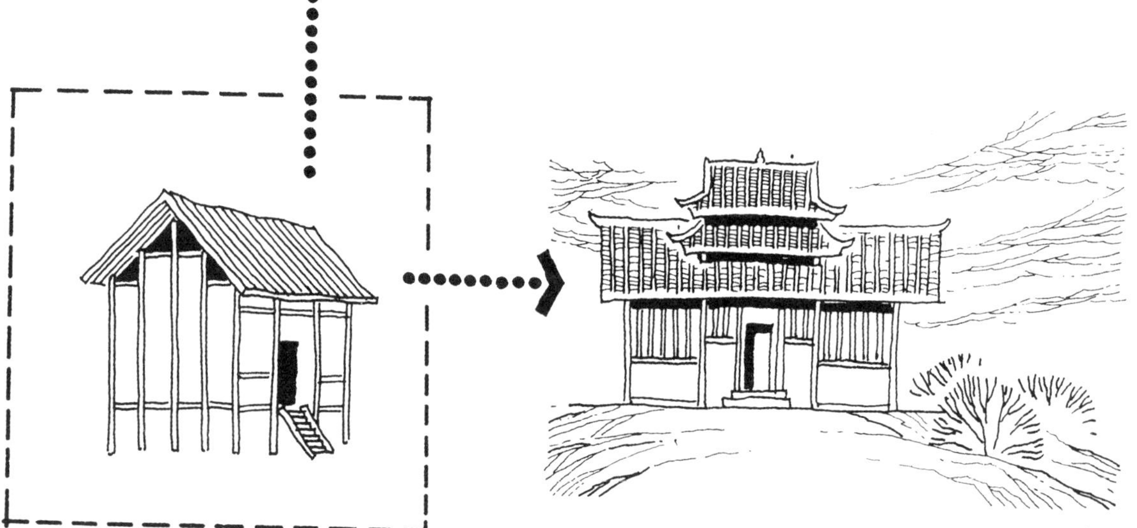

图 8　阁式鼓楼基本形式

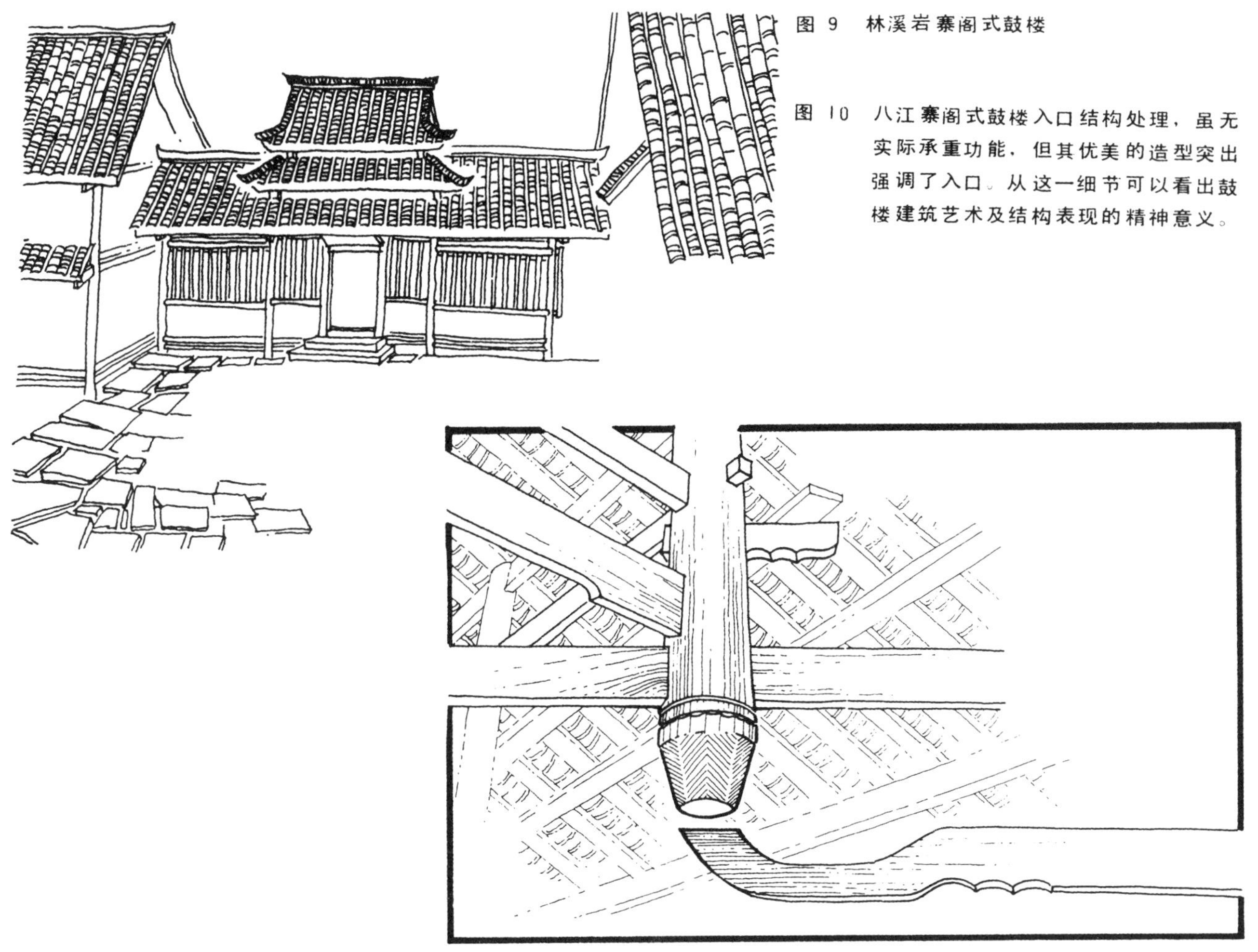

图 9 林溪岩寨阁式鼓楼

图 10 八江寨阁式鼓楼入口结构处理，虽无实际承重功能，但其优美的造型突出强调了入口。从这一细节可以看出鼓楼建筑艺术及结构表现的精神意义。

3.击鼓报信　　鼓楼是因其楼顶悬挂的长形细腰牛皮鼓而得名，此鼓又称“款鼓”。过去，当村寨遇到土匪骚扰或火灾等紧急情况时，款首即登楼击鼓报警。一当鼓鸣，邻寨响应，人们应声而至，相互支援，共同抗灾。

4.礼仪庆典　　侗族有丰富多采的社交礼仪，每逢佳节，都要在鼓楼前举行欢庆活动和纪念仪式。侗家男女老幼聚会于鼓楼，采堂歌、赛芦笙、看侗戏，热闹非凡。春节时，各寨间还要进行“月耶”走访，倾寨出动，主寨于鼓楼前设宴款待来宾，男女青年则利用此机会对歌择偶。

5.休息娱乐　　工余闲暇之时，人们都喜欢走出家门汇聚于鼓楼。习吹芦笙，学歌绣花，谈古论今，笑语欢歌。

鼓楼集多种功能于一身，为侗寨的政治、文化、社交和生活中心，是侗寨的象征。

鼓楼在侗族人民心目中占有崇高的位置，侗语中，鼓楼被称作“播顺”，即“寨胆”，有“寨子灵魂”之意，可见鼓楼包含着崇高的精神寓义。鼓楼的造型，是侗族建筑艺术的集中表现。建筑是一个民族的历史、文化、习俗及宗教等因素的综合反映。侗族的历史文化导致的群体意识，已不满足于单纯建筑功能，而有着更高的精神追求，鼓楼正是这种追求在建筑艺术上的集中表现。

对鼓楼的研究，能进一步了解侗族建筑的艺术特征、空间及结构等，有助于对侗族建筑本质和属性的内在因素进行充分剖析。

二、鼓楼空间

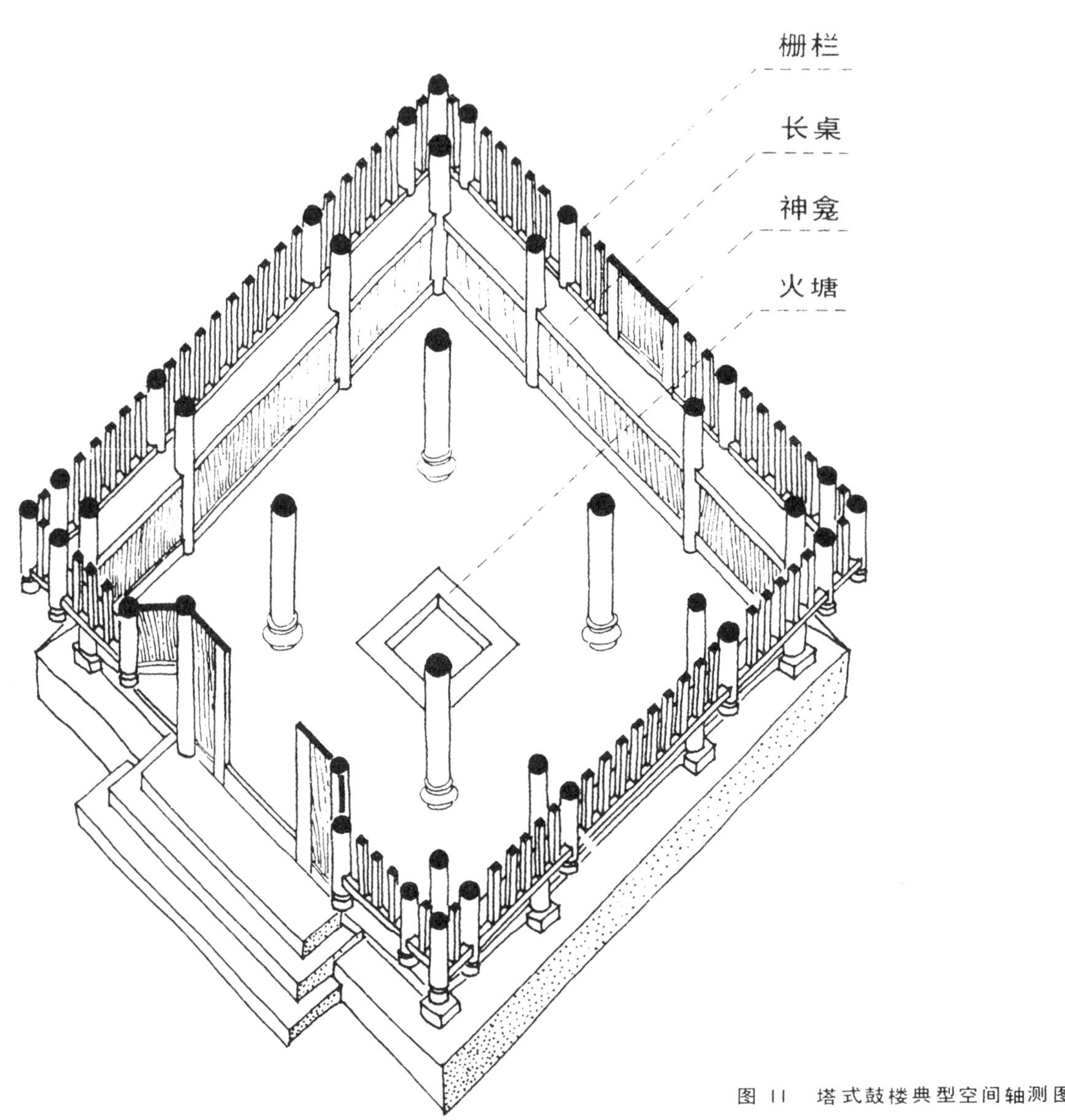

图 11　塔式鼓楼典型空间轴测图

鼓楼除了以独特的造型来表达含义以外，在内部空间处理中，也使这些功能意义进一步得到表达。鼓楼在空间及其内在含义的处理上是十分成功的，以简单的空间形式表现了深刻的精神意义。

图 12　栅格建立的第一层空间意象

图 13　大柱建立的第二层空间意象

图 14　主柱建立的第三层空间意象

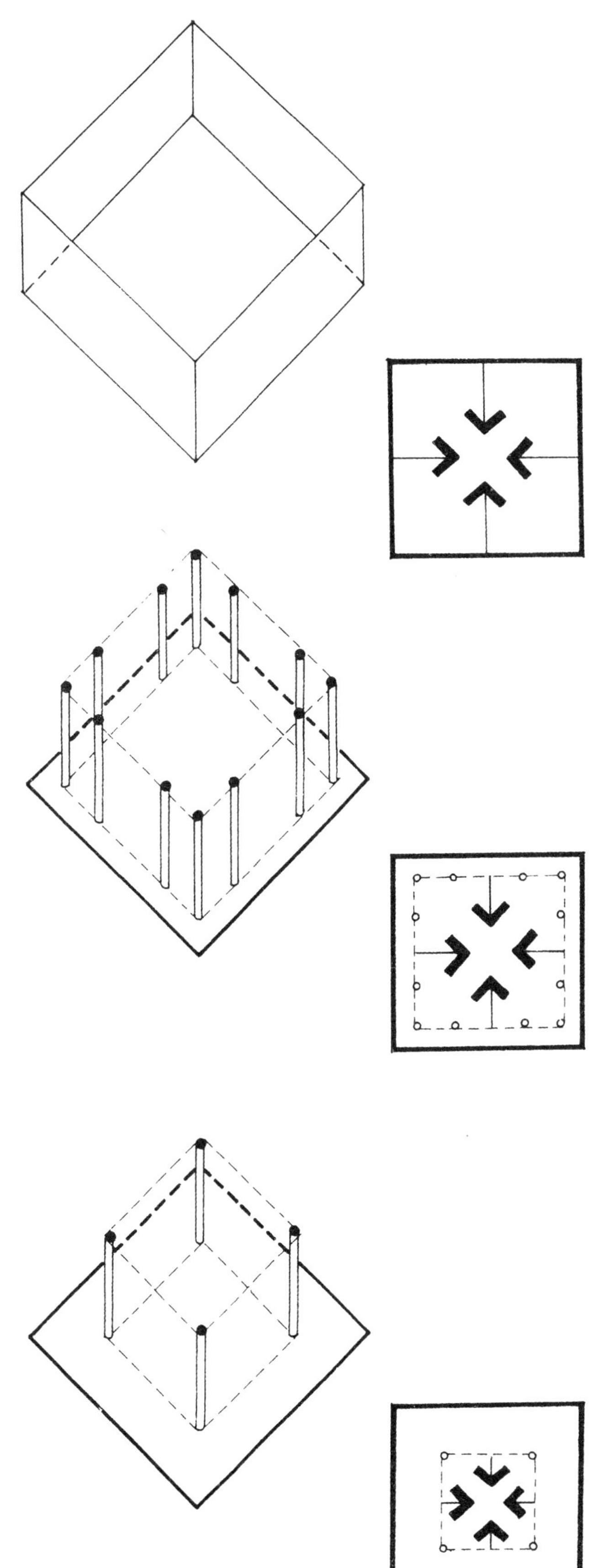

鼓楼具有极强的空间内向性，通过四周的栅栏、柱子予以反复强调，产生了强烈的内聚力，从空间上体现了中心的寓意。

四周墙体采用栅格形式，使鼓楼内部与外部有着空间和视觉连续性，鼓楼空间与村寨相融合的同时，产生了第一层内向性。

栅格内部通常由十二根大柱构成第二层柱网序列，重复强调鼓楼空间，又一次使空间内向性得到加强。

鼓楼内部的四根主柱，支承了主要结构及屋顶重量，在不妨碍鼓楼空间整体形式下，进一步明确表达了空间体积。四根主柱建立了崇高的、固定的中性空间领域，并使这一内向性聚中于鼓楼空间的焦点——火塘。

火塘是鼓楼的中心与内部空间的焦点。火塘已形成了侗族的一种文化——火塘文化。据史料记载，火是侗族的原始崇拜物，人们聚而围之，先是取暖烧饭，而后，无论春、夏、秋、冬，在以火塘为中心的限定空间内，谈论家常，论政议事，娱乐欢歌，谈情说爱，火塘升华出具有崇高精神意义的崇拜——火神崇拜。

火塘空间的存在，不但形成了鼓楼空间形式上的内向性焦点，而且反映了鼓楼本身所具有的精神含义。这种空间构成，体现了侗族历史文化、社会生活以及内向性群体意识等多种综合结构。

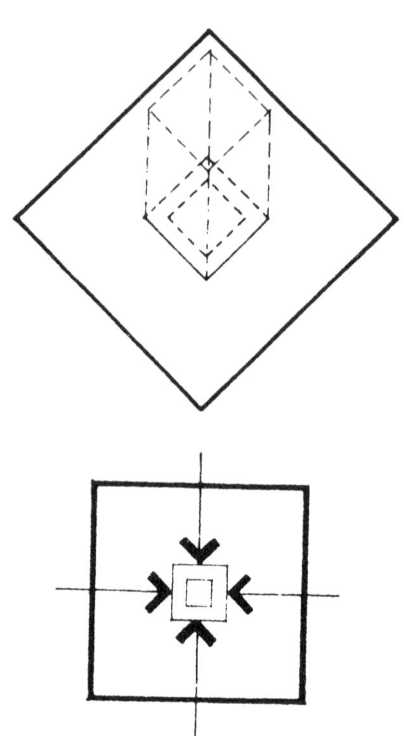

图 15　火塘建立的空间意象，形成鼓楼空间焦点

图 16　鼓楼内向性空间层次图解

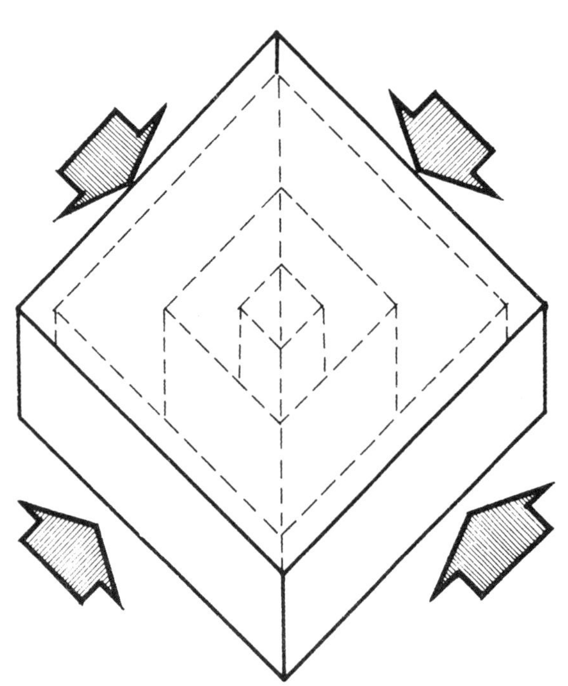

三、鼓楼结构

塔式鼓楼结构体系通常以四根杉木巨柱作主承重柱，直立于中央，其间用穿柱连接形成井筒式内柱环，并以横梁连接外围边柱，沿不同高度等距收分，出挑屋檐形成叠重檐。檐柱与主承柱组合，将内外柱环套成双筒体系，不仅扩大了底层空间，而且大大增强了结构刚度。

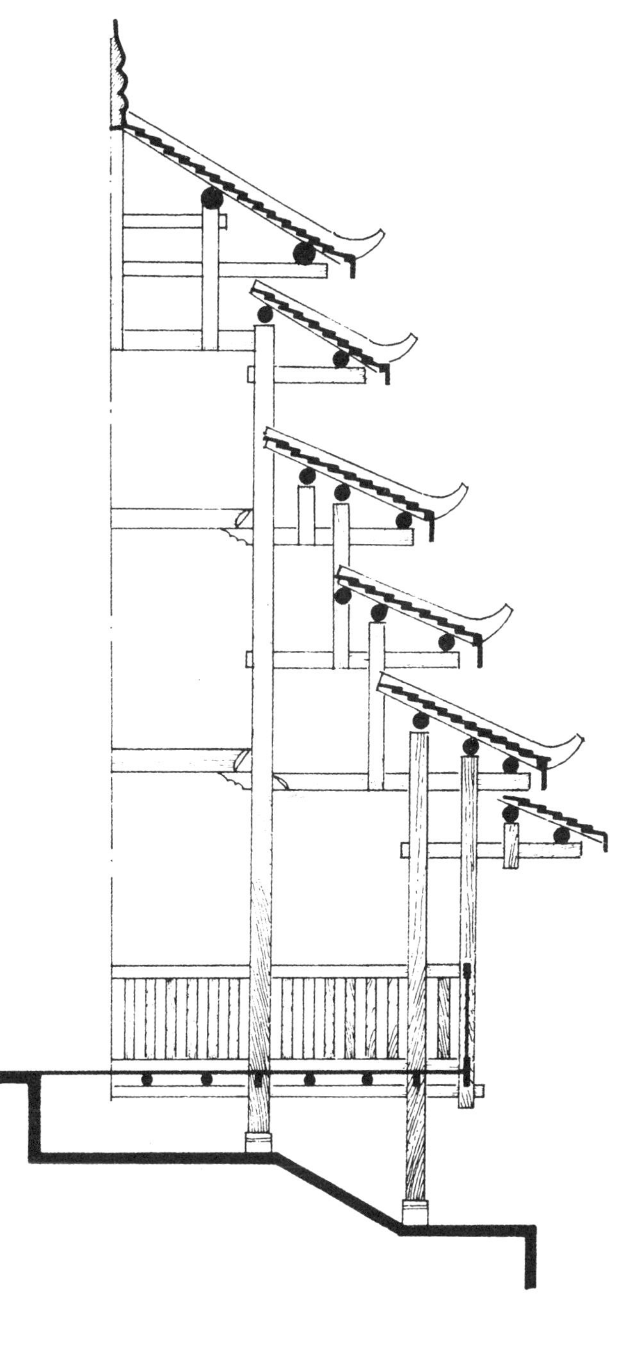

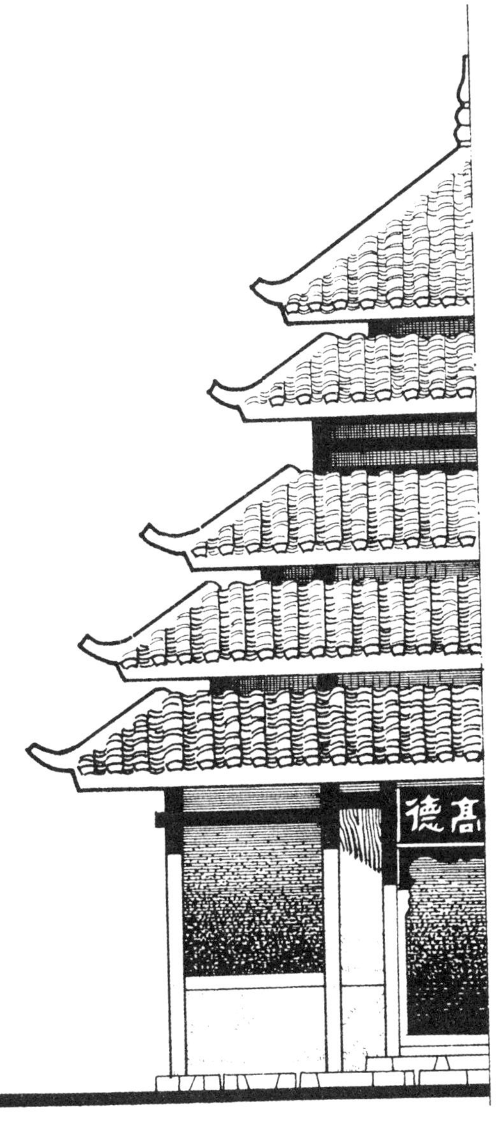

图 17　皇朝寨塔式鼓楼剖面

图 18　皇朝寨鼓楼立面，该鼓楼不仅具有塔式鼓楼一般特点，而且灵活利用地形，局部架空，具有“干栏”建筑特征

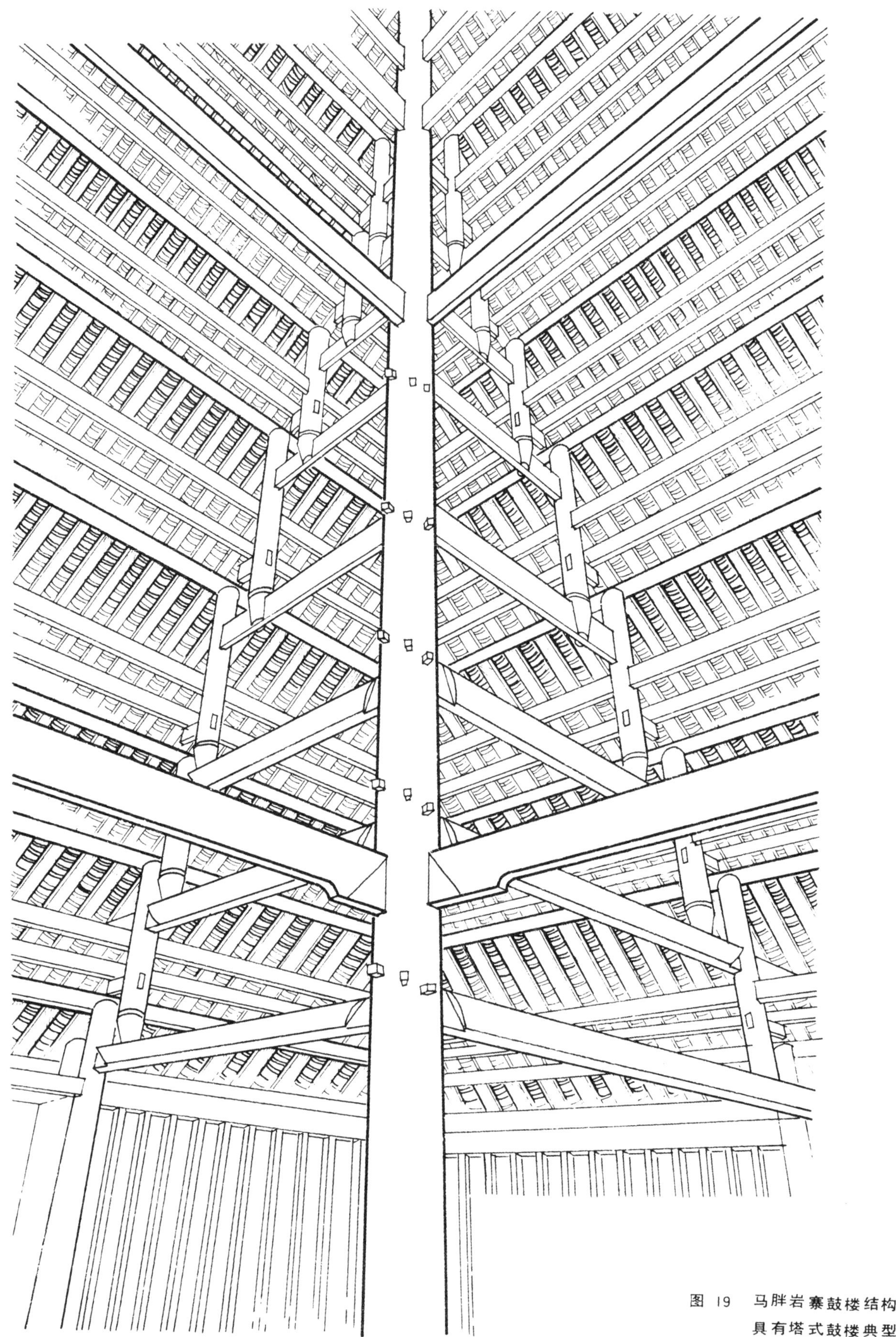

图 19　马胖岩寨鼓楼结构透视，具有塔式鼓楼典型特征。

图 20　鼓楼常用的几种彩绘图案

鼓楼檐板上大都绘制了色彩鲜艳，富于民族特色的图案。图案朴素、大方、寓意深长，多用红、黄、蓝、绿等纯色绘成，有浓郁的乡土气息。

图 21　拾阶而上，进入冠洞鼓楼空间

四、鼓楼与村寨

鼓楼无论怎样的高耸挺拔，其空间尺度总是亲切、平易近人的。鼓楼空间与道路空间、村寨群体空间存在着十分默契的有机性。

图 22　山西应县木塔

五、鼓楼与古塔

鼓楼是侗族建筑艺术的结晶，古塔是中国古代建筑艺术园囿中的奇葩。二者在群体建筑中的点缀、控制作用以及本身的外形上都颇有相似之处。

侗族文化自成体系，但在长期的历史进程中，不少方面也受到中原文化的影响。鼓楼吸收了汉式木构建筑的某些特点，与自身的风格渗透在一起，既有完美的建筑艺术、成熟的建筑技术，又有浓郁的民族气息。

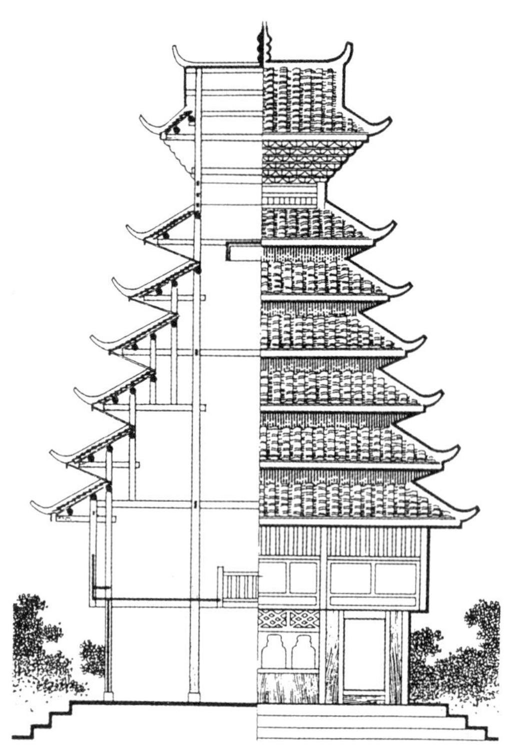

鼓楼的尺度虽较古塔为小，但它在侗寨中仍有挺拔的外观效果。鼓楼的屋顶形式丰富，有歇山顶、悬山顶、多角攒尖顶，以及这些屋顶的相互组合。屋檐的变化，丰富了鼓楼的外形，增强了它的艺术感染力。

图 23 八协鼓楼

图 24 应县木塔剖面。这是我国现存最古、最高、最大的木构阁楼式古塔。塔呈八角形，五层六檐，各层间暗设夹层，实为九层。该塔建于公元1056年，塔高67米，塔底直径30米

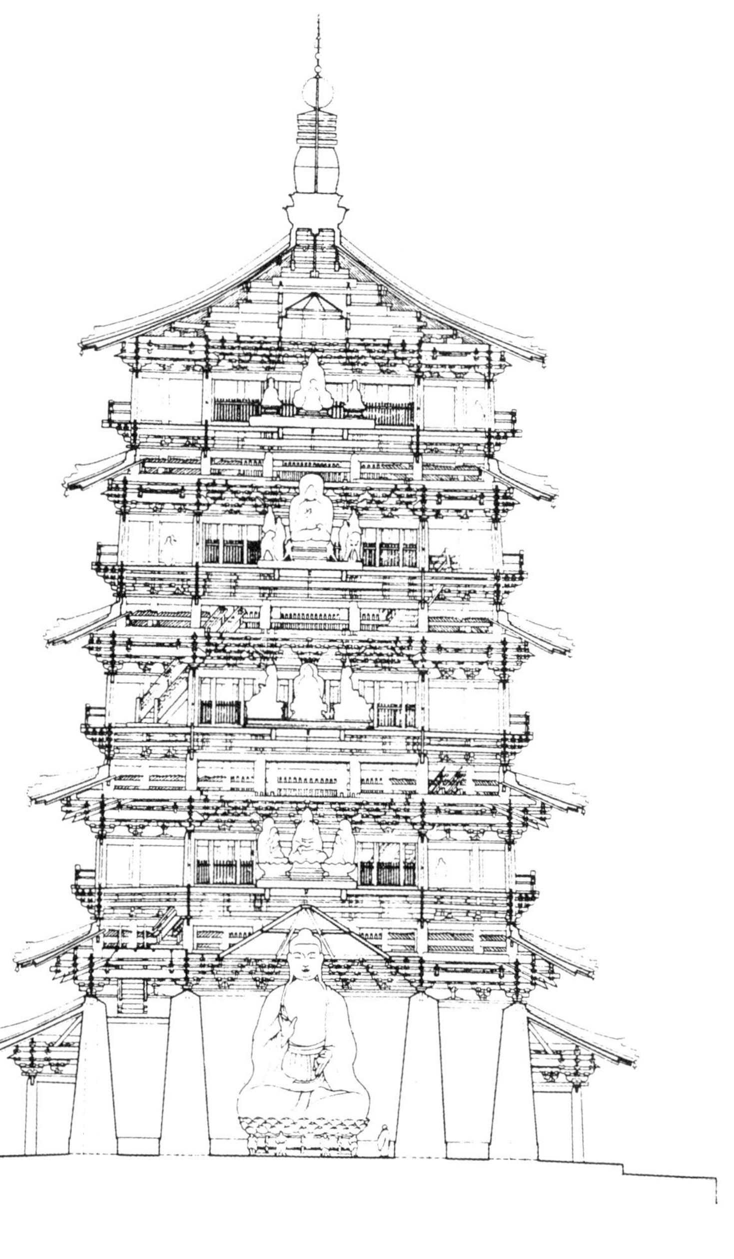

图 25 耸立在钱塘江畔的著名砖木结构古塔
——杭州六和塔

图 26 鼓楼常见的几种屋顶形式

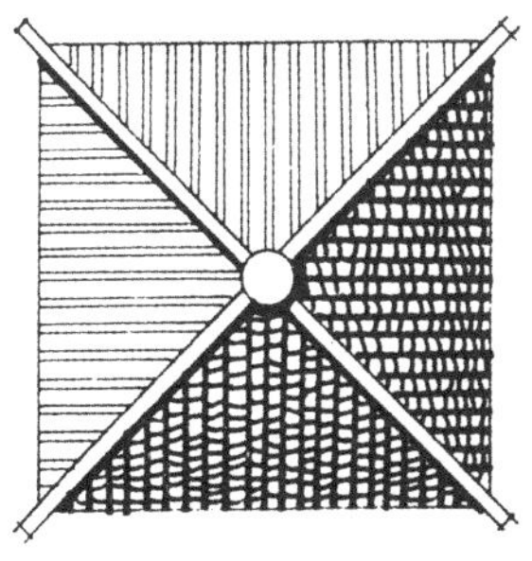

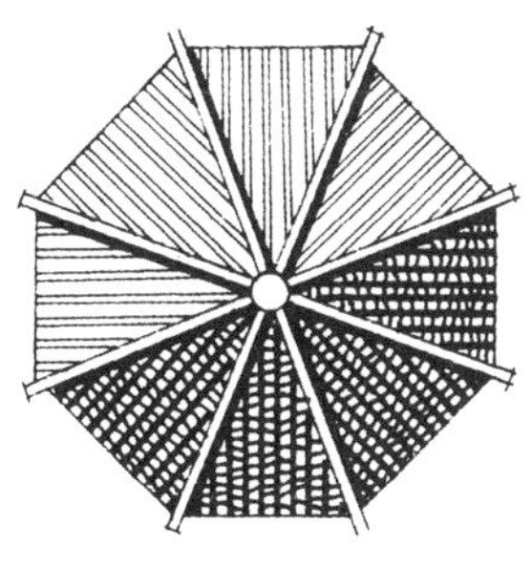

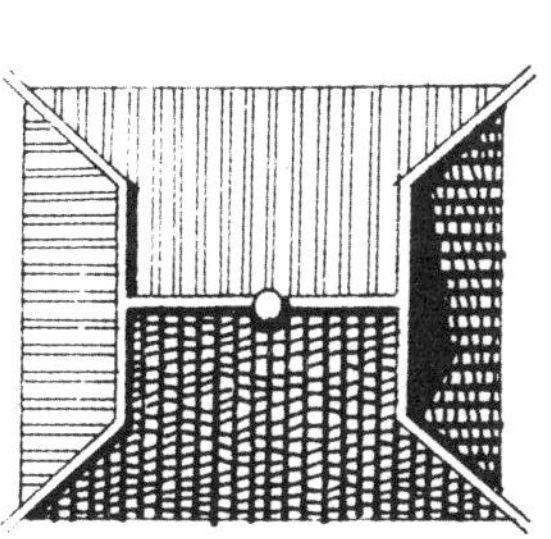

鼓楼与古塔有着完全不同的功能作用，所受的文化影响及对文化的促进作用也都不同。但在视觉上，二者都起到与周围建筑群体形成强烈对比的作用，在环境构成中具有十分相近的美学价值。从材料及结构上看，鼓楼与阁式木塔也有很多共同之处。二者都有完整的结构体系，各类部件虽然繁多，但彼此联系密切，整个结构全用卯榫衔接，纵横交错，有条不紊。只是木塔规模宏大，装饰华贵，气势雄浑；鼓楼规模较小，显得朴质无华。

塔式鼓楼又称密檐鼓楼，它与密檐古塔外形相似，其共同之处在于檐密。密檐古塔特征为——下设须弥座，底层塔身较高，以上每层塔身短，檐距密。这类塔以砖木结构居多，大都是实心建筑，一般难于登临。密檐古塔显得高大宏浑，并在浑厚中透露出挺拔之势。

图 27　华炼寨鼓楼

图 28　北京天宁寺塔，初建于辽代，明代重修，是我国现存密檐式砖塔的代表作。塔高57.8米，平面呈八角形，为实心砖砌13层密檐式塔。全塔造型丰满有力，挺拔壮丽。

六、鼓楼与过街楼

过街楼是我国旧城镇中常见的一种建筑形式，有突出、强调、丰富并分隔街道空间的特点。位于村镇街坊中央的鼓楼，同样具有强调视觉的方向性和丰富简单的街坊线形空间的作用。

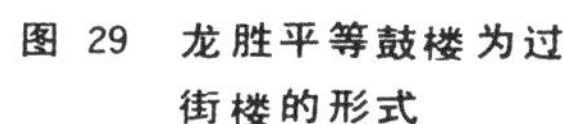

图 29　龙胜平等鼓楼为过街楼的形式

图 30　山西平遥市楼和南大街透视

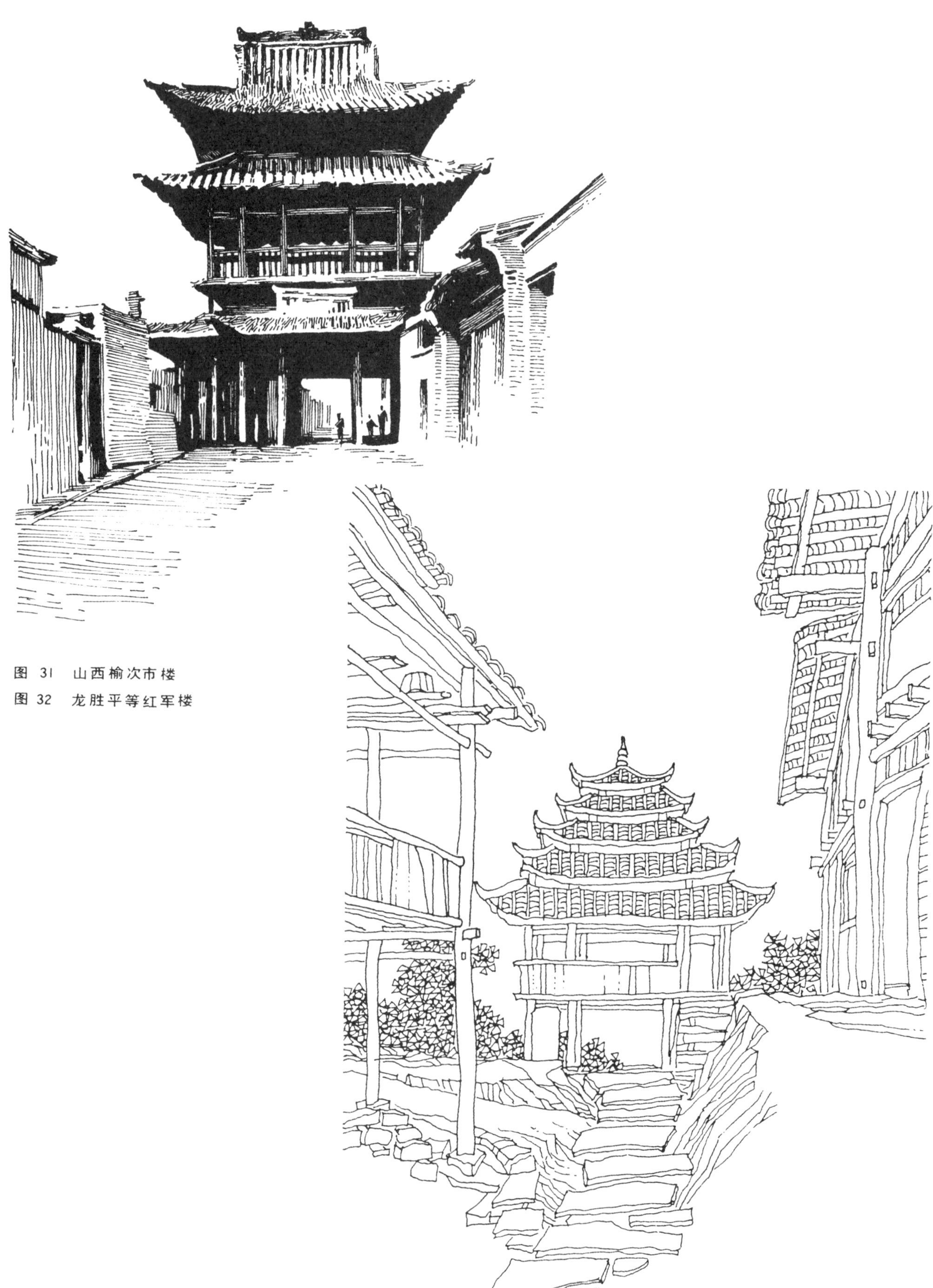

图 31　山西榆次市楼
图 32　龙胜平等红军楼

图 33　侗族人民在鼓楼前起舞欢歌的场景

图 34　掩映在树丛间的马胖鼓楼

七、塔式鼓楼实例

1. 马胖鼓楼

桂北地区规模最宏大，造型最雄伟，结构最严谨的塔式鼓楼是三江县马胖鼓楼。

马胖鼓楼始建于清代末年，重建于1943年，现为广西壮族自治区重点文物保护单位。鼓楼高10.5米，宽11米，长12米，长宽比、高宽比均较接近，外形格外墩厚、雄浑、稳重，与其他鼓楼的造型不同。马胖鼓楼位于马胖河畔的一个高地上，在马胖寨边缘，并与村寨相对脱离，形成较完整的独立形象，加强了鼓楼成为村寨视觉焦点和中心的意义。

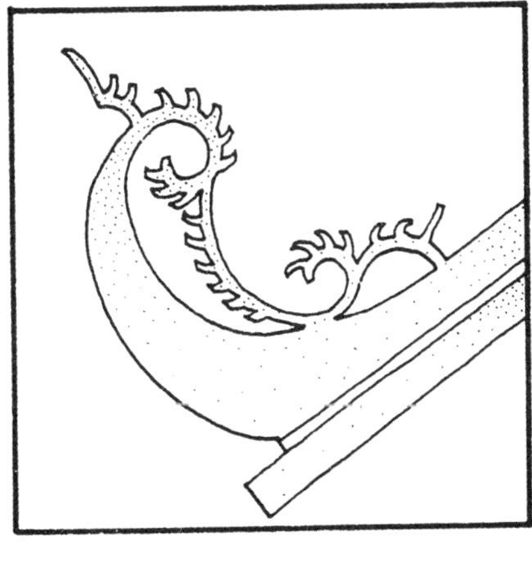

图 35　马胖鼓楼立面
图 36　鼓楼檐角雕饰
图 37　鼓楼屋脊雕饰

马胖鼓楼的雄浑感在立面上表现得尤为突出。九层屋面等距收分、层层紧缩，使屋面略呈金字塔形，强调了“稳”字。每层檐角轻盈的起翘、精巧的雕饰以及鲜艳的檐板彩绘，与庞大、粗犷的楼身形成鲜明对比，使轻重、拙巧共存并达到谐调一致。

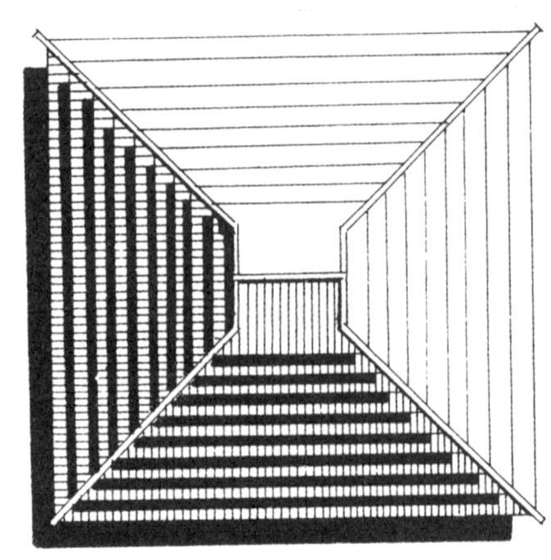

图 38 鼓楼屋顶平面

马胖鼓楼以 4 根主柱，12根边柱，12根檐柱共同支撑结构，墙体以栅格与木板相结合，空透与封闭相互交替。鼓楼的檐柱通常由边柱连接挑出，构成吊脚形式。檐柱直落到地，既加强了鼓楼结构的稳固性，又在造型中增加了稳重感。大厅面积132平方米，是桂北鼓楼单层中最大的一个。中心为圆形火塘。

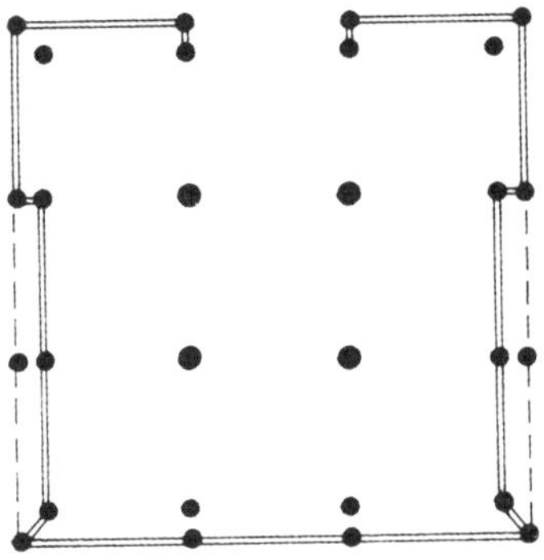

图 39 鼓楼柱基示意

图 40 鼓楼平面

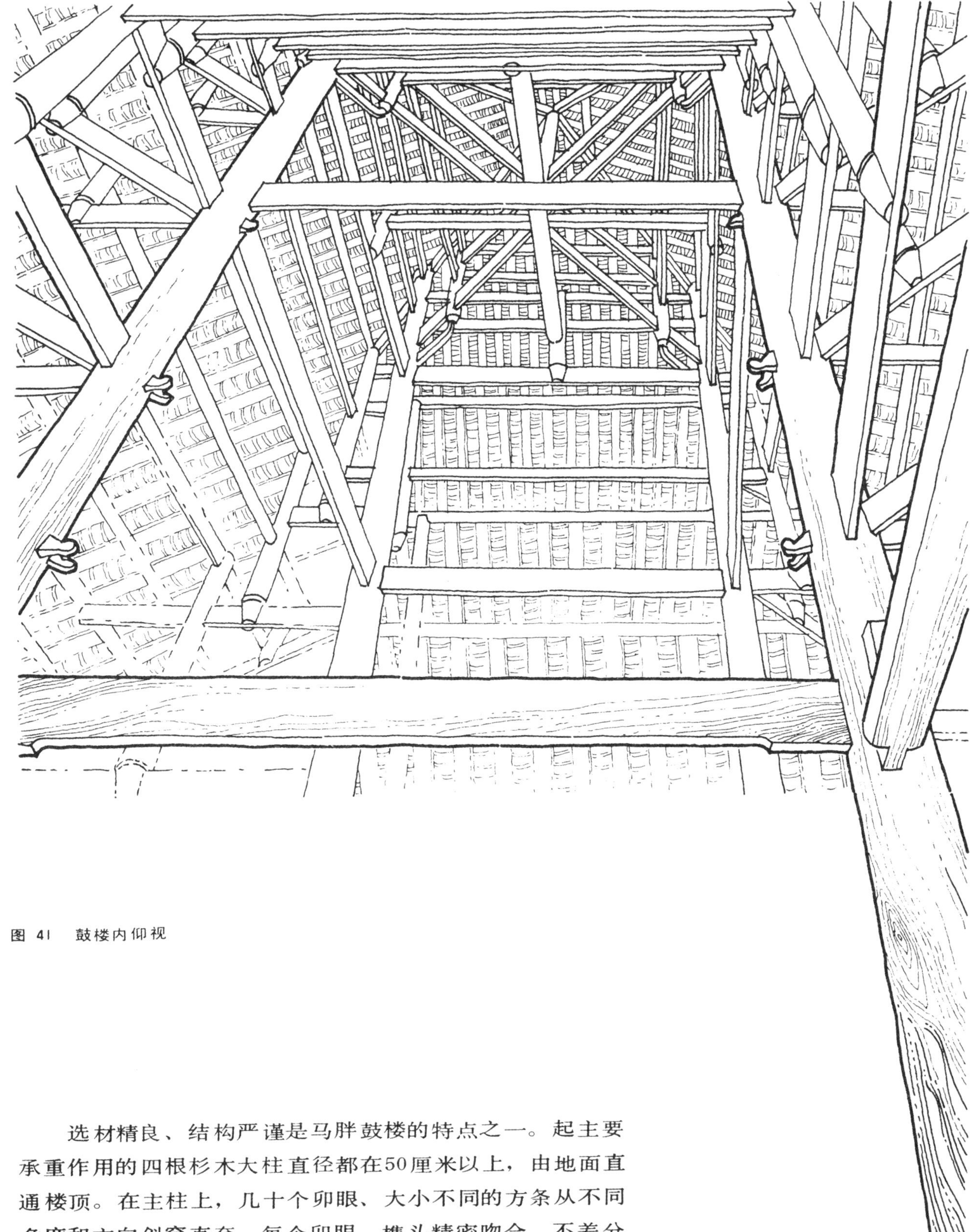

图 41　鼓楼内仰视

选材精良、结构严谨是马胖鼓楼的特点之一。起主要承重作用的四根杉木大柱直径都在50厘米以上，由地面直通楼顶。在主柱上，几十个卯眼、大小不同的方条从不同角度和方向斜穿直套，每个卯眼、榫头精密吻合，不差分毫。所有木料均经防腐药水浸泡，呈棕黑色，由鼓楼内仰望，层层紧缩的结构体系在棕黑色中，产生了高深和神秘的气氛，令人肃然起敬。

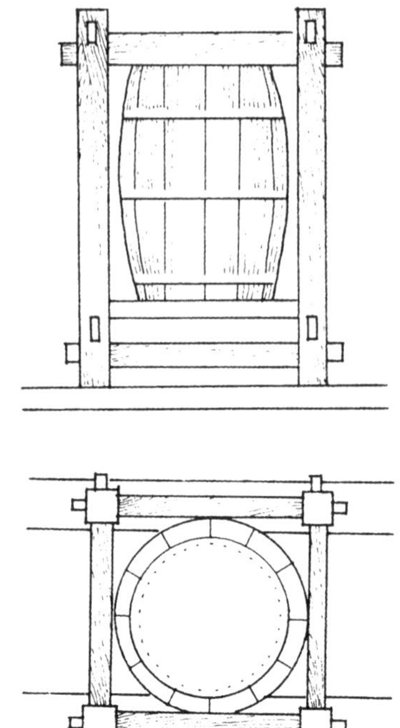

图 42 牛皮鼓仰视之一
图 43 牛皮鼓立面、平面
图 44 牛皮鼓仰视之二

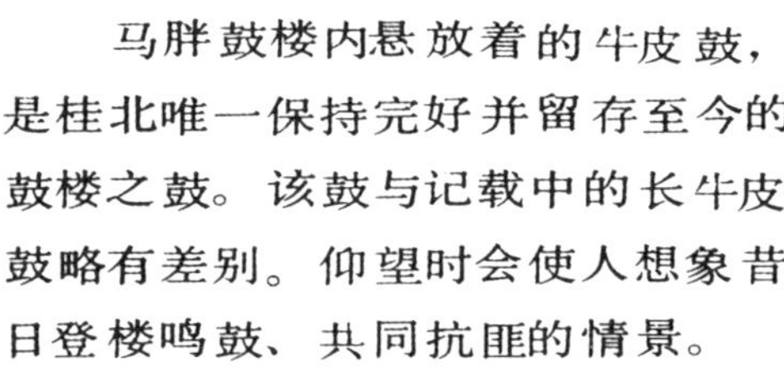

马胖鼓楼内悬放着的牛皮鼓，是桂北唯一保持完好并留存至今的鼓楼之鼓。该鼓与记载中的长牛皮鼓略有差别。仰望时会使人想象昔日登楼鸣鼓、共同抗匪的情景。

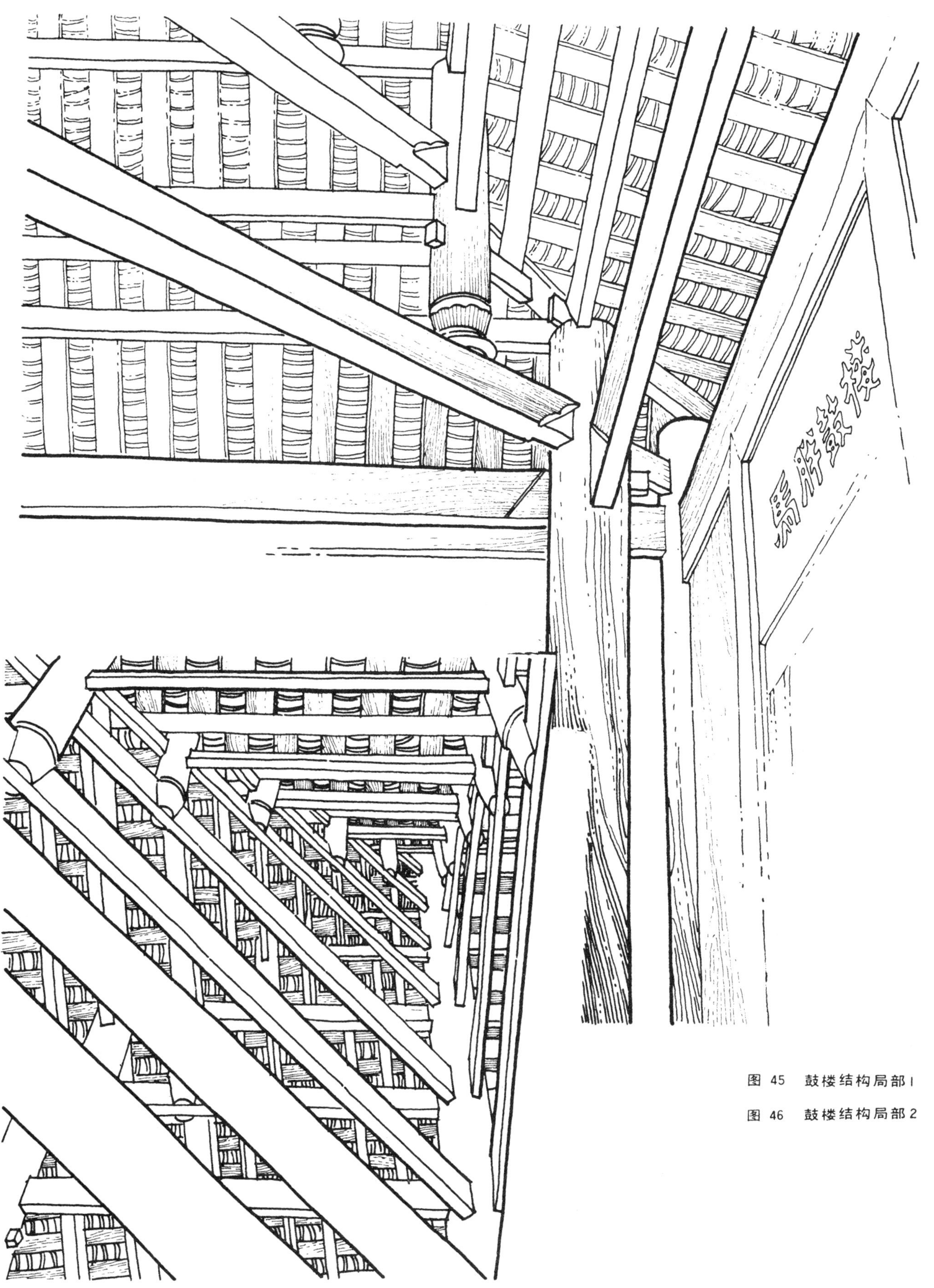

图 45　鼓楼结构局部 1

图 46　鼓楼结构局部 2

图 47　远眺马胖鼓楼

图 48　华炼鼓楼

2. 华炼鼓楼

如果说马胖鼓楼是桂北最凝重、最雄浑的鼓楼，那么，华炼鼓楼则是最清秀、最挺拔的了。它“兼宝塔之雄伟，秉亭子之清幽”，在桂北鼓楼中，别具一格。位于华炼寨中心的高坎上，特殊的地形增加了其挺拔、高耸之感，使之在村寨中十分突出，丰富了村寨轮廓线。

鼓楼高15.6米，平面为边长7.8米的正方形，面积60平方米。鼓楼屋面逐层收分较小，每层间距较大，显得格外空透、轻盈；特别是顶层的八角攒尖，加大了与下层屋面距离，强调了鼓楼的高耸和挺拔。华炼鼓楼设七层屋顶，上三层为八角屋面，下四层为正方形屋面，这种屋面形式变化，增添了鼓楼的活泼气氛。在装饰上，顶层塑有象征吉祥如意的宝葫芦顶，屋脊粉饰并设飞檐，整个塔顶精巧轻灵。以下六层屋面较少修饰，纯朴自然，与塔顶形成拙与巧、粗与细的强烈对比。

图 49　鼓楼立面

图 50　鼓楼平面

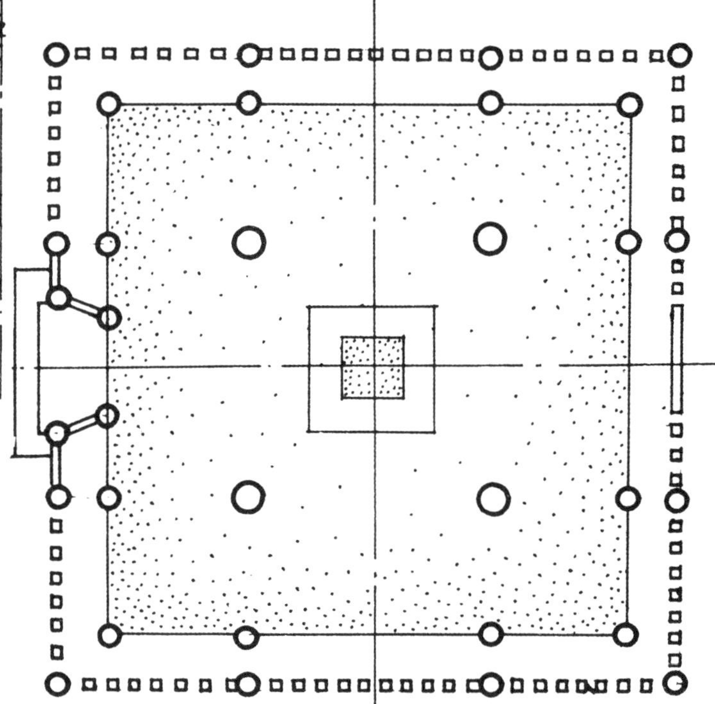

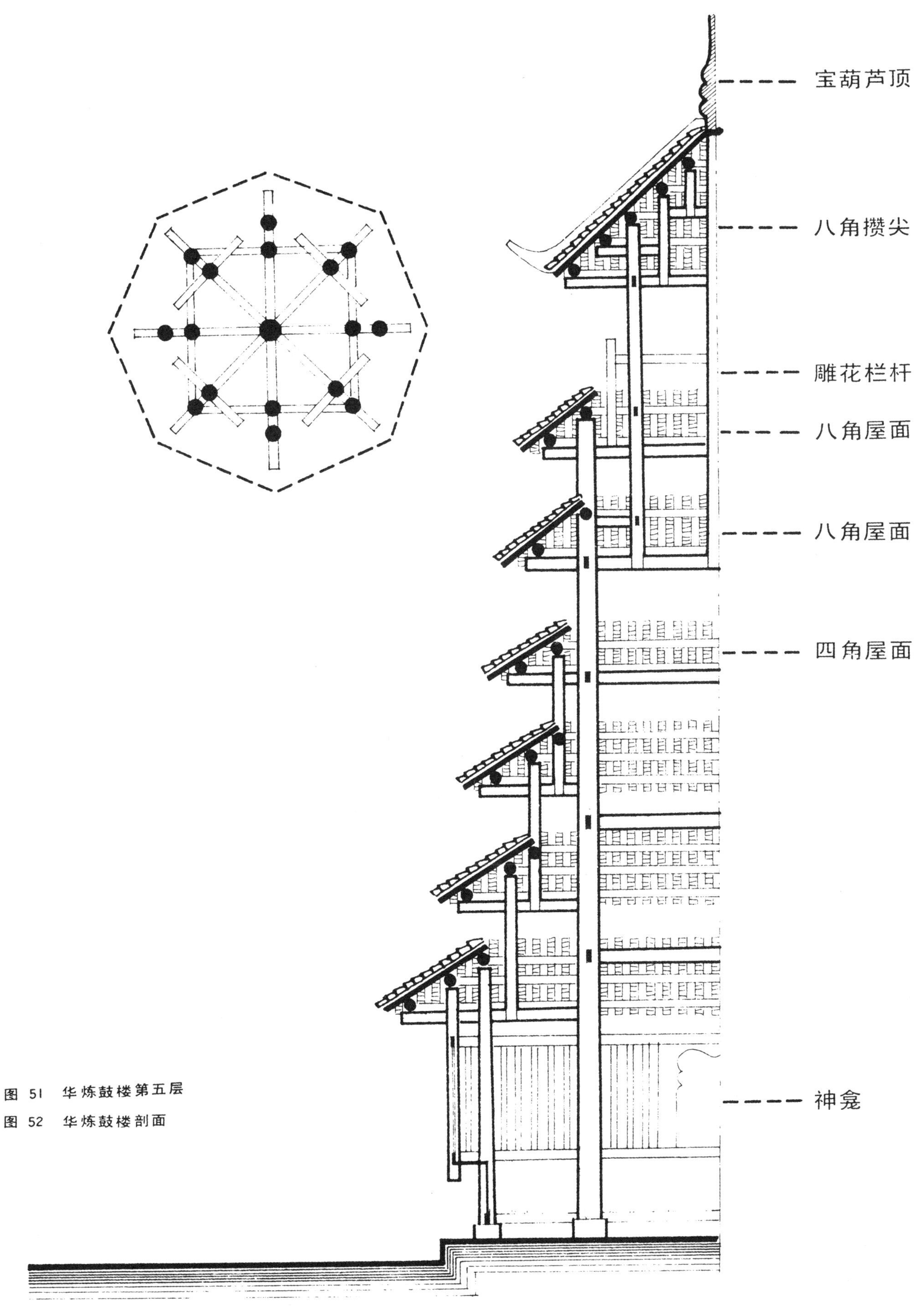

图 51　华炼鼓楼第五层

图 52　华炼鼓楼剖面

图 53 华炼鼓楼结构仰视

图 54　街心鼓楼透视

图 55　街心鼓楼二层平面

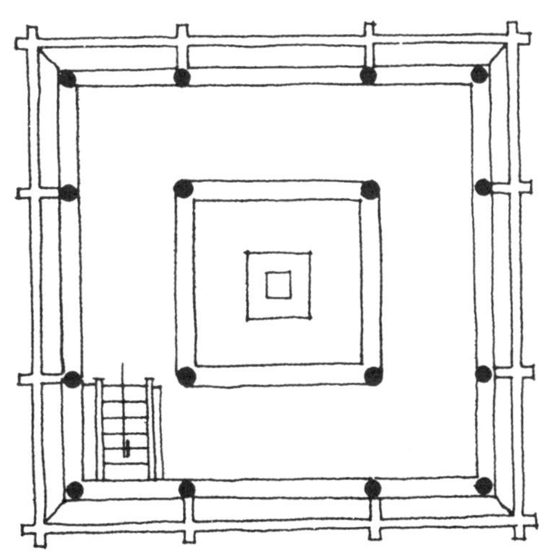

3. 平等鼓楼

平等鼓楼位于两排带有骑楼的干栏民居所形成的街坊中央，青石板街道穿楼而过，集会厅堂设于二层。鼓楼以其特殊的形象和中心构图，装点着整个集贸街市的空间环境，丰富了街道景观。

图 56 典型的干栏塔式鼓楼
——龙胜平等街心鼓楼

图 57 鼓楼立面、剖面

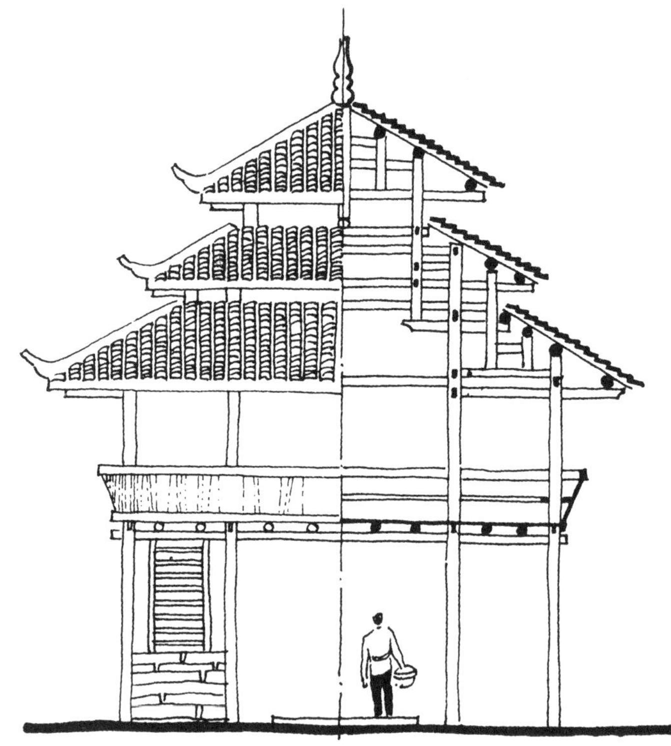

图 58　八协鼓楼外观

4. 八协鼓楼

八协鼓楼是桂北地区一种较为特殊的鼓楼形式。主要特点是叠顶和每层檐口的处理与其他鼓楼形式完全不同。其做法是使密檐上升收分的韵律在叠顶下突然终止，上设棂窗，又在之上以斗栱铺作挑出顶檐。这种做法衬托出叠顶的轻灵洒脱，更突出了鼓楼高耸、升腾的艺术效果。檐口处理采用木条连接屋檐与下层屋顶，密结木条遮掩了内部结构。

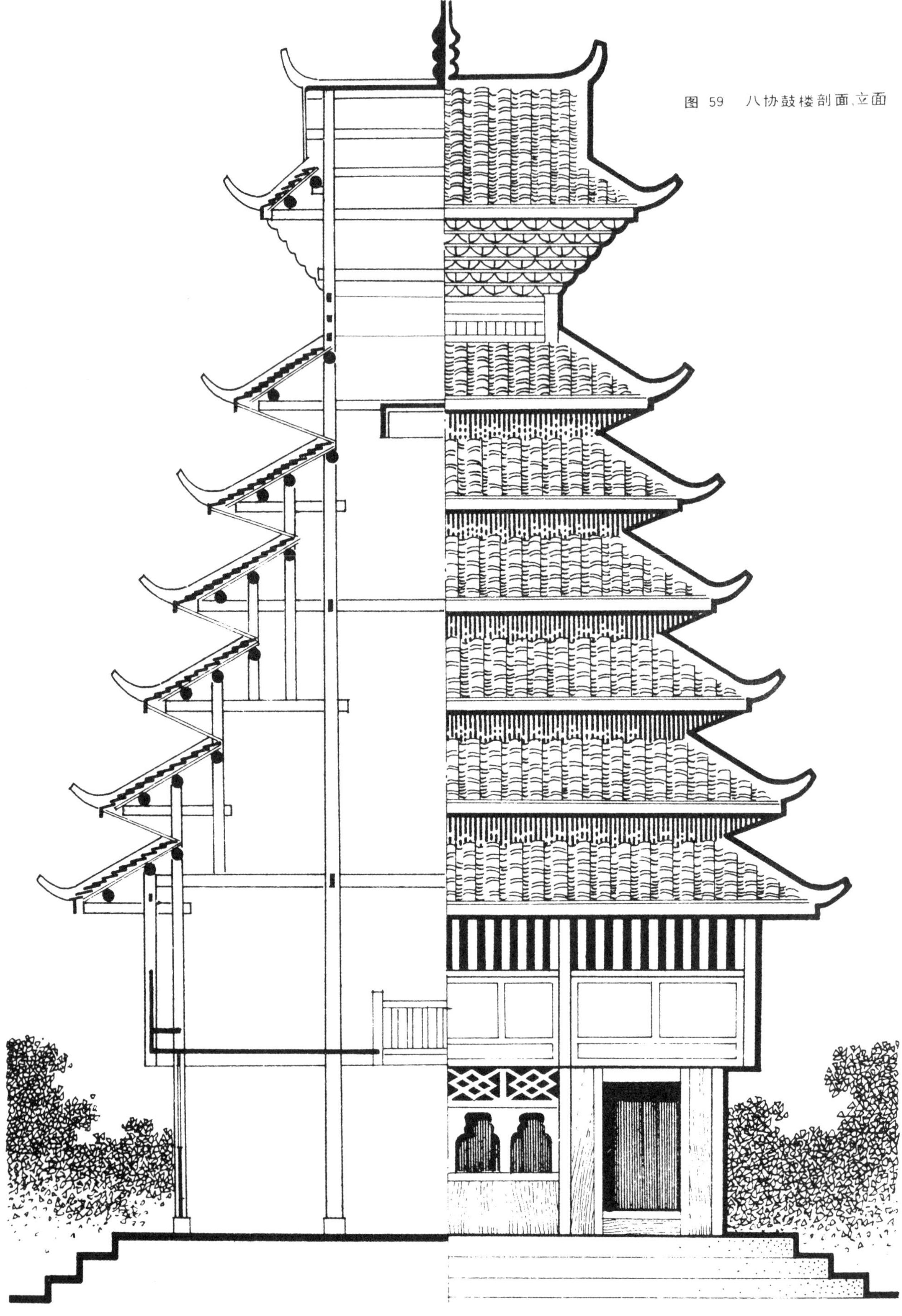

图 59 八协鼓楼剖面、立面

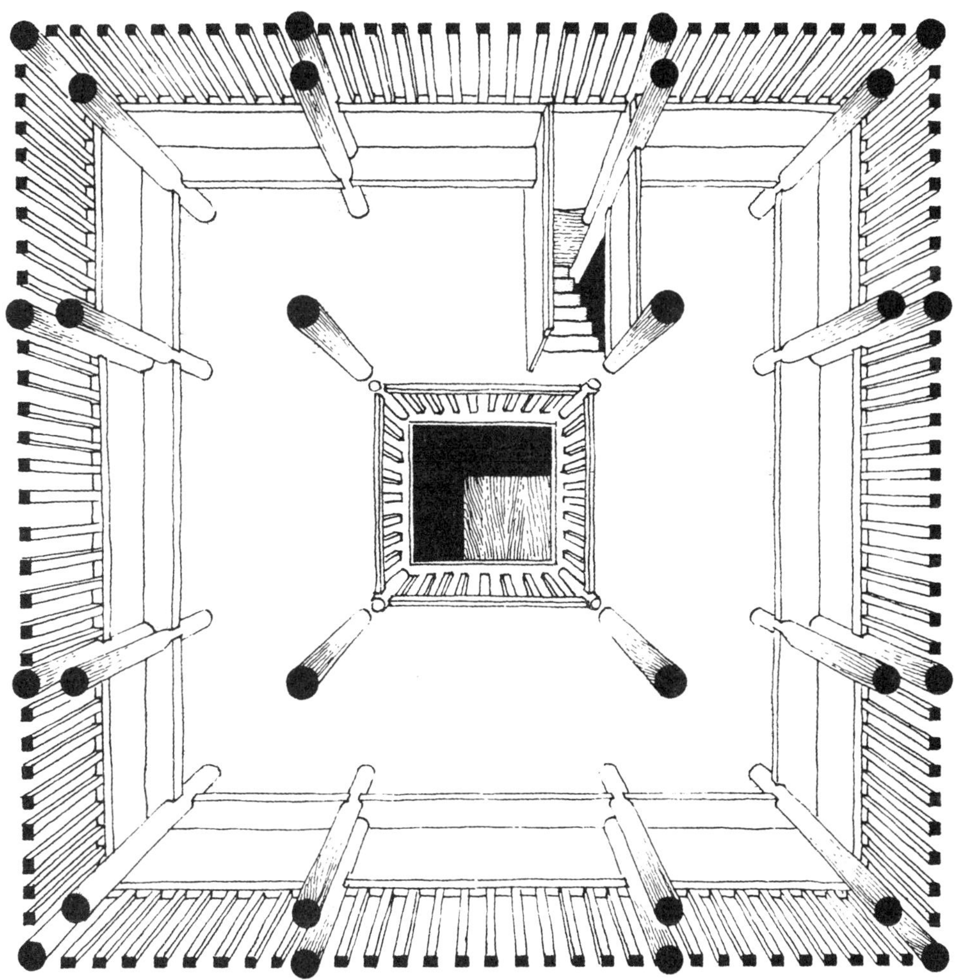

图 60　八协鼓楼二层大厅剖透视

鼓楼大厅有两层，使用面积扩大了近一倍。在第二层中心处开了一个边长各为 2 米的正方形孔，设栏杆，两层空间相互贯通，形成有趣的共享空间。

八协鼓楼高为15.65米,底层为正方形，边长各为 8 米。二层向外挑出，使鼓楼总使用面积达到140平方米。鼓楼不但设柱基，而且还设有三级台阶的台地，突出和强调了鼓楼的地位，这在桂北地区是极为少见的一种台基处理手法。

图 61　八协鼓楼鸟瞰

图 62　八协鼓楼总平面

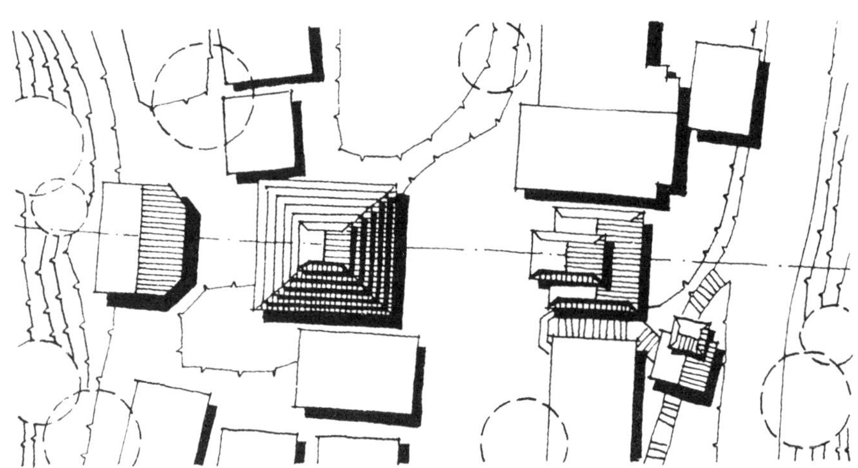

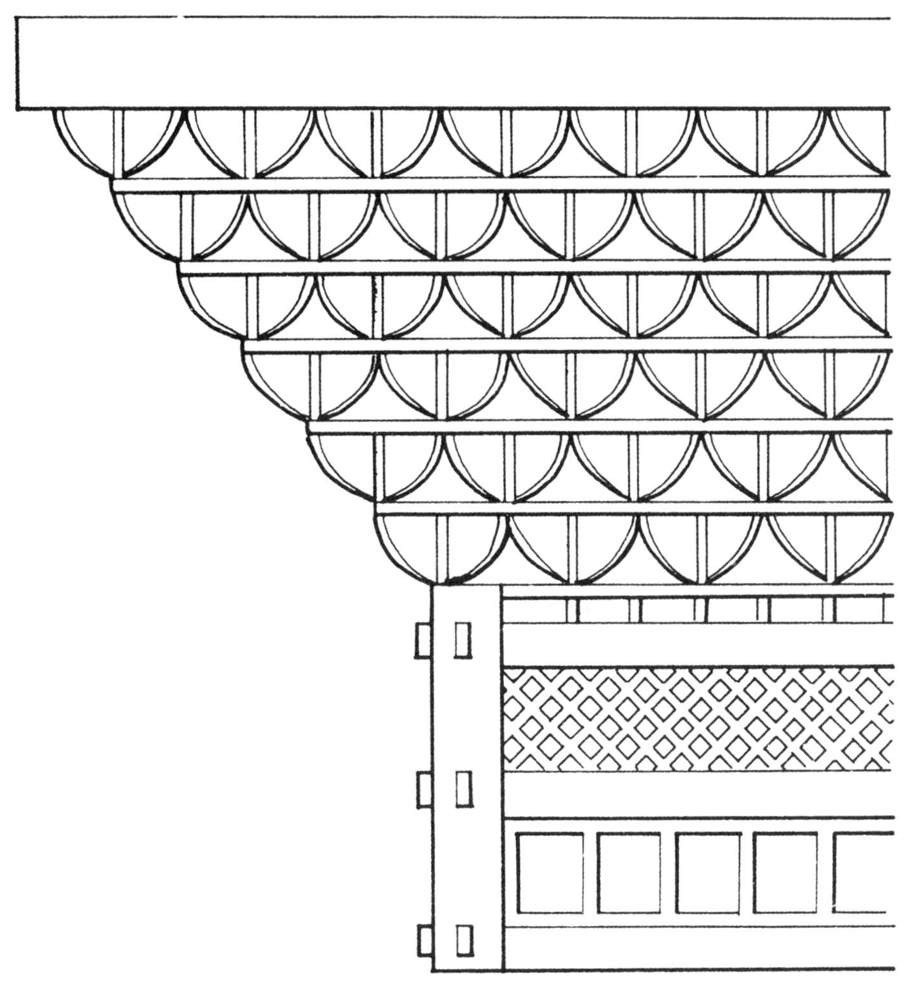

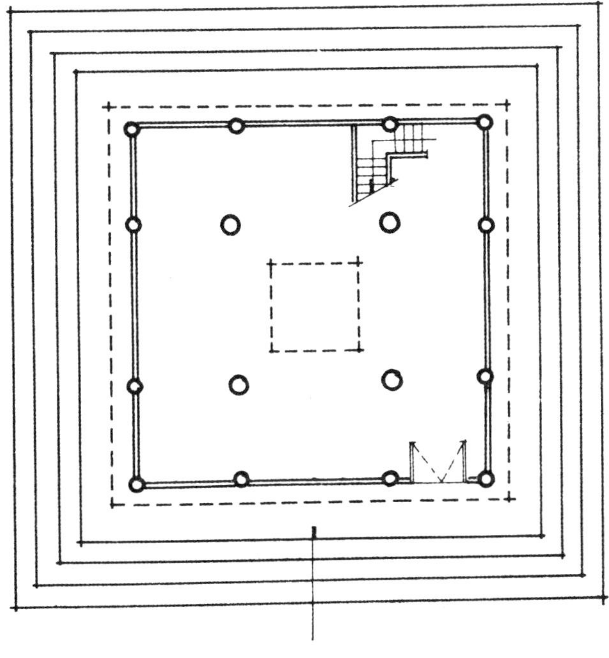

图 63　八协鼓楼叠顶斗栱

图 64　八协鼓楼底层大厅

5.华炼小鼓楼

鼓楼的功能大都集中在楼内大厅里，有的鼓楼由于民族人口增加，大厅面积不够用，解决这一问题通常有三种方法：1.在原有基地拆旧盖新；2.另择基地盖新鼓楼；3.在原鼓楼旁新建开敞、具有厅堂作用的附属建筑。华炼小鼓楼正是第三种方法的典型例子。

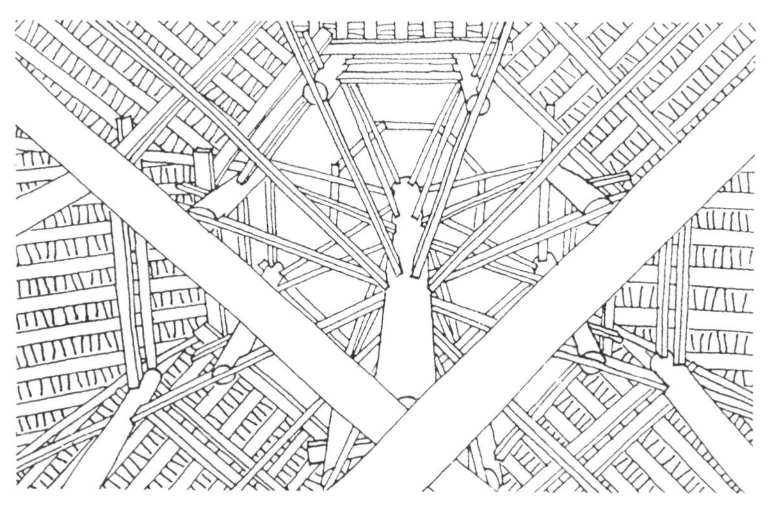

图 65　华炼小鼓楼仰视

图 66　小鼓楼内部结构

鼓楼附属建筑采用干栏形式，使用层与鼓楼广场平接。下部架空于道路之上，创造了村寨道路的避雨空间。

增加鼓楼附属建筑不仅扩大了使用面积，而且使鼓楼功能划分的更细：鼓楼封闭，设火塘，适宜于冬季聚会，而开敞的附属建筑，通风良好，视线开阔，适宜于夏季使用。这一划定，丰富了鼓楼的内涵。

图 67　华炼小鼓楼平面

图 68　华炼小鼓楼透视

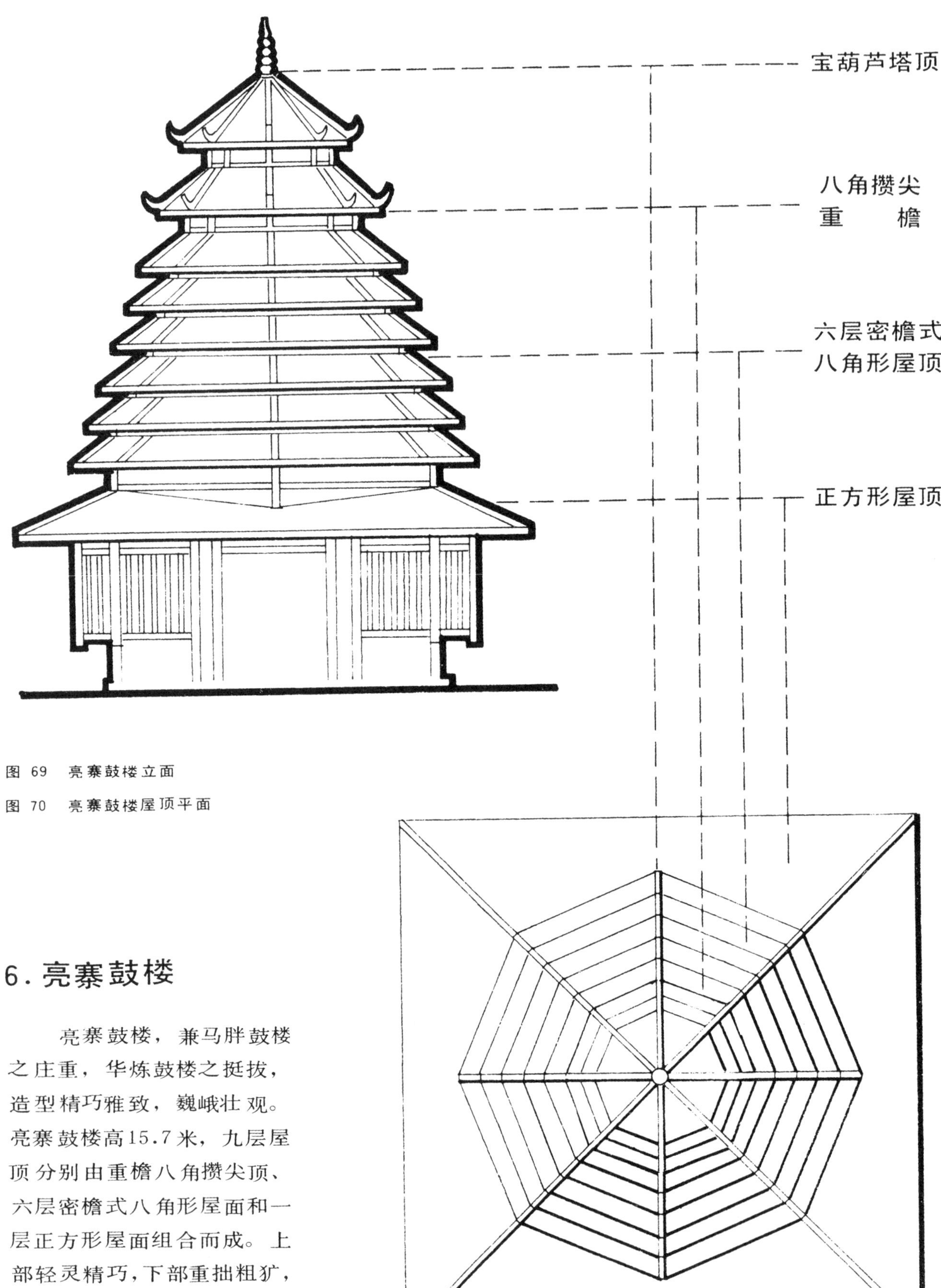

图 69 亮寨鼓楼立面

图 70 亮寨鼓楼屋顶平面

6. 亮寨鼓楼

亮寨鼓楼，兼马胖鼓楼之庄重，华炼鼓楼之挺拔，造型精巧雅致，巍峨壮观。亮寨鼓楼高15.7米，九层屋顶分别由重檐八角攒尖顶、六层密檐式八角形屋面和一层正方形屋面组合而成。上部轻灵精巧，下部重拙粗犷，两种风格鲜明对比，相得益彰。

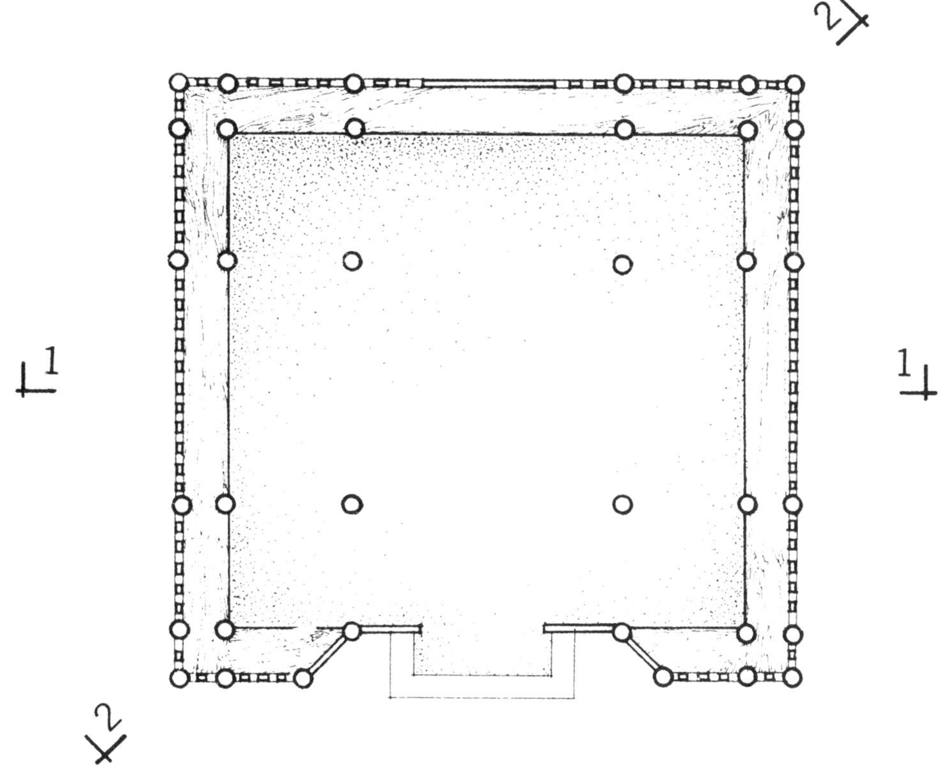

图 71　亮寨鼓楼平面

亮寨鼓楼平面呈正方形，边长9.9米，大厅面积100平方米。由36根大柱组成严谨的结构柱网，起承重作用的仅 4 根主柱和12根边柱，外围20根檐柱呈吊脚形式，起围护作用，也增强了鼓楼结构的整体稳固性。鼓楼为格栅墙体，既划定了室内空间，又使室内外空间彼此呼应，形成连续性视觉效果。

图 72　亮寨鼓楼剖面

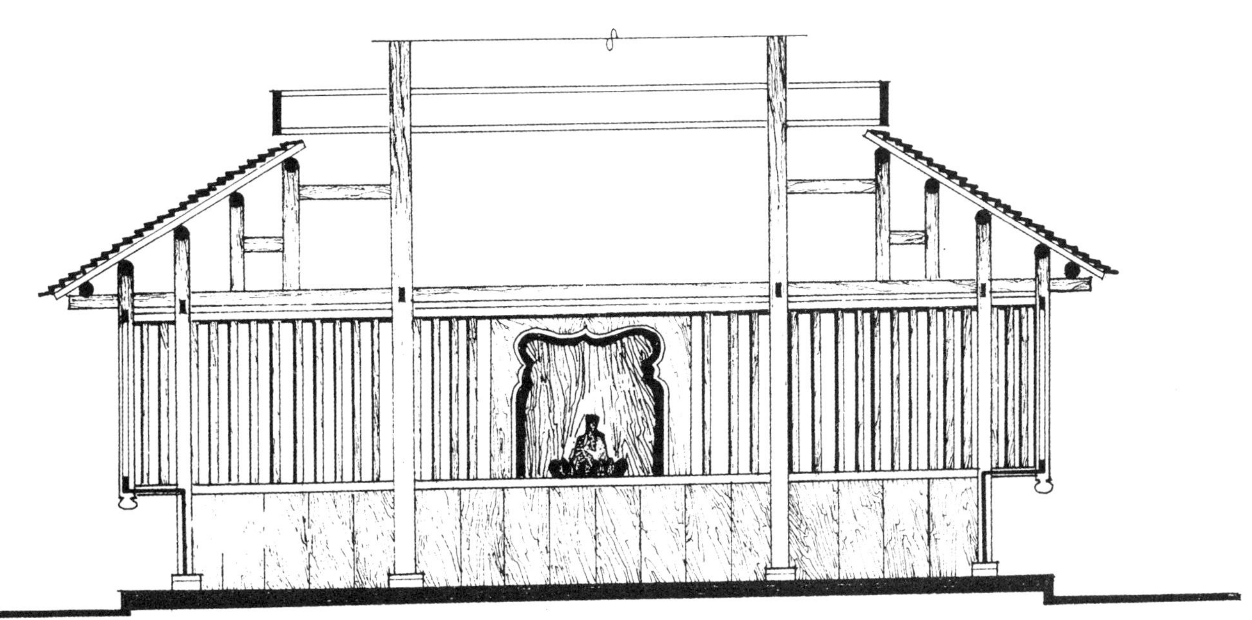

图 73　亮寨远眺。层层相叠的民居衬托了鼓楼的高耸挺拔

图 74 严谨而富于美感的亮寨鼓楼结构

独特的外部造型，建立在独特的结构体系上。亮寨鼓楼结构严谨，复杂多变，卯榫衔接，屋檐不等距收分，使外部造型富于变化，也形成了室内多层次的筒体空间。

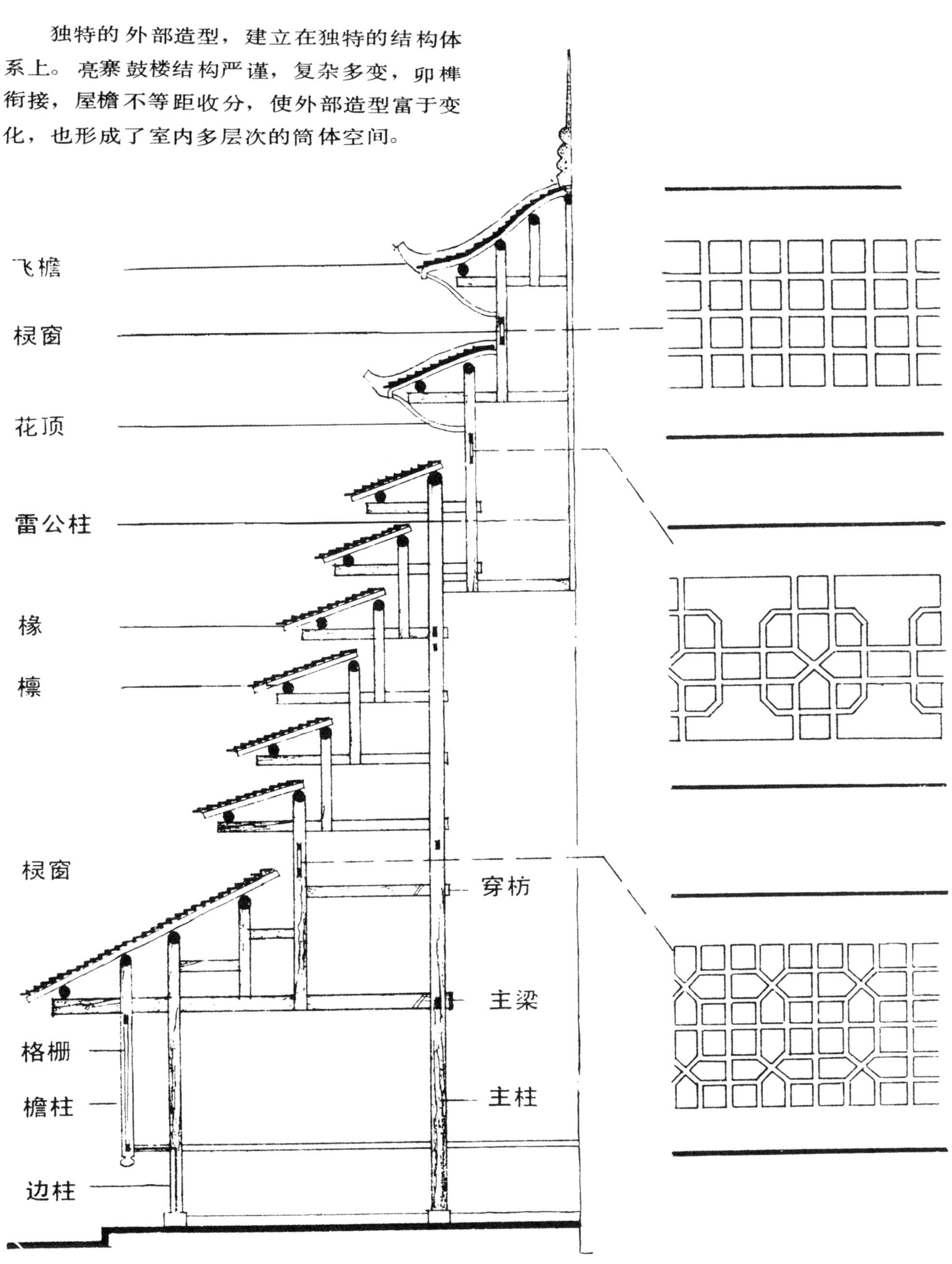

图 75　亮寨鼓楼剖面与棂窗图案

图 76 亮寨鼓楼屋檐局部透视

图 77 亮寨鼓楼室内局部透视

图 78　亮寨鼓楼仰视

图 79　鼓楼局部构造

图 80　亮寨鼓楼局部构造

图 81　亮寨鼓楼室内仰视

图 82　铺坤鼓楼透视

7. 铺坤鼓楼

早期的塔式鼓楼，由于受生产力水平限制，以及氏族大小等原因，规模一般较小，造型也较朴素、简单。铺坤鼓楼就属于这种形式，它只有三层重檐，歇山顶，高5.6米，平面呈正方形，面积25平方米。鼓楼门开在大厅一侧，不对称。立面简洁，很少雕饰。

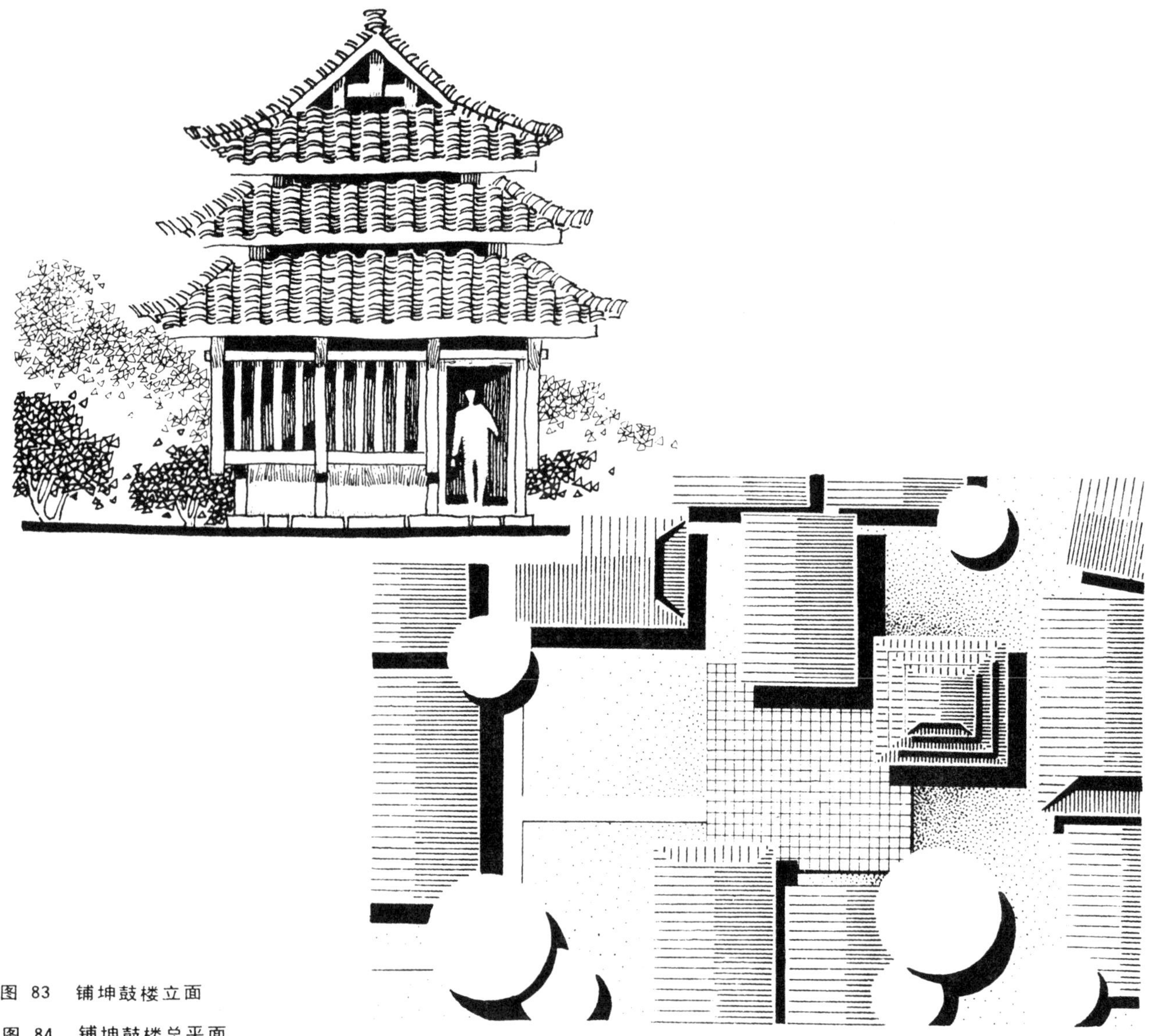

图 83 铺坤鼓楼立面

图 84 铺坤鼓楼总平面

铺坤鼓楼的尺度与民居相近，形成以鼓楼为中心的群体空间灵活自由，尺度宜人，十分亲切。铺坤鼓楼虽只具有简单韵律感的三层重檐，但因恰到好处地点缀在民居组团之中，从视觉上有效地控制着整个群体空间，仍能明显地起到中心作用。

8. 冠洞鼓楼

图 85　冠洞鼓楼平面

图 86　冠洞鼓楼外观

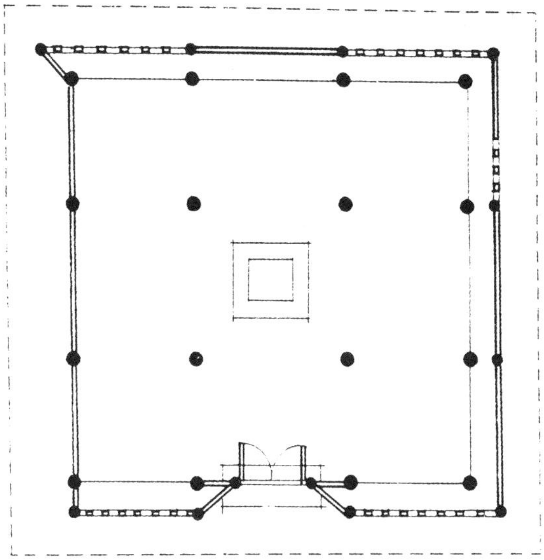

图 87 冠洞鼓楼外观之二

图 88 冠洞鼓楼室内透视

图 89　皇朝小鼓楼外观

八、阁式鼓楼实例

1.皇朝小鼓楼

皇朝寨小鼓楼是一座早期的阁式鼓楼，干栏建筑形式，主体结构几乎全挑在高坎之外，以保证道路畅通。鼓楼规模甚小，使用面积仅十余平方米，栅格墙体，悬山屋顶，与民居颇为融恰，朴质无华。鼓楼内设有火塘及神龛，是老人们闲暇时的理想聚合场所。

图 90　由民居之间望皇朝小鼓楼，其规模、尺度均比民居小，外部造型与民居相似

图 91　皇朝小鼓楼平面

图 92　皇朝小鼓楼立面

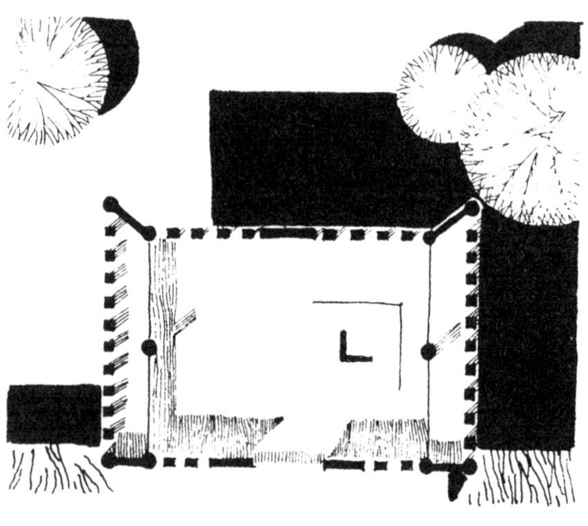

图 93　林溪岩寨鼓楼外观

2.岩寨鼓楼

林溪岩寨鼓楼由两部分组成，一是较封闭的空间，设火塘，多为冬季使用；另一空间较开敞，神龛正对大门，是该鼓楼的主要空间，一般夏季使用。这两部分在平面上联系紧密，空间也相互贯通、渗透，在立面上则出现两种不同风格的造型特征。一个采用悬山屋面，设腰檐；一个局部抬高屋顶，形成重檐歇山，二者组合在一起，构成了屋面高低错落，立面独特的造型。

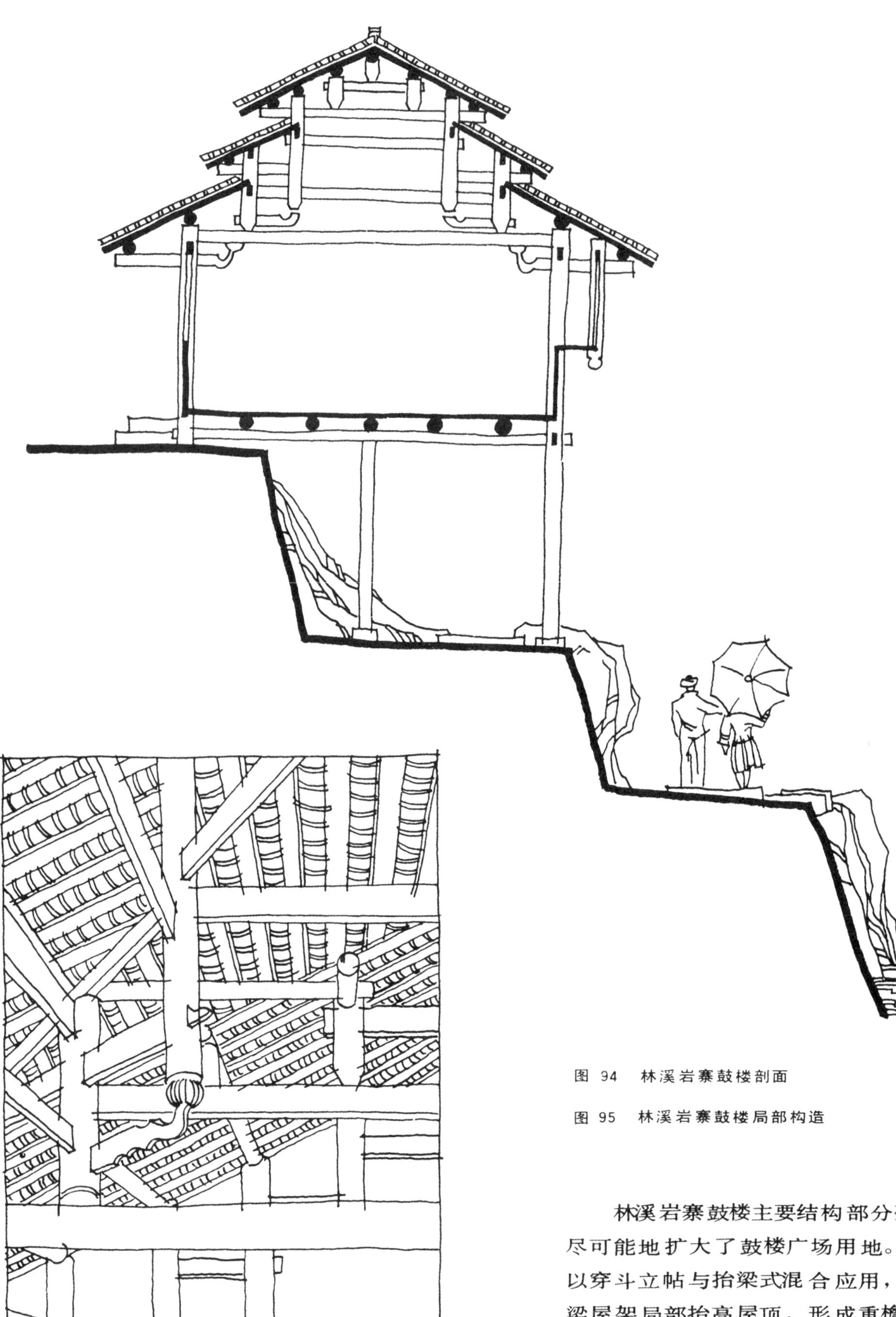

图 94　林溪岩寨鼓楼剖面

图 95　林溪岩寨鼓楼局部构造

林溪岩寨鼓楼主要结构部分架空，尽可能地扩大了鼓楼广场用地。结构以穿斗立帖与抬梁式混合应用，用抬梁屋架局部抬高屋顶，形成重檐起叠的外部造型。

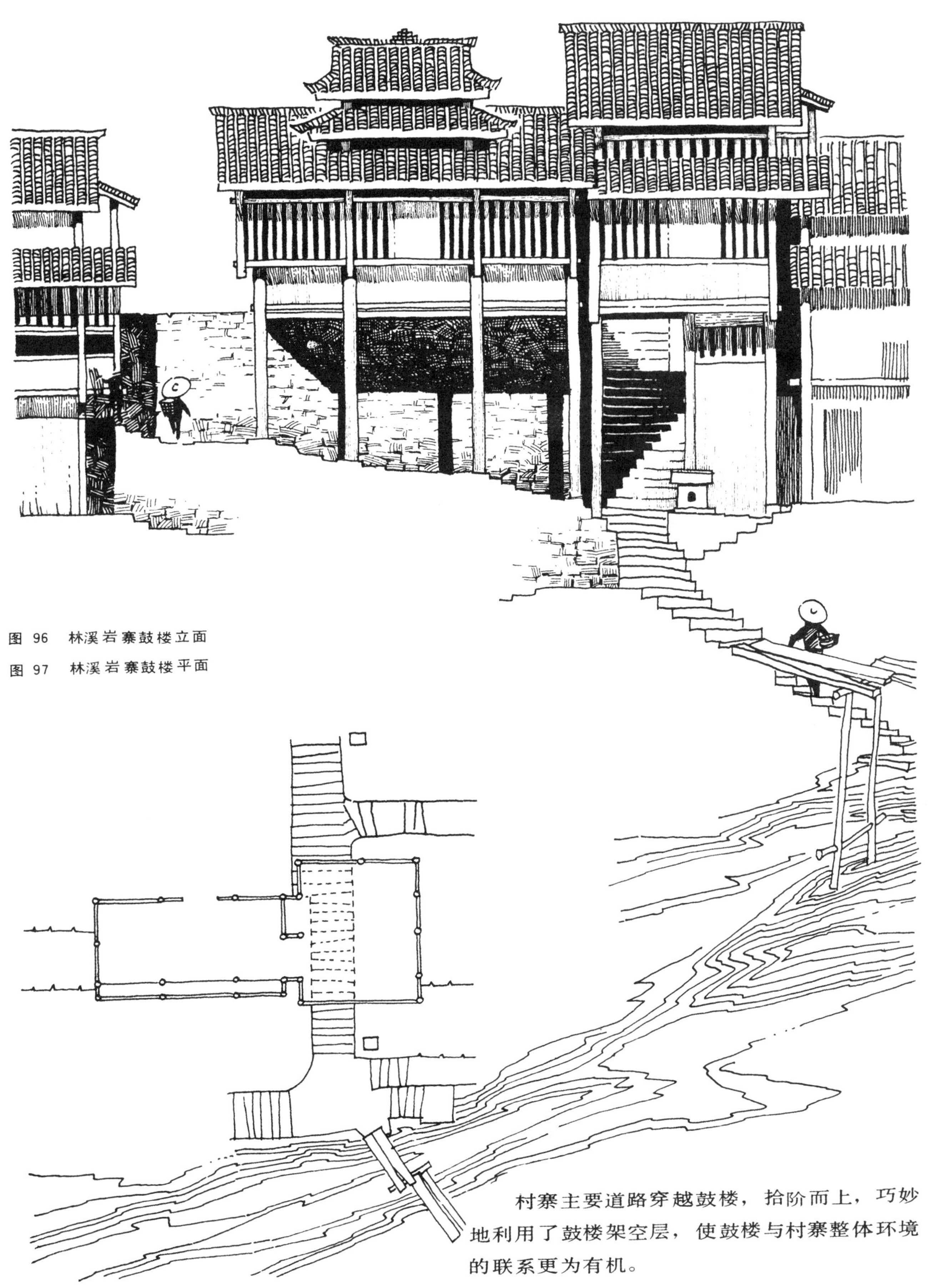

图 96　林溪岩寨鼓楼立面

图 97　林溪岩寨鼓楼平面

村寨主要道路穿越鼓楼，拾阶而上，巧妙地利用了鼓楼架空层，使鼓楼与村寨整体环境的联系更为有机。

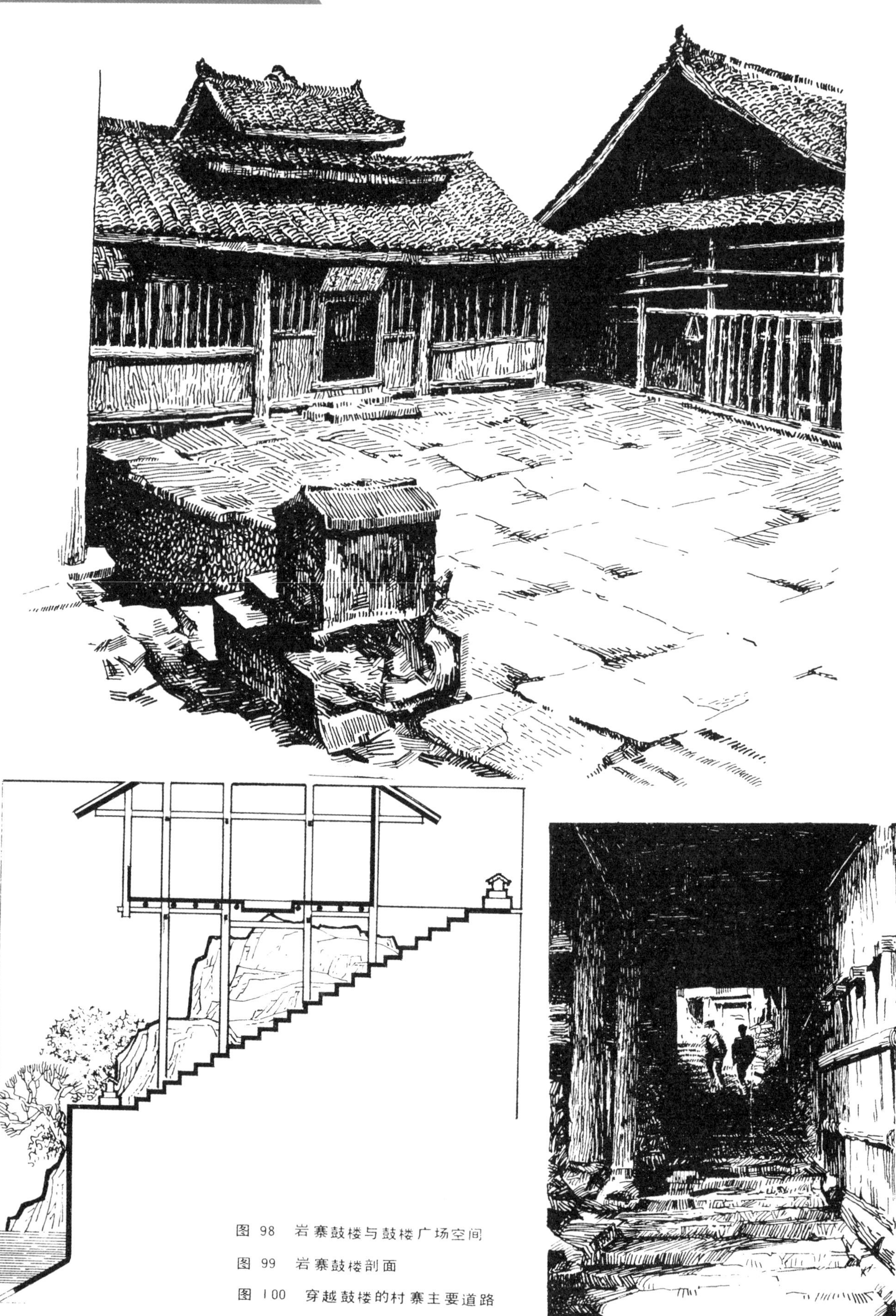

图 98　岩寨鼓楼与鼓楼广场空间

图 99　岩寨鼓楼剖面

图 100　穿越鼓楼的村寨主要道路

图 101　亮寨小鼓楼广场空间鸟瞰

图 102　亮寨小鼓楼侧立面、剖面图

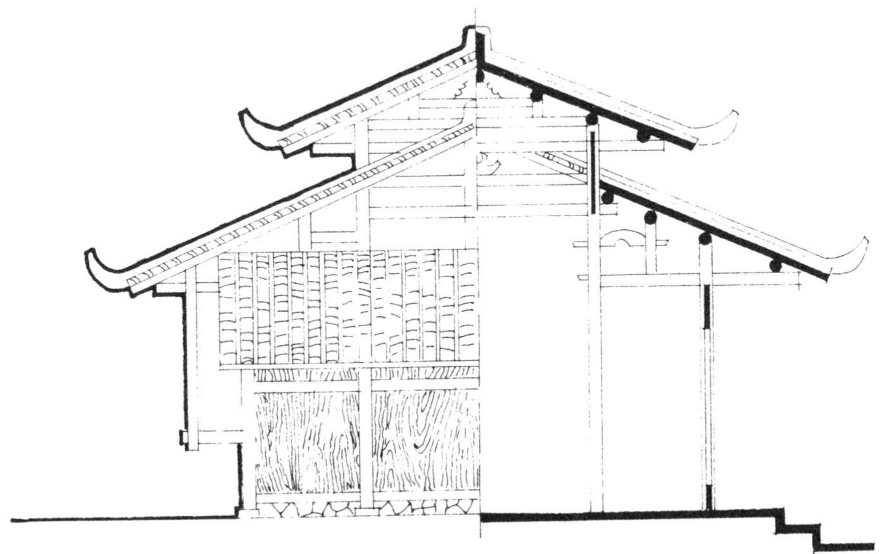

图 103　亮寨小鼓楼室内

图 104　亮寨小鼓楼立面

图 105　亮寨小鼓楼总平面

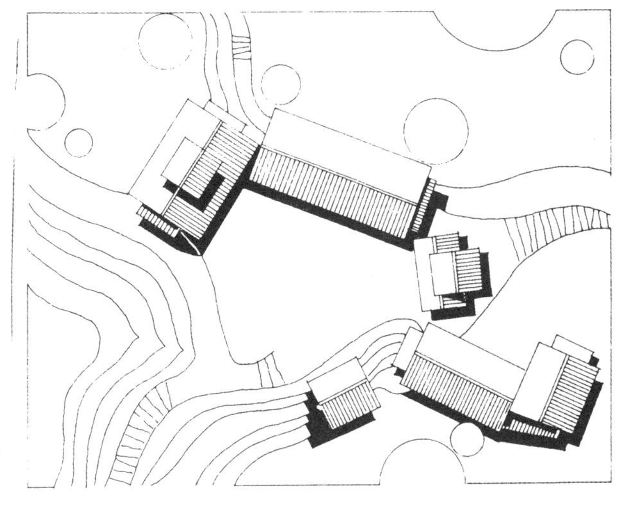

3. 亮寨小鼓楼

林溪亮寨小鼓楼是一座典型的阁式鼓楼，三间四架矩形平面，穿斗立帖与抬梁混合结构。中间四柱升起局部抬高屋面，便于排烟及传递鼓声，并使之在外形上区别于民居。采用悬山屋面，设山墙腰檐。

鼓楼与寨门及其他建筑构成了完整的鼓楼广场空间。这种空间尺度较塔式鼓楼广场的空间小，因而更接近人的尺度。

图 106　亮寨小鼓楼平面

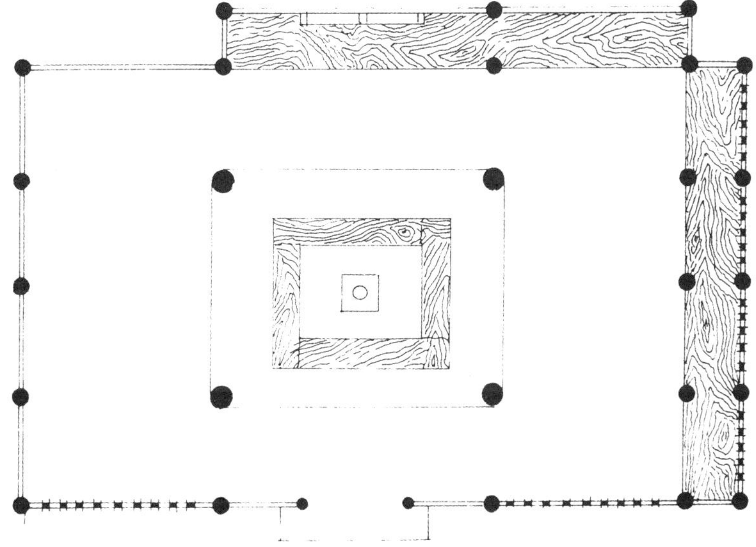

图 107 林溪新寨鼓楼及寨门透视

4. 新寨鼓楼

林溪新寨建于林溪河畔的坡地上，地势陡峭，房屋沿等高线依山而建，形成典型的山寨。新寨鼓楼紧靠寨门，在村寨入口处形成聚落中心。鼓楼采用干栏式，主要部分挑出，保证了鼓楼广场的完整性。鼓楼与寨门建在一起，起到良好的防御作用，构成了特殊景观效果。

图 108　拾级而上，步入寨门

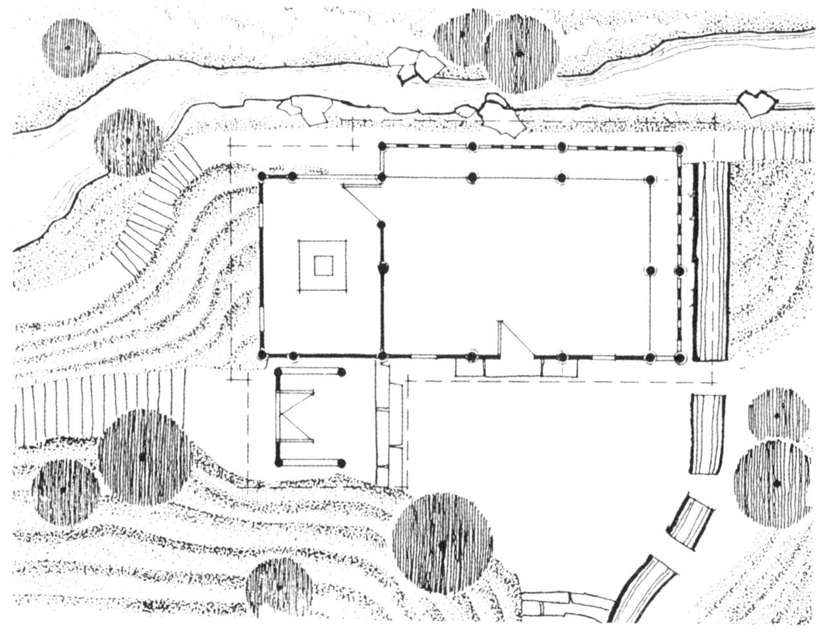

图 109　林溪新寨鼓楼外观

图 110　林溪新寨鼓楼平面

图 111　牙寨鼓楼广场景观

5. 牙寨鼓楼

在坡地上既要建造鼓楼，又要保证鼓楼前的广场用地，采用局部架空，建筑部分向外挑出，是桂北地区最常用的处理手法。独峒牙寨鼓楼是最具典型意义的成功运用这种手法的实例。

牙寨鼓楼由一个面积为85平方米的正方形空间和一个面积为145平方米的长方形空间所组成，其规模之大，堪称桂北阁式鼓楼之首。该鼓楼建筑主体部位架空于高坎之上，与戏台相接，构成一组完整的公共建筑群体，并形成狭长而颇具特色的鼓楼广场空间。

图 112 牙寨鼓楼立面

图 113 牙寨鼓楼平面

图 114　牙寨鼓楼架空层仰视景观之一

牙寨鼓楼架空层结构气势宏大，高达9米以上的主承重柱形成严谨的柱网，仰而望之，令人叹为观止。

图 115　牙寨鼓楼架空层仰视景观之二

图 116　牙寨鼓楼剖面

村寨道路由广场经牙寨鼓楼蜿蜒而下，穿行于架空层巨柱之间。为保证道路畅通，柱网中部非承重柱从中而断，悬空于楼层之下，充分显示了桂北民间建筑木结构的灵活性和适应性。

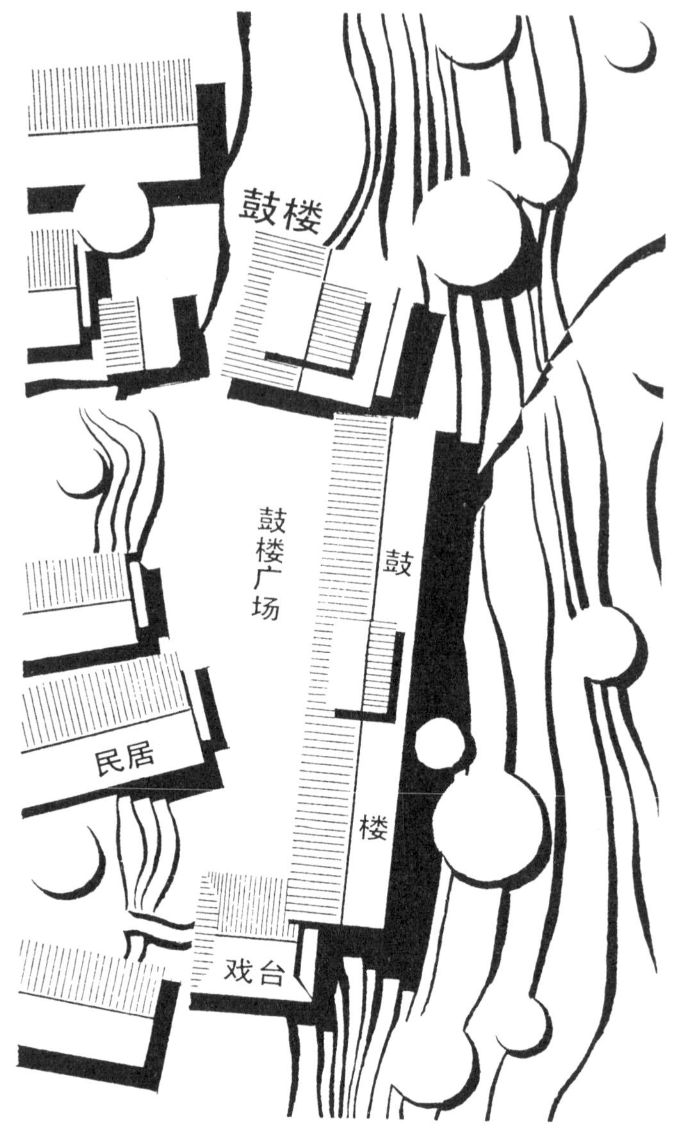

图 117 牙寨鼓楼广场总平面

图 118 穿行于鼓楼之下的道路系列景观

独峒牙寨由鼓楼、戏台和民居围合成了尺度宜人的封闭式不规则长形公共活动空间，这种空间形式依托于地形，与地形及村寨建筑有着良好的有机性，因而显得格外自然而富于感染力。

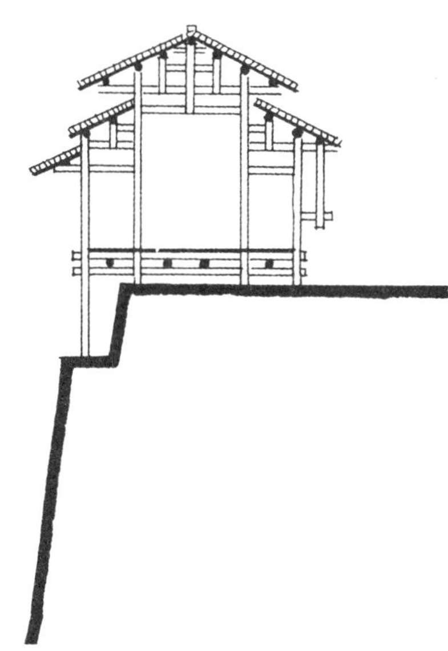

图 120 牙寨鼓楼剖面 1

图 119 牙寨道路经鼓楼而下，纵穿鼓楼架空层，巧妙解决了村寨纵向交通问题

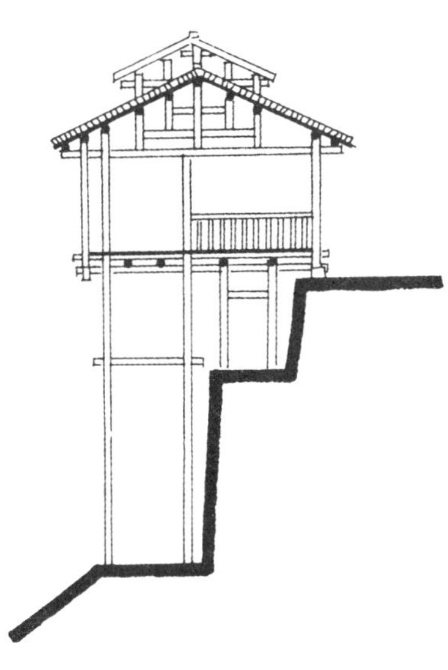

图 121 牙寨鼓楼剖面 2

图 122　牙寨鼓楼广场空间及戏台外观

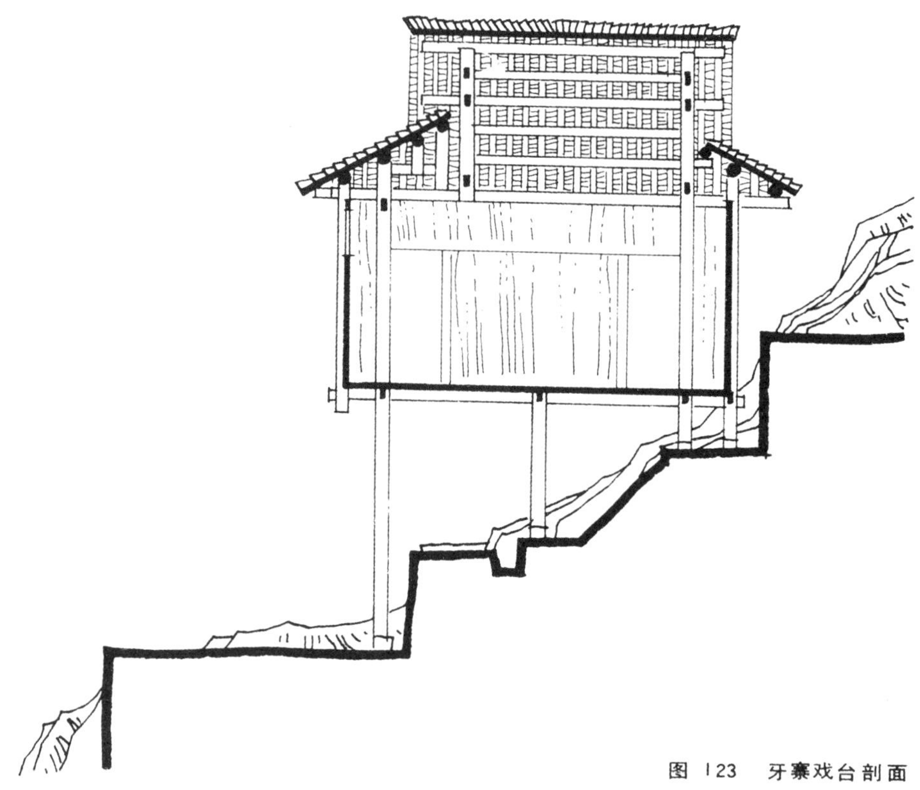

图 123　牙寨戏台剖面

风　雨　桥

图 1 桂北地区规模最大的风雨桥
——程阳桥外观

一、风雨桥概论

桂北山区溪河纵横，侗族村寨多建于山麓河畔，桥梁对于沟通村寨，组织交通有着重要的意义。在侗族山区，既能作为侗寨标志，又能集侗族建筑艺术于一体的村寨公共建筑，除了鼓楼之外，就是风雨桥了。

风雨桥在建筑史上称为廊桥或楼桥，也称为花桥，它是下为桥墩上为长廊的木桥。据史籍记载，廊桥起源不晚于公元三世纪初。现存实例散处于我国西南、西北、华东的部分地区，种类繁多，风格各异。其中，规模宏大，形成独特而富于变化的，首推侗族风雨桥。

在桥面上加盖长廊，目的是遮日避雨以保护木质桥体，便于过往行人憩脚与观景，其造型优美别致，富有诗情画意。因此，风雨桥也常作为园林建筑出现在自然风景区内。桂林七星公园内的花桥就是一个著名的例子。

花桥始建于宋代，几经修复，形成现在的风格。花桥设计精巧，外形美观。下部为石拱桥体，桥的孔径、孔度、孔厚以及栏杆的比例都很匀称协调。上部为长廊，绿色琉璃瓦顶。桥的造型、尺度及色彩与环境和谐地融为一体。在花桥上观景，凭栏眺望，三面环山，两岸竹林掩映着一溪流水穿桥而过，景色迷人，令人陶醉。

图 2　桂林七星公园花桥

有的风雨桥的亭、廊已不以保护桥体免遭风雨侵蚀为目的，而是建立起休息、观景场所，并形成当地的明显标志和良好的景观效果。如浙江杭县小林乡桥亭及浙江东阳县叱驭桥即系此类。

图 3　浙江杭县小林乡桥亭

图 4　浙江东阳县叱驭桥

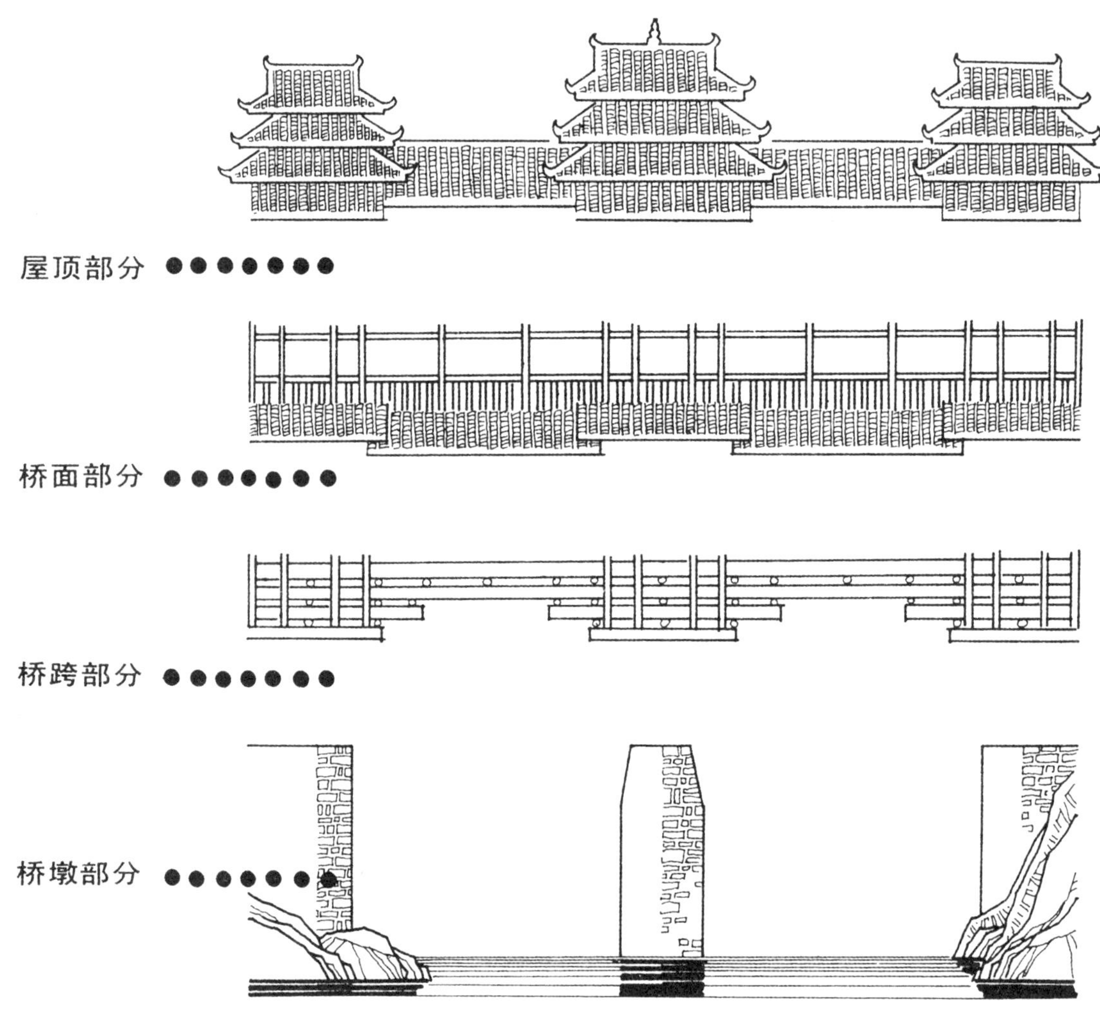

图 5　风雨桥分解图

在桂北侗族地区，逢河必有风雨桥，仅三江县独峒、八江、林溪三个乡，就有风雨桥112座。风雨桥作为侗族的一种重要公共建筑，除了具有一般风雨桥的特征外，还有浓郁的民族风格，创造性地将亭和廊结合在一起，以其严谨的结构形式和独特的建筑技艺而负盛名。侗族风雨桥由屋顶、桥面、桥跨和墩台四部分组成。桥墩由青条石垒成，其余部分全为木结构。采用凿眼、榫枋结合，直穿斜套，互相勾联，形成严密的整体，坚固耐久，可延续二三百年不坏。桥身不加粉饰，显露石木本色，淡雅大方，与侗族淳朴民风浑然一体。

侗家流传着这样一个关于风雨桥来源的传说——很久很久以前，侗乡后遇河里出现了一只凶狠的螃蟹精，无恶不作，常常摇倒小木桥，卷走过桥的侗族少女。后来，从远方来了一条勇敢的小花龙，挺身与螃蟹精战斗，救起不幸的姑娘。侗族人民怀念小花龙，便将小木桥改为风雨桥，并称为“回龙桥”。

程阳永济桥序中，详细地描述了建造风雨桥之前的情况：“昔无桥梁，未免病涉水之虞。尤当仲夏之日，洪波滚滚，履足固所难举，即令冬日水消，然寒水澈骨，冯河犹多可畏。嗟呼！交通阻断，憾息召渡艰难，隔岸相呼，靡不望洋兴叹。恨天涯于咫尺，悲日暮于穷途”。正因如此，侗族人民对风雨桥有着特殊的感情。

和鼓楼一样，风雨桥集多种功能于一身，而且，风雨桥在空间和造型上结合了各种功能特点和要求，使之具有较强的适用性。风雨桥的功能意义归结起来有四种：1.交通功能、2.娱乐功能、3.标志功能、4.观赏功能。

图 6　平岩风雨桥鸟瞰

风雨桥功能

1.交通性　　风雨桥的建立，方便了村寨间的联系，交通是其首要功能。由于受生产力水平及木结构限制，风雨桥的交通性表现为以人畜为主体的步行交通。

2.娱乐性　　与鼓楼不同，风雨桥为人们提供的交往空间不带宗法色彩，完全以休息娱乐为主。风雨桥不仅供人行避雨，乘凉小憩，也作为侗寨的重要交往空间而存在。平日村寨老少在这里谈古论今、嬉戏游玩；节日期间，各寨的大小芦笙队在此比赛，若逢宾客来临，侗家老少妇孺盛装云集桥廊，唱拦路歌，饮敬客酒，盛情款待，构成生动的侗家生活场景。

3.标志性　　风雨桥富于民族特色的外部造型，作为一种重要的地标和景观，标定着侗族村寨的存在。其标志性与鼓楼不同之处在于鼓楼限定的是村寨中家族姓氏的存在，带有几分宗法色彩，而风雨桥限定的是一个空间范围，使人联想到一个或几个村寨的存在，因此，风雨桥的标志性具有更广泛的意义。

4.观赏性　　风雨桥的观赏性已成其功能的一部分，无论远望风雨桥还是从桥内观外，都有着较强的观赏性。由于这一功能的存在，其娱乐和标志功能得到了进一步加强。

风雨桥就其功能特点来说具有一定的中心意义，它是仅次于侗寨鼓楼的副中心。

图 7　合善桥外观

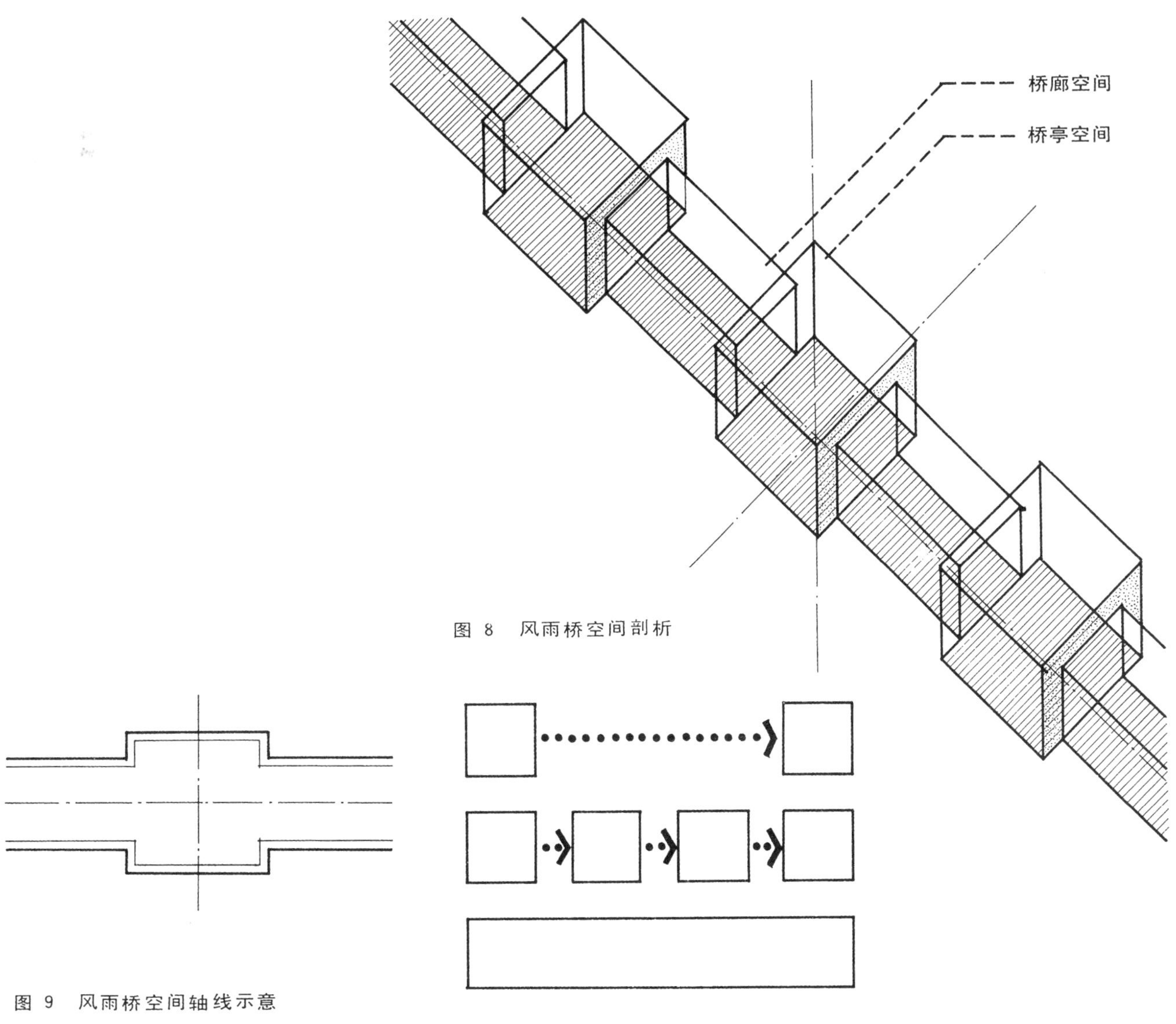

图 8　风雨桥空间剖析

图 9　风雨桥空间轴线示意

图 10　风雨桥线式空间示意

二、风雨桥空间

风雨桥的桥亭和桥廊在空间形式及视觉感受上均有所差别。由于风雨桥是通过轴线形成的线型空间，具有长度和方向性，它引导人们沿轴线运动或聚集。桥亭，特别是中央桥亭的外形和空间一般都给予强调，从而形成了线与点相结合的空间序列：入口——中心——出口

风雨桥的梁、柱形成重复的结构跨度和空间模数。线条、形状、形式等有规律地重复，和谐地再现，产生了风雨桥空间特殊的韵律美和节奏感。

风雨桥细长的线性空间有强烈的引导性，并且具有亲切的空间尺度，在桥上行走，往往会产生一种深远、神秘的感受。

三、风雨桥结构

风雨桥的结构体系由廊亭、跨桥、支撑三部分组成。

廊亭采用卯榫结合的梁柱体系联成整体，由栏杆、坐凳联结着柱廊，巧妙地将其使用功能和结构功能结合起来。栏杆外设腰檐，既增强了桥体结构的整体性，丰富了立面造型，又保护了桥面及托架梁，使之不受太阳曝晒和雨水侵蚀，增加了风雨桥使用年限。

桥跨结构采用密布式悬臂托架简支梁体系，全为木构架。桥墩上通常设两排托架梁，每排用六、七根中径四十厘米以上的圆木，在其两端开槽，嵌入厚板联结而成。在墩台上采用悬臂托架支撑主体桥跨结构，减少了大梁的弯曲应力，增大了大梁的跨度。这种结构体系，使重力均匀集中在墩台上，并增大了支承面积。大梁通常由中径在50厘米以上的巨大杉木联排而成，一般为两排，与托架梁联排方式相同。因木料大小不等，在排与排之间垫以木墩和板料，使之达到水平标准。

图 11 风雨桥桥亭剖面

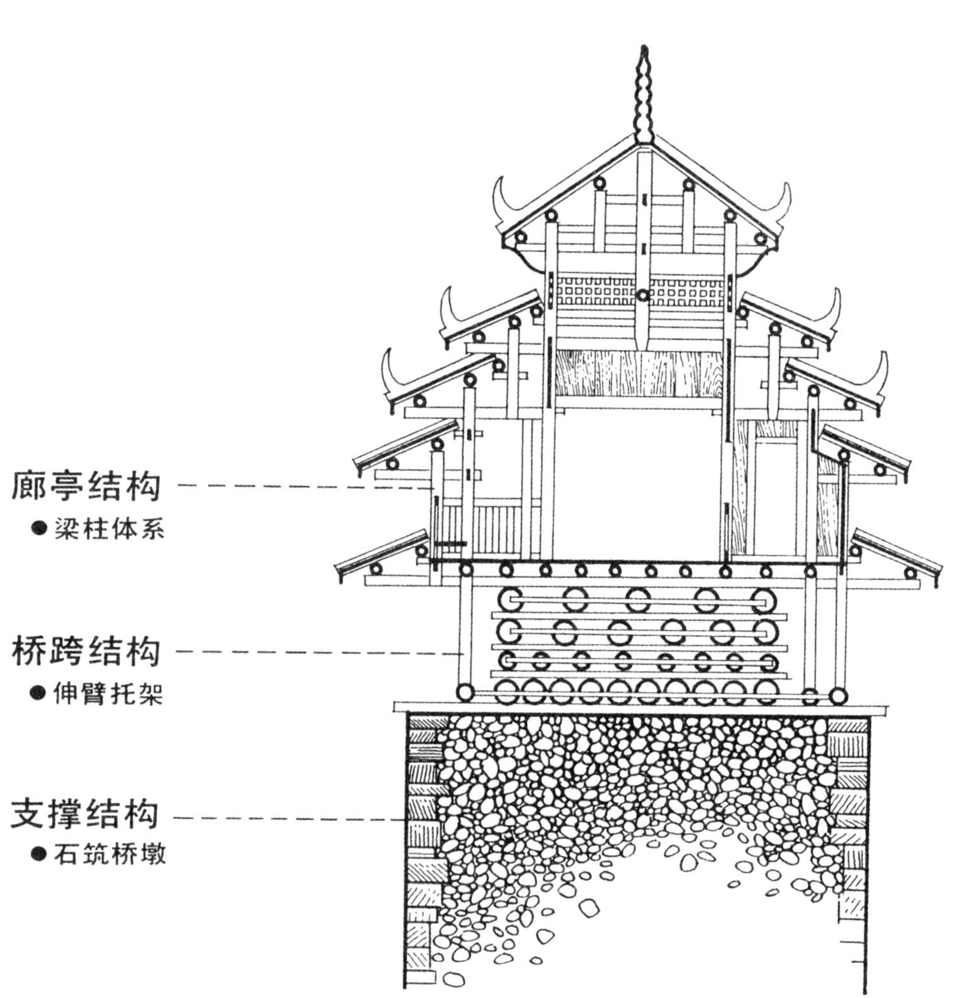

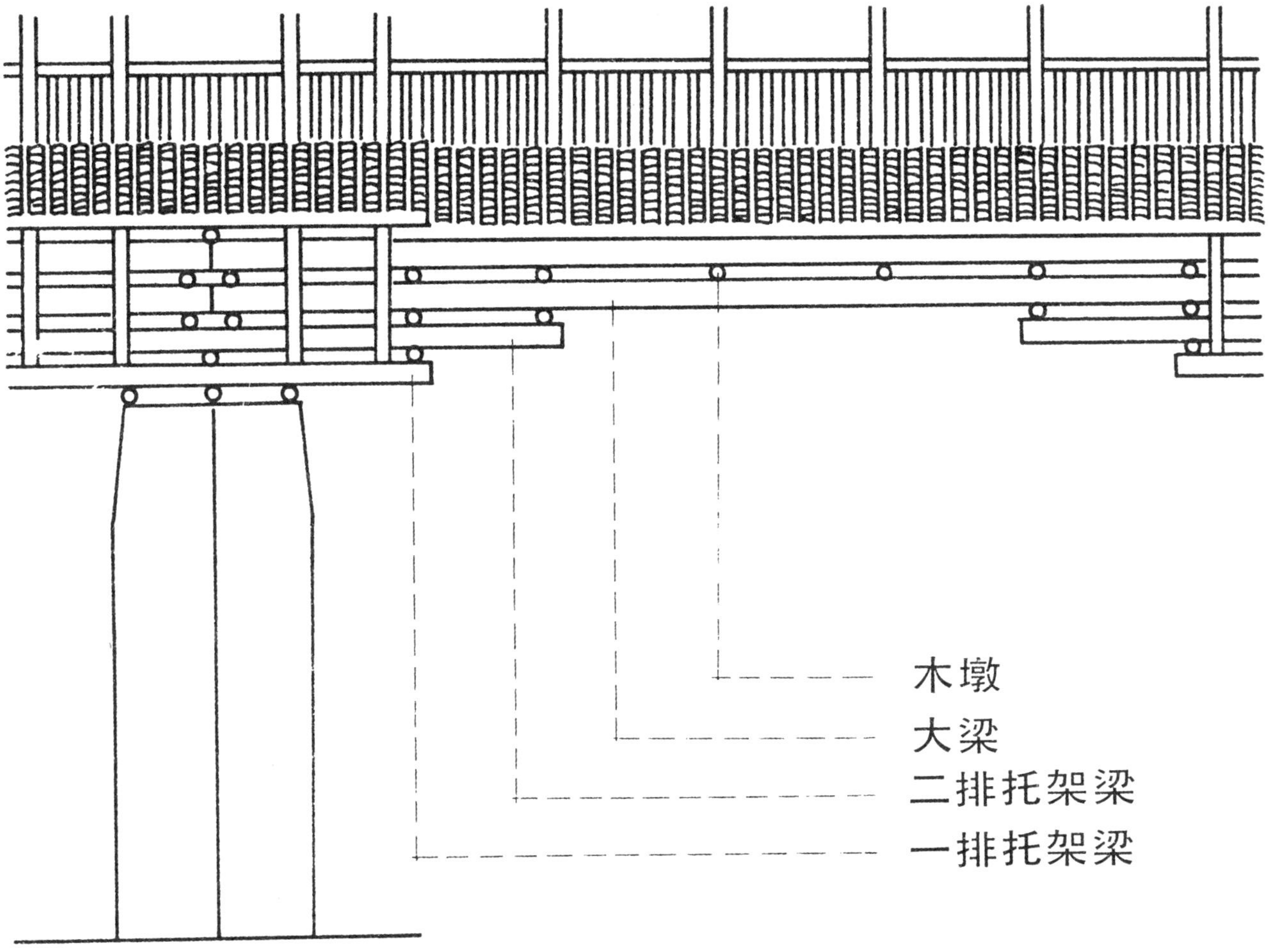

木墩
大梁
二排托架梁
一排托架梁

图 12　风雨桥局部结构示意

图 13　桥墩平面

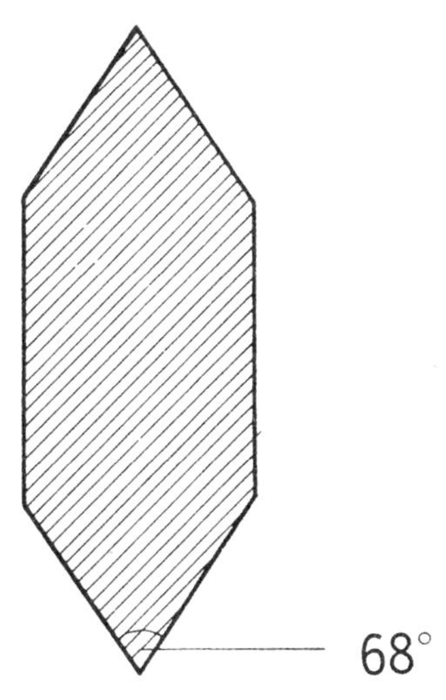

桥墩为六面柱体，上下游均为锐角分水，以减轻洪水的冲刷。桥墩外用料石砌筑，内以毛石填充，竖向一般以 3 % 收分。桥墩以上的整座桥架（桥面和托架梁）与桥的台墩无任何锚固措施，仅是搁置其上。

风雨桥举行奠基仪式时，人们往往要在桥墩内置放一些金、银制品，祈祷神灵保护桥梁永固，人寿年丰。

四、风雨桥与村寨

图 14 侗族风雨桥优秀之作——三江巴团桥

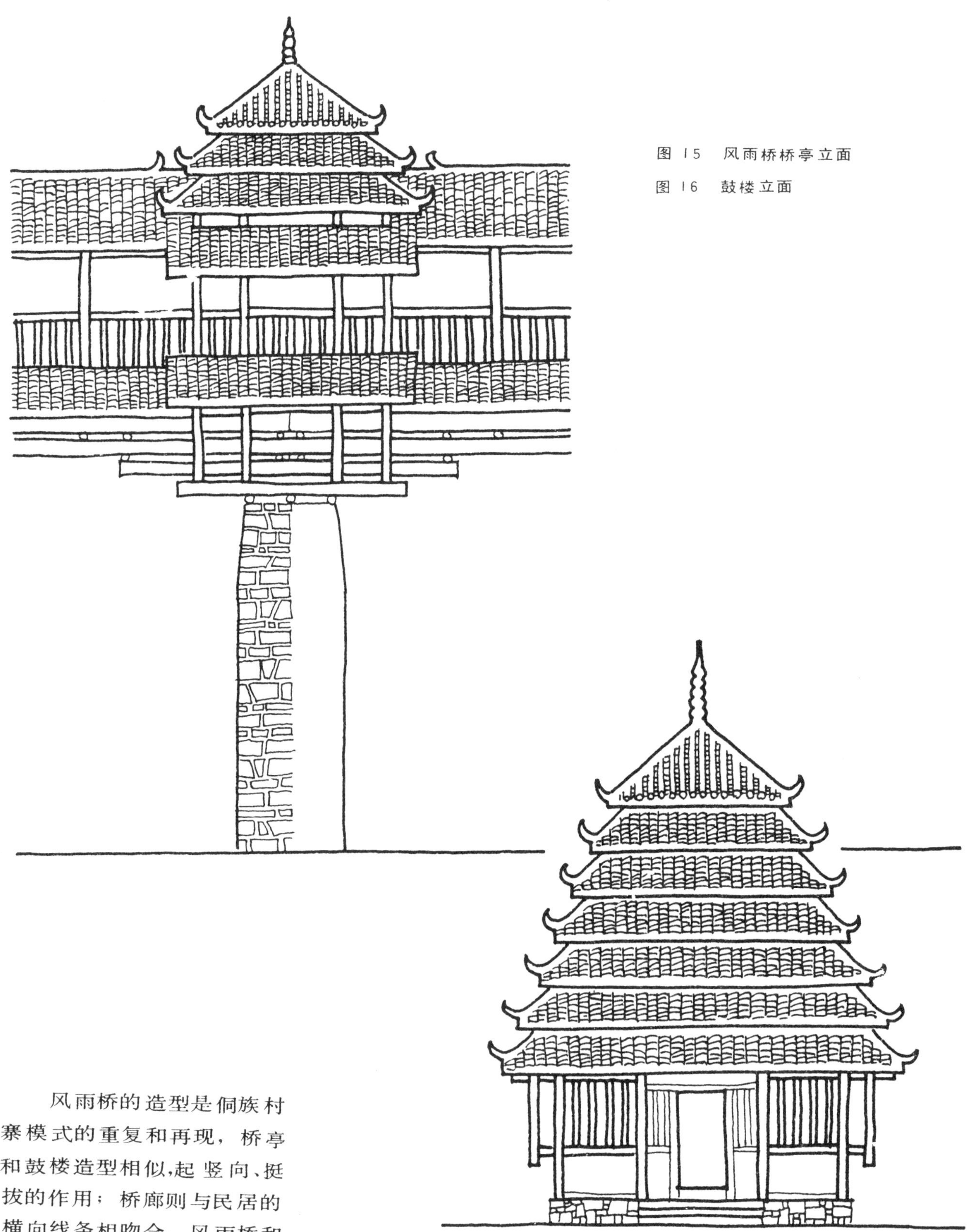

图 15　风雨桥桥亭立面

图 16　鼓楼立面

风雨桥的造型是侗族村寨模式的重复和再现，桥亭和鼓楼造型相似，起竖向、挺拔的作用；桥廊则与民居的横向线条相吻合。风雨桥和村寨中心的鼓楼有着较强的联系，共同构成完整的侗族村寨艺术面貌。

图 17 巴团桥东桥头外观

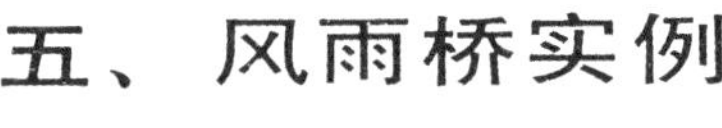

五、风雨桥实例

1.巴团风雨桥

巴团桥是侗族风雨桥的优秀代表作之一，它位于三江县巴团寨，横跨苗江，建于清朝宣统二年（公元1910年），桥长50米，两孔三亭，二台一墩。巴团桥的特点是人畜分层分道，主桥面行人，宽3.9米，桥侧设宽为1.8米的畜行道，人道与畜道上下异层，高差为1.5米。人畜分层分道保证了人行道的清洁与安全，使人在桥上不受干扰，提供了良好的步行及休息、娱乐环境。这种特殊形式与功能的桥梁为我国桥梁中所仅见。

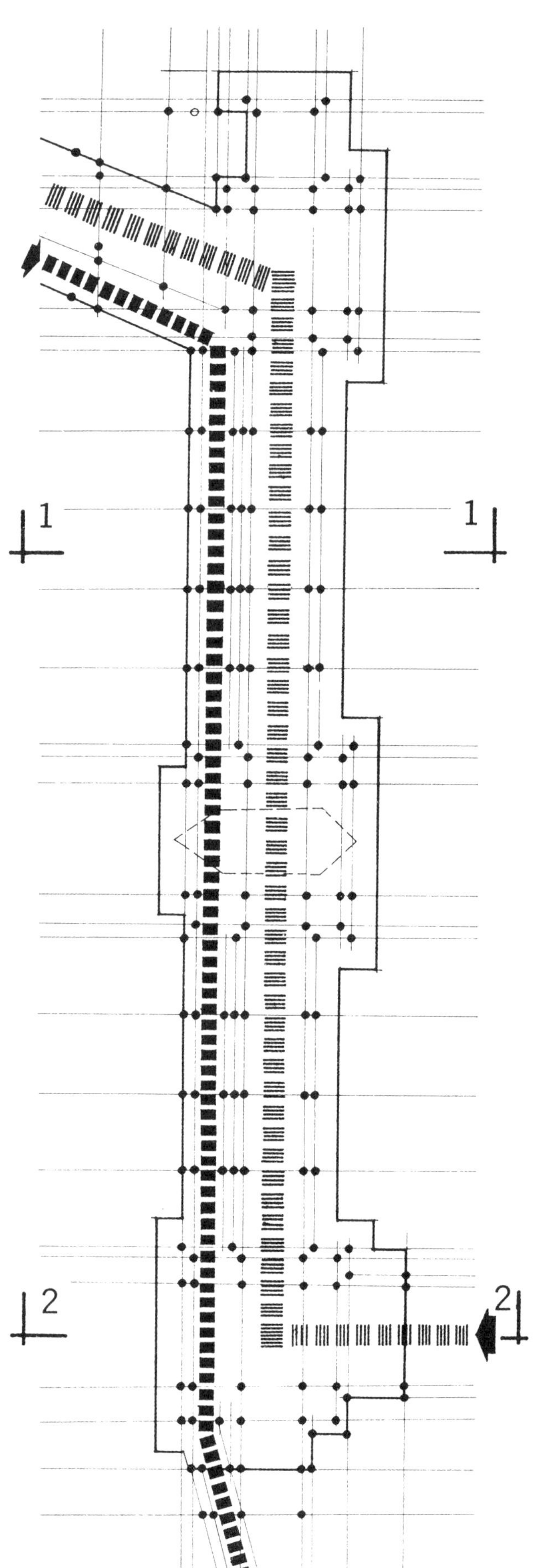

图 18 巴团桥柱网轴线示意

畜流线

人流线

图 19　巴团桥西侧人行入口

图 20　巴团桥西侧平面示意

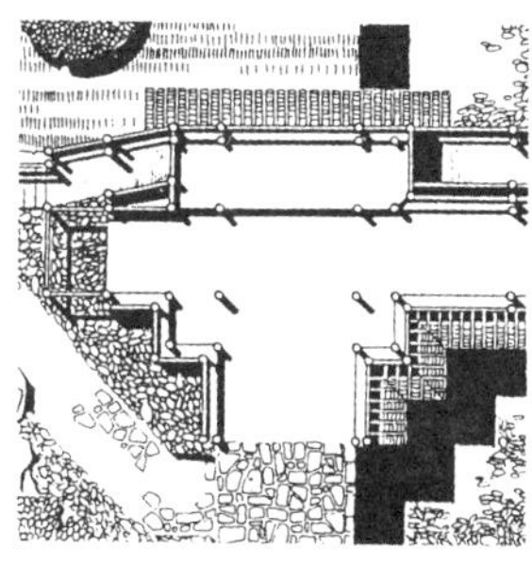

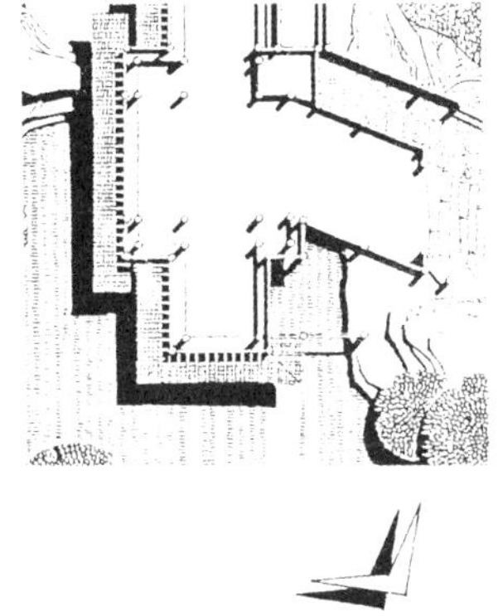

图 21　巴团桥东侧平面示意

图 22　巴团桥东侧立面造型

图 23　巴团桥北立面图

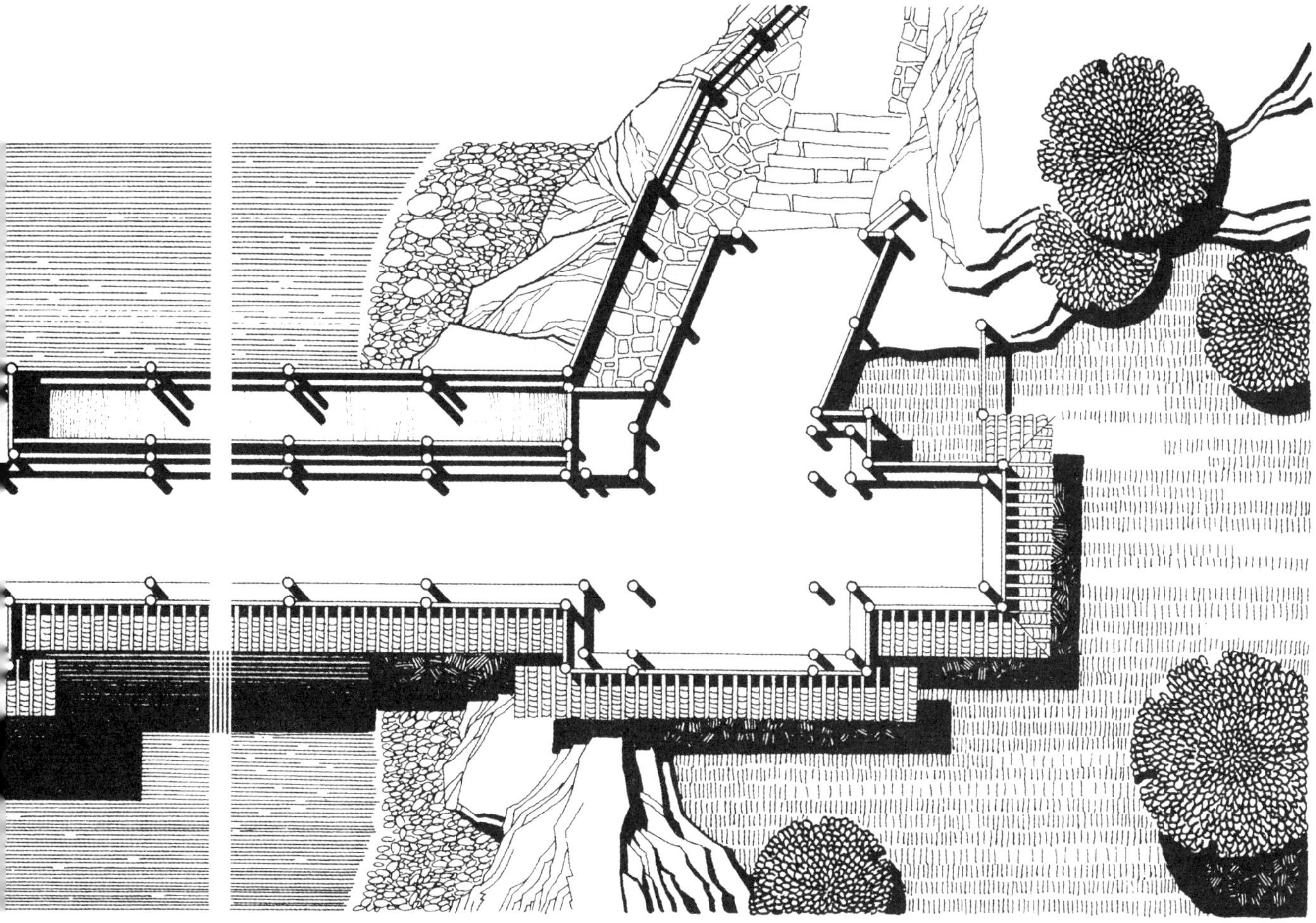

图 24　巴团桥平面图

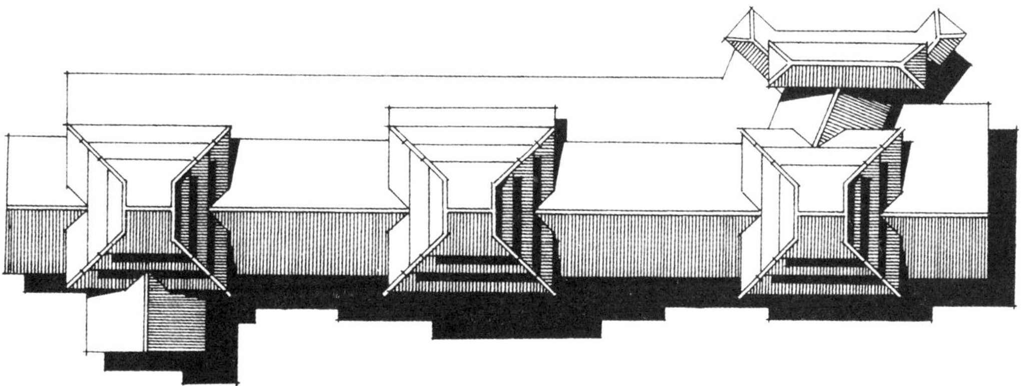

图 25　巴团桥屋顶平面图

图 26 由东坡穿过树林眺望风雨桥

巴团桥桥亭、桥廊屋脊、飞檐精心造作，小青瓦组合图案，白石灰勾线，造型朴素、秀丽。没有采用风雨桥常用的宝葫芦装饰，也为巴团桥装饰的一个特点。

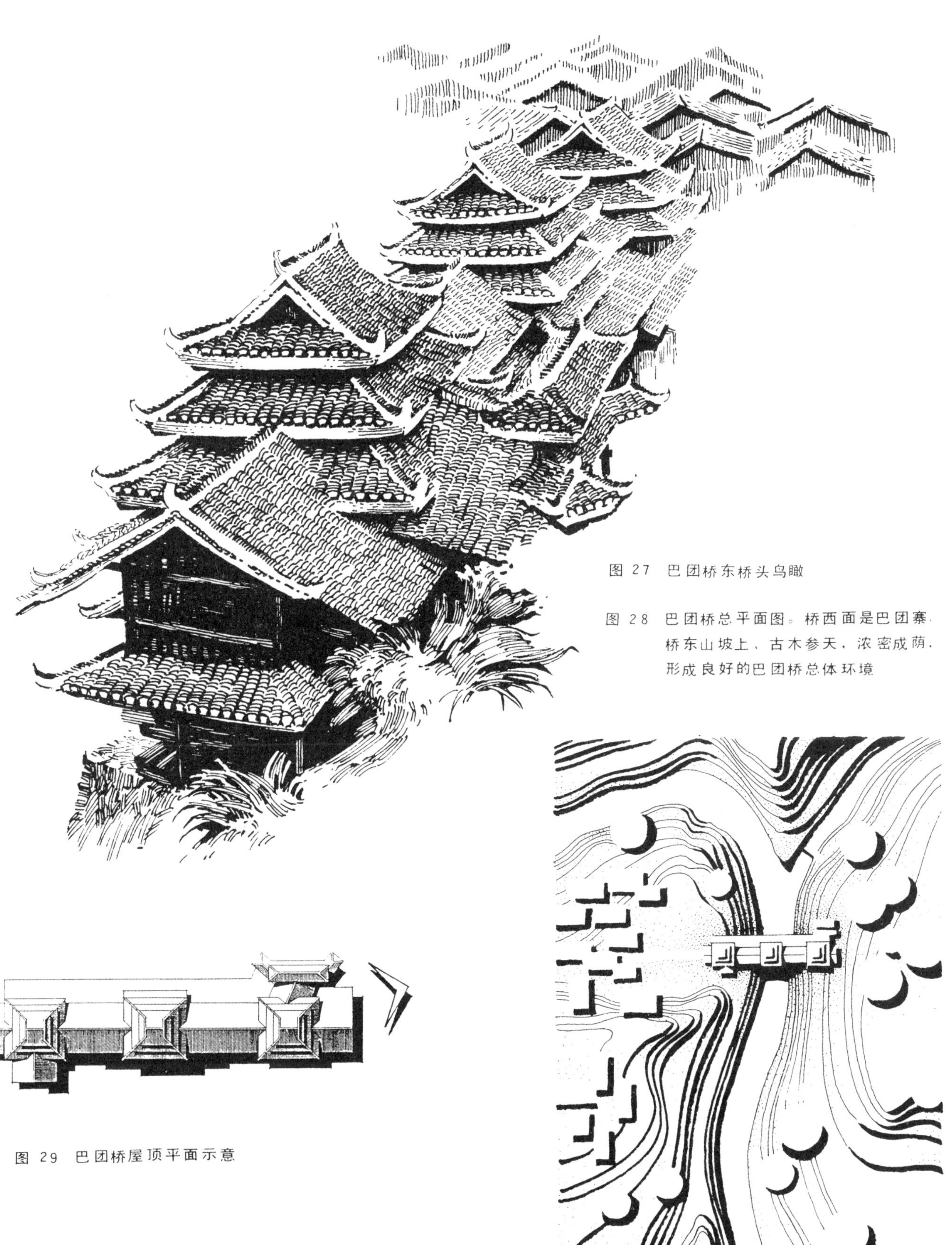

图 27　巴团桥东桥头鸟瞰

图 28　巴团桥总平面图。桥西面是巴团寨，桥东山坡上，古木参天，浓密成荫，形成良好的巴团桥总体环境

图 29　巴团桥屋顶平面示意

古树作为背景衬托着风雨桥，更增加了它的艺术魅力：平添了几分古朴，几分幽雅，几分情趣。

图 30　巴团桥仰视

图 31　巴团桥俯瞰

图 32 巴团桥西侧立面造型

图 33 巴团桥畜道内部透视

图 34 巴团桥畜道西侧入口

图 35 巴团桥东侧入口透视。它既是风雨桥的组成部分，也是村寨组成部分它有较强的寨门造型特征和寓意

图 36 巴团桥东侧人行道由内向外透视

巴团桥是由东面进入村寨的必经之路，东桥头在造型上吸取侗族门阙式寨门的特点，使之既是风雨桥的入口，又形似寨门，以划定村寨的界限。

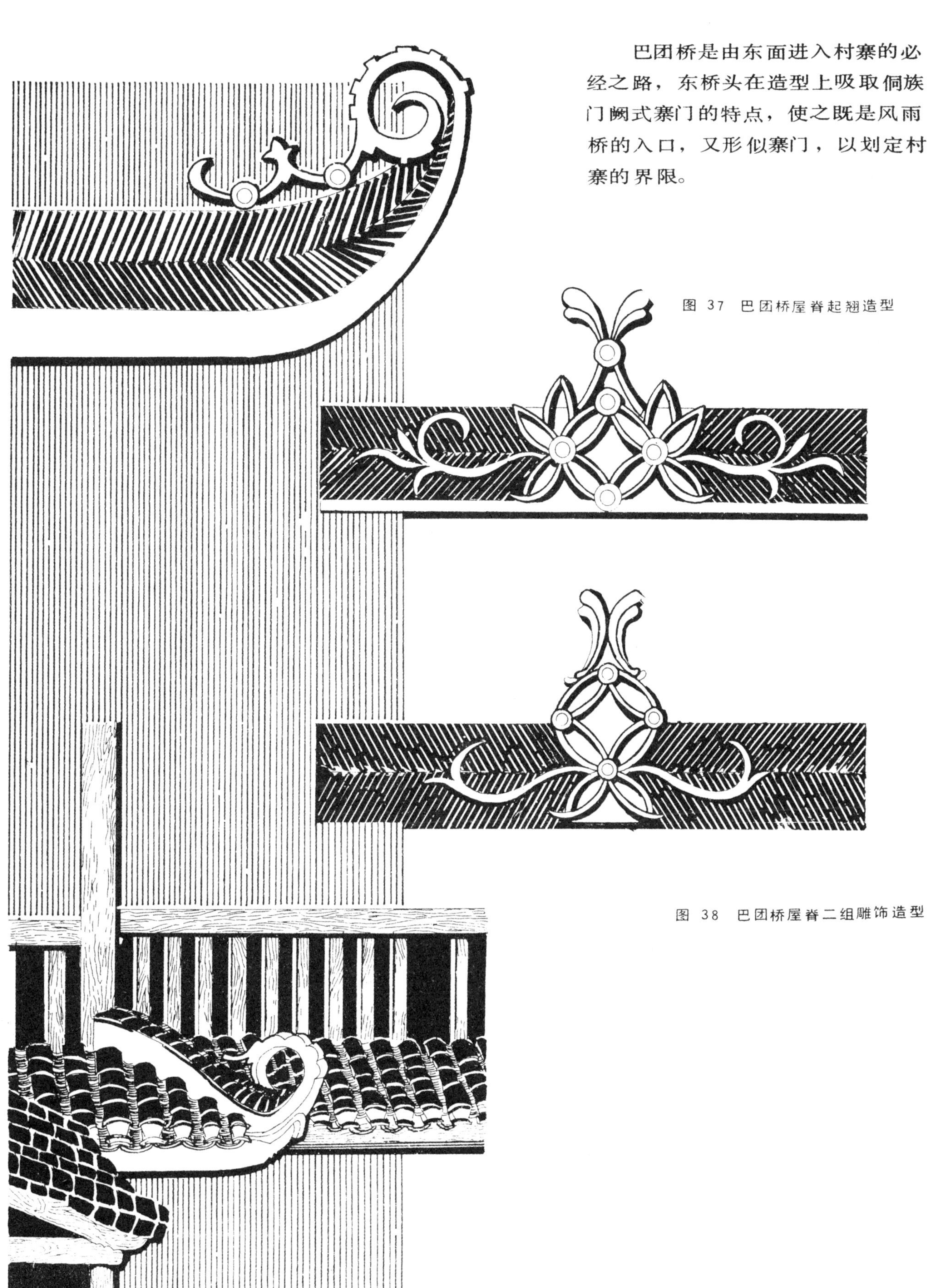

图 37 巴团桥屋脊起翘造型

图 38 巴团桥屋脊二组雕饰造型

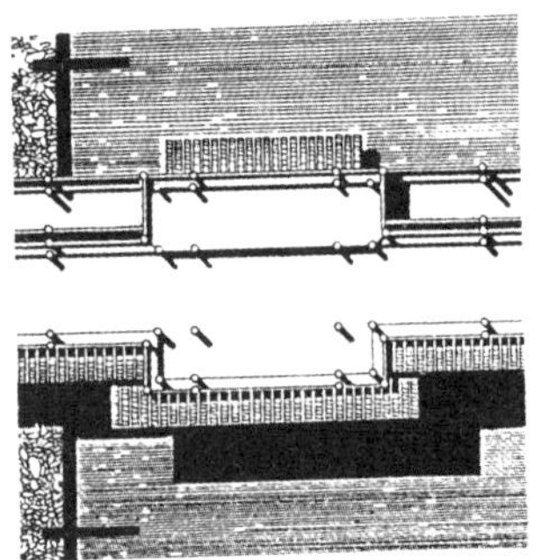
图 39 巴团桥腰檐局部造型

图 40 巴团桥剖面图

图 41 巴团桥廊内透视

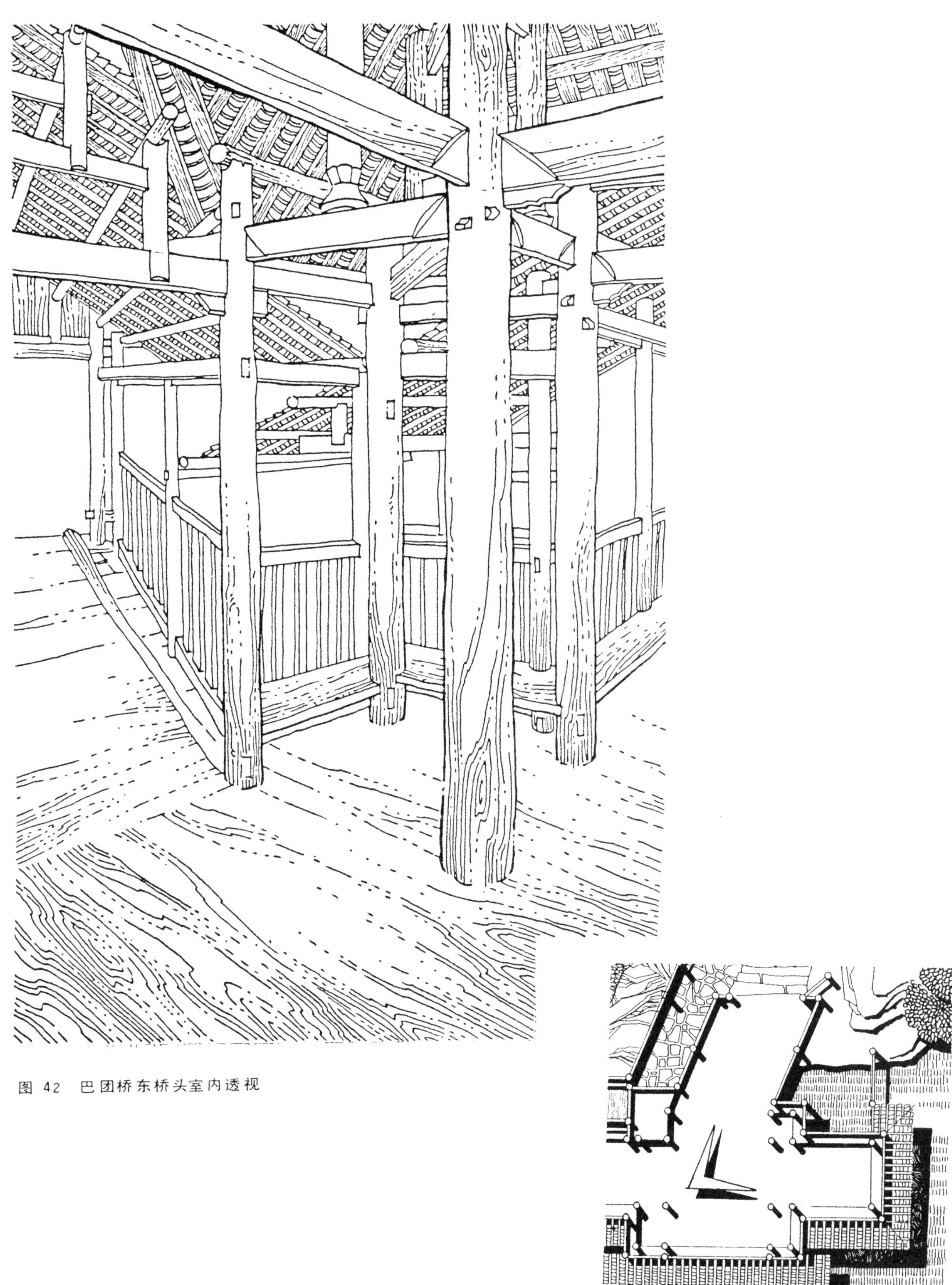

图 42　巴团桥东桥头室内透视

图 43 巴团桥东桥头平面示意

图 44 巴团桥东侧畜道外观

图 45 巴团桥东侧畜道近景

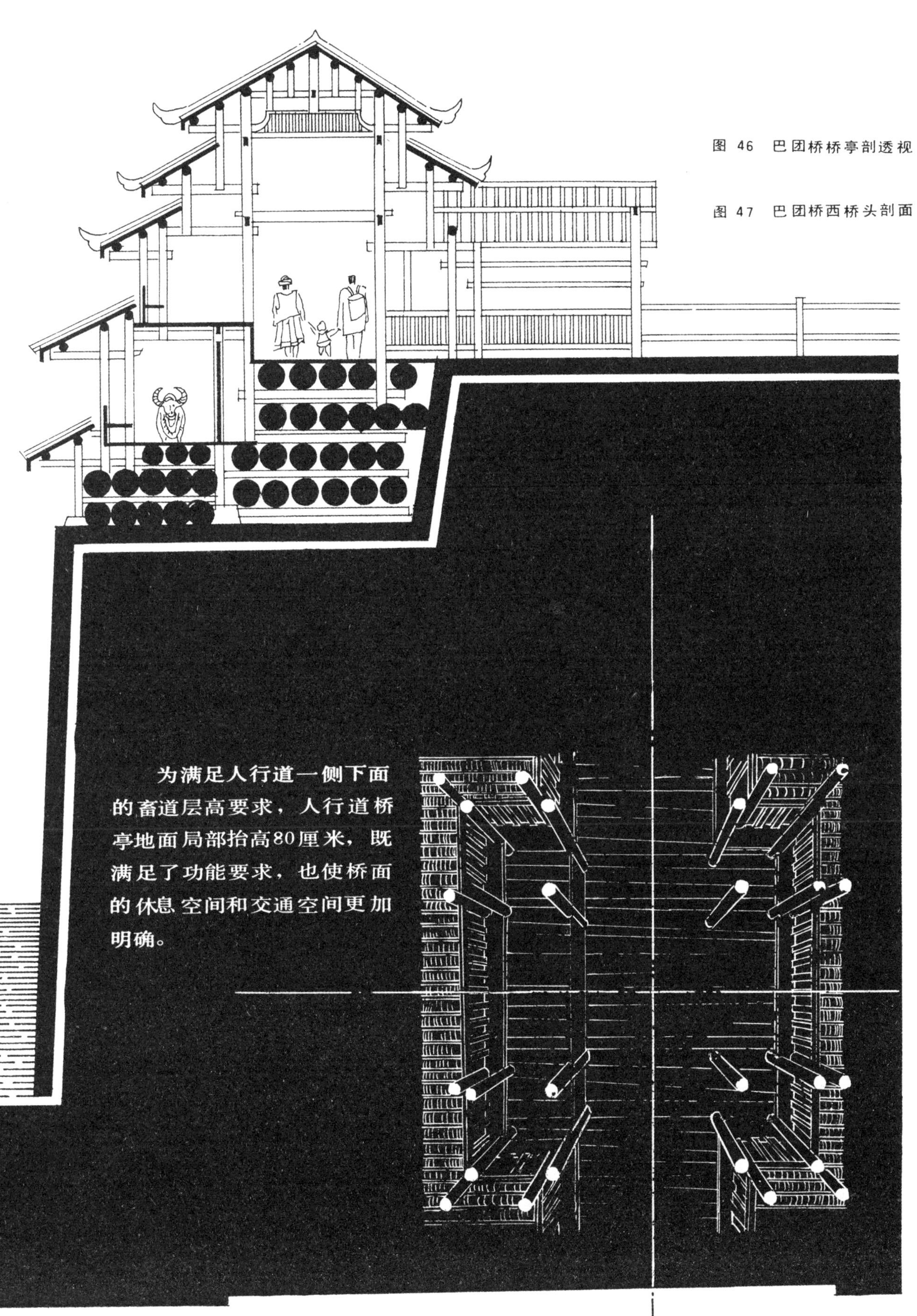

图 46　巴团桥桥亭剖透视

图 47　巴团桥西桥头剖面

为满足人行道一侧下面的畜道层高要求，人行道桥亭地面局部抬高80厘米，既满足了功能要求，也使桥面的休息空间和交通空间更加明确。

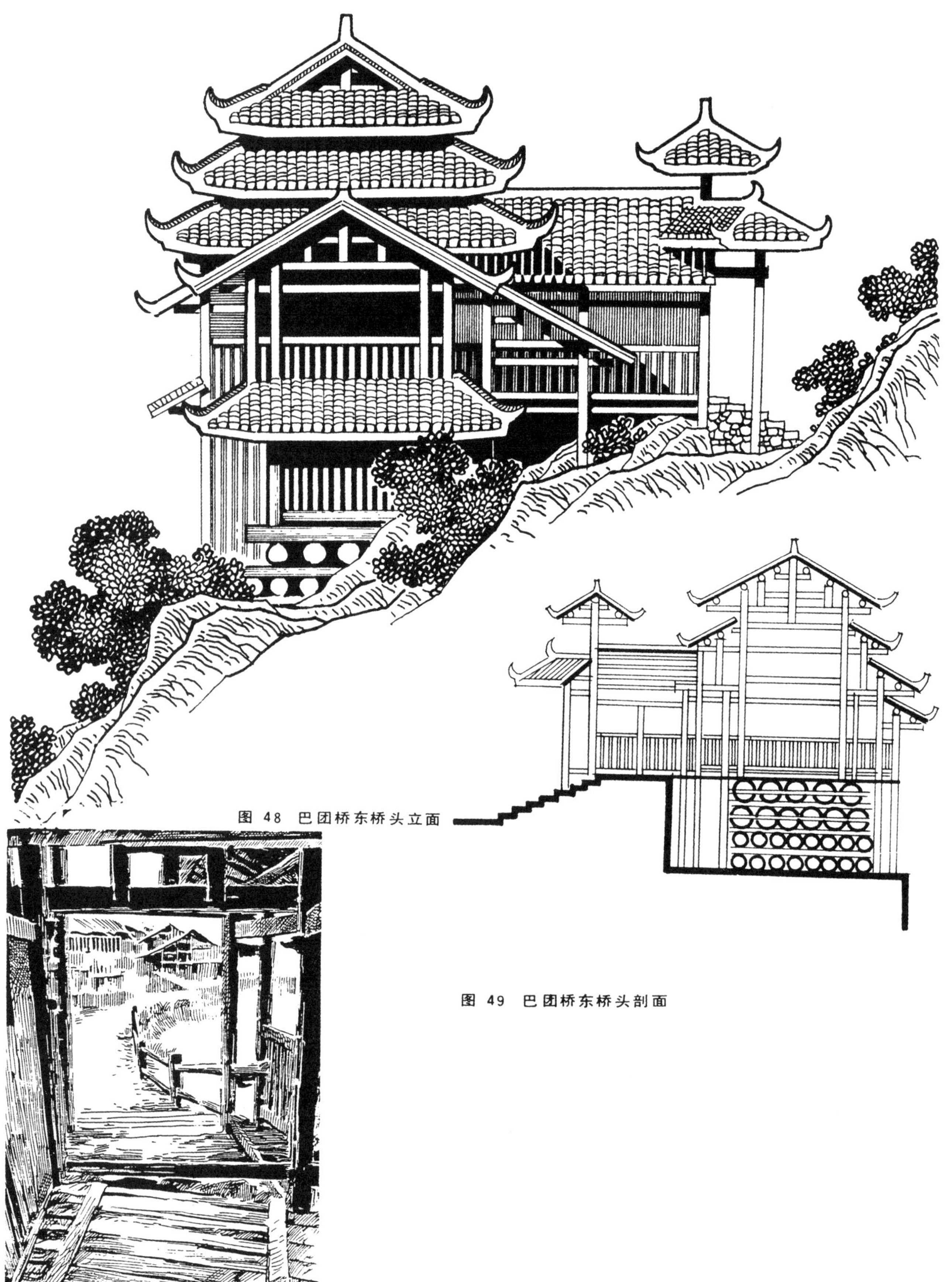

图 48 巴团桥东桥头立面

图 49 巴团桥东桥头剖面

图 50 巴团桥畜道西侧出口

图 51　程阳桥东桥头室内透视

图 52　程阳桥东桥头平面图

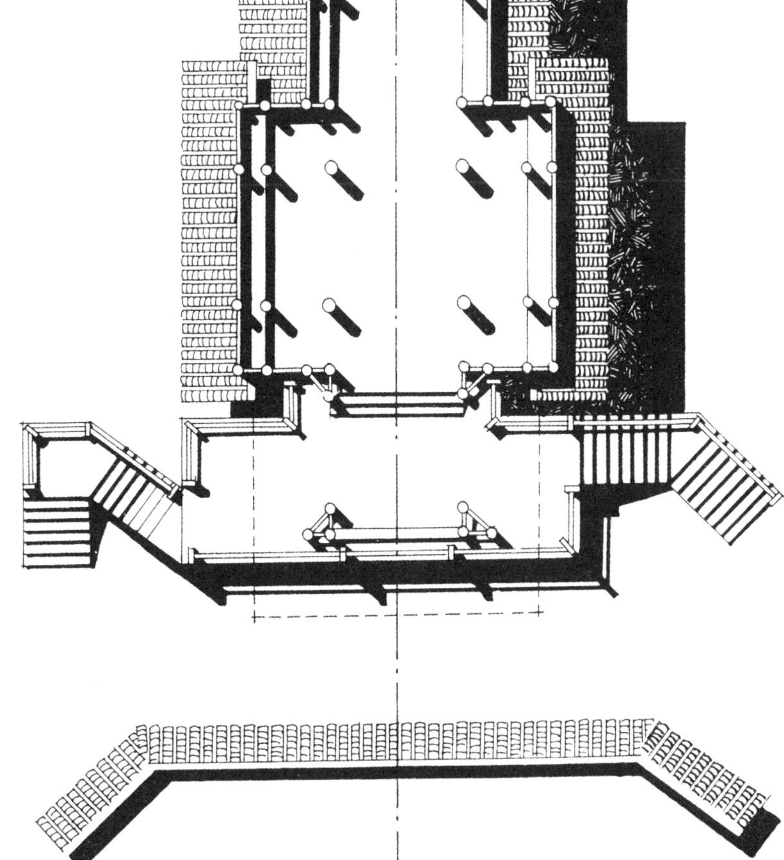

2. 程阳风雨桥

图 53　三江县林溪程阳永济风雨桥

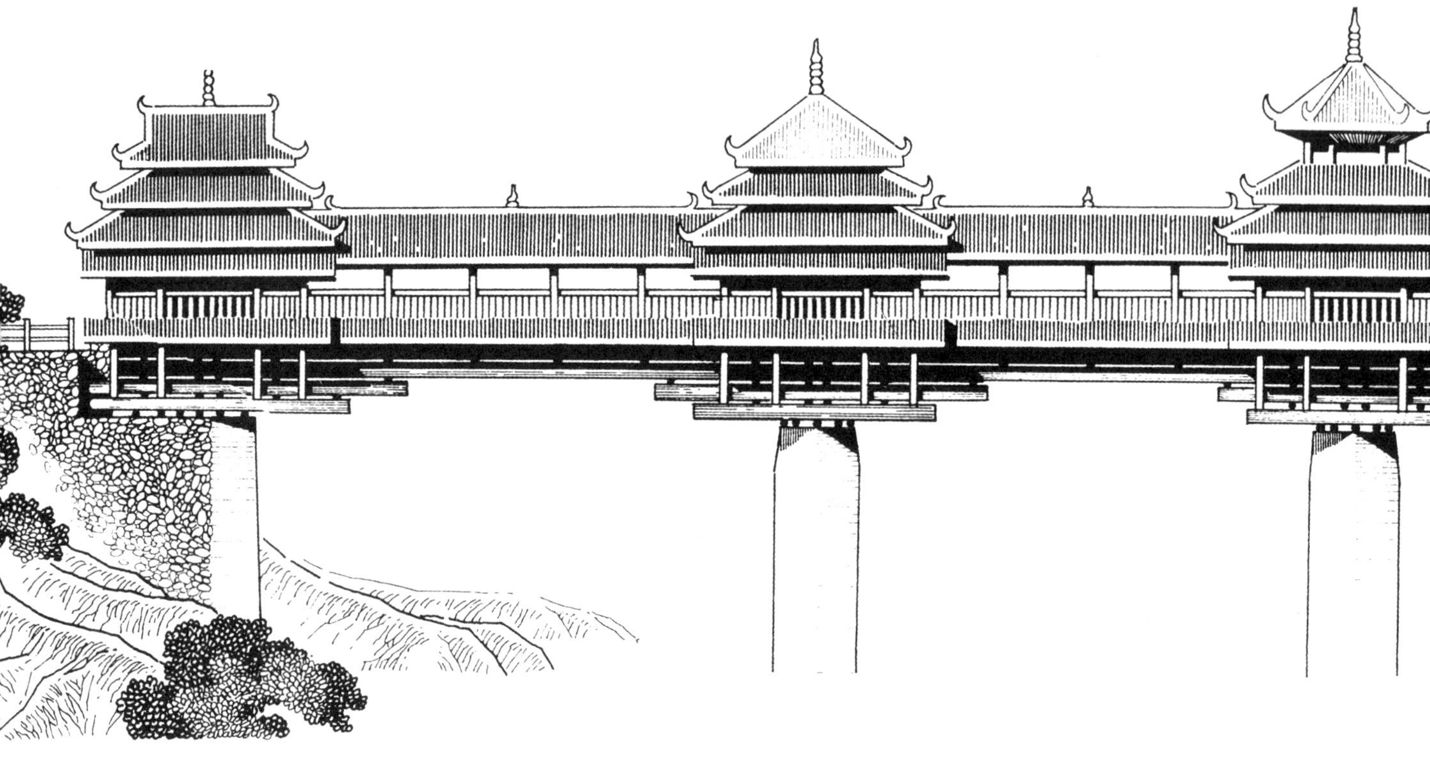

图 54　程阳风雨桥立面

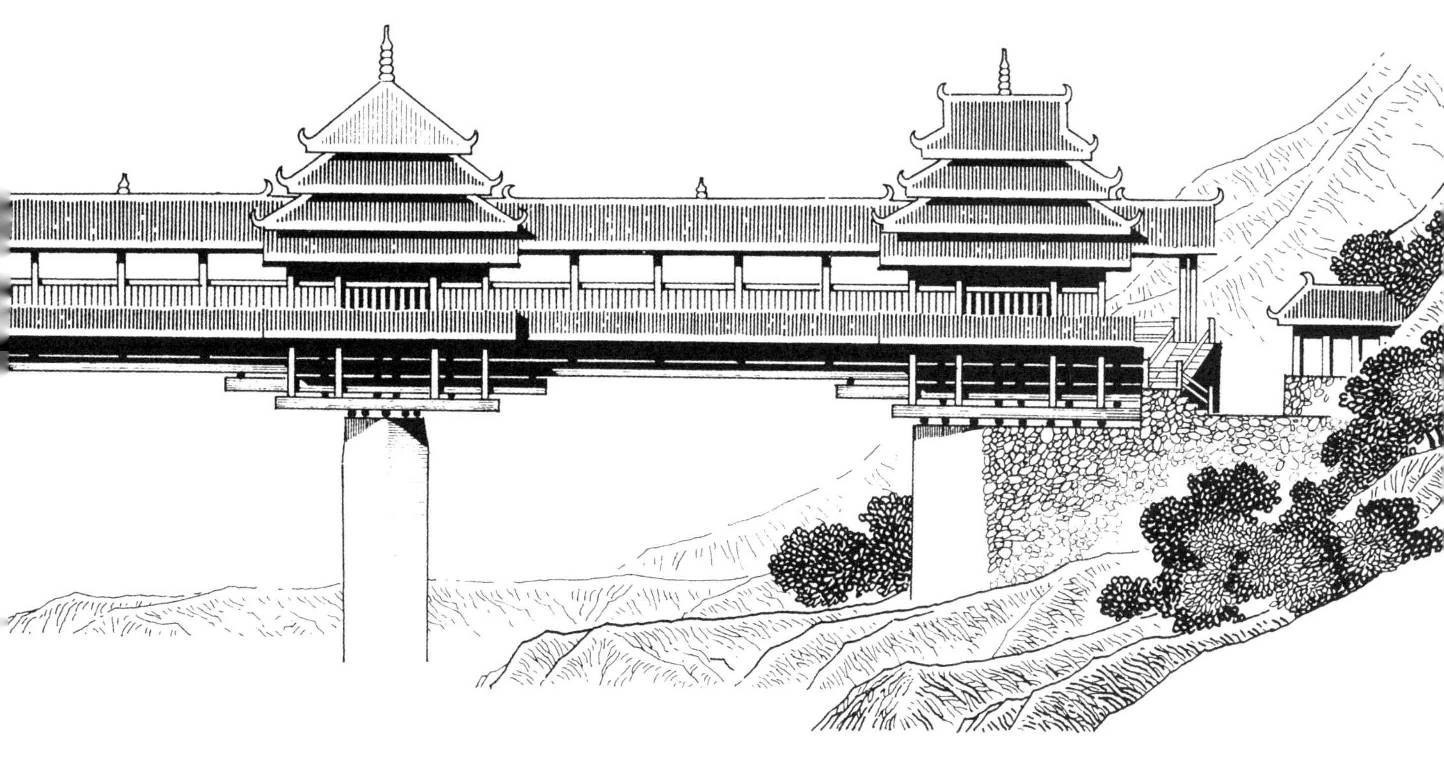

程阳风雨桥又称程阳永济桥，是桂北地区最大的风雨桥，坐落于三江侗族自治县林溪乡马安寨。程阳桥始建于1912年，成于1924年，1937年和1983年先后被洪水冲毁部分结构，后均按原貌修复。

程阳风雨桥为石墩木面翅式桥型，全长77.76米，桥廊宽3.75米，桥顶高11.52米。两台三墩四孔，墩台上建有五座塔阁式桥亭和十九间桥廊，亭檐五重，亭廊相连，浑然一体，雄伟壮观。程阳桥现为全国重点文物保护单位。

图 55 程阳桥南侧透视

图 56 程阳风雨桥平面

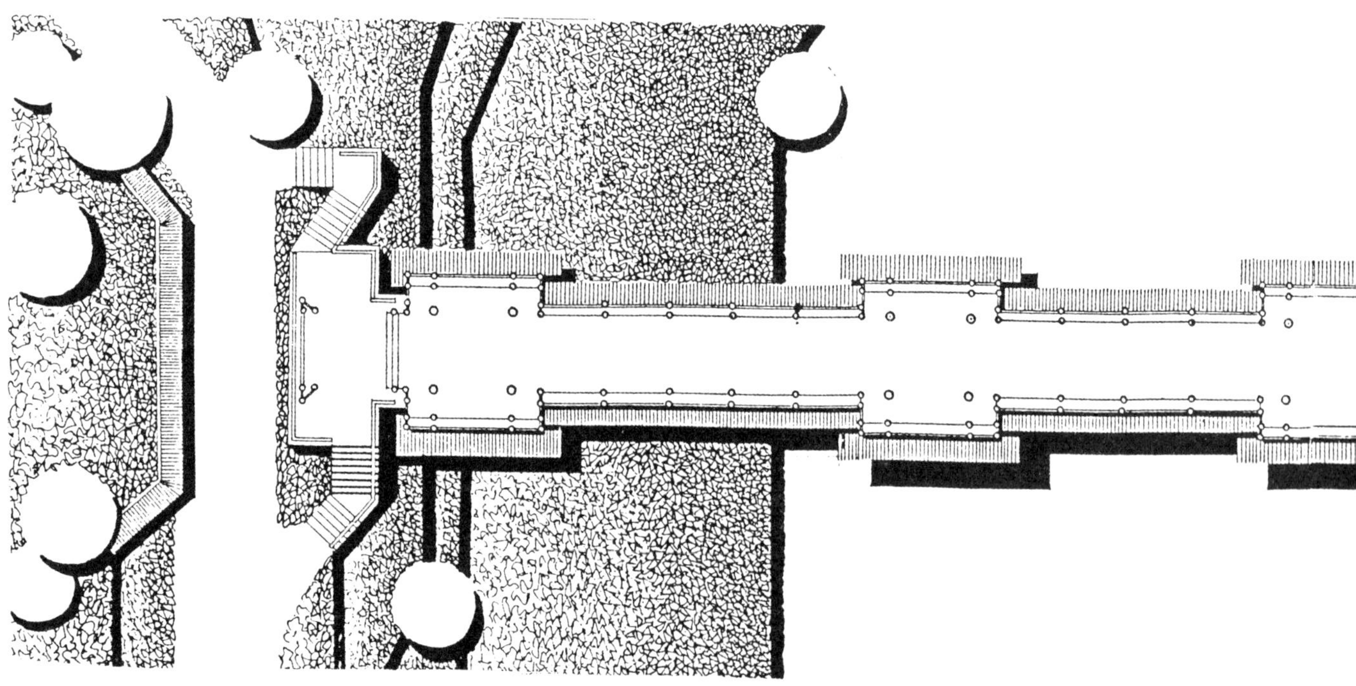

图 57 程阳桥及马安村总平面

1. 程阳桥　　2. 马安村
3. 平岩桥　　4. 鼓楼
5. 林溪河　　6. 公路

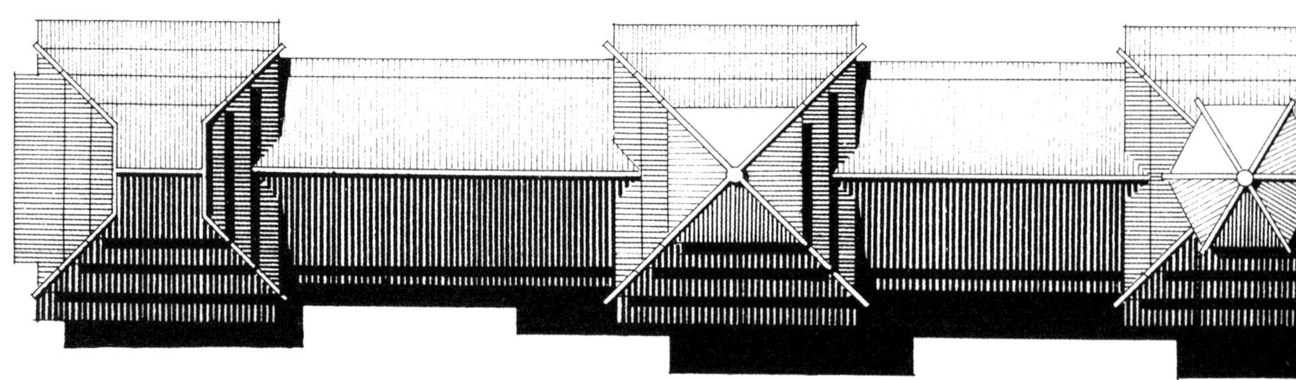

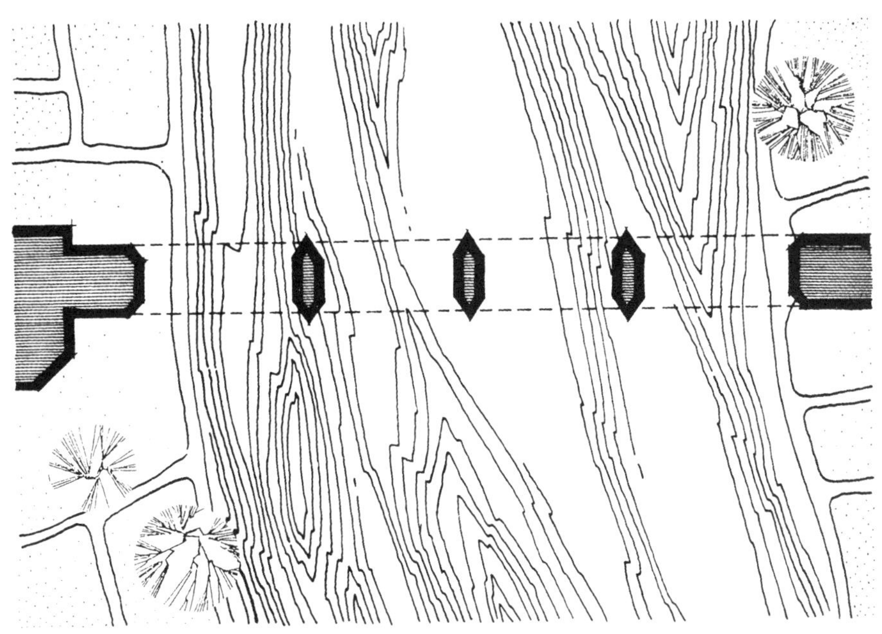

图 58　程阳风雨桥桥墩位置

图 59　程阳风雨桥屋顶平面

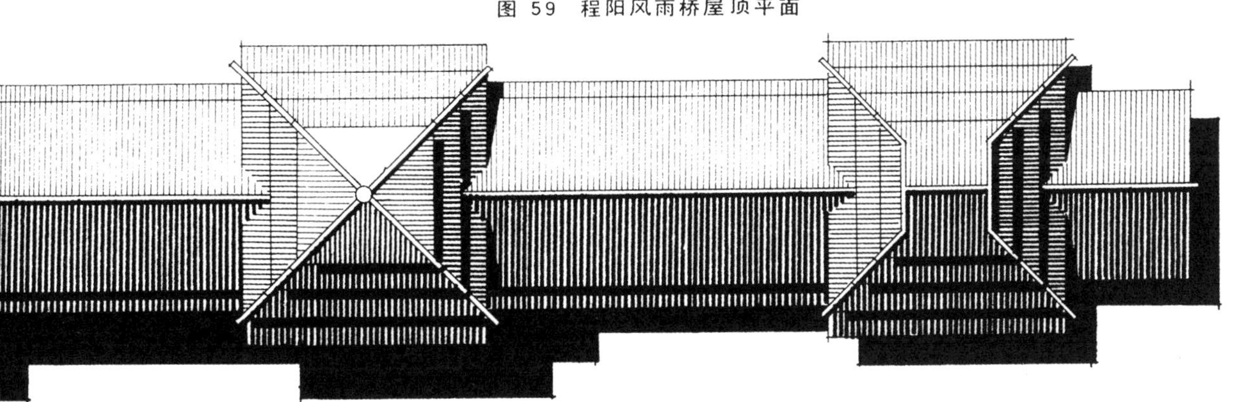

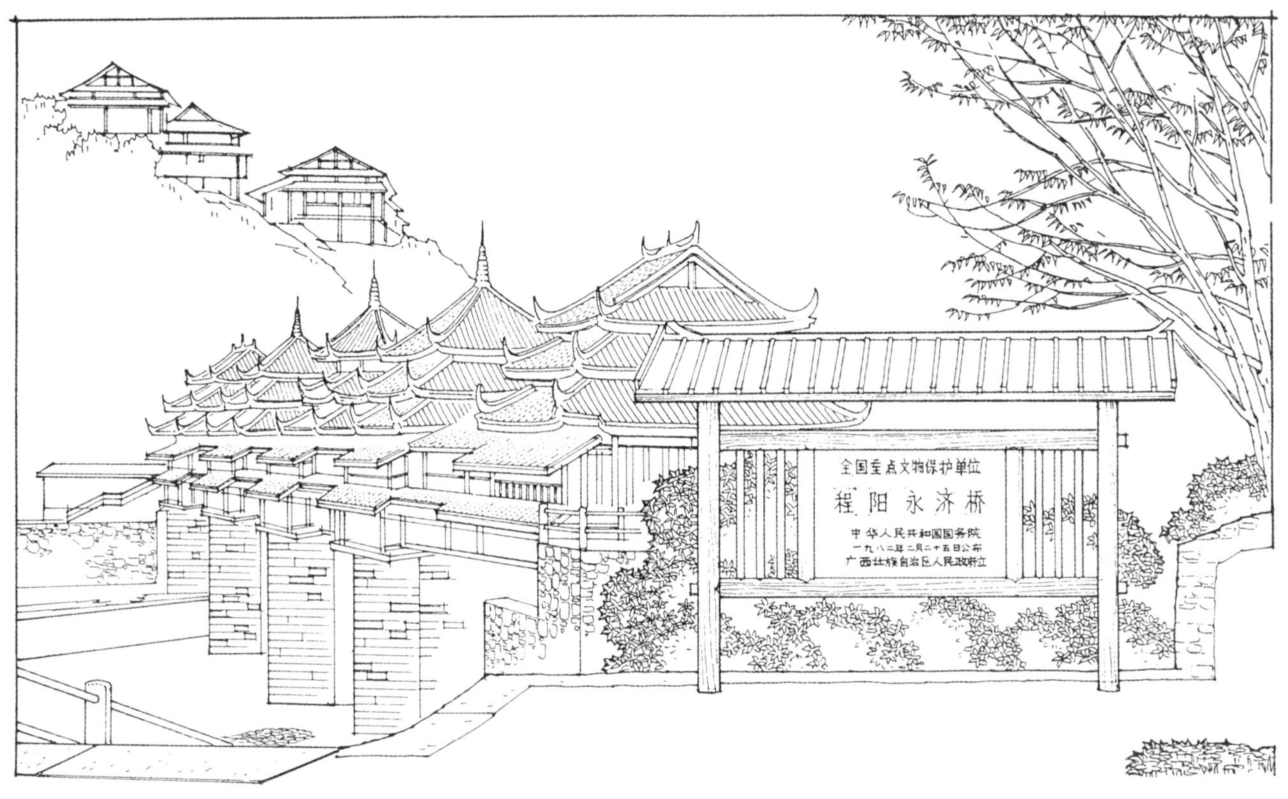

图 60　程阳风雨桥引桥桥头透视

程阳桥有五座桥亭，由桥廊连成一体。桥亭以对称形式分布在墩台上，中央桥亭由重檐正方形屋面及六角攒尖顶构成，高7.8米；两侧为正方形重檐攒尖顶，高7米；最外两个为正方形歇山重檐顶，高6.5米。这三组桥亭采用了侗族鼓楼的三种基本屋顶形式，屋顶均以彩色宝葫芦装饰，象征风调雨顺，五谷丰登。中央三座桥亭顶层屋面采用筒瓦作法，加以粉饰，更突出了程阳桥立面造型的主、次关系。该桥成功地运用对称、对比、韵律、起伏等构图手法，达到了很高的艺术成就，丰富和发展了风雨桥的建筑形式。

图 61　程阳桥东桥头透视

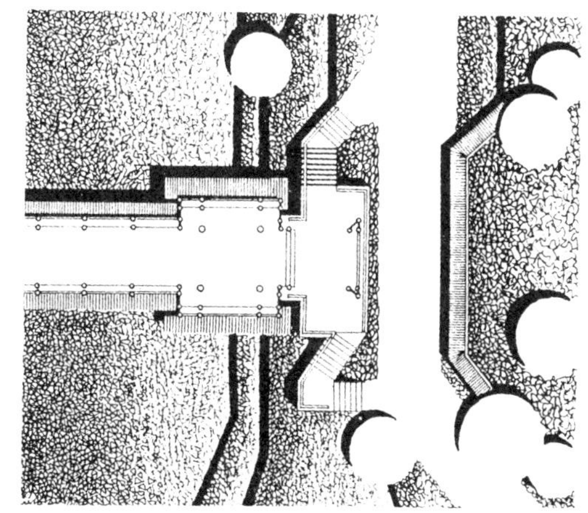

图 62　程阳桥东桥头平面

程阳桥两端桥亭结构，采用阁式鼓楼常见的结构形式，即运用抬梁式与穿斗式的混合构架，局部抬高屋面形成重檐歇山。

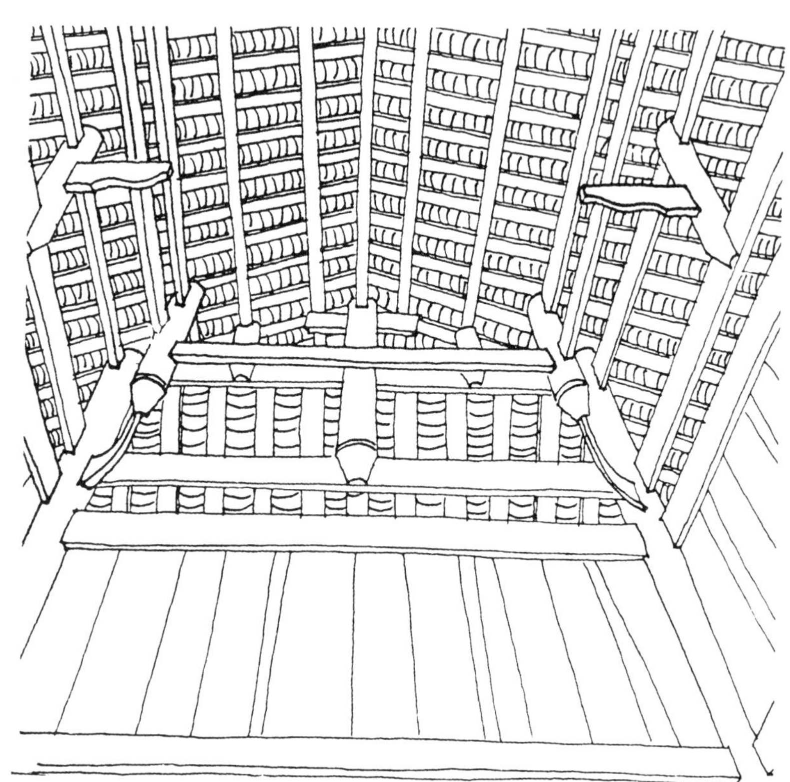

图 63 程阳桥端亭室内仰视

图 64 程阳桥全景鸟瞰

图 65 程阳桥东头桥亭屋顶

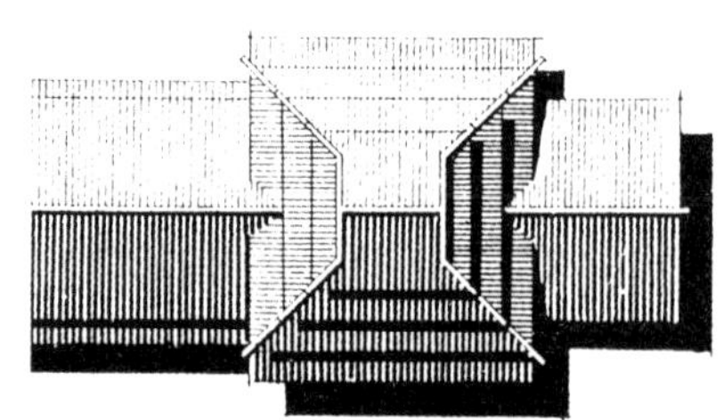

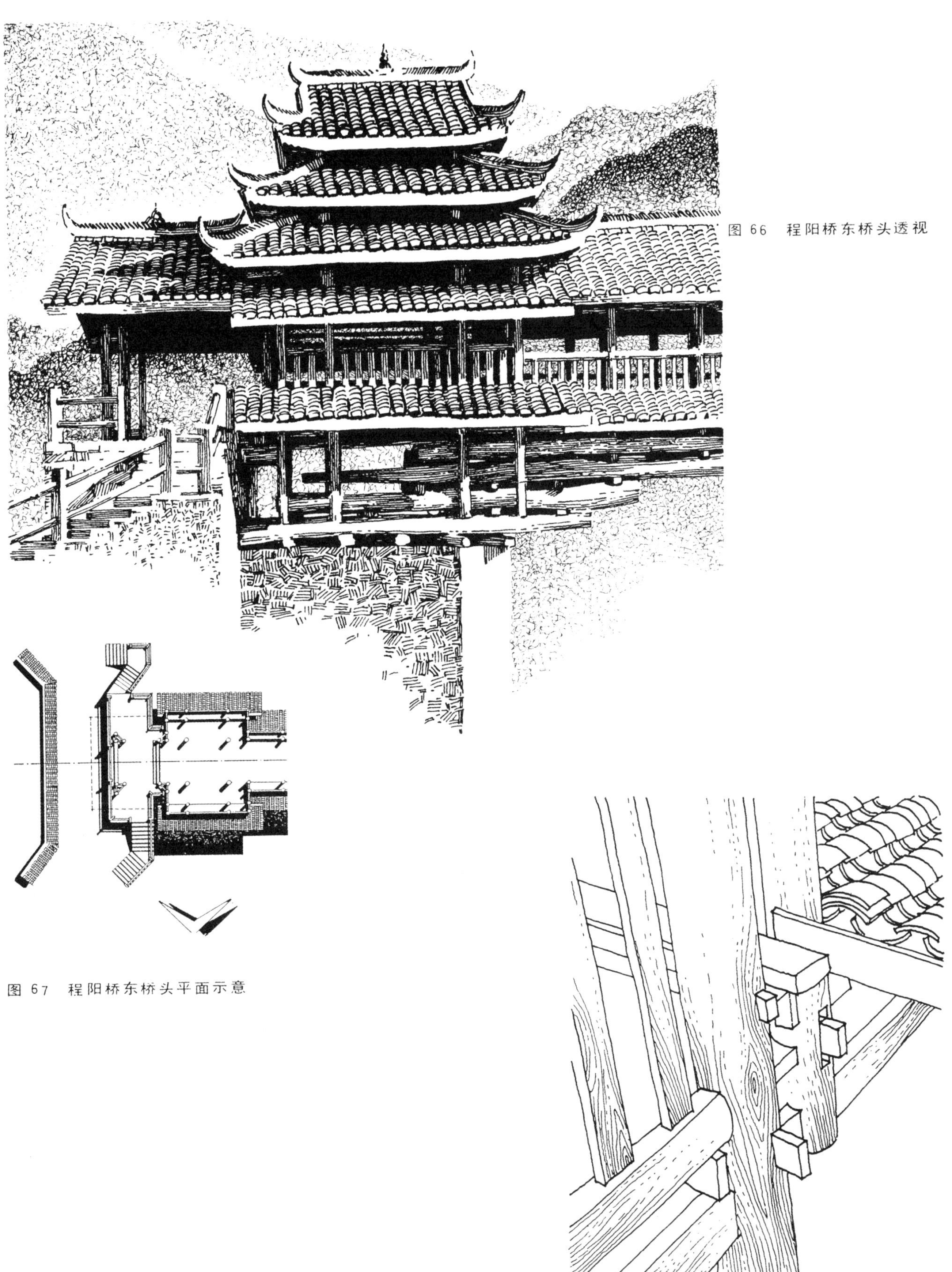

图 66　程阳桥东桥头透视

图 67　程阳桥东桥头平面示意

图 68　程阳桥局部构造大样

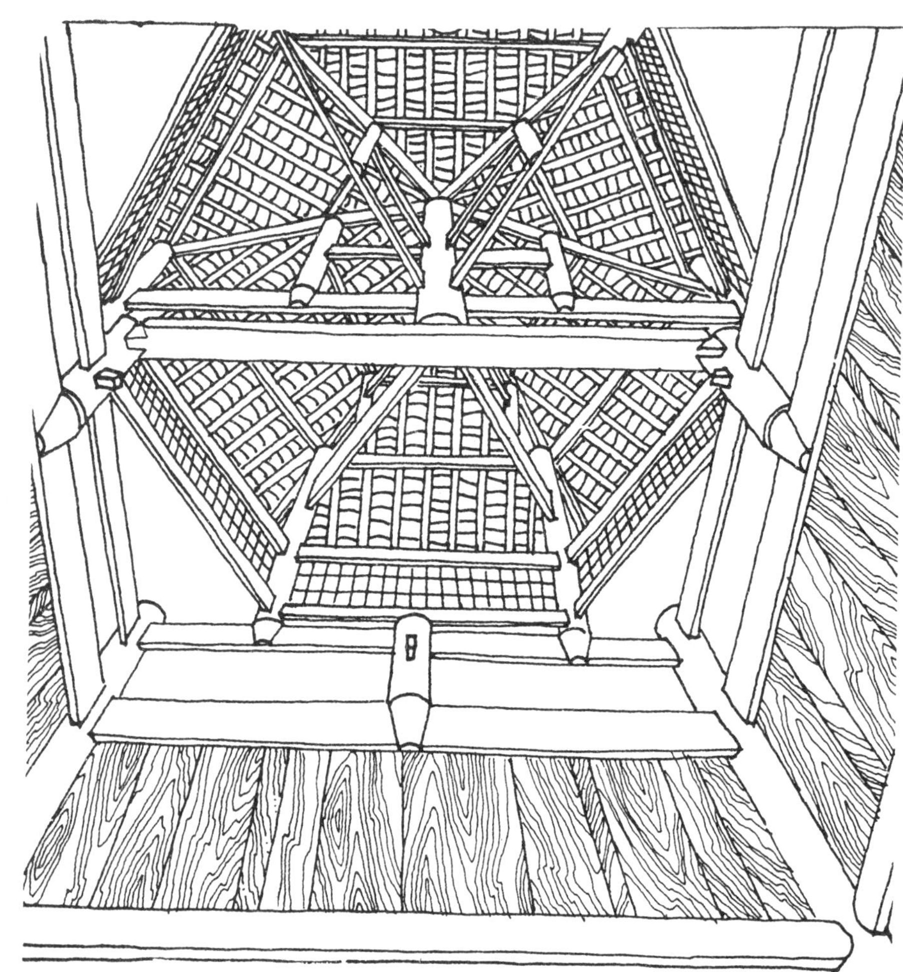

图 69　程阳桥中央桥亭室内仰视

图 70　程阳桥中央桥亭外观

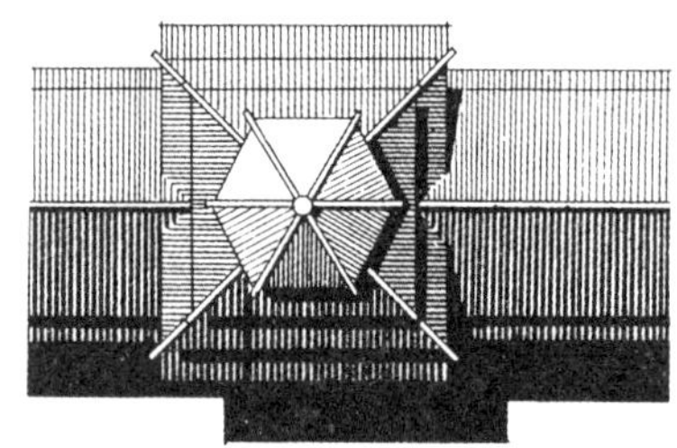

图 71　程阳桥中央桥亭屋顶平面

程阳桥中央桥亭结构，采用鼓楼结构中常采用的叠顶作法，在正方形构架上加六根短柱和一根雷公柱，构成六角攒尖顶结构。在短柱上设棂窗，在其上挑出顶檐，并以曲板吊顶。这种处理使正方形重檐突然终止，以叠顶的轻灵洒脱强调了密檐上升收分的韵律，使中央桥亭格外突出。

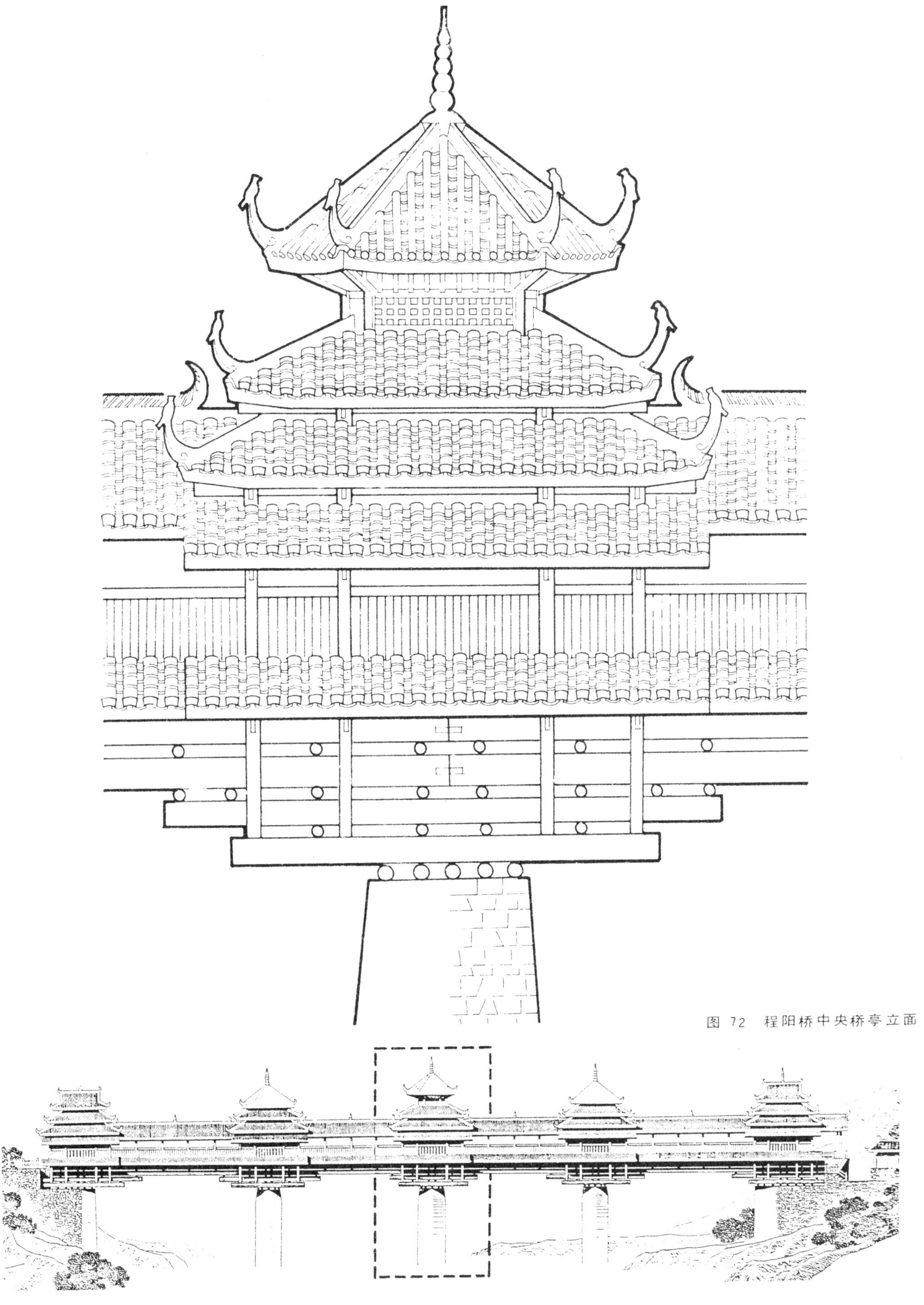

图 72　程阳桥中央桥亭立面

图 73 程阳桥桥亭神龛透视

图 74 程阳桥桥亭剖透视图

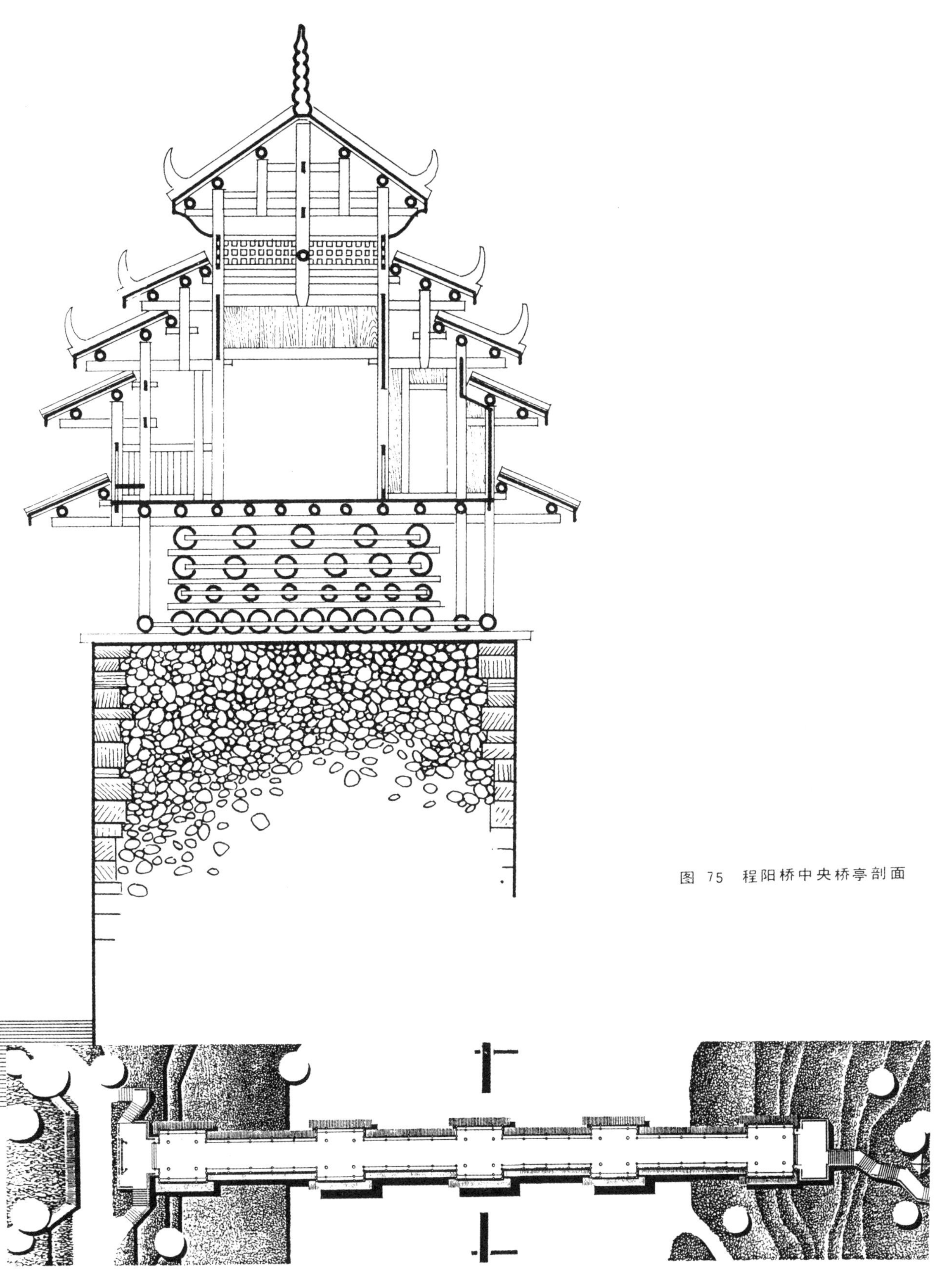

图 75　程阳桥中央桥亭剖面

图 76　程阳桥平面示意图

图 77　程阳桥北面外观

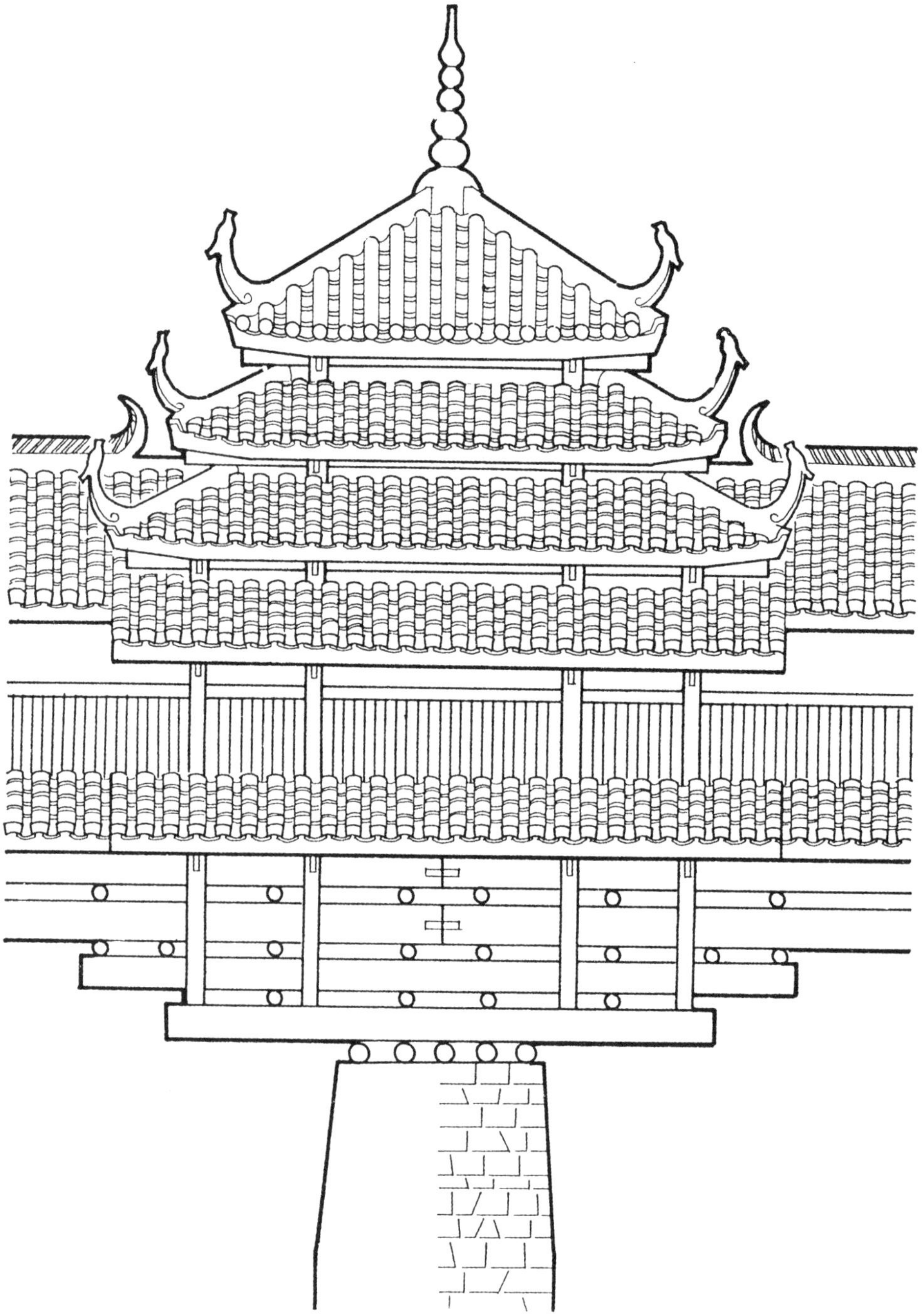

图 78 程阳桥四角攒尖顶桥亭立面图

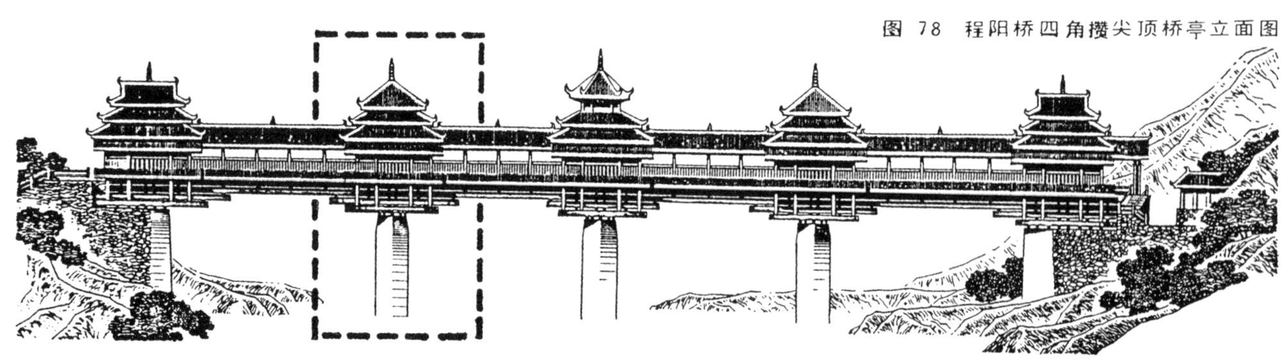

程阳桥中央桥亭两侧的正方形攒尖重檐顶结构，用主承柱架对角梁支撑四根短柱和雷公柱，构成四角攒尖屋顶。

图 79　程阳桥四角攒尖桥亭

图 80　程阳桥四角攒尖桥亭屋顶平面

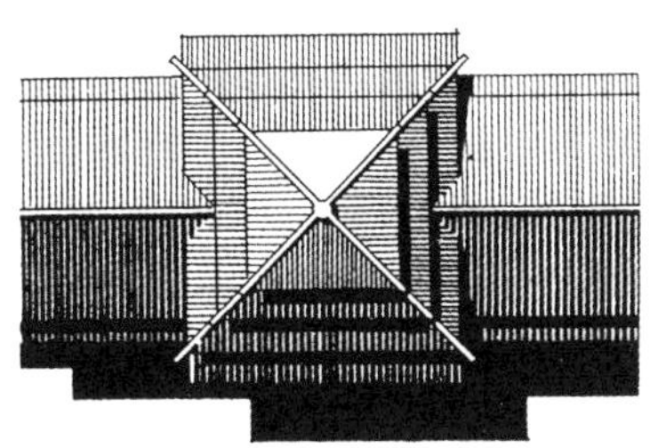

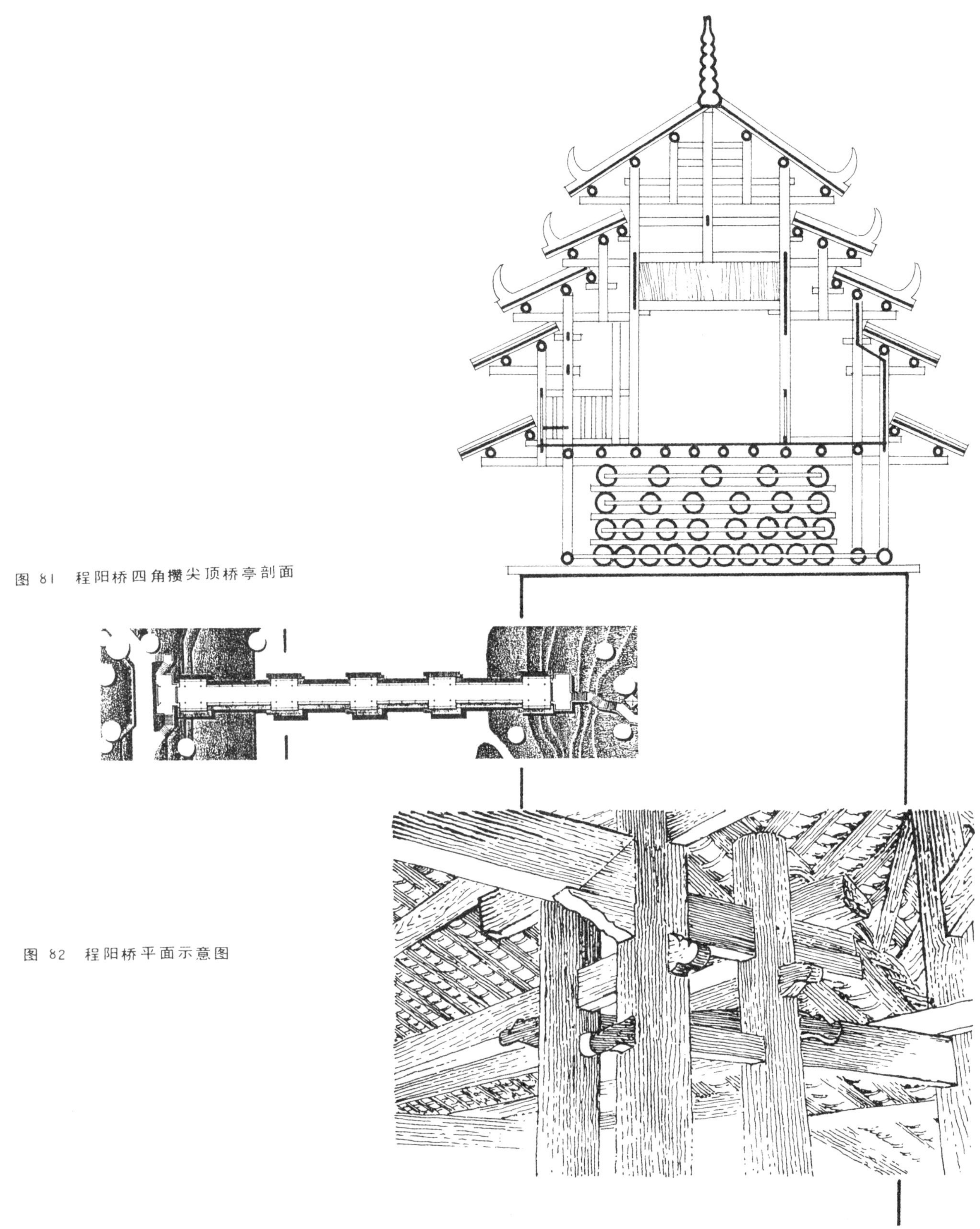

图 81 程阳桥四角攒尖顶桥亭剖面

图 82 程阳桥平面示意图

图 83 程阳桥局部构造

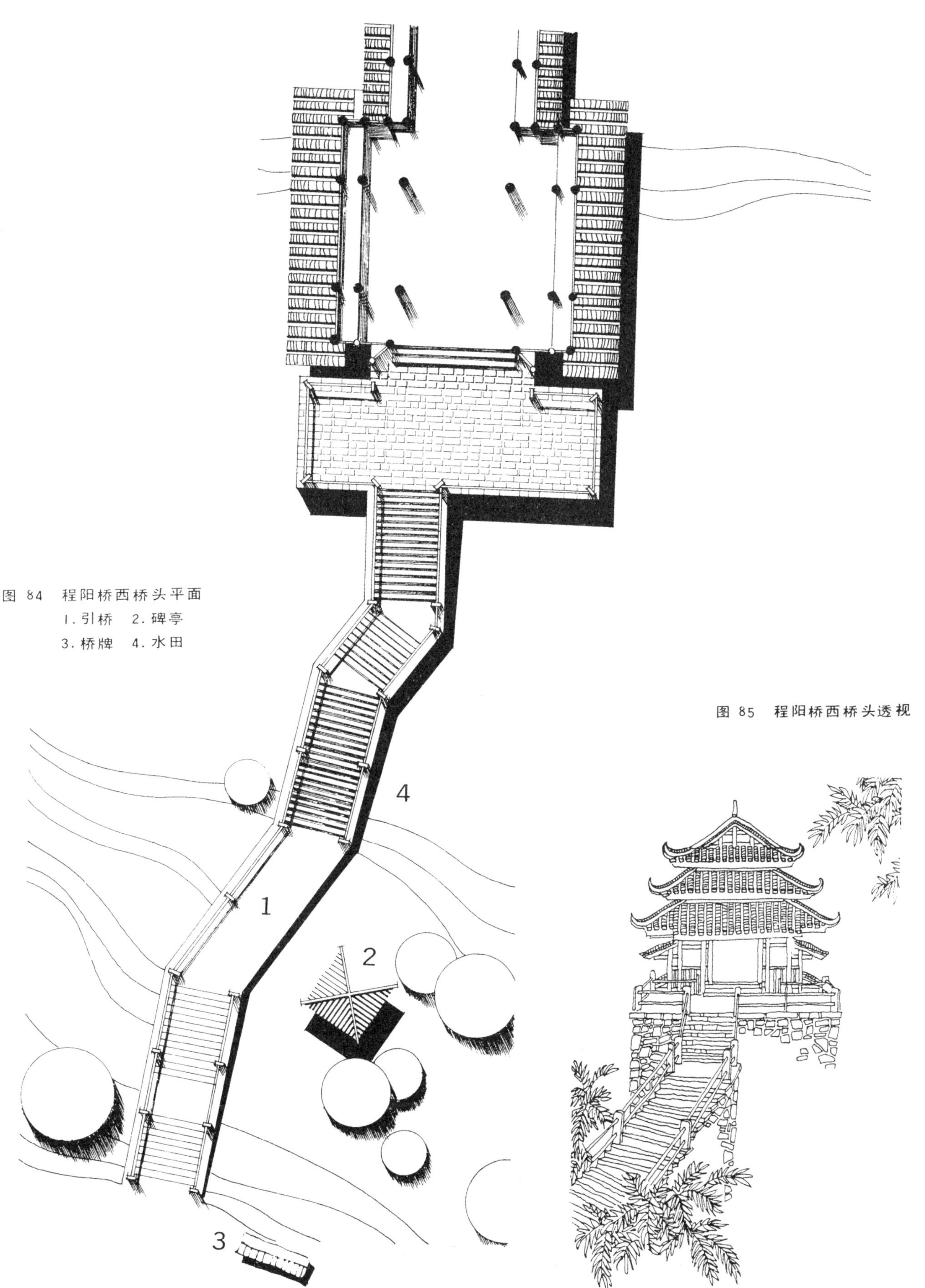

图 84　程阳桥西桥头平面
1. 引桥　2. 碑亭
3. 桥牌　4. 水田

图 85　程阳桥西桥头透视

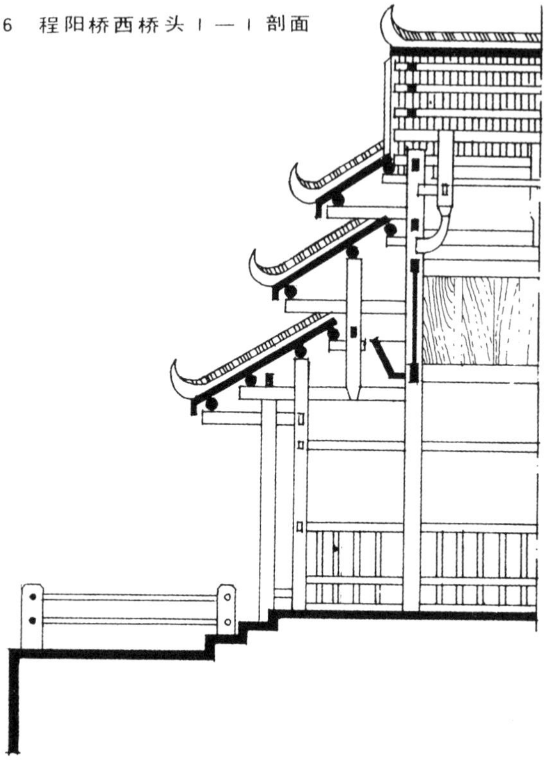

图 86 程阳桥西桥头 1—1 剖面

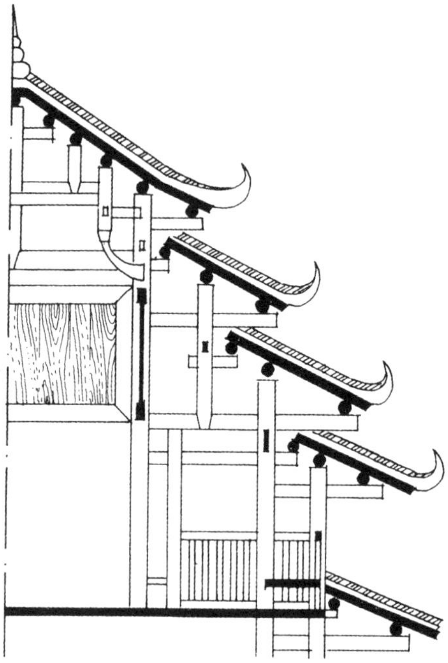

图 87 程阳桥西桥头 2—2 剖面

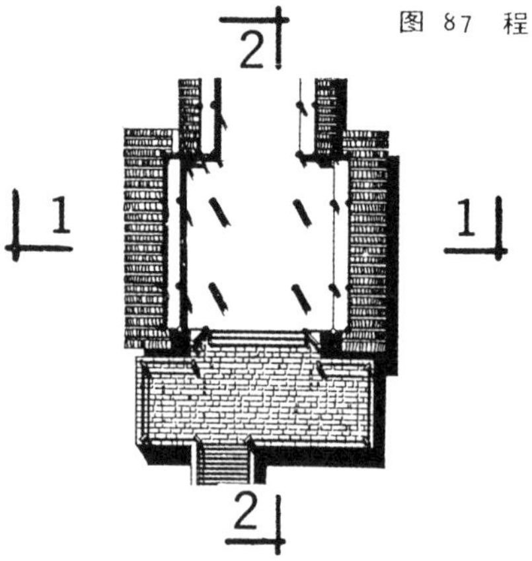

图 88 程阳桥端桥亭局部构造

图 89　程阳桥西桥头平面示意

图 90　程阳桥西桥头透视之一

图 91　程阳桥西桥头透视之二

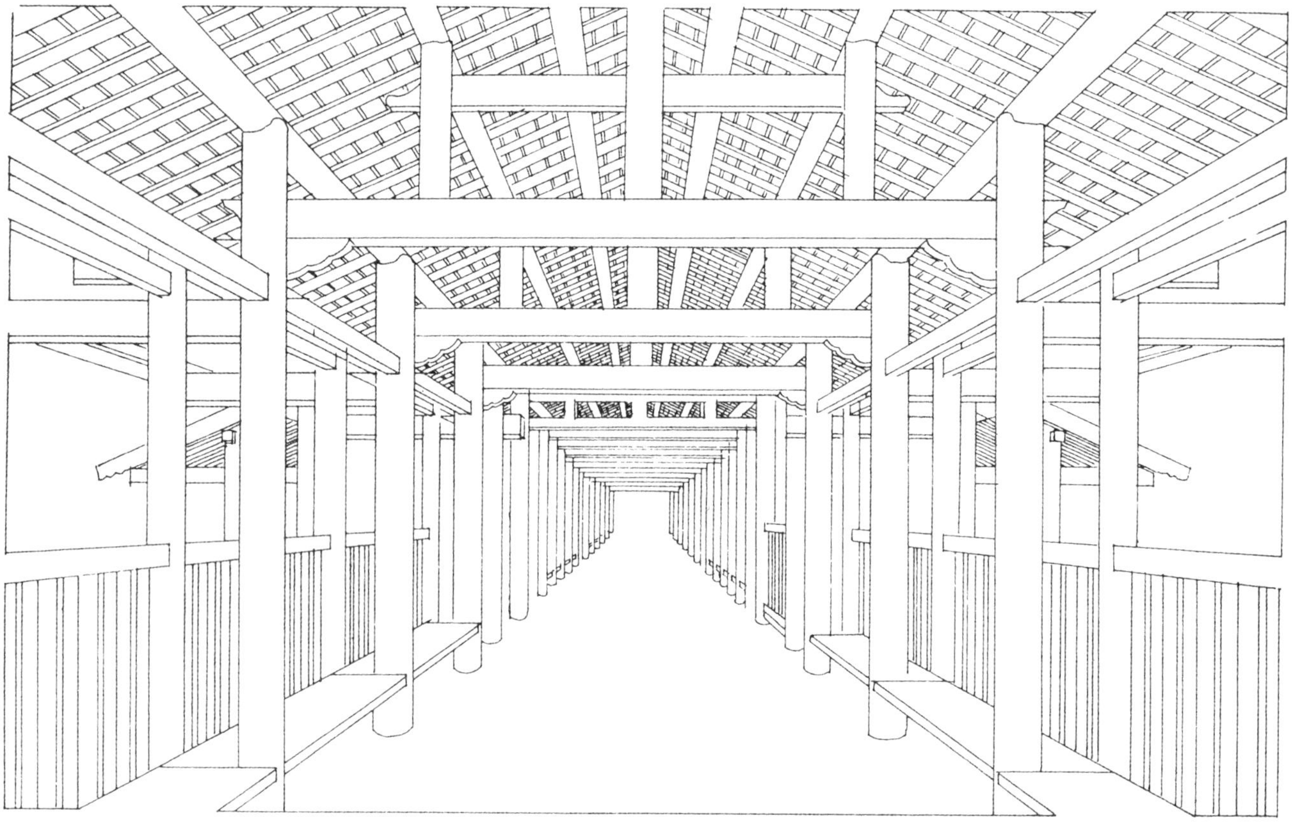

图 92　程阳桥廊内透视

图 93　程阳桥东桥头局部构造

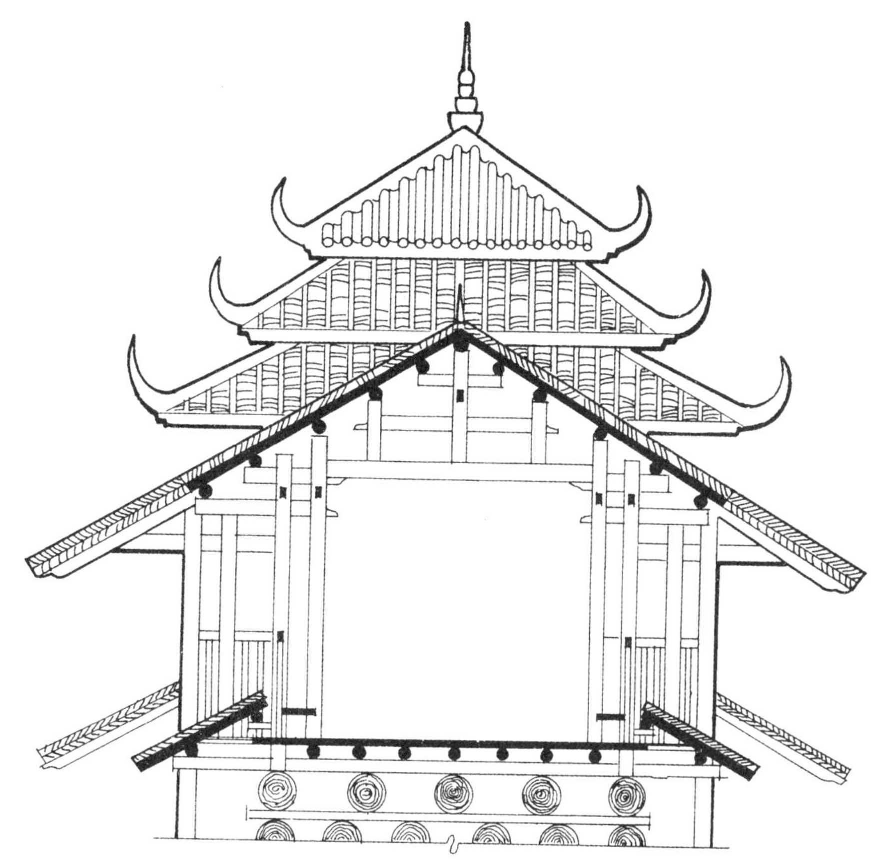

图 94　程阳桥桥廊剖面

图 95　程阳桥桥亭局部透视

图 96 程阳桥东桥头剖透视

图 97　从程阳桥内远望马安村。侗族村寨特有的景观
组合：风雨桥——鼓楼——民居——村寨

图 98　马安村总平面及观景范围示意

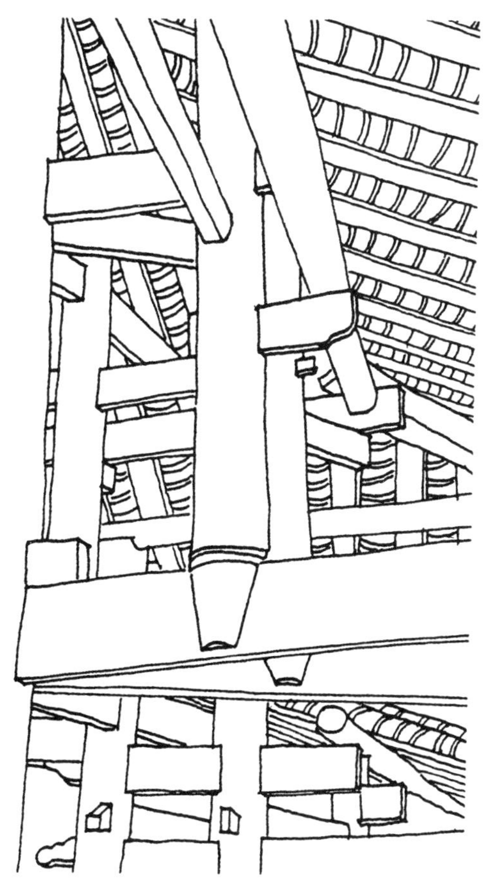

图 99　程阳桥桥亭局部构造

图 100 程阳桥西侧入口

艳说林溪风雨桥，桥长廿丈四尺高。
重瓴联阁怡神巧，列砥横流入望遥。
竹木一身坚胜铁，茶林万载茁新苗。
何时得上三江道，学把犁锄事体劳。

郭沫若咏程阳桥

图 101　程阳桥碑亭透视 1

图 102　程阳桥碑亭透视 2

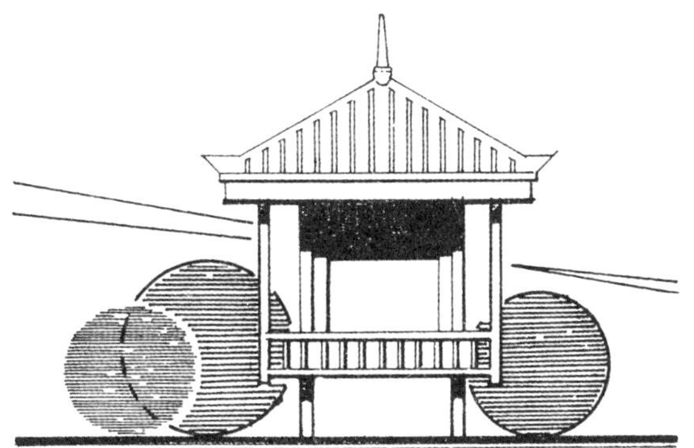

图 104　碑亭立面

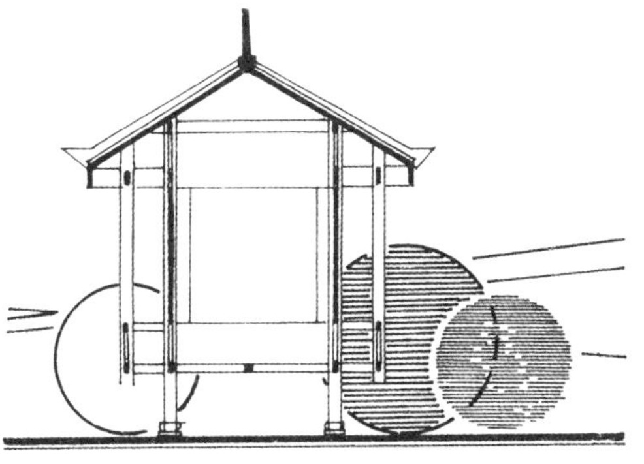

图 103　碑亭剖面

图 105　碑亭平面

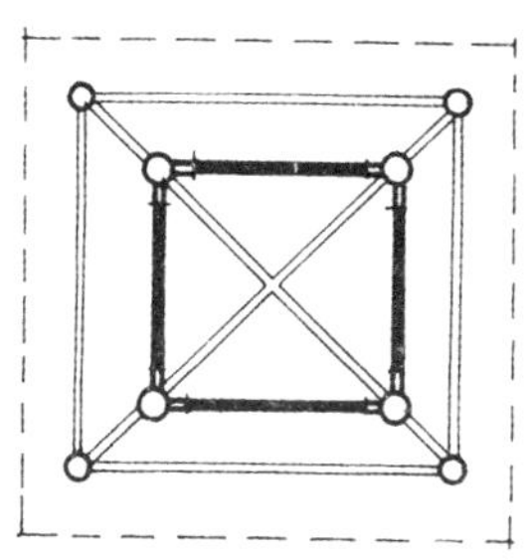

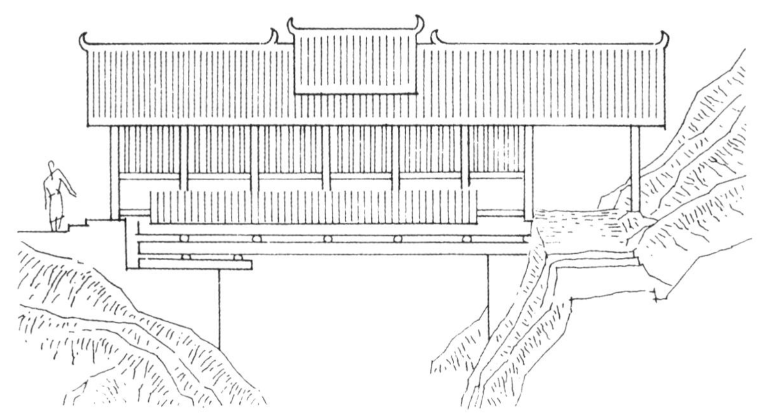

图 106　岩寨风雨桥外观

图 107　岩寨风雨桥立面

图 108　岩寨风雨桥平面

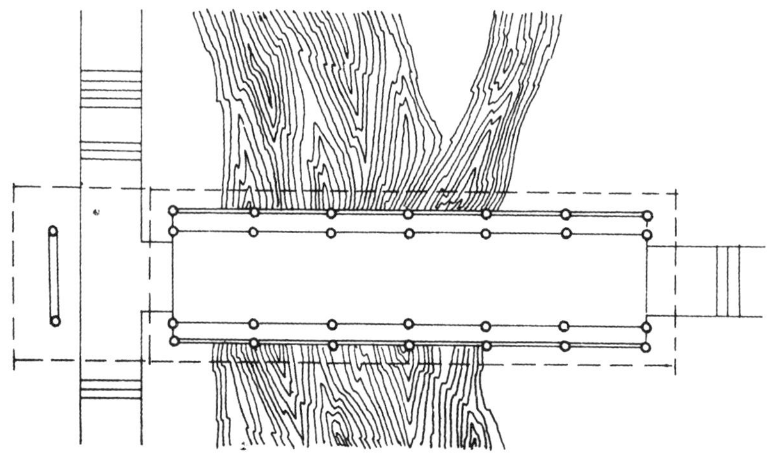

3.岩寨风雨桥

岩寨风雨桥桥长18米，宽2.8米，在侗族风雨桥中是规模较小的一座。桥中央局部抬高屋顶，打破了单层悬山屋面的单调。桥身利用栅栏做成全封闭形式，这在侗族风雨桥中较为特殊。

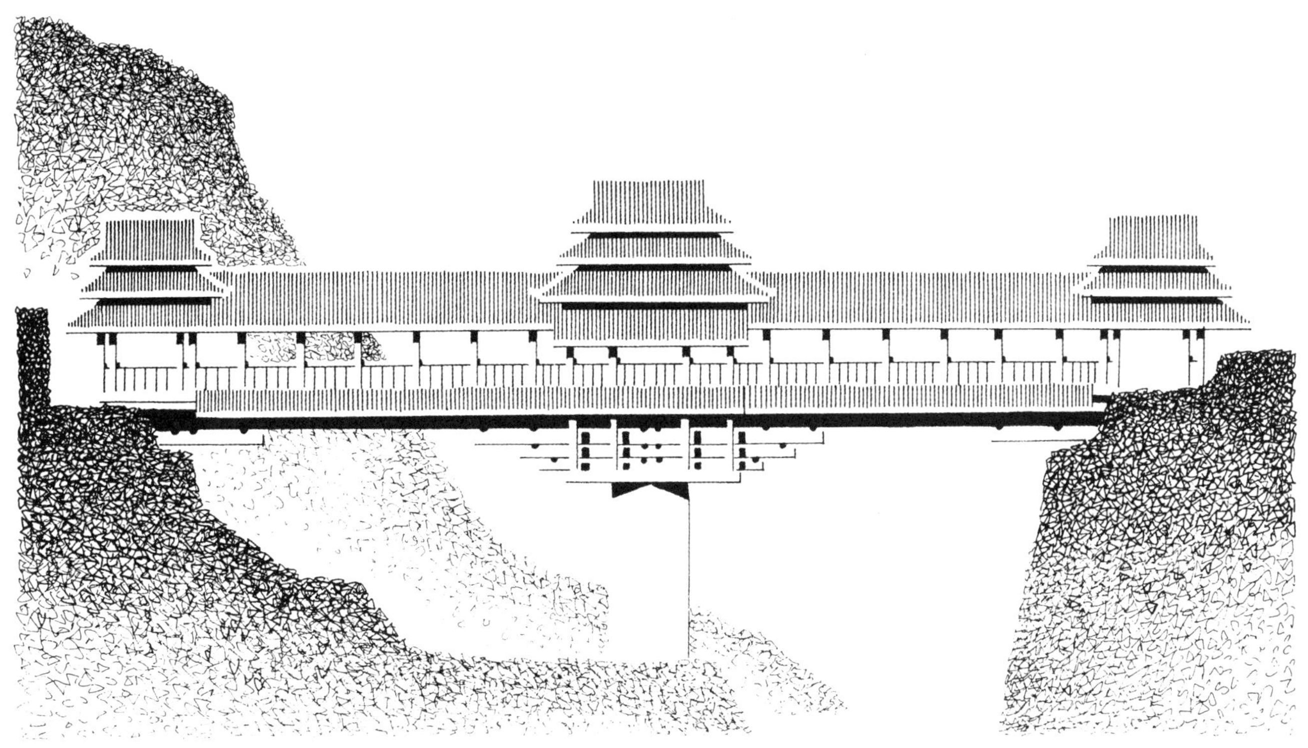

图 109　亮寨风雨桥立面图

图 110　亮寨风雨桥外观

图 111　亮寨桥局部外观

4. 亮寨风雨桥

亮寨风雨桥全长45米，宽3.5米，一墩二台、座落在亮寨前的林溪河上。桥中央设桥亭，增加柱网，加大平面尺寸，并作三层重檐歇山顶，使桥亭在平面、空间及外部造型上明显成为风雨桥的中心。该桥桥头处理有别于其他风雨桥，在平面、柱网不变的情况下，局部抬高屋面，作重檐歇山顶，既强调了入口，又突出了中央桥亭的重点作用，丰富了立面造型。

图 112　亮寨桥平面图

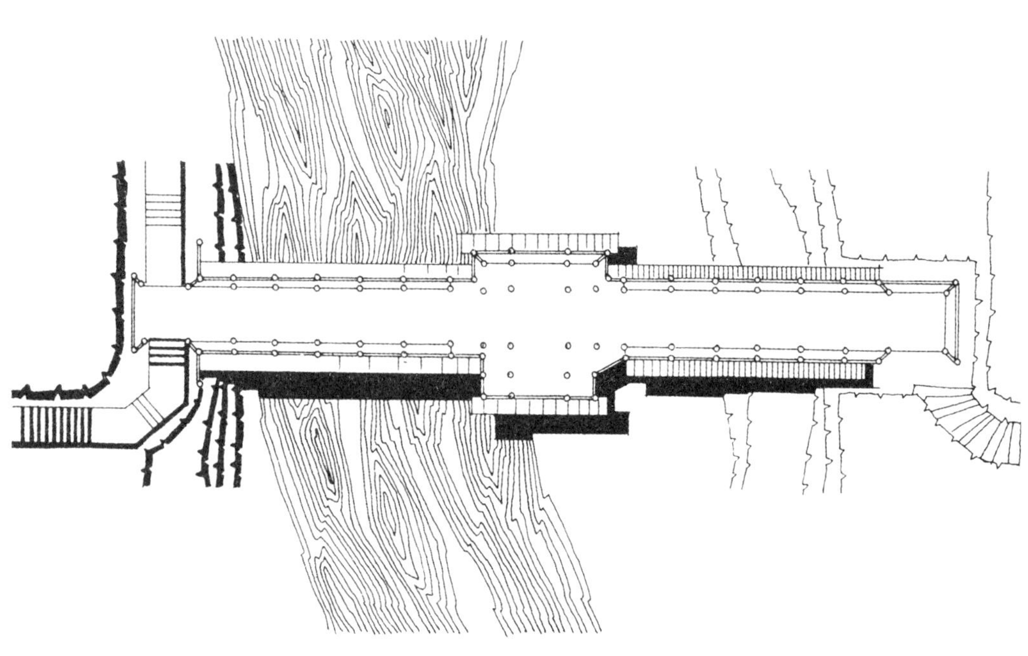

图 113　冠洞寨风雨桥外观

5. 冠洞风雨桥

冠洞桥全长60米，宽 2.5米，五墩二台，一侧由25米长的引桥连接。在不改变平面和柱网的情况下，利用柱体局部抬高屋顶，构成形似桥亭的外观造型，丰富了风雨桥的立面。

图 114　冠洞风雨桥总平面

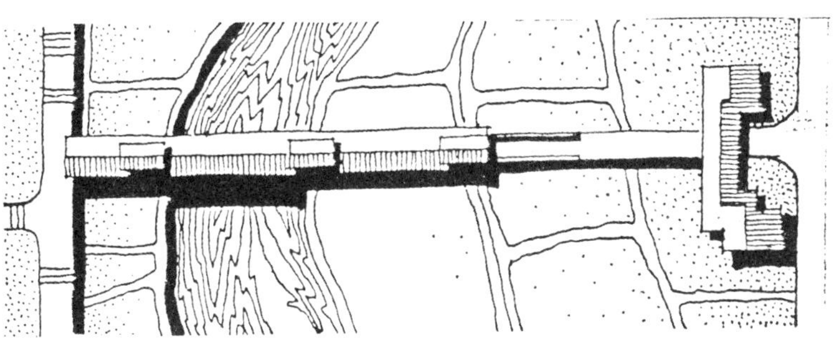

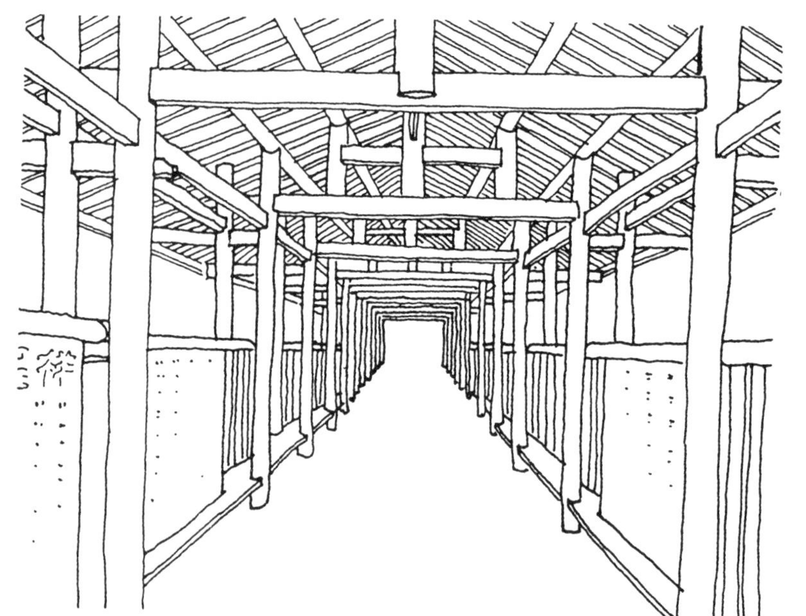

图 115 冠洞风雨桥内景

过街楼、引桥及风雨桥构成了冠洞村寨入口序列，并与村寨建筑有机相接，成为村寨环境不可分割的组成部分。

图 116 风雨桥与村寨

图 117 风雨桥头过街楼

图 118 回龙桥外观

6. 回龙风雨桥

林溪回龙风雨桥独具特色，风雨桥巧妙地与民居的风雨檐廊相连，形成一条别具一格的风雨廊商业街。

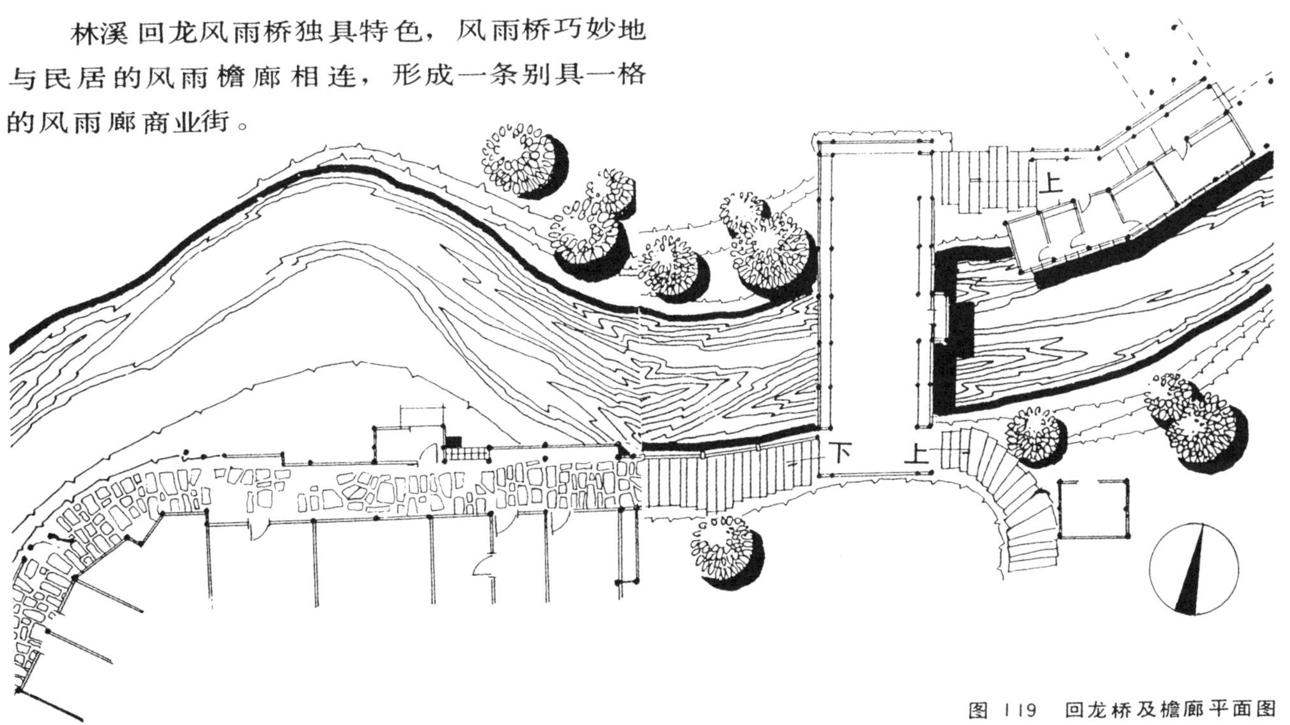

图 119 回龙桥及檐廊平面图

图 120　从檐廊望回龙风雨桥

回龙桥全长16米，宽3米，中间无墩，在平面、柱网不变情况下，桥中央局部抬高屋面，组成形似桥亭的重檐歇山顶，成为桥的造型重点。桥两端分别抬高屋面，强调了入口。回龙桥通过桥头两侧的石阶直接步入带店铺的檐廊之内，与民居连成整体。

图 121　回龙风雨桥总平面

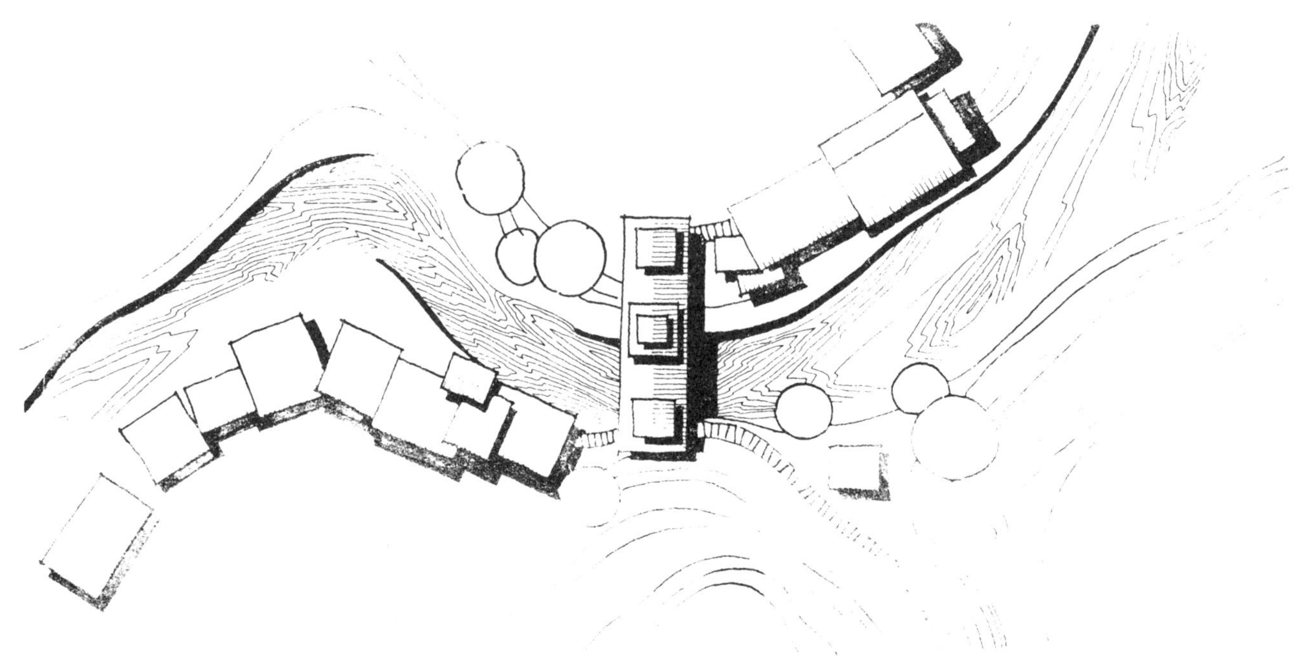

檐廊宽在2～3米之间，全长约65米。一侧面向小溪和广场，设栏杆、坐凳，另一侧为小商店。这条由风雨桥两端所连接的风雨商业街既有本身的交通和商业功能，也是过往行人休息乘凉，聊天观景的好地方。

图 122　由南侧檐廊观回龙桥

图 123　由回龙桥南侧观檐廊

图 124　回龙桥北侧与檐廊连接外观透视

图 125　回龙桥北侧与檐廊连接内景透视

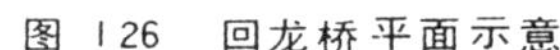

图 126　回龙桥平面示意

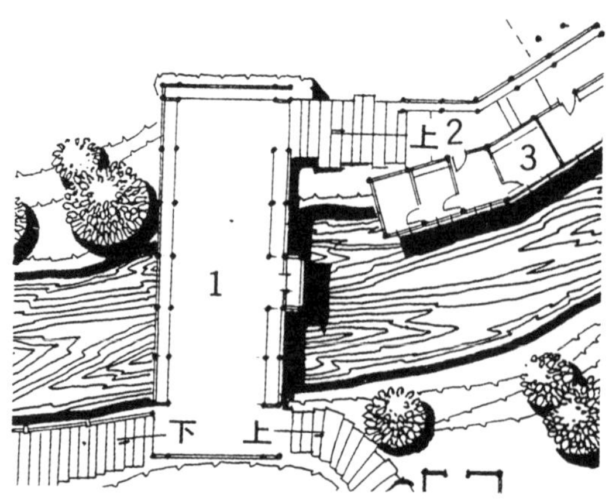

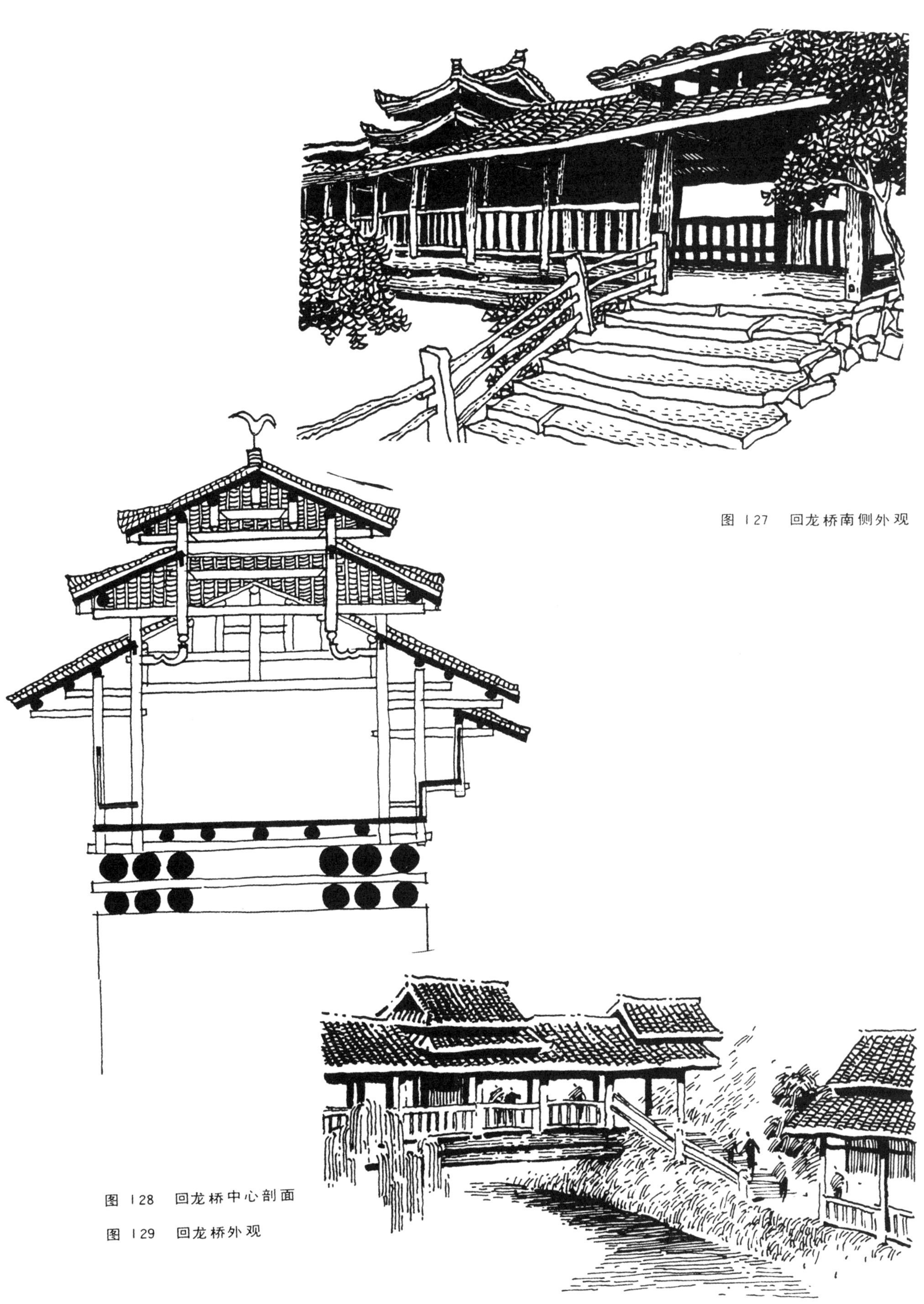

图 127　回龙桥南侧外观

图 128　回龙桥中心剖面

图 129　回龙桥外观

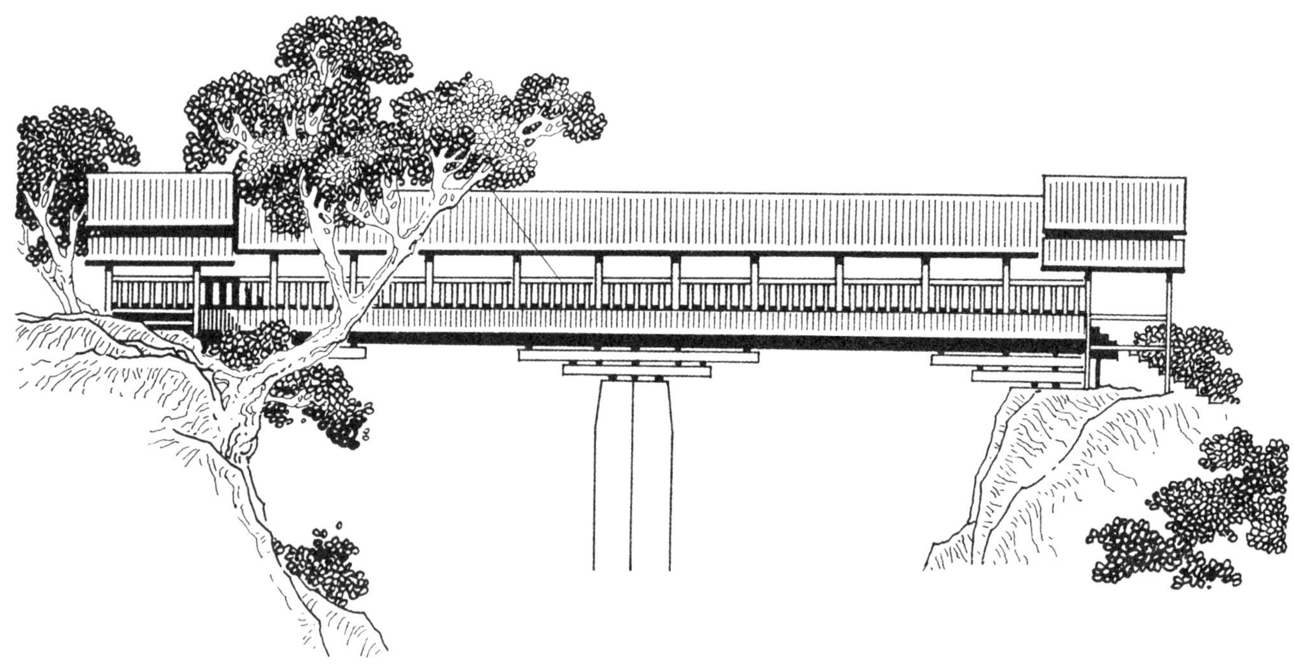

图 130 八江风雨桥立面

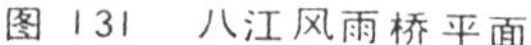

图 131 八江风雨桥平面

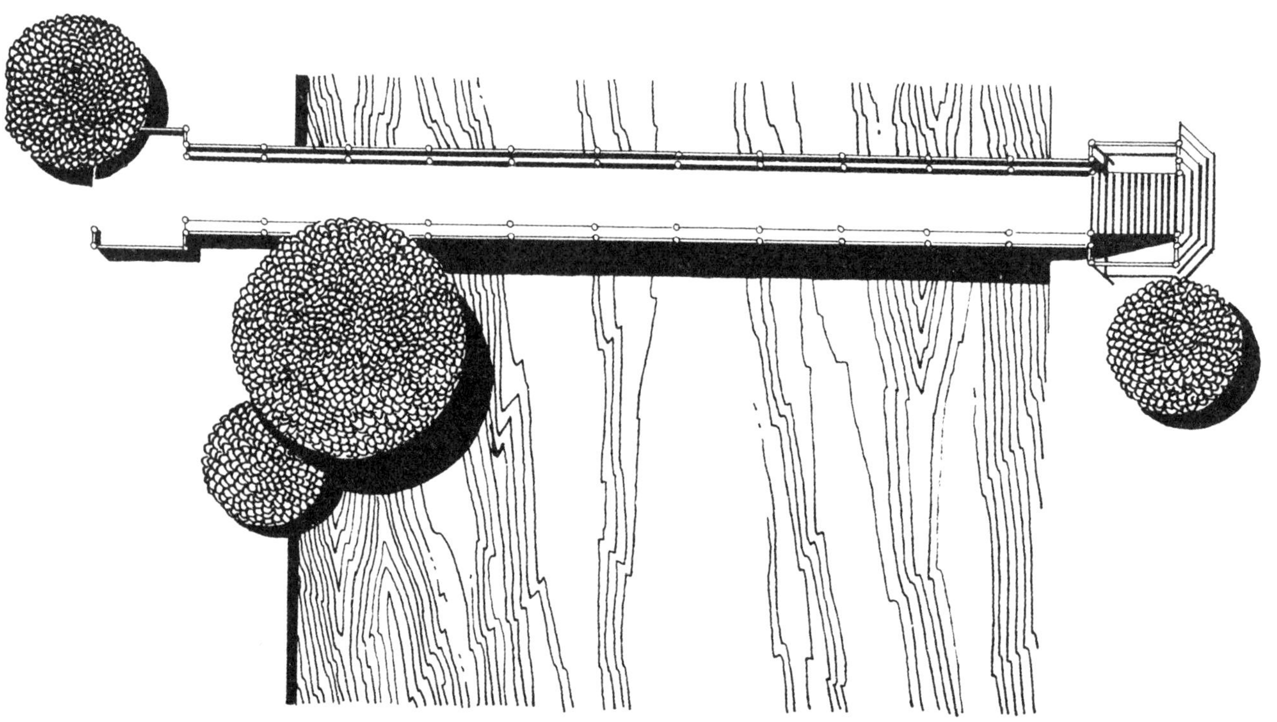

图 132　八江风雨桥外观

7. 八江风雨桥

八江风雨桥全长42米，桥宽2.9米，平、立面处理均简洁、朴素。造型采用对称形式，但构图重点并没有在中轴交点上，而是移至桥的两端，采用局部抬高屋面的手法，强调了入口，整座桥的造型富于变化。桥的一端直对八江寨广场，在高差悬殊及用地紧逼的情况下，引桥做成全室内台阶，较好地解决了高差和用地限制。这是八江风雨桥最具特色之处。

图 133 八江风雨桥外观

图 134 八江风雨桥桥头剖面 1

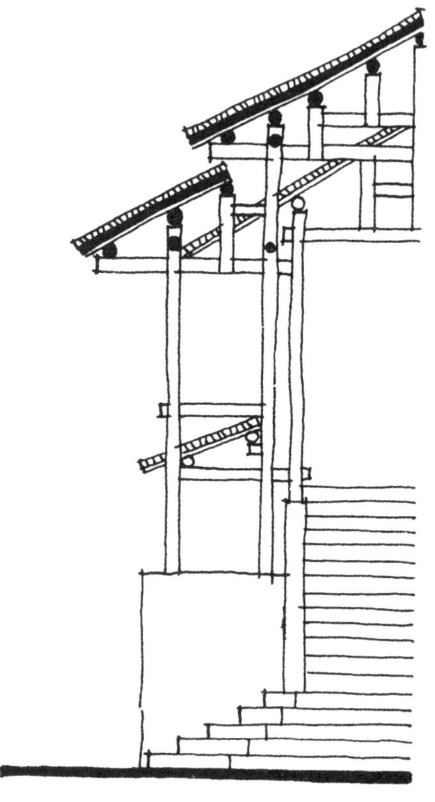

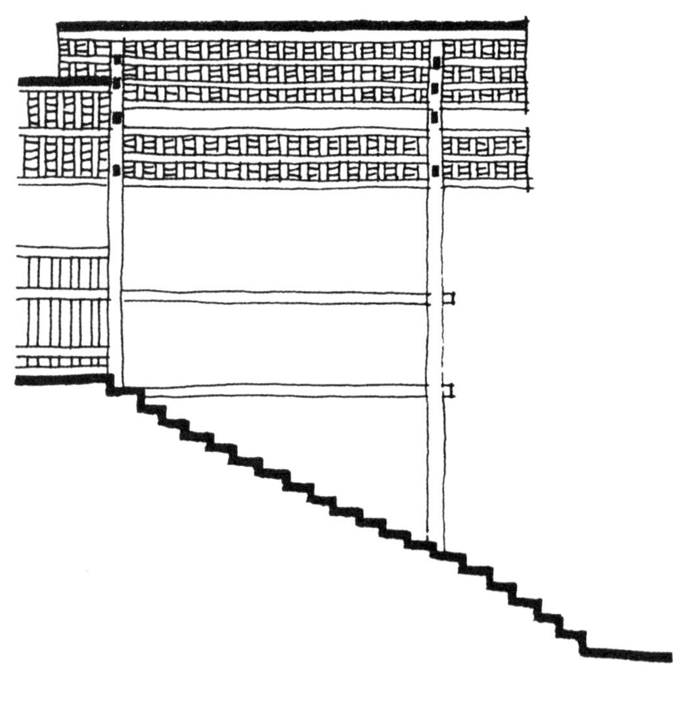

图 135 八江风雨桥桥头剖面 2

图 136　平岩风雨桥外观

8. 平岩风雨桥

图 137　平岩风雨桥立面

图 138　平岩风雨桥平面

0 1 2 3 4 6 8m

图 139 平岩风雨桥外观

图 140 平岩风雨桥位置图

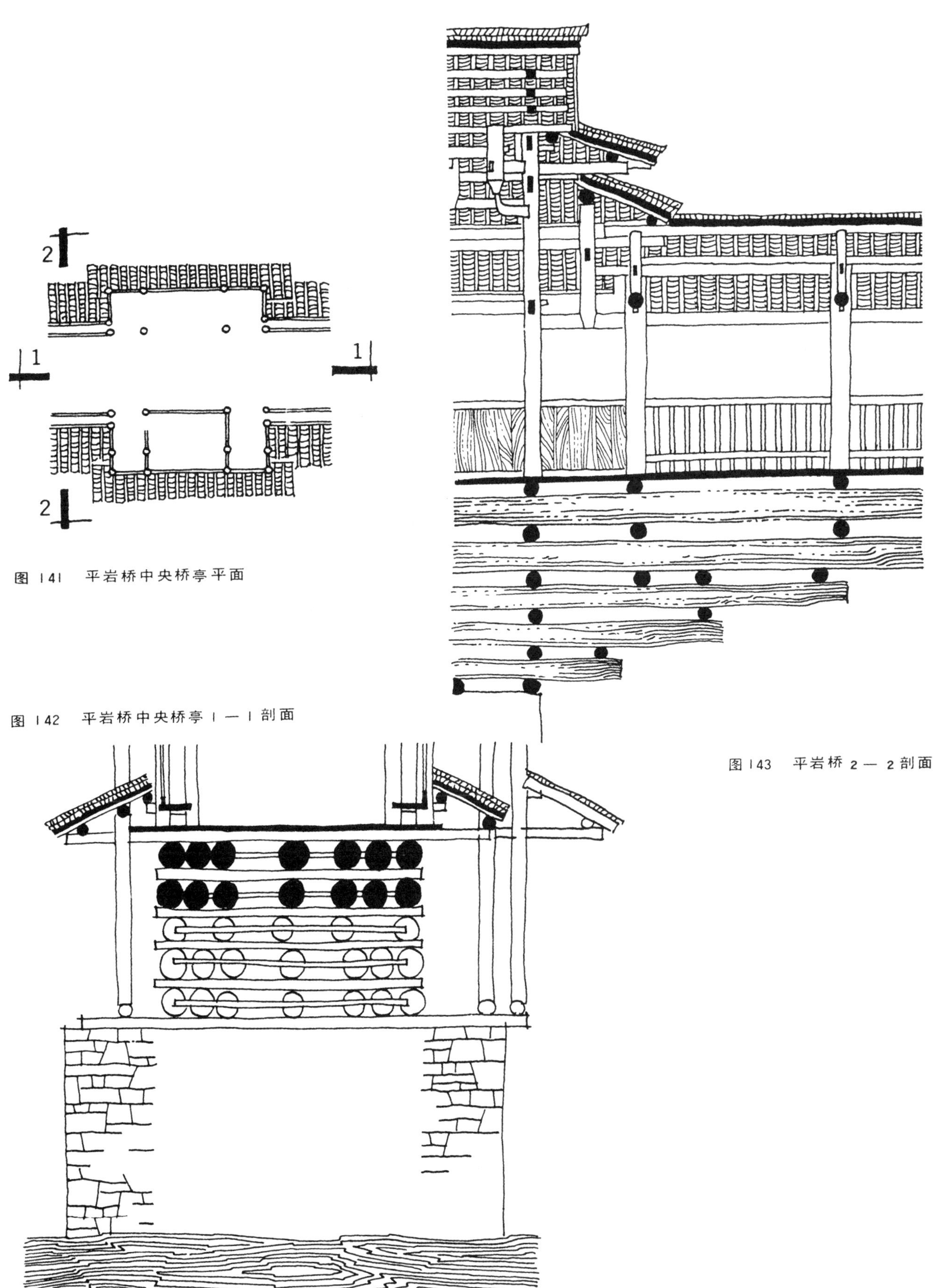

图 141　平岩桥中央桥亭平面

图 142　平岩桥中央桥亭 1—1 剖面

图 143　平岩桥 2—2 剖面

图 144 平岩桥外观

图 145 平岩桥构造

图 146 平岩桥桥廊剖面

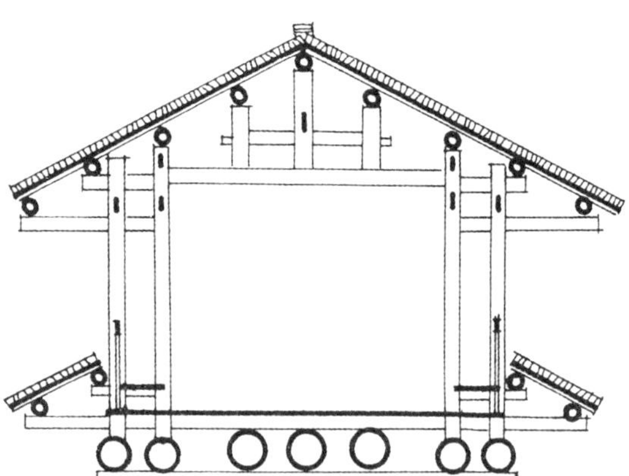

图 147　平岩桥廊内透视

“神龛”在风雨桥中较为常见，一般设在桥亭中，使风雨桥在具有交通、休息、娱乐等功能之外，还带有一定神秘的宗教色彩。“神龛”不大，通常高80厘米，宽50厘米，深30厘米，供奉关公、文昌、魁星、判官、土地爷等塑像或画像。“神龛”内有香台，每逢春节、侗族吃新节时，人们都前来进香祈神。

图 148　平岩桥神龛透视

图 149　枫木寨风雨桥透视一

图 150　枫木寨风雨桥平面

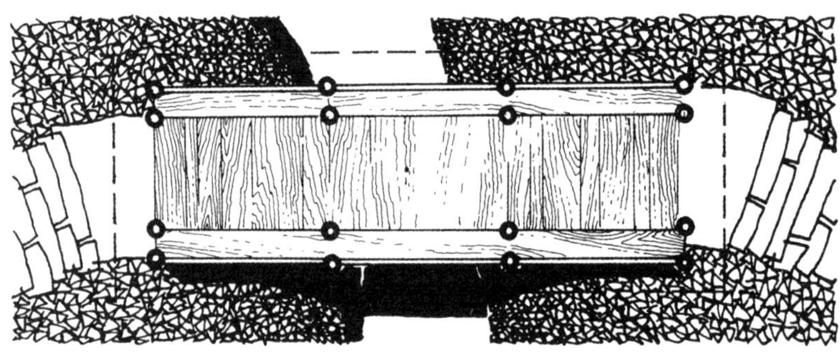

图 151　枫木寨风雨桥透视二

图 152　枫木寨风雨桥立面

图 153　枫木寨风雨桥内景

9.枫木寨风雨桥

桂北地区壮族村寨中也有风雨桥，其规模较侗族风雨桥小，造型更为朴素、简洁。小桥一般长约10米，宽2.5米左右，建于山寨的小溪、深涧之上。与侗族风雨桥的桥廊部分相似，在柱间设坐凳、栏杆，便于行人憩脚乘凉。

龙胜枫木寨风雨桥，建在村寨道口上，采用九架四柱抬梁式构架，单层悬山顶，与陡坡地形十分协调。

图 154　风雨桥那豪放洒脱的风貌、婉约细腻的情调使人们眼所绸缪、神所萦回。

其 他 公 建

图 1　平铺戏台外观

一、戏台

戏台在侗族民间建筑中，和鼓楼、风雨桥一样，占有重要地位。

侗族，是能歌善舞的民族，素有“侗家人人会唱歌”的美称。侗族人民有“侗戏”、“哆耶”、芦笙舞、舞龙和舞狮等活动，舞姿生动活泼，形式多样，深为群众喜爱。侗族人民在“侗族大歌”说唱的基础上逐渐演变形成了独具风格的剧种——侗戏。其曲调有平调、哭板、仙腔等。传统剧目约有五十余种。

侗族人民爱看侗戏，村寨中，每寨必有戏台。在村寨的格局中，戏台一般与鼓楼组合在一起，形成较完整的空间，构成村寨的多功能中心。

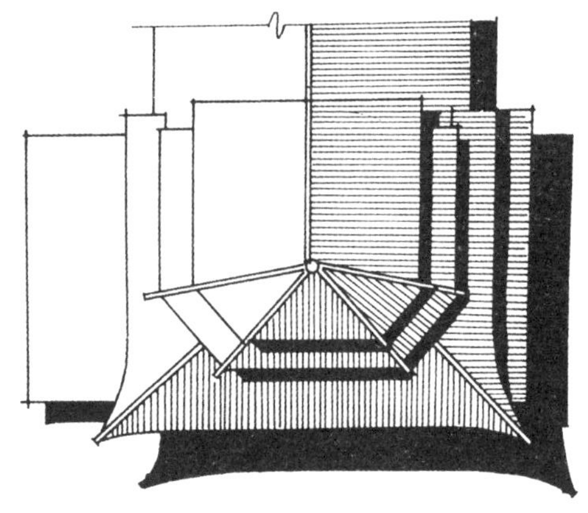

图 2　程阳戏台屋顶平面

1. 程阳戏台

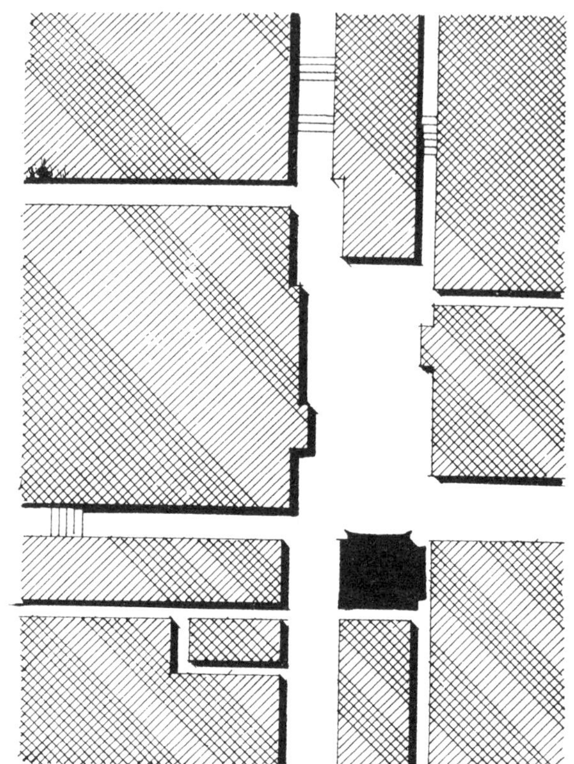

图 3　程阳戏台位置示意

图 4　程阳戏台外观

程阳寨有别于桂北的其他侗族村寨，它有较完善、规则的街道系统，主要街道呈十字形交叉，街道宽约 5 米，交叉处形成一较大的广场，程阳戏台就建在这一广场前。戏台平面简洁，在前台与后台一侧加偏房，内设火塘，既作为演出时戏台的辅助用房，又是人们平时休息谈天的场所。戏台造型别致，屋顶由双坡屋面及重檐攒尖顶组合而成，既与民居协调一致，又有突出的造型特征。

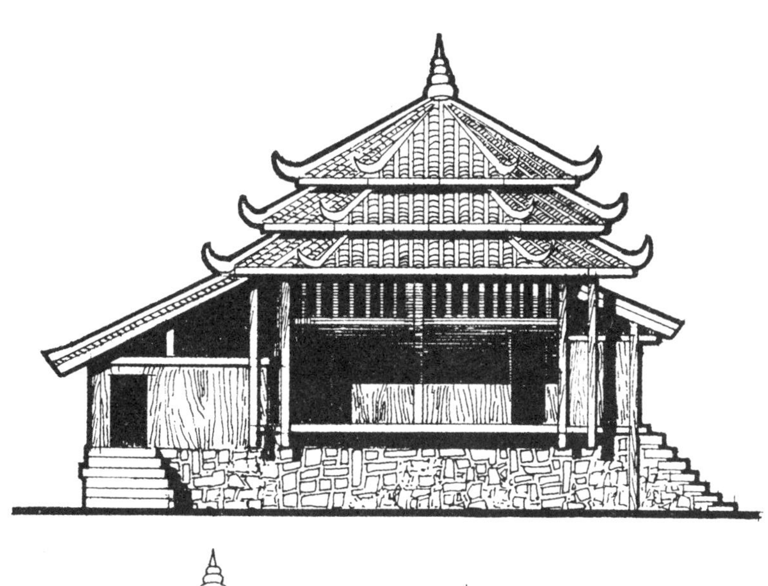

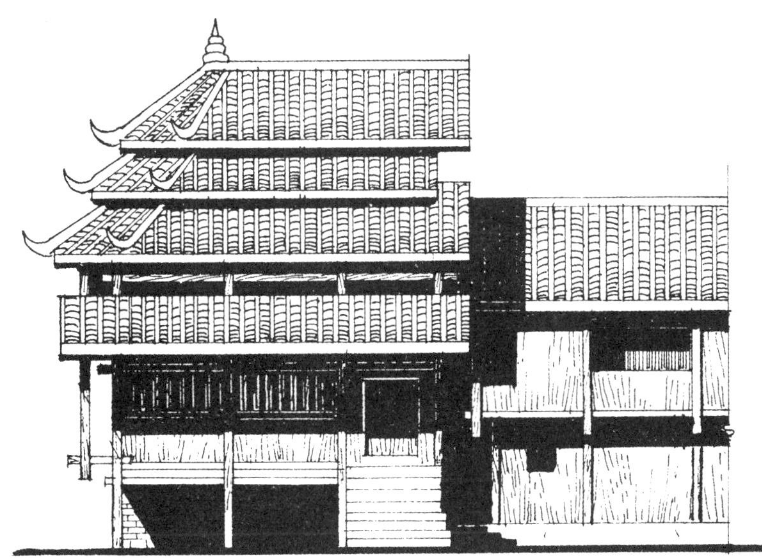

图 5　程阳戏台正立面

图 6　程阳戏台侧立面

图 7　程阳戏台平面

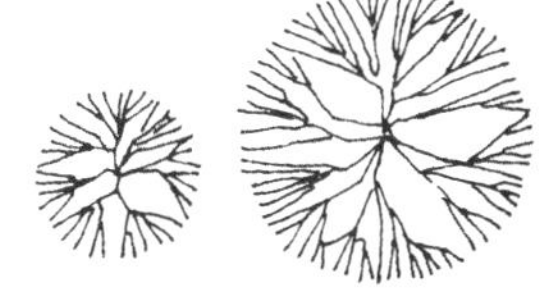

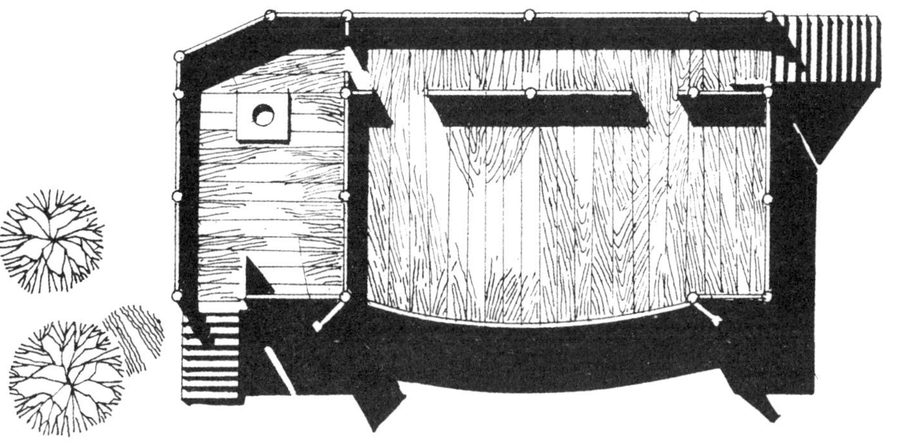

图 8　程阳戏台透视之一
图 9　程阳戏台透视之二

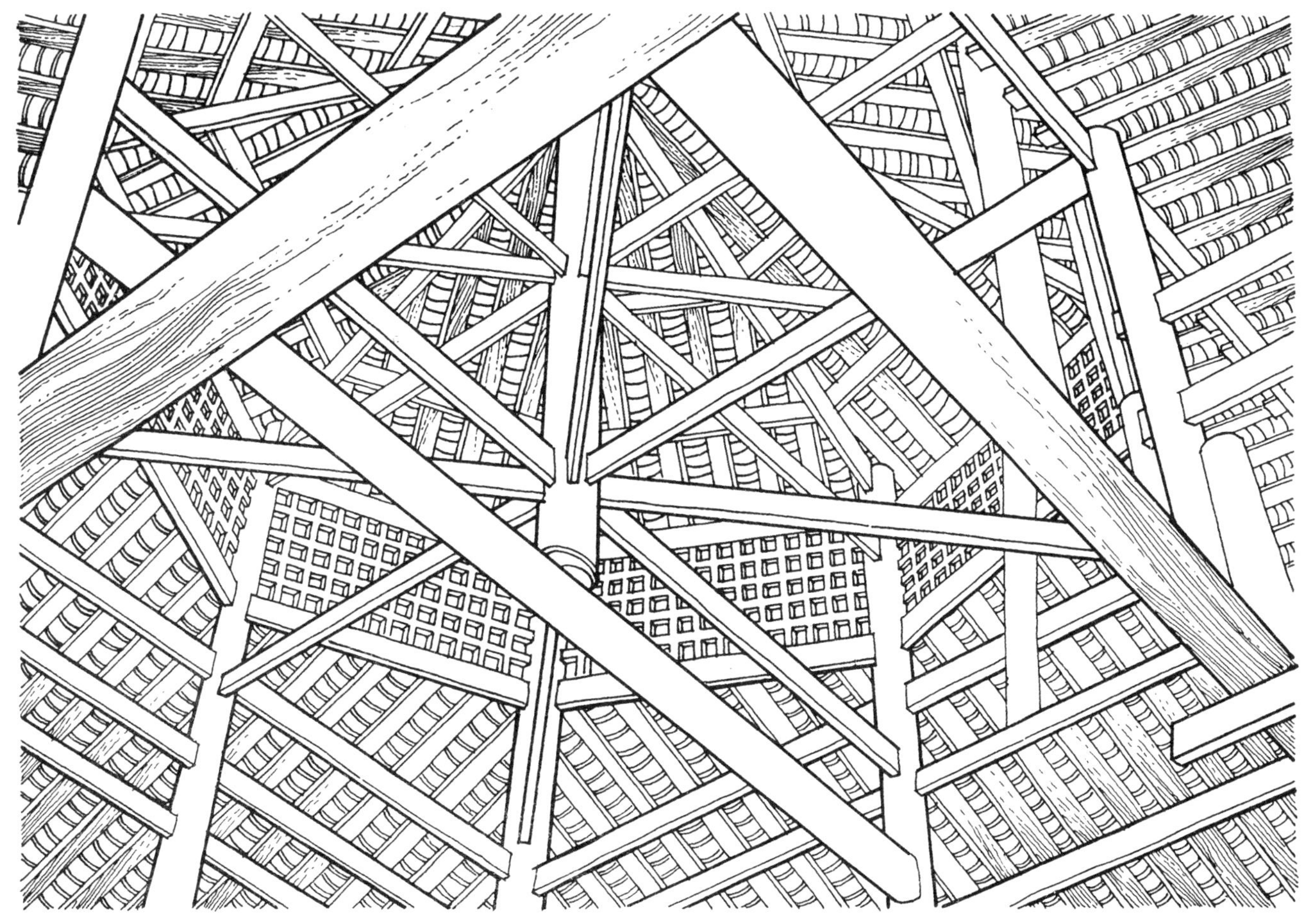

图10　程阳戏台结构透视

图11 平铺戏台正立面

图12 平铺戏台平面

图13 戏台位置示意

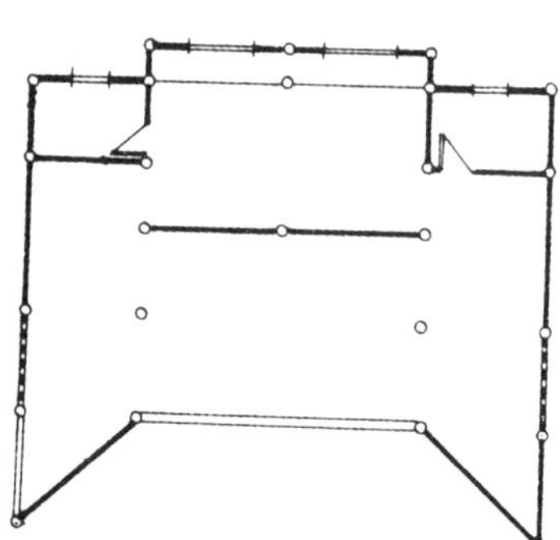

2. 平铺戏台

平铺寨为防火灾而适当拉开距离，分散相对集中布置，形成四大片田字形村寨格局，各片之间由宽约20米的空地相隔。戏台正好建在四条防火隔离带的交点上，在地理位置和空间视觉上，都处于该村寨的中心。戏台借鉴了鼓楼立面造型，在三层正方形重檐上，用叠顶的作法，形成八角攒尖顶，并设双重窗棂。平面简洁而有变化，打破了一般呆板的正方形平面构图。

图14　平铺戏台外观透视

图15　平铺戏台后台剖面

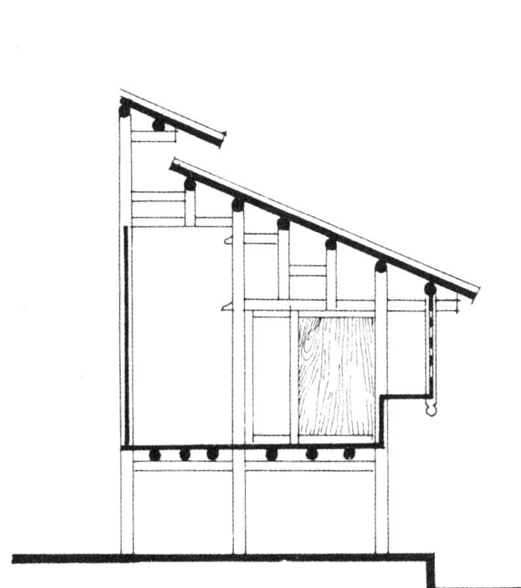

图16　平铺戏台侧立面图

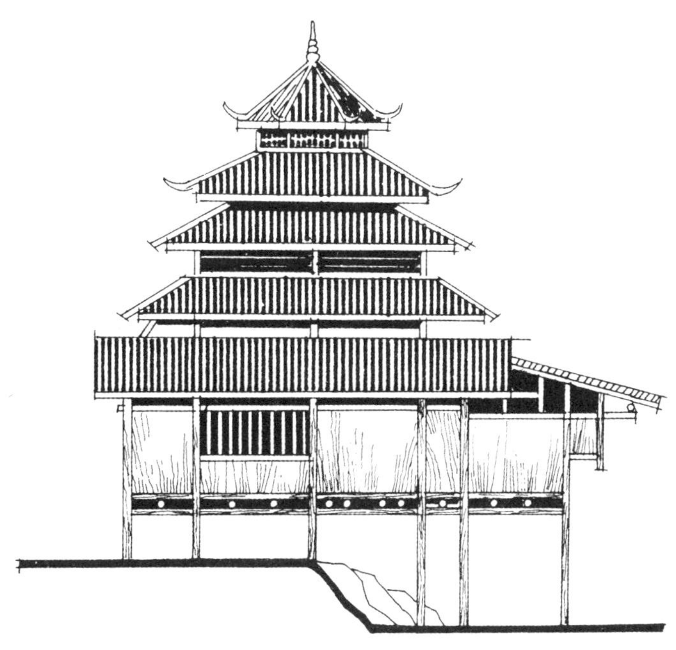

图17 独峒戏台正面外观
图18 独峒戏台位置示意
图19 独峒戏台平面图

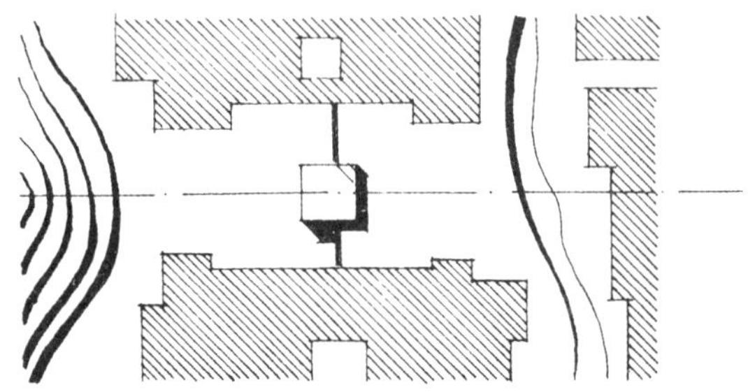

3.独峒戏台

独峒戏台位于独峒寨中心的一个较开阔空间的正中央。由于地势高差限制，戏台利用地形分上、下两层，上层为演出场地，平面简洁，呈正方形，由木板划分出前、后台空间。下层有鼓楼的部分功能作用，为村民提供休息、娱乐场所。戏台采用歇山顶，正面为一般戏台形象，背面则具有鼓楼的某些特点。

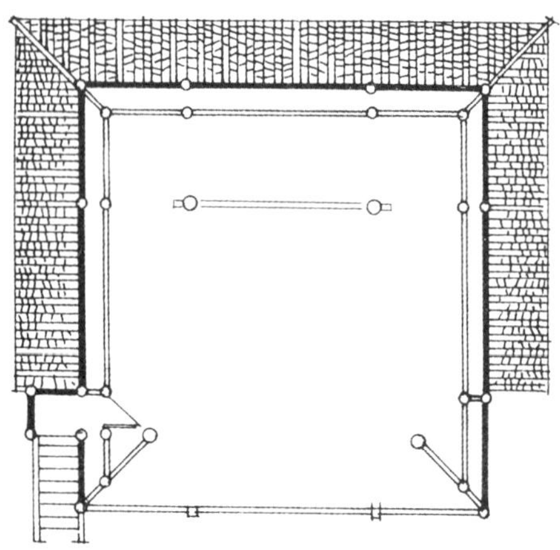

图20　独峒戏台背面外观

图21　独峒戏台侧立面图

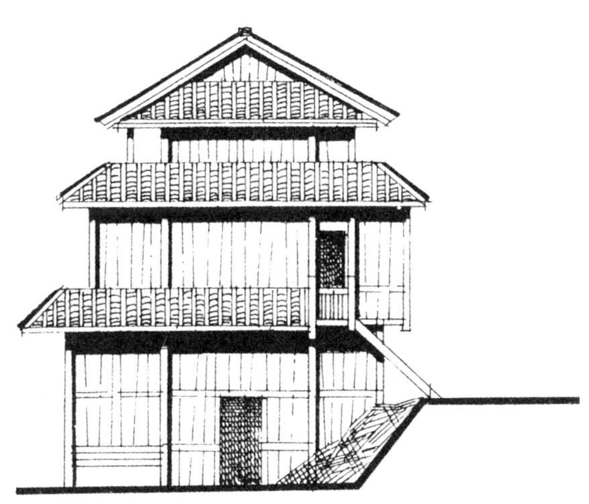

图22　独峒戏台剖透视图

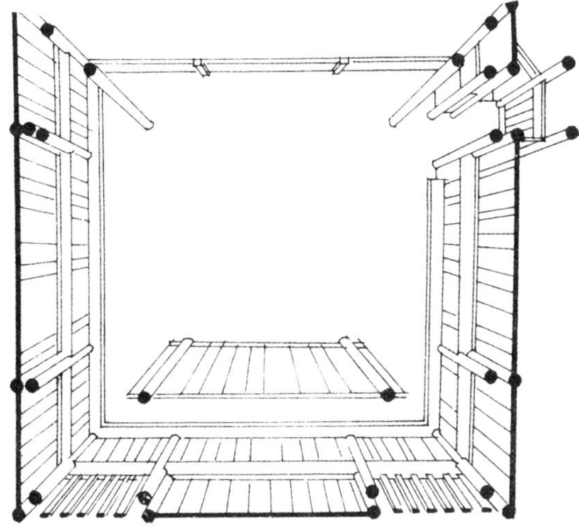

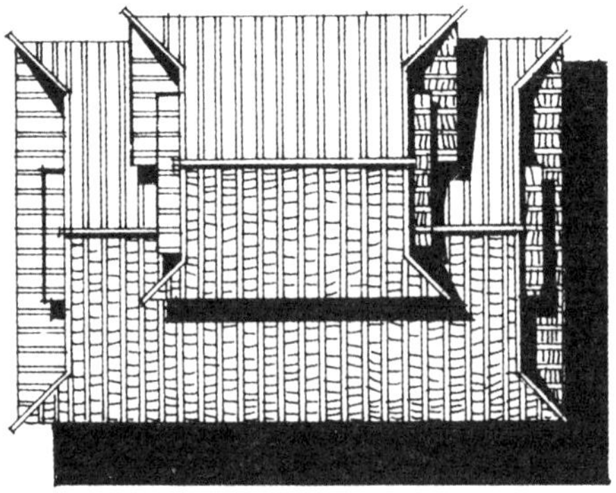

图23　八协戏台外观
图24　八协戏台屋顶平面
图25　八协戏台演出层平面
1. 前台　2. 后台
3. 乐台　4. 储藏室

4. 八协戏台

八协戏台是三江侗寨中规模较大的一座，戏台有三层，高11米，演出平面是第二层，第一层与鼓楼平面相似，并有鼓楼的部分功能，地下层为储藏室，总建筑面积330平方米。戏台平面组合十分出色，在满足功能要求的同时，灵活处理墙体，构成变化丰富的空间。戏台造型严谨、宏大，装饰精细，用色大胆，在朴素淡雅的村寨中，格外醒目。戏台与其对面的八协鼓楼共同构成具有典型风格的侗寨公共中心。

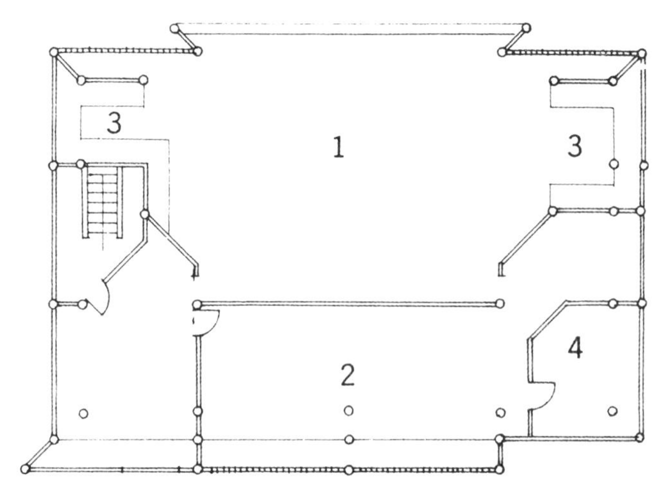

图26　八协戏台外观透视

图27　八协戏台侧立面

图28　八协戏台背立面

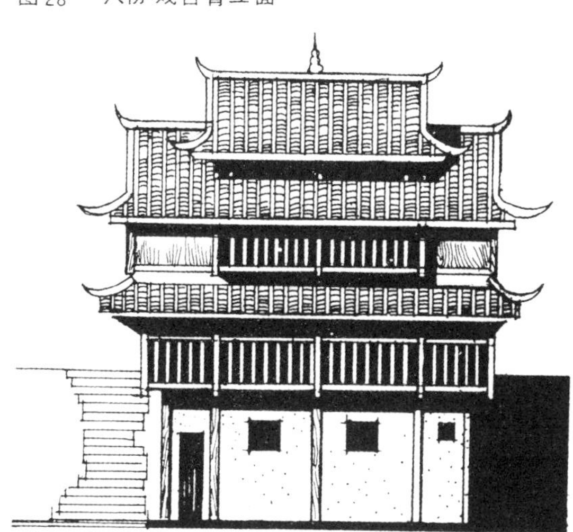

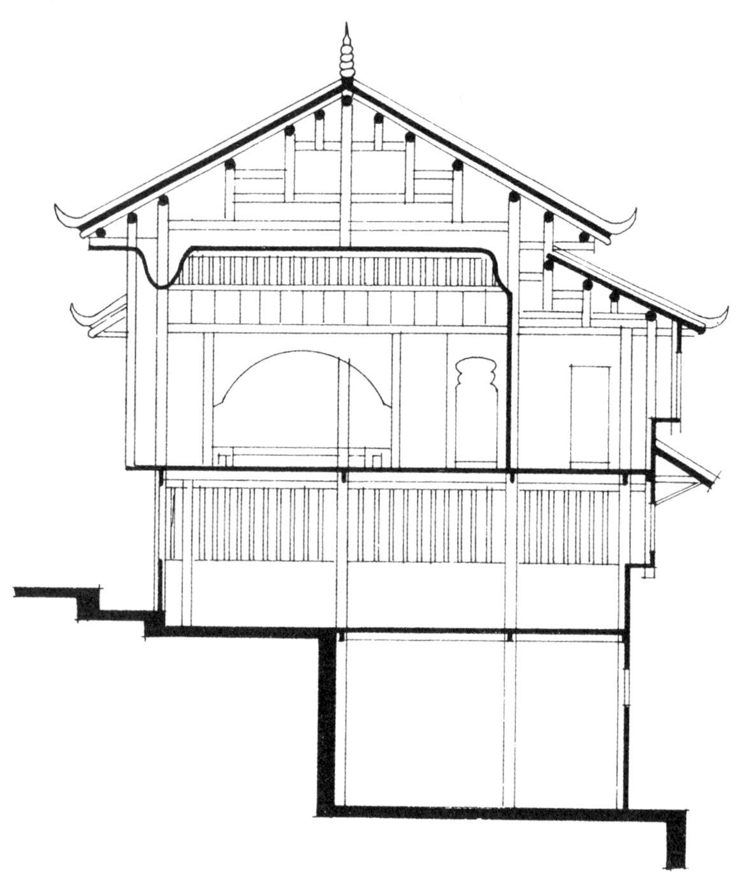

图29　八协戏台剖面
图30　戏台装饰图案

八协戏台建在一高差约4米的坡地上，基础采用块石筑台。戏台的五个立面各有特点，充分展现出桂北民间建筑的特色及完美性。

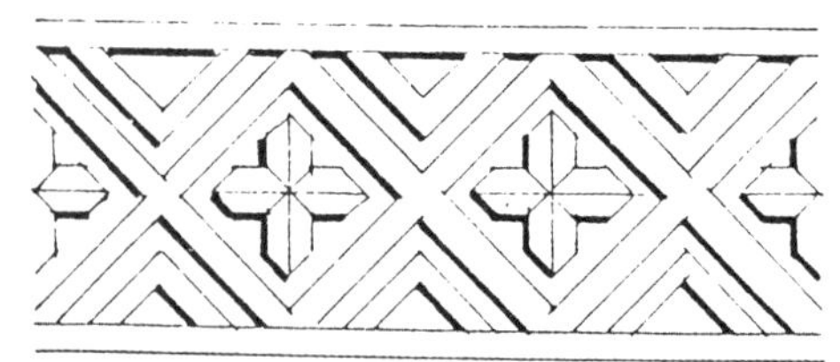

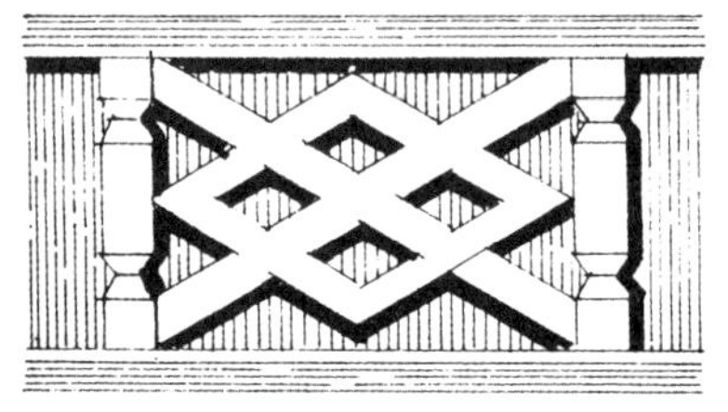

图31　八协戏台正立面

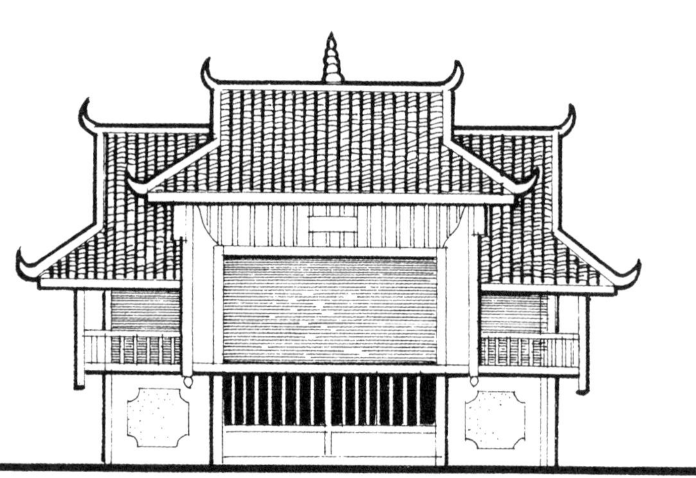

图32　平流戏台外观一
图33　平流戏台剖面
图34　平流戏台外观二

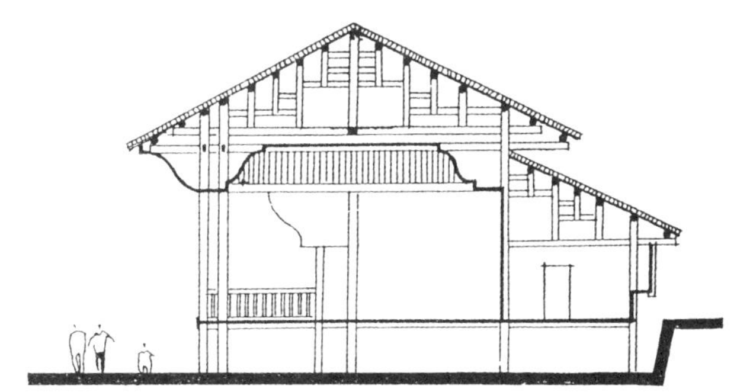

5. 平流戏台

平流寨戏台十分注重装饰，在吊顶及其他地方，采用大量线形优美的弧线，并以之为母题，在戏台中反复出现，形成鲜明的特色。平面以严谨与自由相结合，有效地利用了地形。结构采用双步梁与抬梁式构架的混合式组合，十六架三柱或四柱，屋后接出六架披屋作后台。

图35 平流戏台外观之三

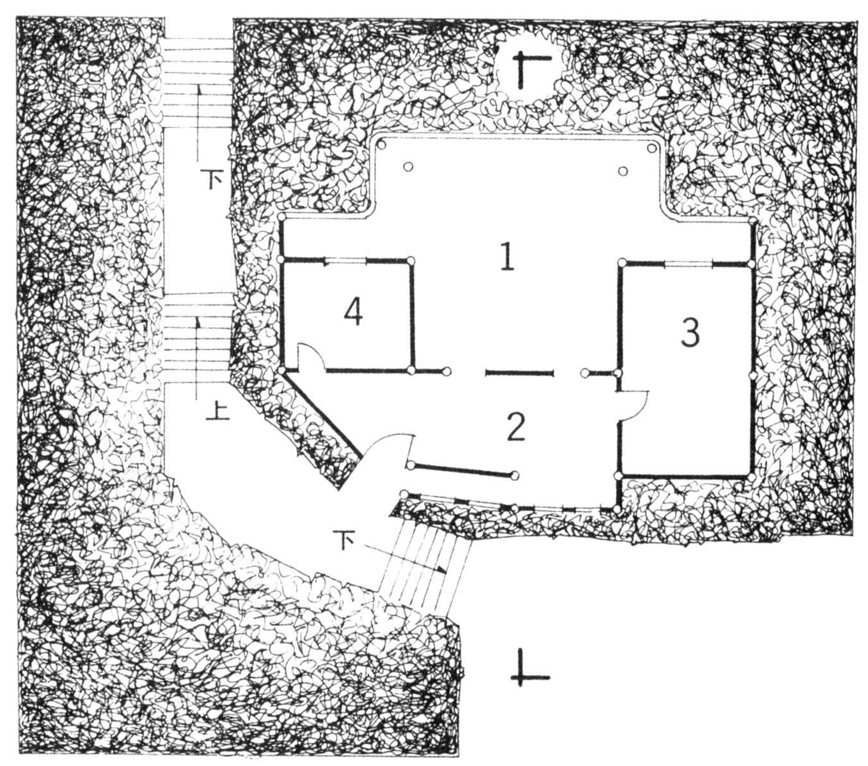

图36 平流戏台平面
1. 前台 2. 后台
3. 保管室 4. 储藏室

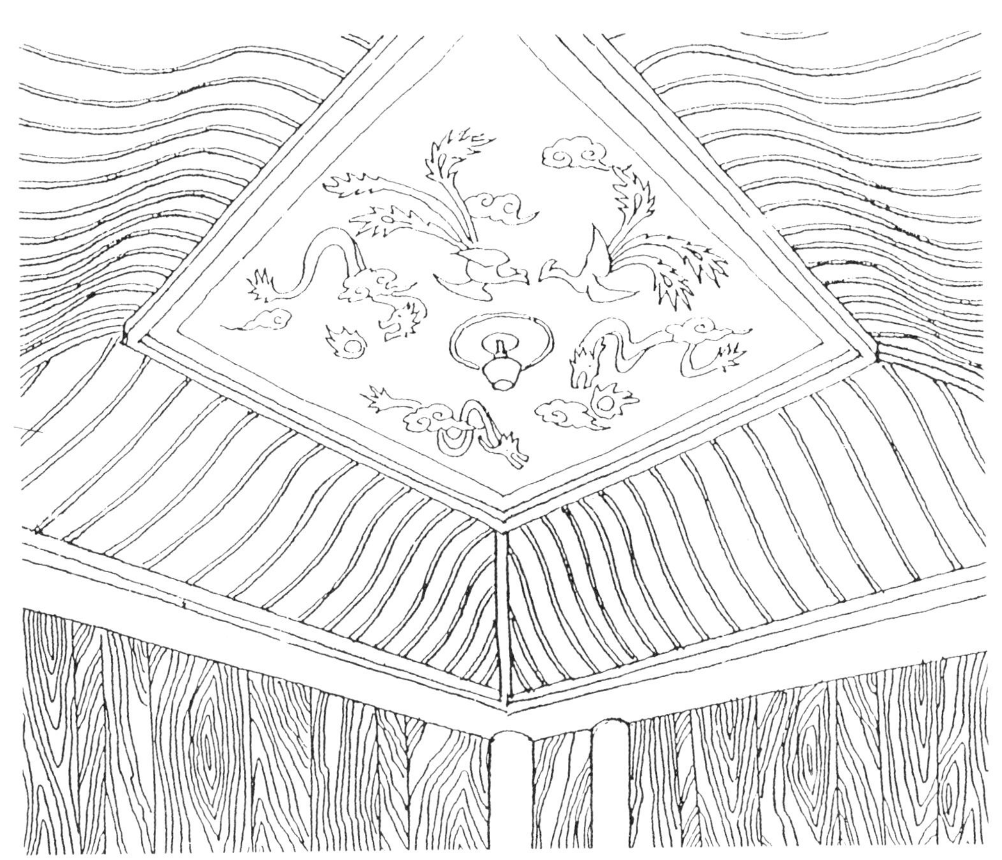

图37　平流戏台前台的弧线吊顶及彩绘

图38　一组平流戏台装饰图案

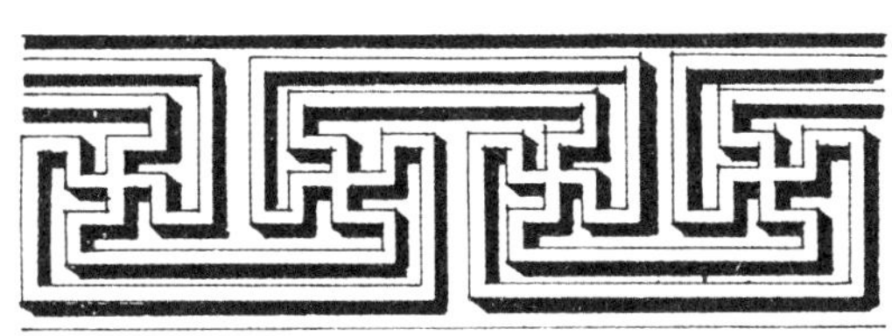

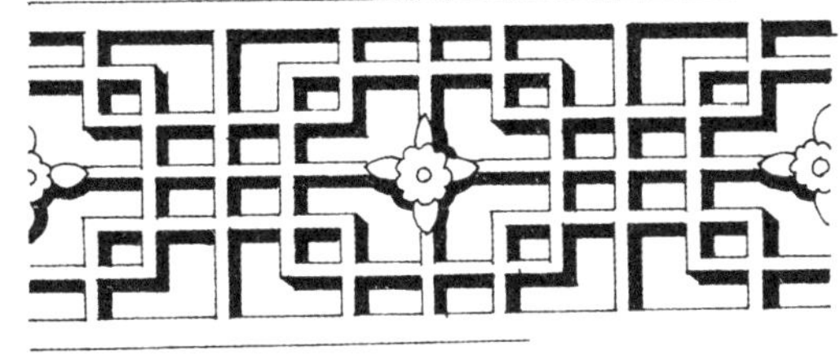

平流戏台的装饰以木雕为主，并施以重彩渲染。图案有对称性的线形装饰，也有非对称的花草图案，雕刻精细，用色浓重而协调，突出了戏台的艺术性。

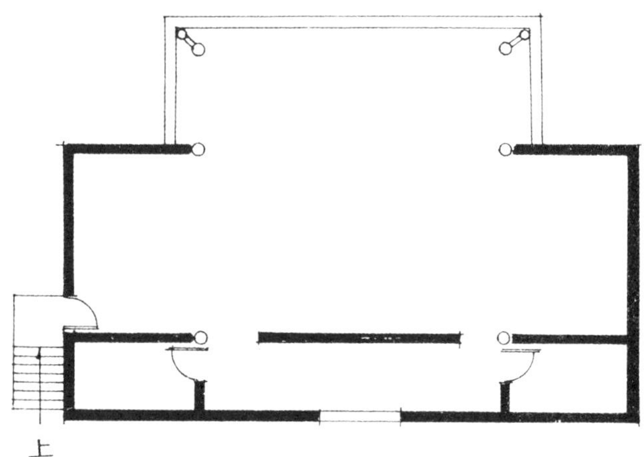

图39　马胖戏台正立面
图40　马胖戏台平面
图41　马胖戏台侧立面

6. 马胖戏台

马胖寨戏台与马胖鼓楼相对，形成该村寨的中心广场。戏台采用砖木结构，这在桂北民间建筑中是少有的。平面简洁，立面装饰丰富，特别是屋脊飞檐，精雕细作，造型生动，与鼓楼的脊檐雕饰相呼应。二者协调一致，增强了广场建筑的整体感。

图42　大田戏台立面

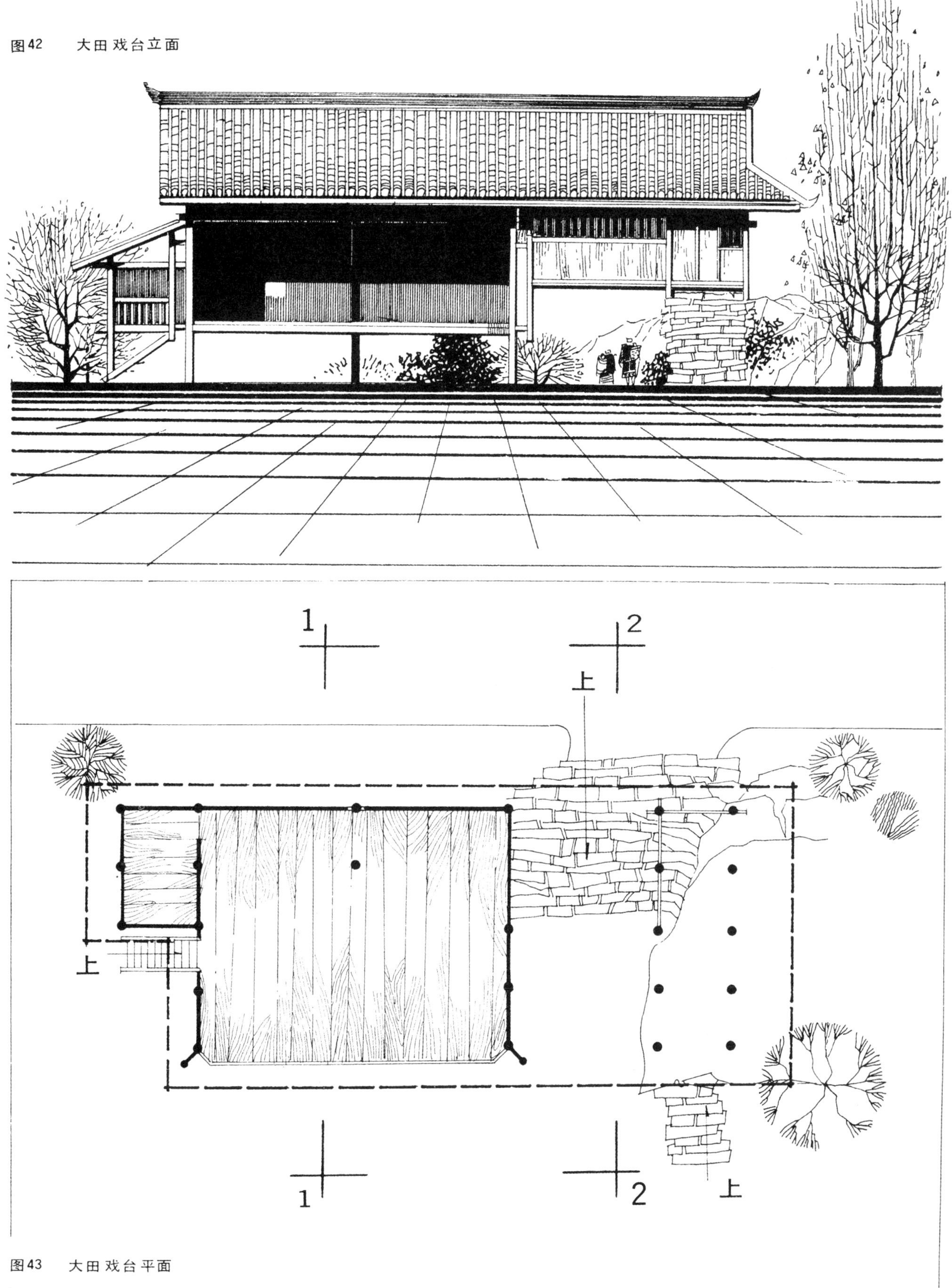

图43　大田戏台平面

图44　大田戏台及鼓楼广场透视

图45　大田戏台与鼓楼构成的村寨入口远眺

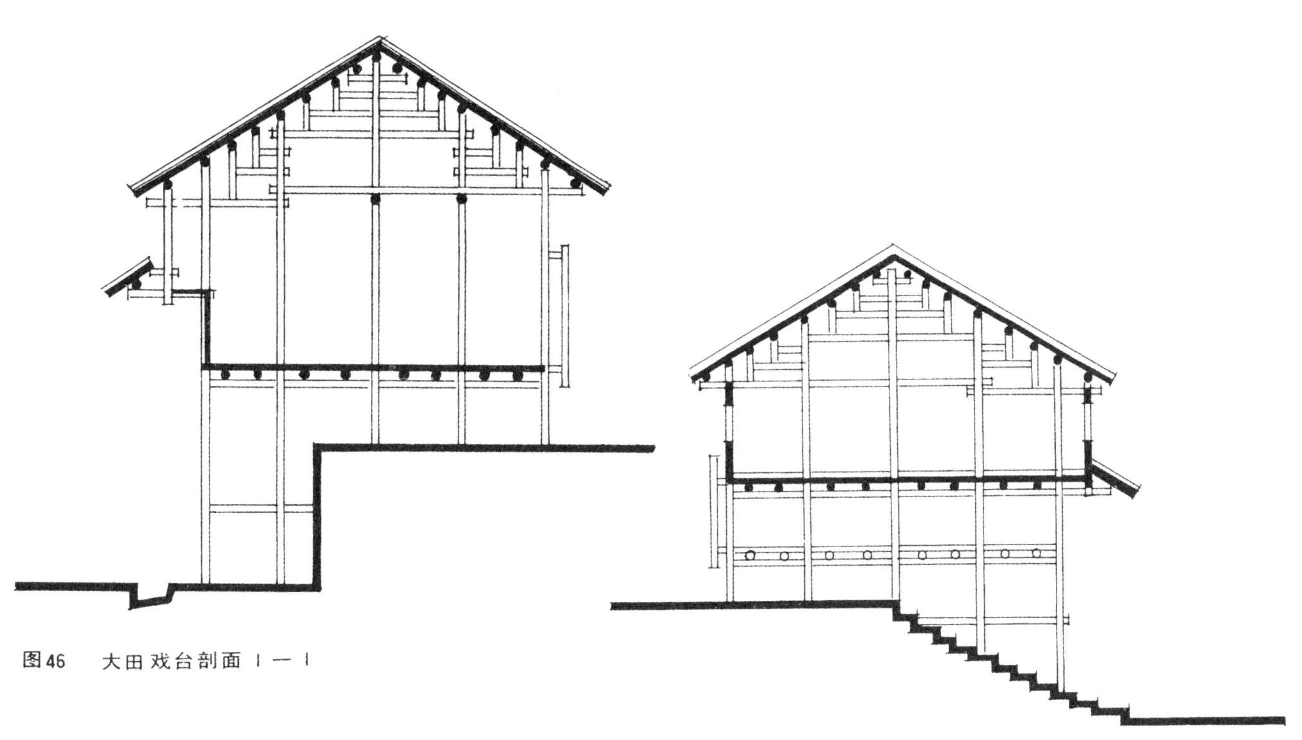

图46　大田戏台剖面 1—1

图47　大田戏台剖面 2—2

7. 大田戏台

大田戏台外型与民居相似，屋顶一侧为歇山，一侧为悬山，并设偏厦。该戏台独特之处在于进寨的主要道路从戏台下面通过。由于地形限制，戏台有三分之一架空在高坎下，入寨道路通过高坎拾级而上，穿过戏台，进入村寨。

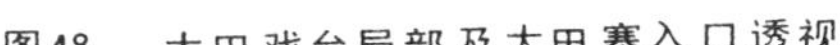

图48　大田戏台局部及大田寨入口透视

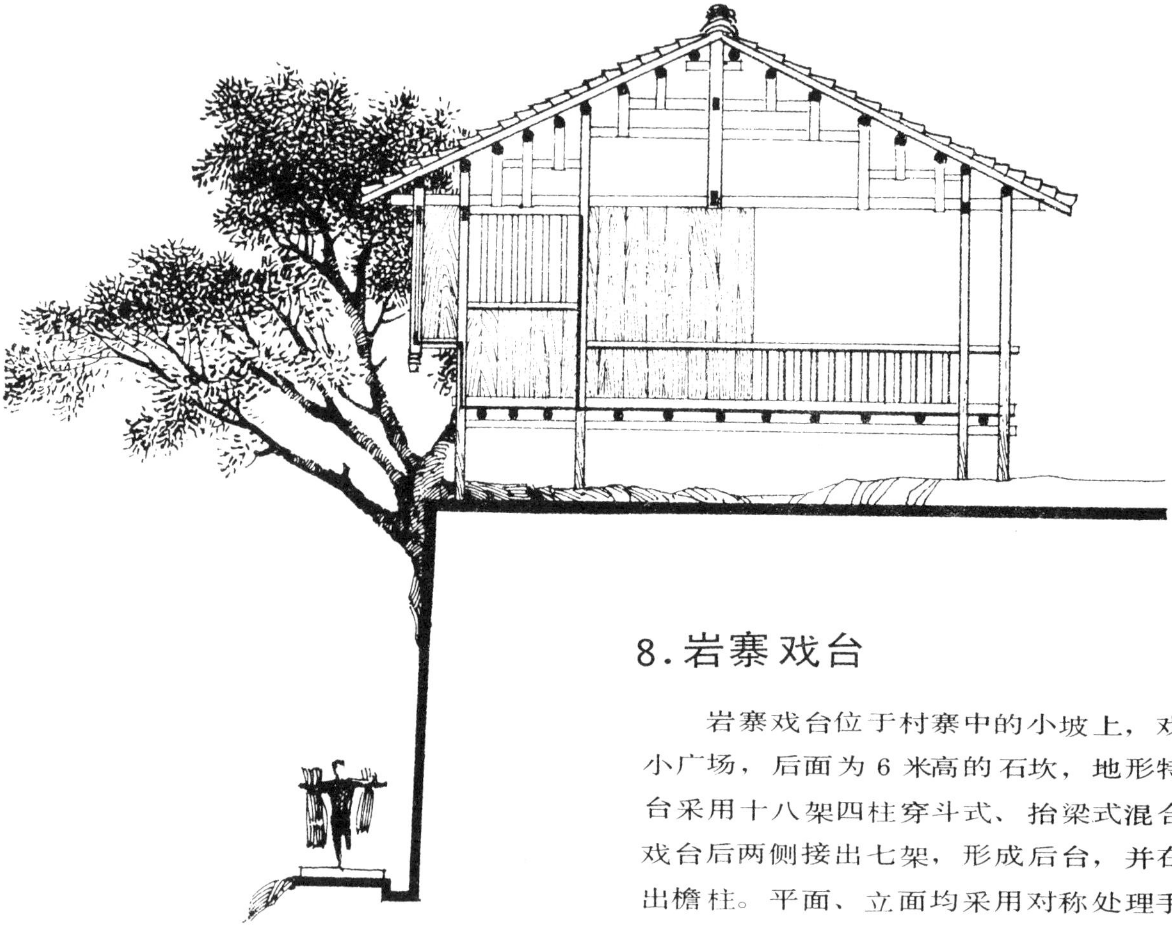

8.岩寨戏台

岩寨戏台位于村寨中的小坡上，戏台前是小广场，后面为6米高的石坎，地形特殊。戏台采用十八架四柱穿斗式、抬梁式混合结构，戏台后两侧接出七架，形成后台，并在后面挑出檐柱。平面、立面均采用对称处理手法。

图49　岩寨戏台剖面
图50　岩寨戏台一侧外观

图51　岩寨戏台外观

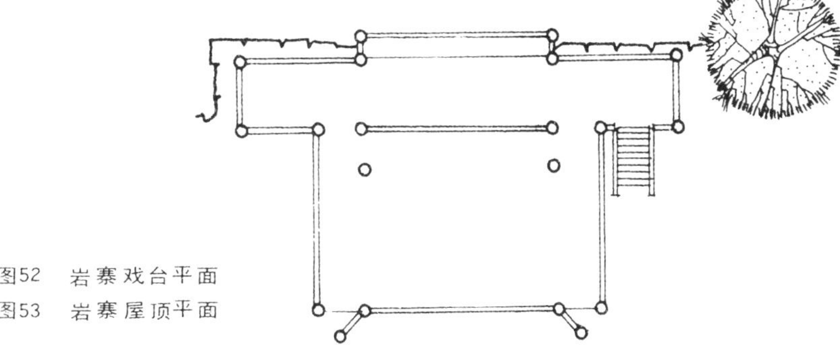

图52　岩寨戏台平面

图53　岩寨屋顶平面

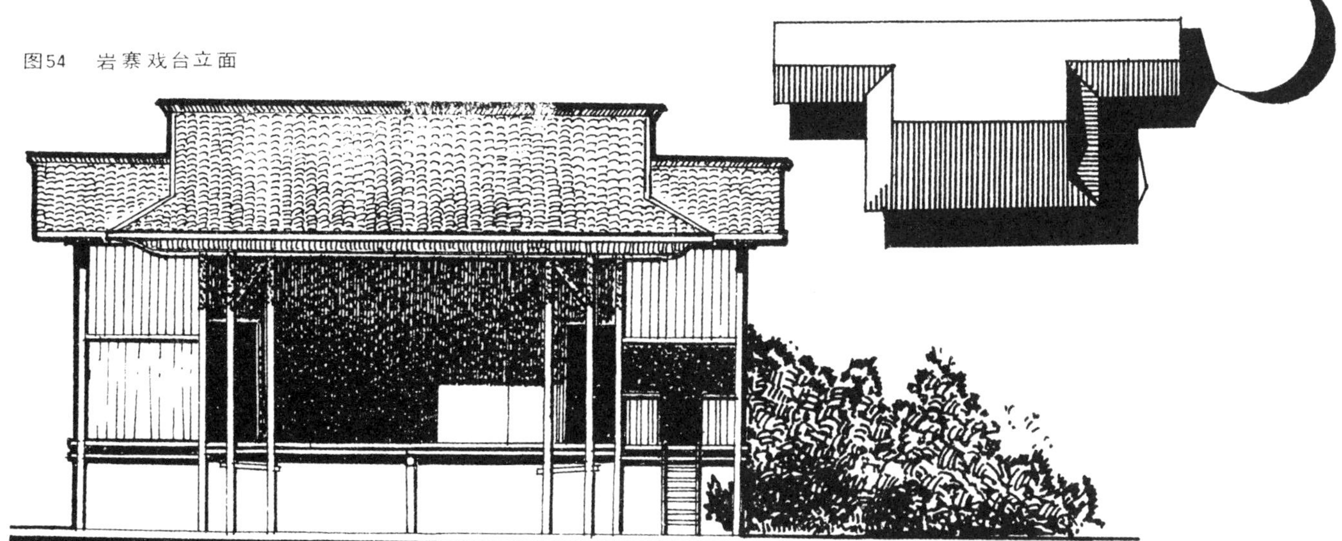

图54　岩寨戏台立面

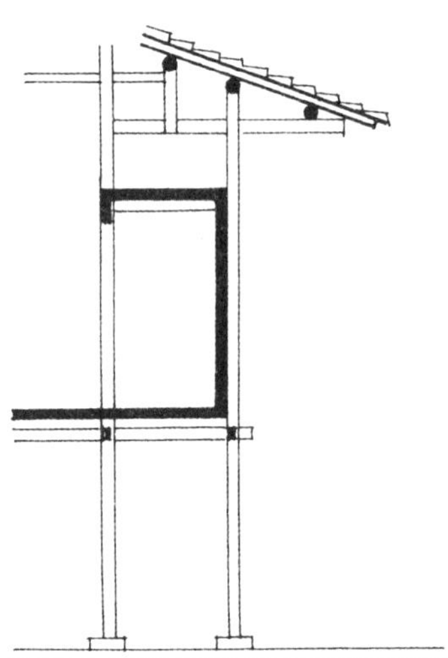

图55　八斗寨戏台立面
图56　八斗寨戏台局部剖面
图57　八斗寨戏台剖轴测图

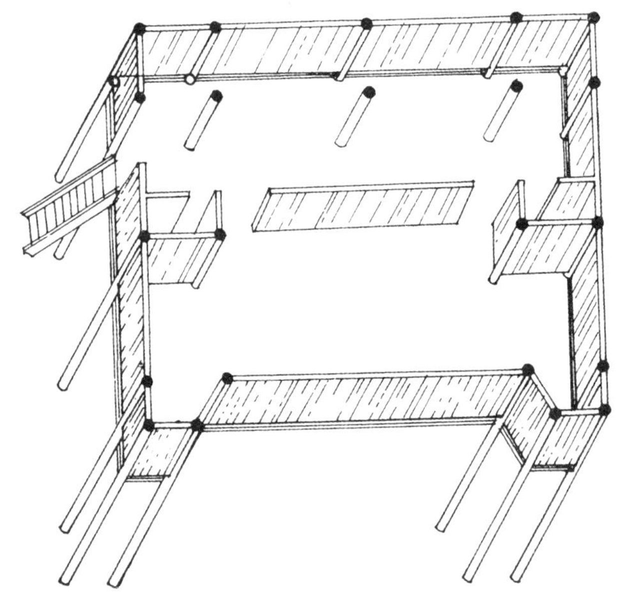

9. 八斗戏台

八斗戏台为干栏式木构建筑，平面由前台、后台及两个小贮藏室组成，通过木梯上到高约 2 米的演出层。平时前台用木隔断板遮挡以保护地板不受飘雨浸蚀，演出时撤掉。

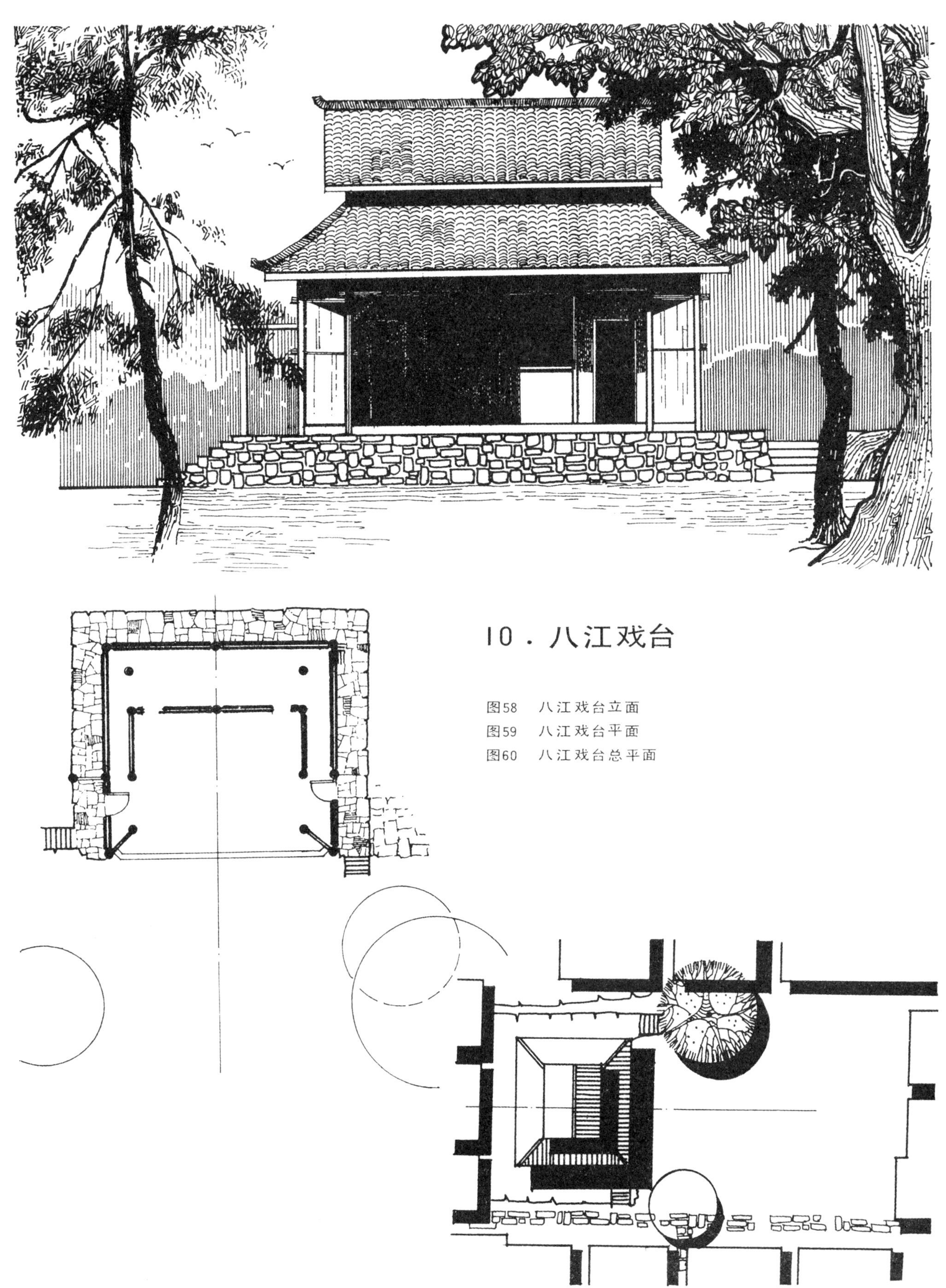

10．八江戏台

图58　八江戏台立面
图59　八江戏台平面
图60　八江戏台总平面

11．冠洞戏台

图61　冠洞戏台外观透视
图62　冠洞戏台平面
图63　冠洞戏台侧立面

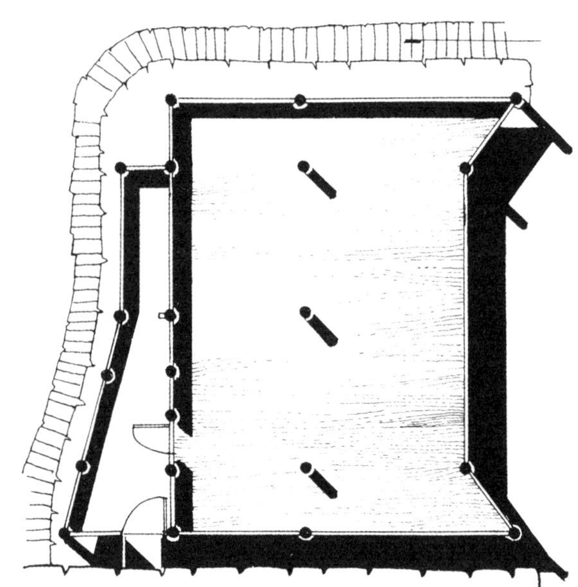

图64　岩寨寨门、干栏楼阁式

二、寨门

桂北侗族村寨一般都设有寨门。以前，寨子周围筑土垒或栅栏，以防御土匪的侵扰，在主要道口设寨门，作为防卫重点。现在寨门的功能已不再是防卫。寨门还包含了更深的意义，它的意念上加强了聚落群体的地域感和凝聚力。寨门有两种基本形式：

1．干栏楼阁式。底层架空设栅门，上层用以料敌报警，其造型与鼓楼相近。

2．门阙式。单层、双开门，造型优美别致。

图65　八协寨门外观

1.八协寨门

八协寨门结合了楼阁干栏式和门阙式寨门的特点，并采用斗栱叠顶的特殊作法装饰立面，既使寨门造型美观，别具一格，突出了村寨入口，又与寨内鼓楼造型相呼应，增强了公共建筑在村寨中的整体性和感染力。

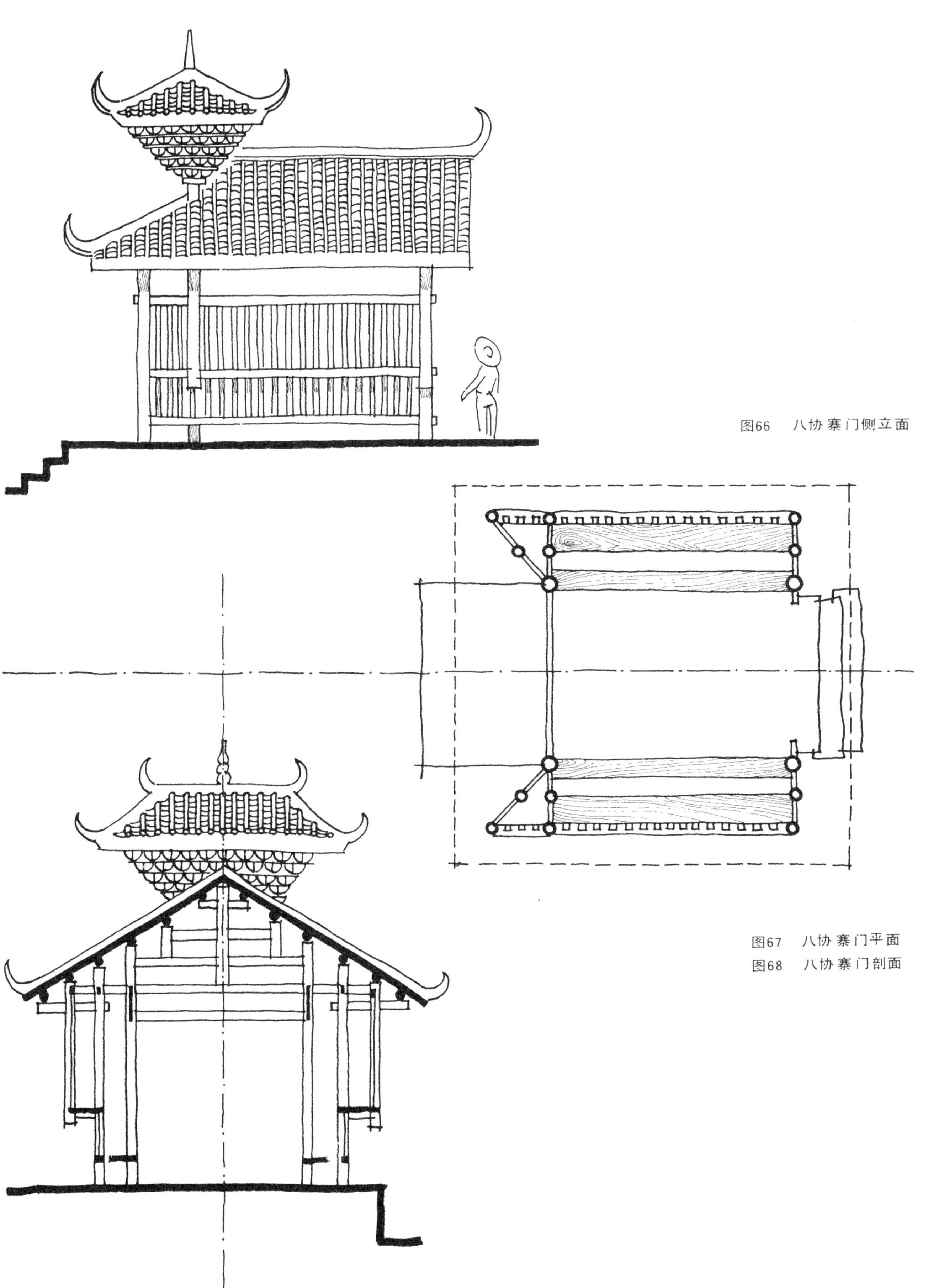

图66　八协寨门侧立面

图67　八协寨门平面

图68　八协寨门剖面

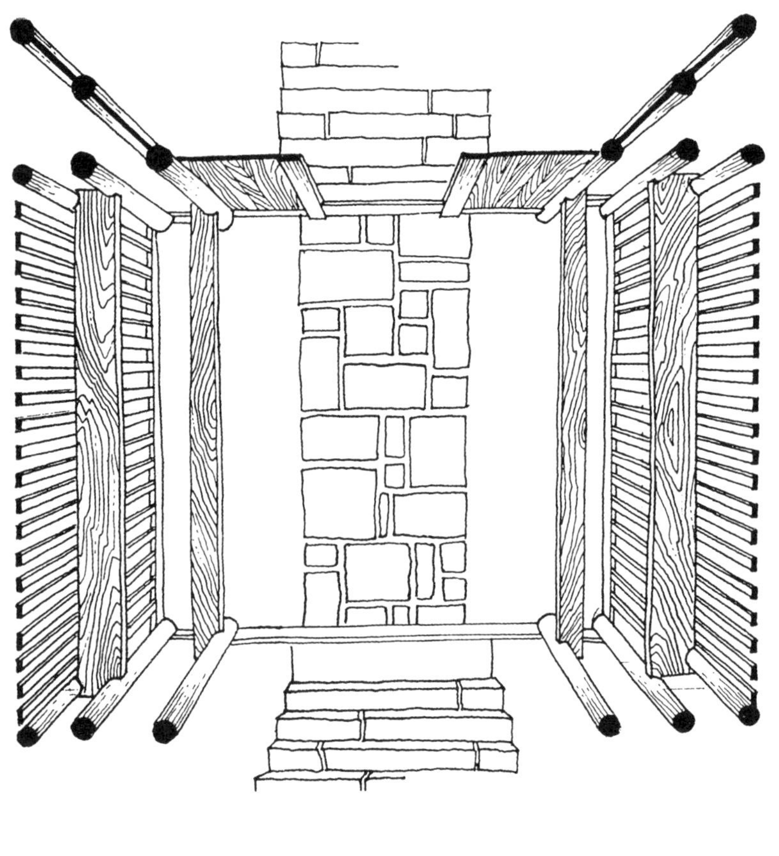

图69　八协寨门剖透视
图70　八协寨门叠顶
图71　八协寨门总平面

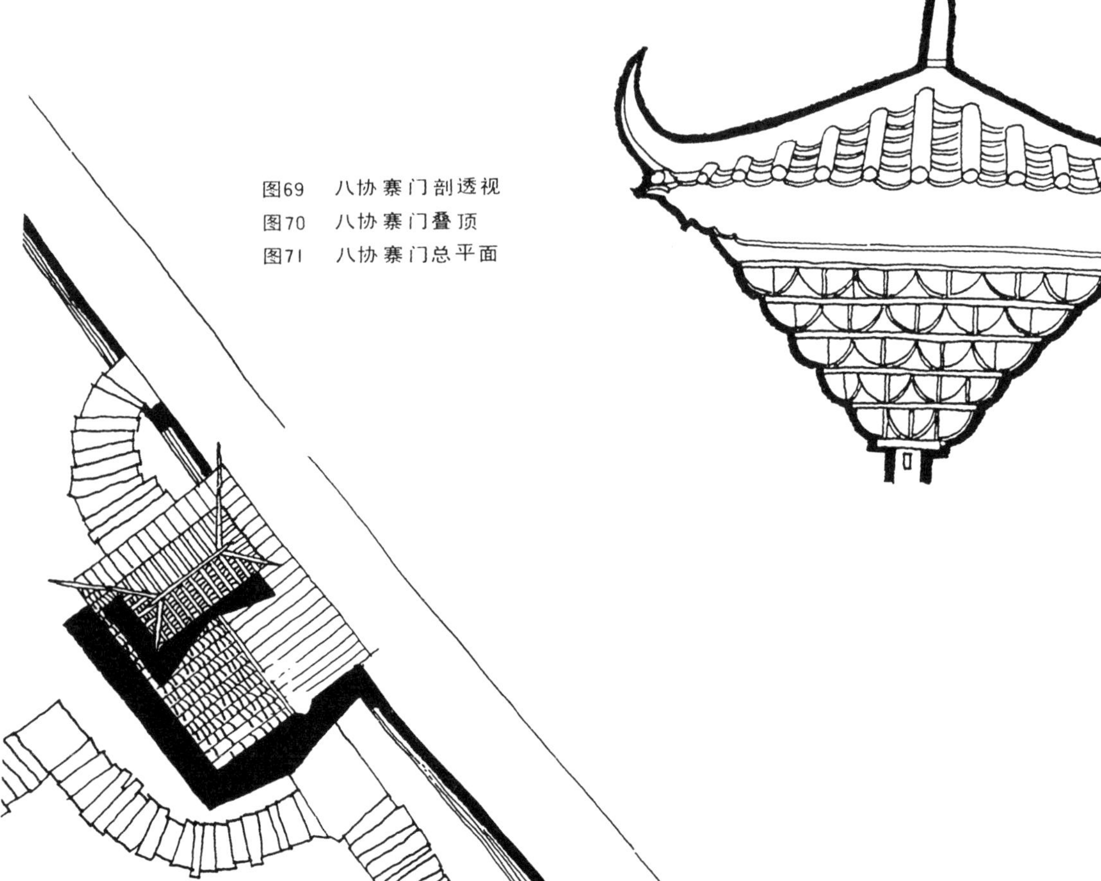

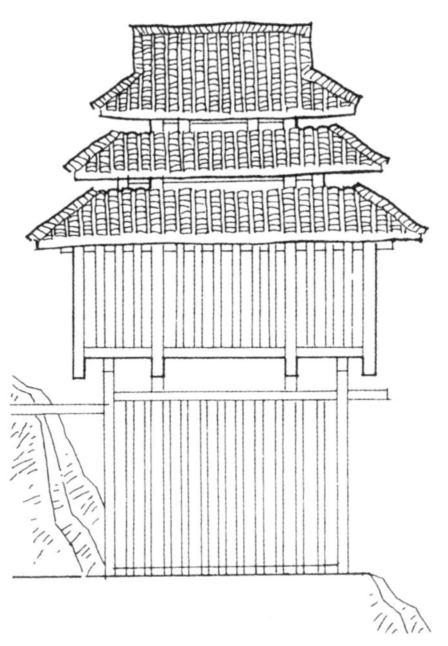

图73　岩寨寨门立面

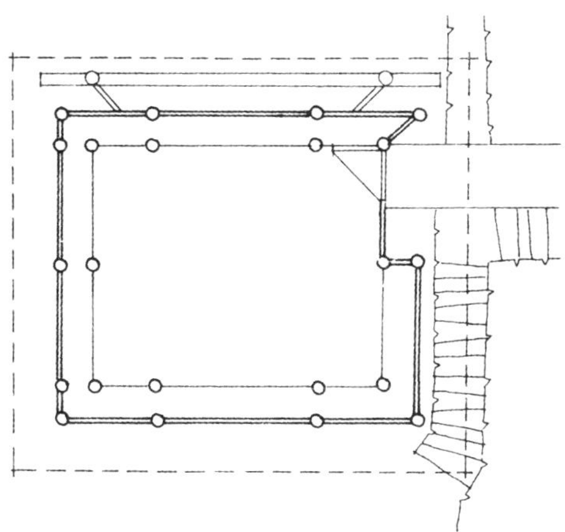

图74　寨门二层平面

图75　寨门底层平面

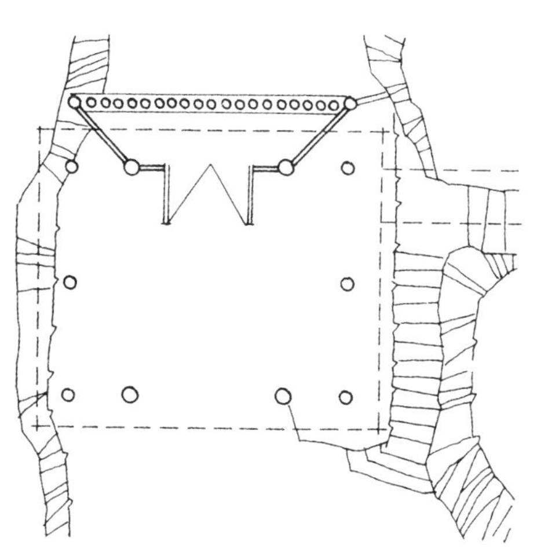

图72　岩寨寨门外观

2.岩寨寨门

岩寨寨门一侧是小溪、一侧靠山坡，是防御进攻的良好位置。该寨门属干栏楼阁式，上部造型与塔式鼓楼相同，并架于空中。

图76 亮寨寨门外观

3. 亮寨寨门

亮寨寨门是典型的门阙式寨门。这类寨门并不强调其防卫功能，而主要目的是限定某一区域的存在，作为地域性的标志。因此，门阙式寨门在造型与装修上往往特别引人注目。亮寨寨门采用对称形式，平面简洁，立面丰富，采用局部悬挑、吊瓜等装饰手法，并用鲜艳、浓重的色彩粉饰其外，具有较高的建筑艺术价值。

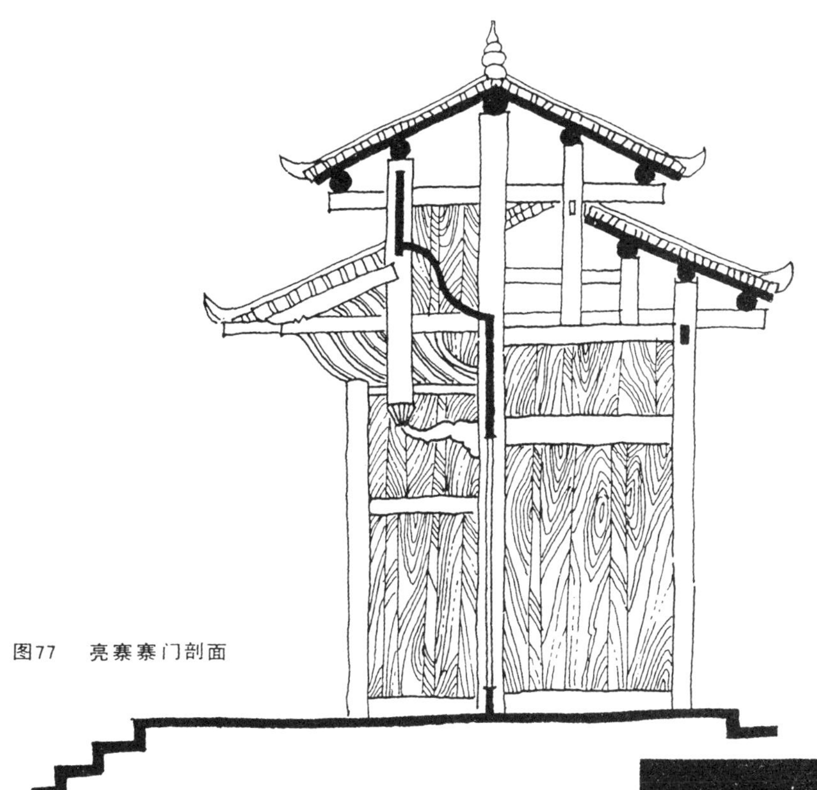
图77　亮寨寨门剖面

图78　由阁式鼓楼看亮寨寨门

图79　亮寨寨门平面

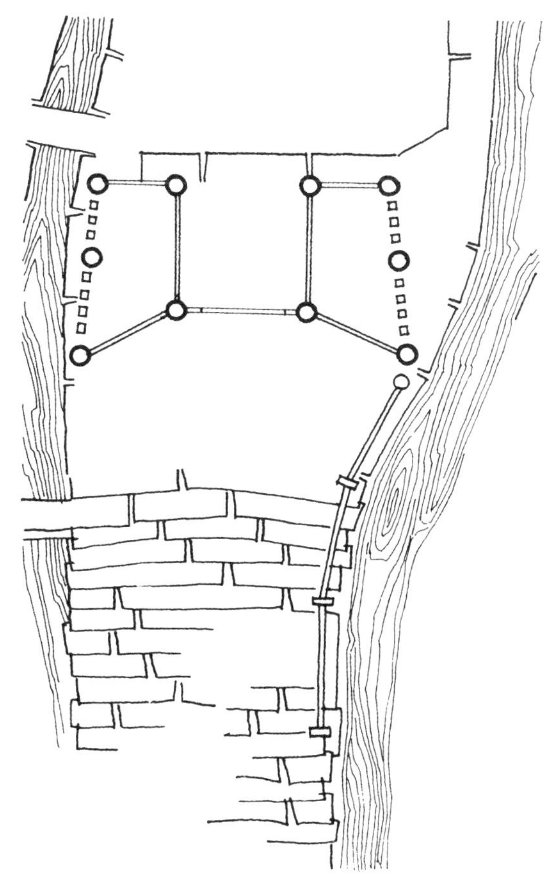

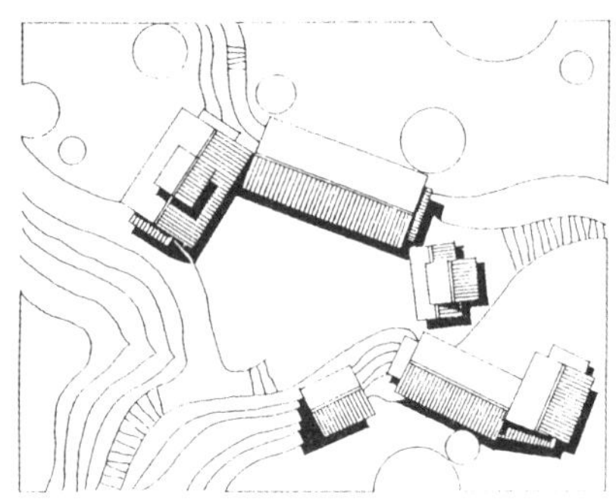

图80 由亮寨寨门及阁式鼓楼围合而成的鼓楼广场平面

图81 由亮寨寨门看阁式鼓楼

图82 亮寨阁式鼓楼立面

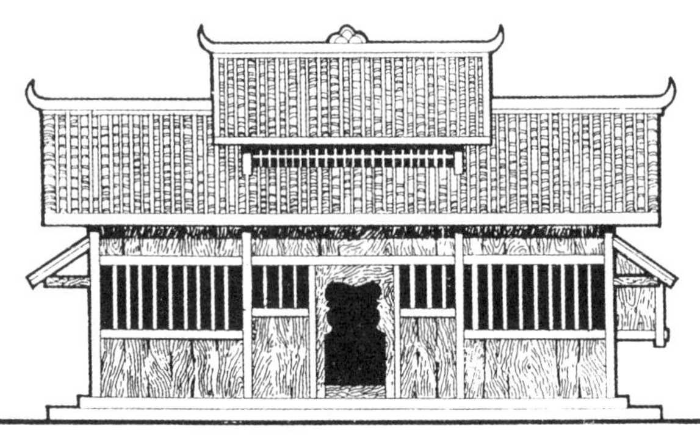

图83 亮寨寨门局部构造

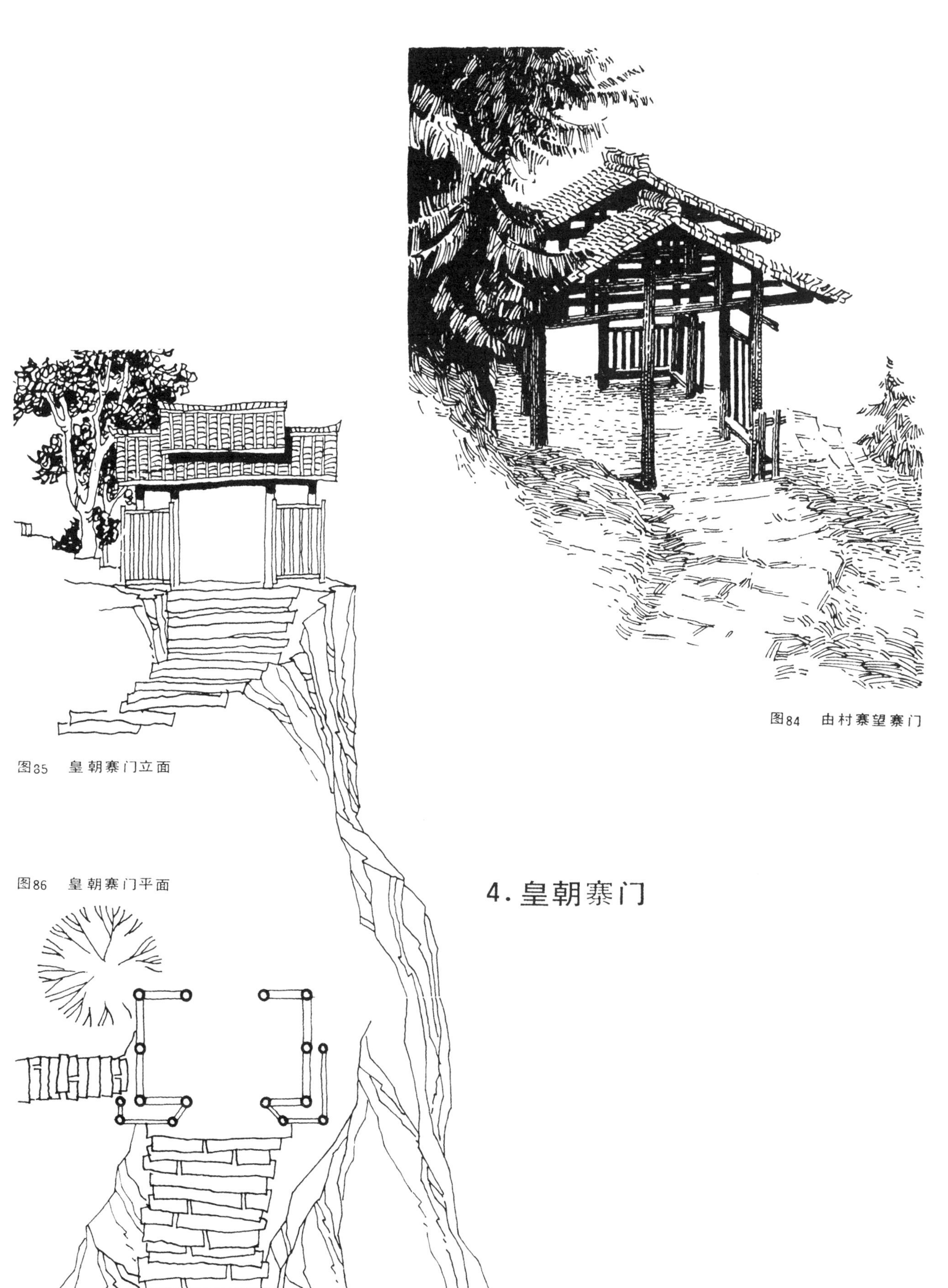

图84　由村寨望寨门

图85　皇朝寨门立面

图86　皇朝寨门平面

4. 皇朝寨门

图87 平流寨门外观

5. 平流寨门

平流寨门为非对称性门阙式寨门，位于平流寨口主要道路上，一侧傍山，一面临水，并向河中挑出一部分，地势险要，寨门具有“一夫挡关，万夫莫开”之势。

图88 平流寨门立面

图89 平寨寨门外观之一

6. 平寨寨门

平寨寨门是典型的干栏楼阁式寨门。这类寨门由于有较强的防卫功能，因此，其结构一般比较牢实，位置也处于寨前的主要道路上。结构以四根大柱作主承柱，直立于寨门中央，另加四根檐柱，将结构连接成整体。

图90　平寨寨门外观之二
图91　平寨寨门外观之三

图92　马胖凉亭外观透视
图93　马胖凉亭局部透视

三、凉亭、井亭

1. 马胖凉亭

凉亭是村寨中休息乘凉的场所，它与寨门、井亭组成较完整的娱乐休息建筑小品体系，这一体系与鼓楼、风雨桥及戏台形成侗族村寨的公共建筑系统。

马胖凉亭位于马胖寨几条道路交汇处，在通风口上，是乘凉的理想场所。

图34 马胖凉亭透视

图95　马胖凉亭立面

图96　马胖凉亭仰视

图97　马胖凉亭平面

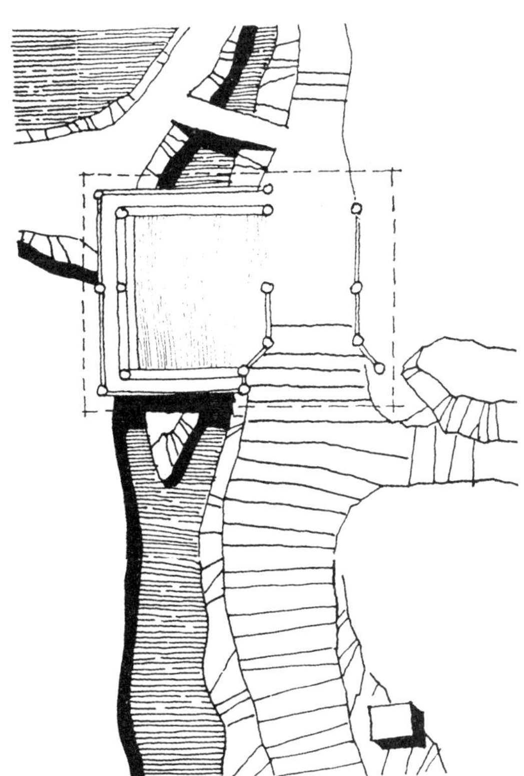

图98　马胖凉亭外观

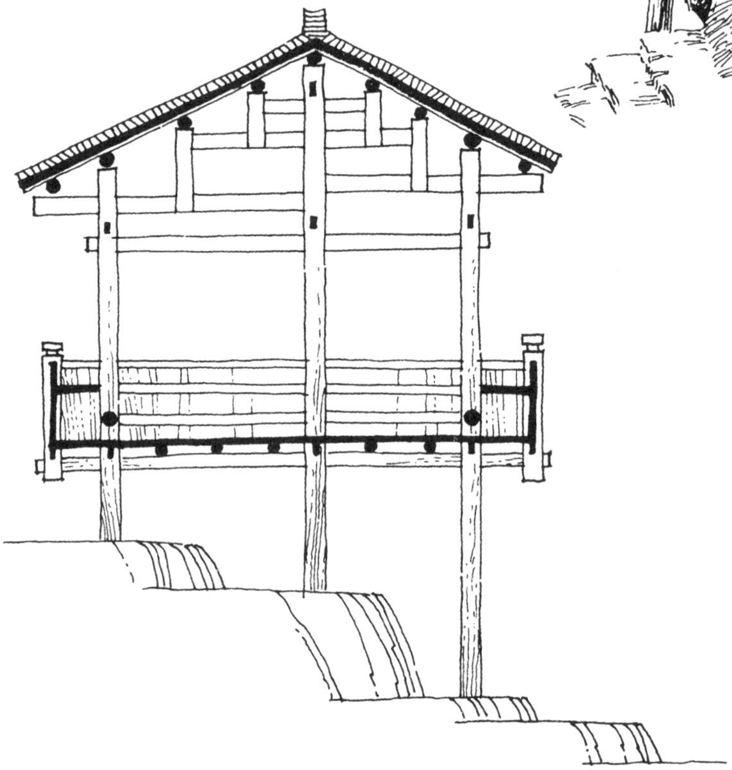

图99　马胖凉亭剖面

图100　马胖凉亭总平面

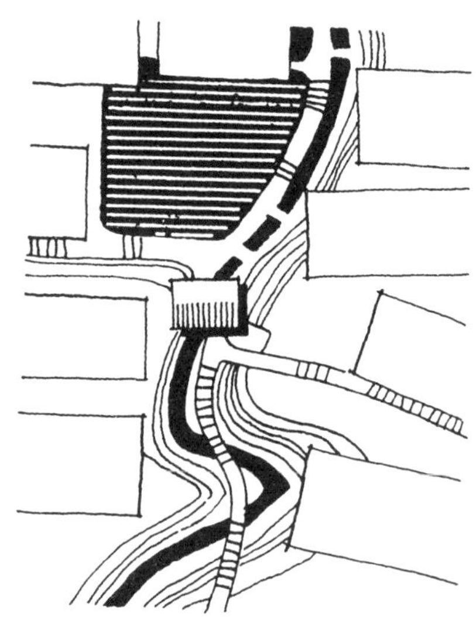

图101　金江休息亭外观
图102　金江休息亭细部
图103　金江休息亭总平面

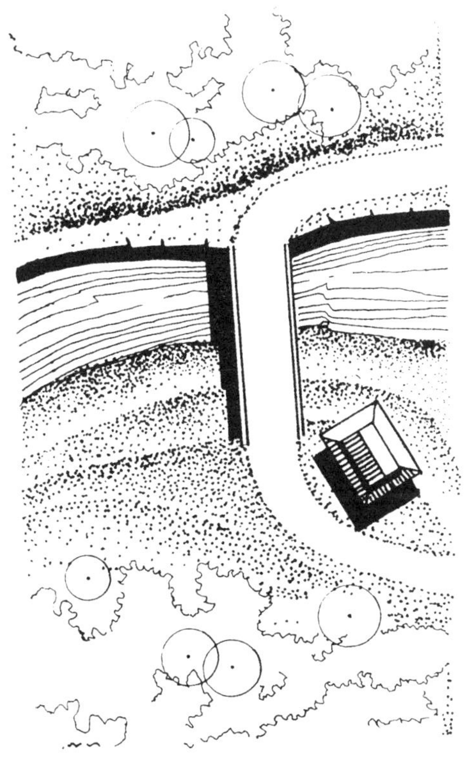

2. 金江凉亭

由于民族文化、习俗等各有不同，各民族聚居的村寨结构也有差异。壮族村寨中的公共建筑一般较少。龙胜县的金江休息亭，为壮族村寨的公共建筑，建在桥头，作为过路人的憩脚场所，也带有一定宗法色彩。其平面布置、立面造型及细部装修等，皆有别于侗寨凉亭。

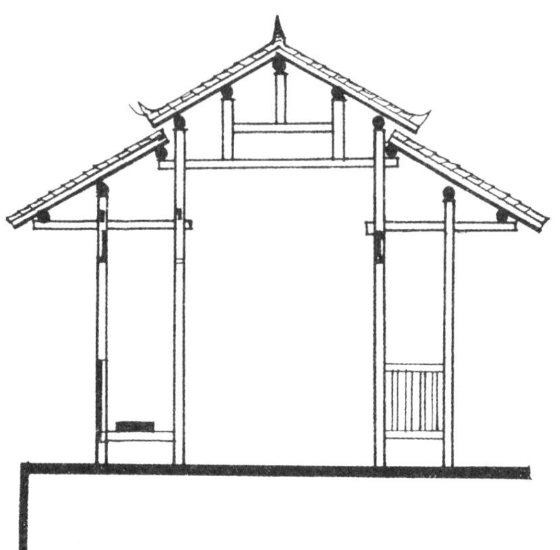

图104 金江休息亭外观之二
图105 金江休息亭剖面
图106 金江休息亭平面

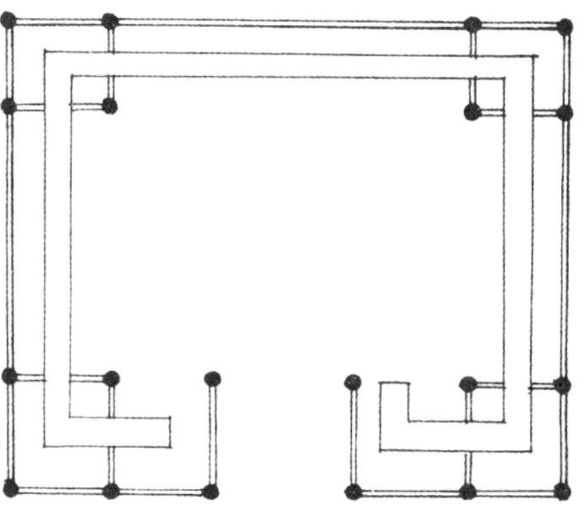

图107　亮寨井亭外观之一
图108　亮寨井亭平面
图109　亮寨井亭外观之二

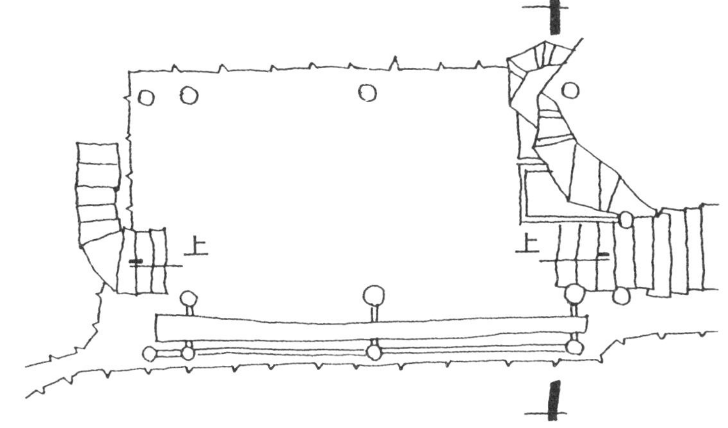

3.亮寨井亭

亮寨井亭属下沉式井亭，一面贴山，另一面靠村寨主要道路。泉水从巨石下源源涌出，井亭就建在这巨石之上。经石阶进入井亭，亭内设有坐凳，也为长途跋涉者提供休息饮水场所。该井亭采用九架三柱抬梁式构架，在有限的空间内，最大限度地增大使用面积。这种构架形式在桂北民居中使用较少，在阁式鼓楼中则常采用。

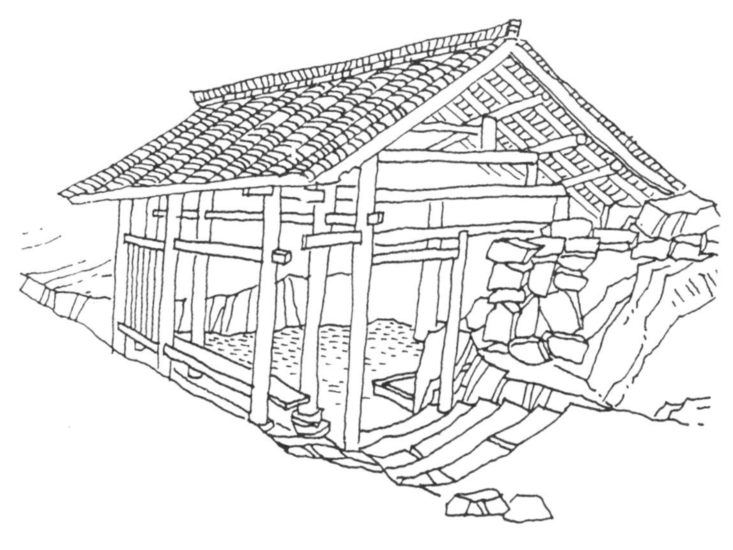

图110　亮寨井亭打水场景
图111　亮寨井亭内景
图112　亮寨井亭剖面

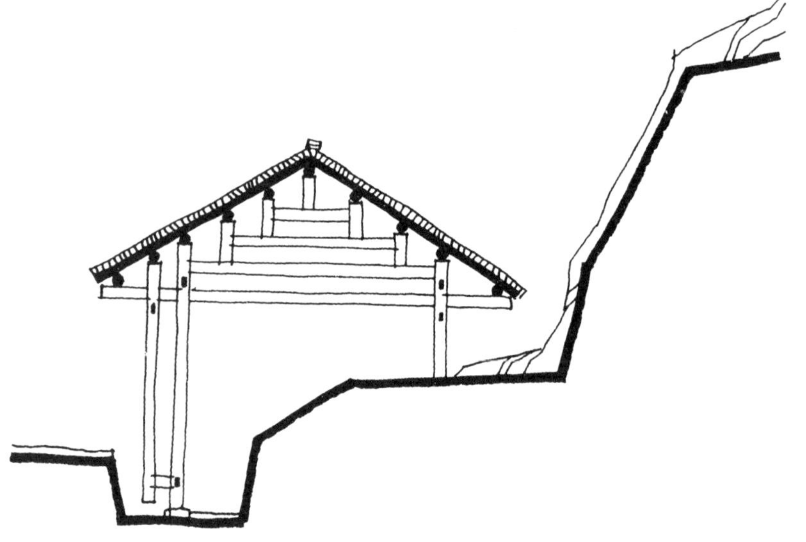

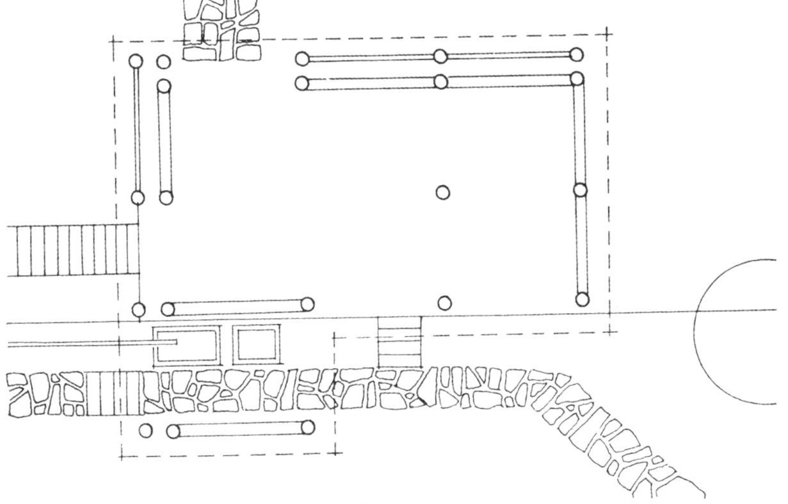

图113　皇朝井亭外观之一
图114　皇朝井亭平面
图115　皇朝井亭外观之二

4.皇朝井亭

皇朝寨井亭位于皇朝寨通往后山的几条主要道路交汇处。由于特殊的位置，使该井亭的功能有所扩大,除了作为井亭之外，还有乘凉憩脚、休息娱乐的作用。建筑空透，沿檐柱设坐凳，水井在建筑附属部分，由竹筒分泉法将远处清泉引进井亭。结构采用抬梁式构架，并加以双步梁组合，既使结构严谨稳固，又增加了有效使用面积。

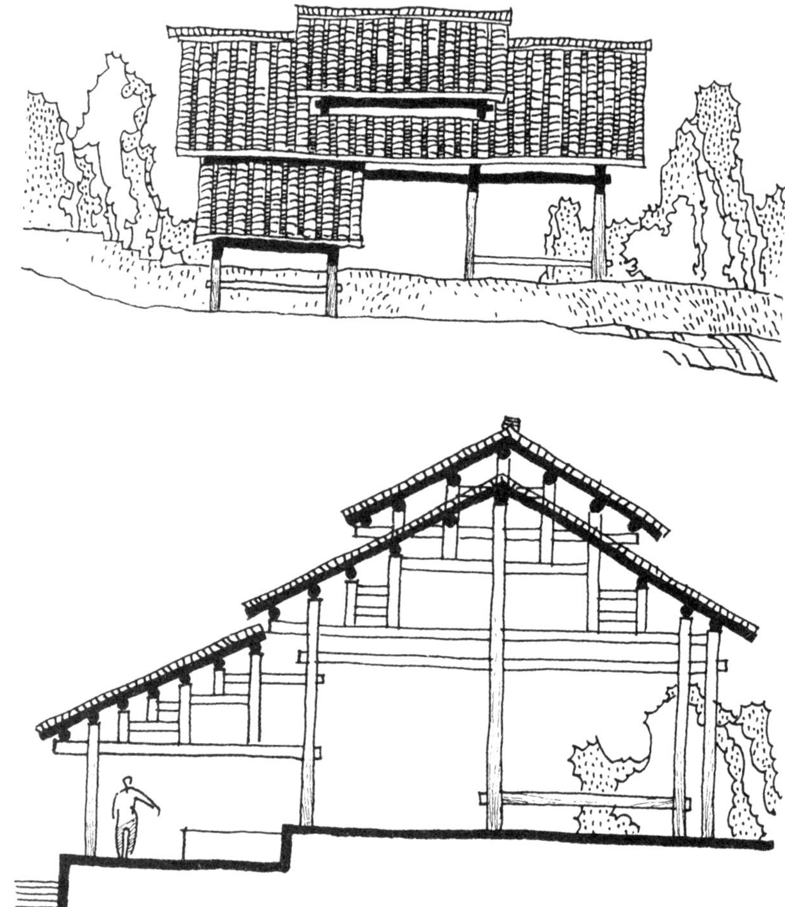

图116　皇朝井亭立面
图117　皇朝井亭剖面
图118　皇朝井亭局部透视

5. 马胖井亭

马胖井亭位于民居组团中几条道路交汇处，属下沉式井亭。由石阶连接，与民居、水塘、树木构成尺度宜人的小环境，并利用岩石、石阶及石挡土墙，使井亭造型颇具特色。

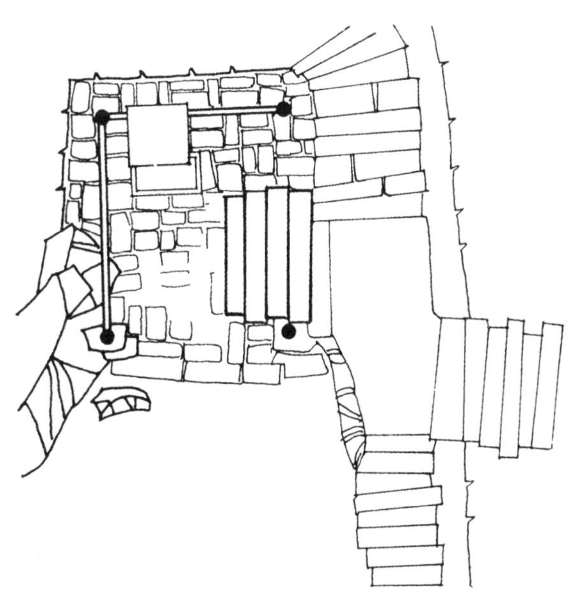

图119　马胖井亭外观透视
图120　马胖井亭侧面透视
图121　马胖井亭平面

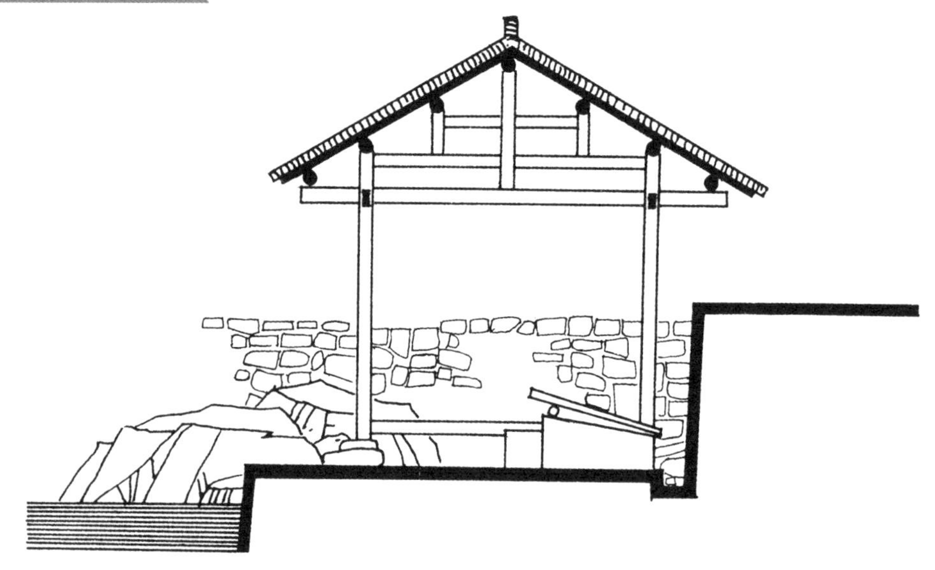

图122　马胖井亭剖面
图123　马胖井亭水井剖面
图124　马胖井亭总平面

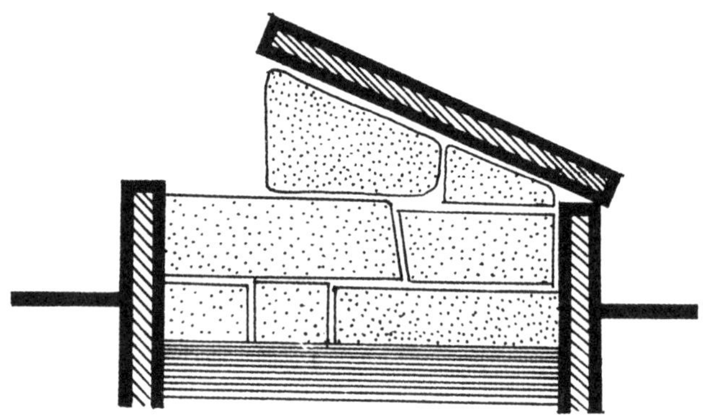

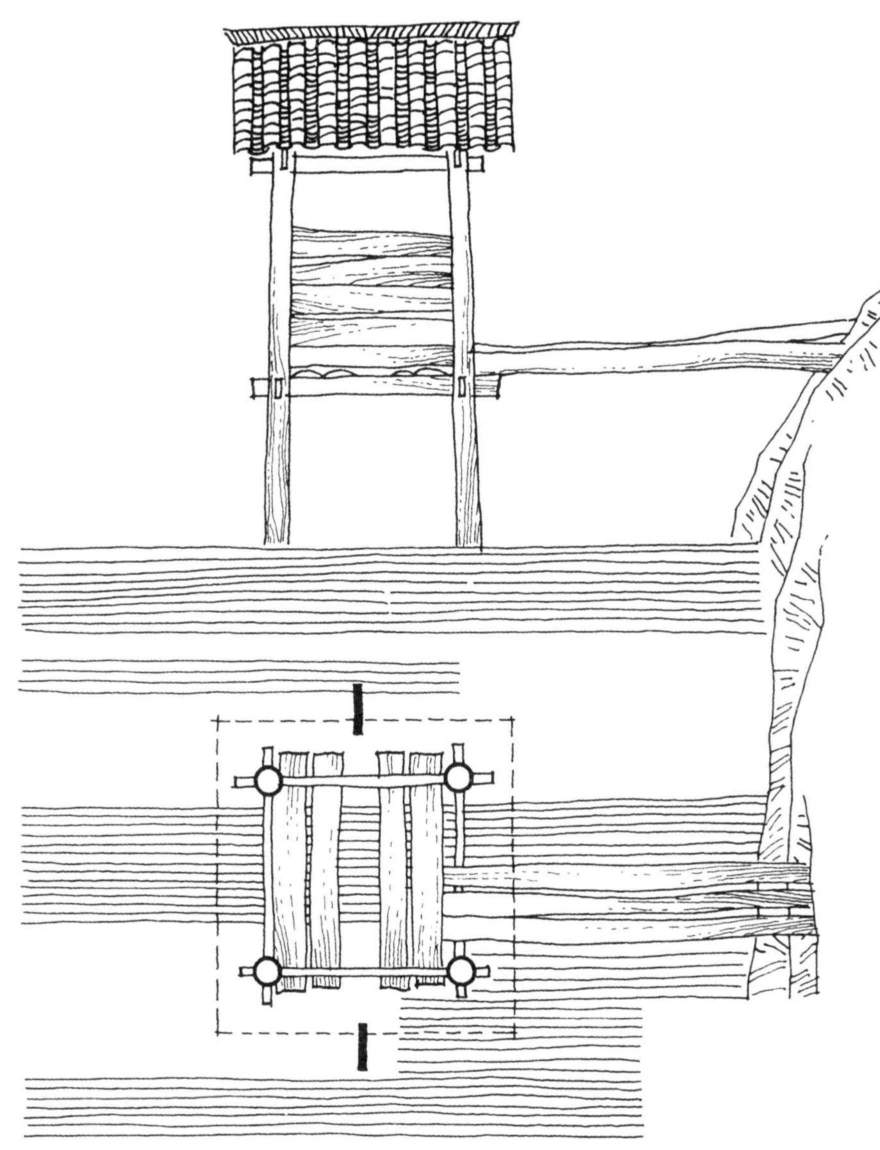

图125　马安寨公厕立面
图126　马安寨公厕平面
图127　马安寨公厕剖面

四、其他小品

1.马安寨公厕

侗寨中一种饶有情趣的小品建筑——公共厕所，以最简洁的形式展示了侗族民间干栏建筑的基本特征。这种公厕很小，一人使用，村寨中通常有几个到十几个。厕所一般架空在水塘中，水中养鱼，以特殊方式提供鱼饲料。

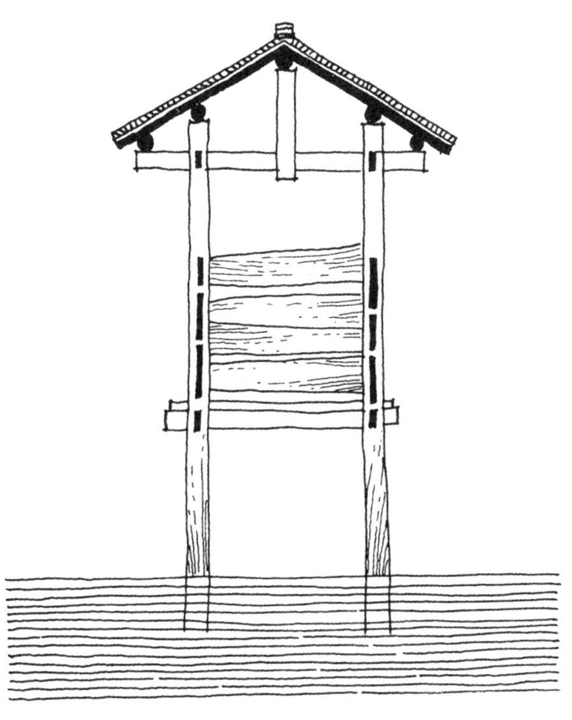

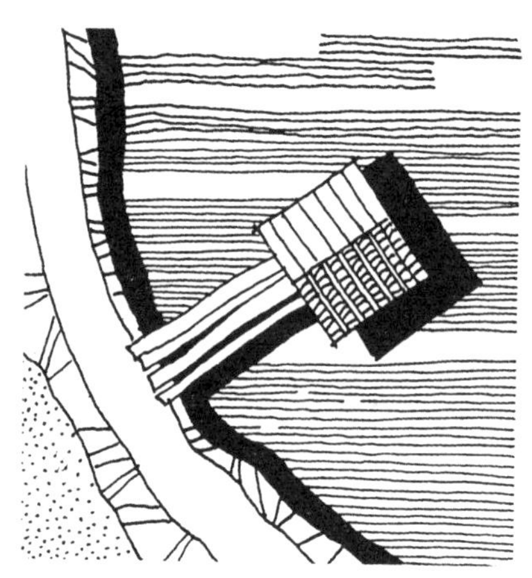

图128　马安寨公厕外观
图129　马安寨公厕总平面
图130　马安寨公厕剖透视

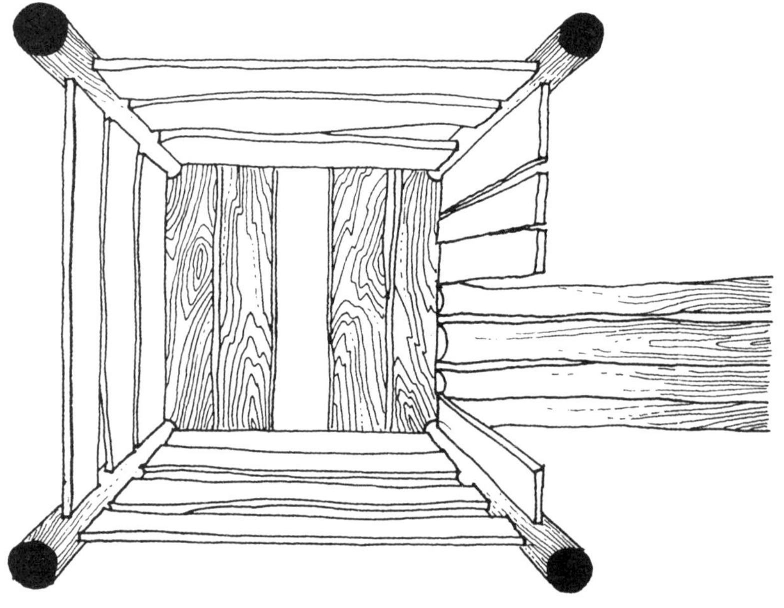

图131　冠洞公厕外观
图132　冠洞公厕立面
图133　冠洞公厕平面

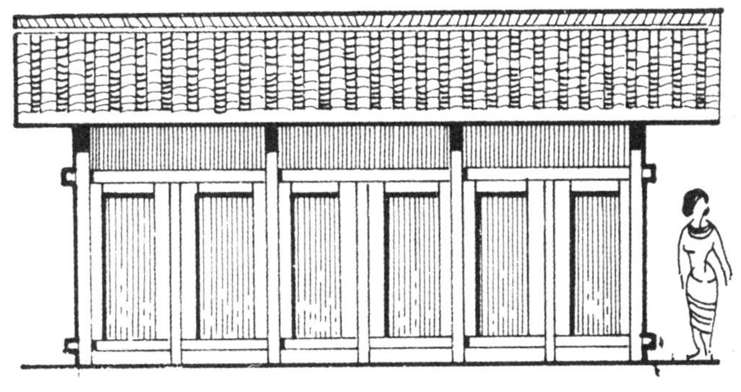

2. 冠洞寨公厕

侗族村寨中另一较普遍的公厕形式。

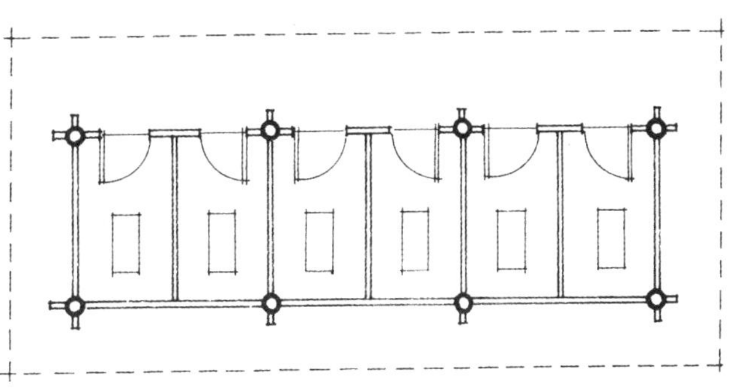

图134　冠洞土地庙外观之一
图135　冠洞土地庙外观之二
图136　冠洞土地庙剖面
图137　冠洞土地庙平面

3. 土地庙

侗族民间宗教信仰仅属准巫教范畴，在三江一带侗族村寨中，人们多崇拜自然，其中最主要的为土地崇拜。在各村寨的主要道路旁或鼓楼前后，往往都有土地庙。土地庙均较小，最高的不过1米，仅能在其中燃几支香烛，作为对土地爷的供奉。

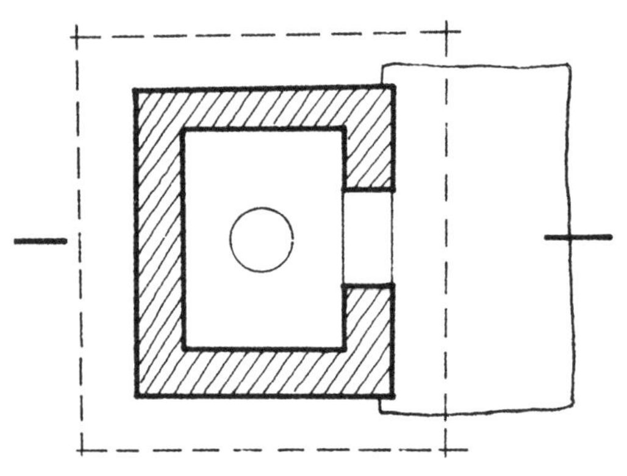

民　居

图 1　桂北民居外观

一、民居概论

1.桂北民居的传统形式

桂北地区聚居着壮、侗、瑶、苗、汉等民族。根据各民族所处的环境和需求，以及他们本身的历史、文化、经济、生活、社会组织、心理状态，地域观念和民族习俗等的不同，孕育了自己丰富的民居形式和独特的建筑风格。

桂北民居的传统形式系“干栏”建筑，均为木结构。屋顶主要采用悬山及歇山形式，并多有重檐与腰檐出现。

图 2 桂北民居一角

"干栏"建筑是我国古代流行于长江流域及其以南地区的一种较原始的住宅形式。随着社会的发展，"干栏"建筑逐渐在长江流域消失。桂北民居至今仍保持着这种建筑形式，这是桂北地区的特殊地理位置、环境、交通、气候等条件所决定的，具有特殊的研究价值。

（1）由于桂北地域偏僻，交通极为不便。地理上的障碍使当地社会发展迟缓，长期自给自足的自然经济以及本身文化等，使之比较完整地沿袭了"干栏"这一古老的建筑形式。

图 3　龙胜平段某宅庭院

（2）当地自然环境影响，采用“干栏”建筑形式，有利于防潮，便于空气流通，避免虫兽对人的危害。

（3）历史上，各民族为防止外来侵袭，村寨多选址于山顶、垭口等地段，坡度起伏较大。建筑为楼阁形式，顺山依势而成，不作过多的填挖。每逢山雨，洪水顺势而下，楼底架空，有利于疏溢。

桂北民居，在不断适应自然环境过程中，因地制宜，因材致用，在建筑处理上积累了丰富的经验。既保持了传统特征，又有创造发展，具有强烈的桂北地方特性。

2. 自然环境因素对民居的影响

桂北为亚热带湿润性气候，多热而少寒，雨量充沛，建筑外廊开敞，房间开窗少，以适应夏、冬气候特征。为了防雨，均做成坡屋顶，出檐较深，并设腰檐，层层悬挑。由于山区湿度大，房屋架空离开地面，空气可随架空层自由流通。

图 4　平铺某宅一角

桂北民居多选址于山区，为了不占耕地，人们向山向水争取居住空间。利用所处的特殊环境，遇岩而附，逢沟而跨，与自然地貌有机结合。形成“天平地不平”的半边楼屋形式。而悬挑、吊脚、透空、廊台等处理手法，都是在利用陡坎、急坡等特殊用地中创造出来的。

“干栏”建筑系用木材、竹、瓦、树皮等材料建成。桂北山区为林业生产提供了良好的环境，素有“杉海”之称。龙胜一带同时盛产毛竹，为民居提供了丰富的建筑材料。至于石材与青瓦，由于地处山区，原料就近可得。丰富的天然资源，为桂北民居提供了优越的建设条件。

3. 生活习俗对民居的影响

桂北少数民族的基本单位是家长制父系小家庭，实行一夫一妻制。每个家庭一般是一至两代人组成，多则三代。儿子长大后一般要分家另立门户，这种与汉族“四代同堂”不同的习俗，反映在居住建筑形式上便表现为小巧、以单栋为主。

图 5　桂北民居基础形式

长期以一家一户为主的小农经济，以及各少数民族特有的生活方式，对建筑内部空间形式影响很大。如桂北壮族民居的厅堂（堂屋）面积很大，与火塘连在一起。社交、聚会、都围火塘而坐。堂屋则作为日常休息，供奉神位及接待客人的场所，属典型的内向型布局。相反、侗族由于有鼓楼及戏台等公共聚集场所，相应在民居中，堂屋和火塘只是用以满足家庭日常生活的所需空间。

桂北少数民族多从事手工艺生产活动，各民族均有自己独特的服饰、从染色到制成服装，整个过程都在家中进行。由于农业生产及其他副业生产的需要，住宅底层空间适当加作贮放生产工具、杂物及进行某些生产活动的场地，它与居住层严格分开。桂北壮族民居还通常在二层楼面，沿纵向挑出晒台，用以晾晒粮食及衣物等。

图 6　壮族民居楼井

4. 宗教信仰对民居的影响

"风水"与宗教信仰也是影响桂北民居的重要因素，这不同程度地反映了人们渴望顺应自然，以求平安的朴素欲望。

（1）原始信仰及道教

壮族原始供奉"天国"中的天帝，认为天帝既是天上的神界，又是人间的主宰。人们的愿望——风调雨顺、丰收富庶、丁兴畜旺、除妖免灾等，都要听从他的教示，取得他的恩赐。民居也为"占卜"和"祭祀"等原始信仰专门设置神龛。桂北壮族民居，神龛作为"楼井"形式直通屋顶，顶屋四周设置栏杆。四周围墙开窗很小，光线从屋顶亮瓦直接照到楼井，更加渲染了"神"的形象。在三江境内，侗族则利用凹廊设置神位，形成空间的缓冲。

道教的阴阳八卦，虽然包含一定的天文、地理、自然等哲理，但在广泛流行过程中，越来越多地充斥玄虚的理论。道教中对建筑位置的选择，平面布局、朝向及建筑与天道人命的关系，都有讲究。摈弃其迷信成分，风水的基本思想可以认为是因地制宜和巧于因借，要求人不违而奉天时，人们赖以生活的建筑应该与自然风水协调一致。

图 7　桂北民居外观

就择地而言，背山面水的布局形式，在传统“风水”观念中，是一“吉形”。桂北地区的集镇和村寨以及单栋建筑的布局，无不遵循和体现这一“吉形”。建筑的朝向，以至大门的开设方位，都要看过“风水”，择地而建。

图 8　三江马安寨外观

（2） 象征意义

除此之外，桂北少数民族群众对自己居住的村寨，有很多象征性的解释，存在对山神以及动物的崇拜，有降龙、镇虎、伏马之说。民居中也有很多象形图案，如“鱼”、“鹿”“牛”等，主要体现渴求“聚之兴旺”的愿望。

5. 建筑技术

当地的建筑工匠，历代是师徒、父子相传，徒弟也以本族、本乡子弟为多，沿袭至今，成了一套独特的施工技术。民居结构以穿斗式为主。以“鲁班真尺”为丈量工具，按每格一字排列为财、病、离、义、官、法、害、本，依次循环。每字间距为“一寸八”（相当于汉族一寸），双数为常用吉利数据，选料时按其传统的“八字吉凶”进行丈量。由于这种度量方式，促进了建筑形式的多元化发展，立柱、支撑较为随意，形成千姿百态的建筑造型。

还有一些手工技艺，直接表现于民居的砖石雕刻，梁、枋、门窗以及家具上。精细木雕，显示出桂北人民非同寻常的技艺。

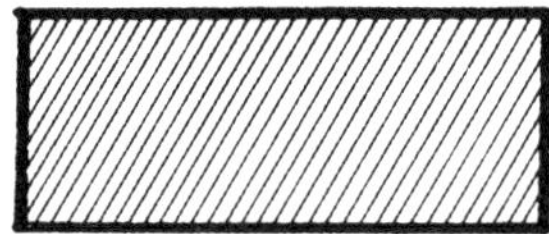

矩形平面

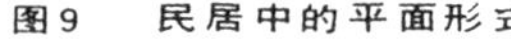

图9 民居中的平面形式

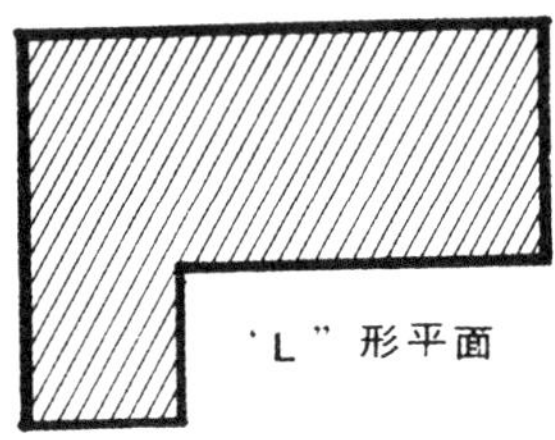

"L" 形平面

"凸" 形平面

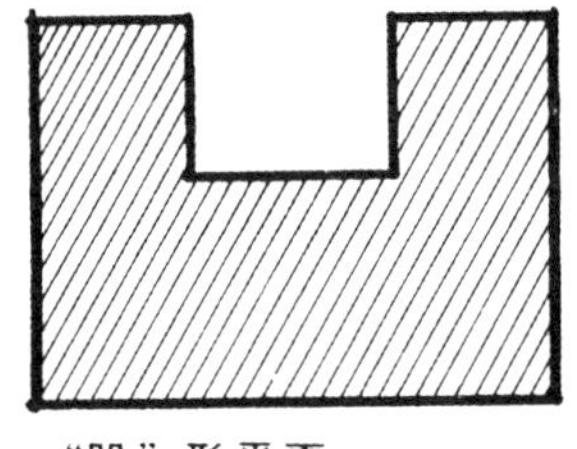

"凹" 形平面

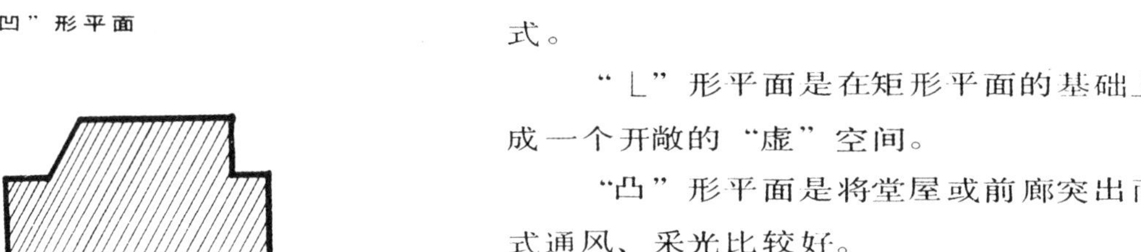

自由平面形式

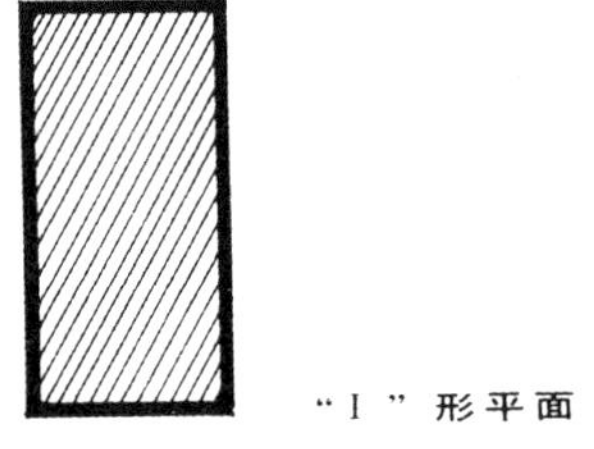

"I" 形平面

二、平面类型与布局特点

1.平面类型

桂北民居一般以"三间四架"的矩形平面为基础，根据使用情况或增或减。矩形平面是桂北民居的主要平面形式。

"L"形平面是在矩形平面的基础上，尽端突出，形成一个开敞的"虚"空间。

"凸"形平面是将堂屋或前廊突出而成，这种平面形式通风、采光比较好。

"凹"形平面也是在矩形平面基础上，两端向一侧伸出廊或阁楼而形成。

自由平面形式是由于地形的限制，在平面布局上不能按一定的格式求其统一，只能因地制宜，灵活、多变地组合而成。

"I"型平面。此种平面多见于集镇。前街后河，沿街每户横向扩展受到限制而成。

图10　村寨民居环境

图11　龙胜金竹某宅外观

图12　龙胜金竹某宅二层平面

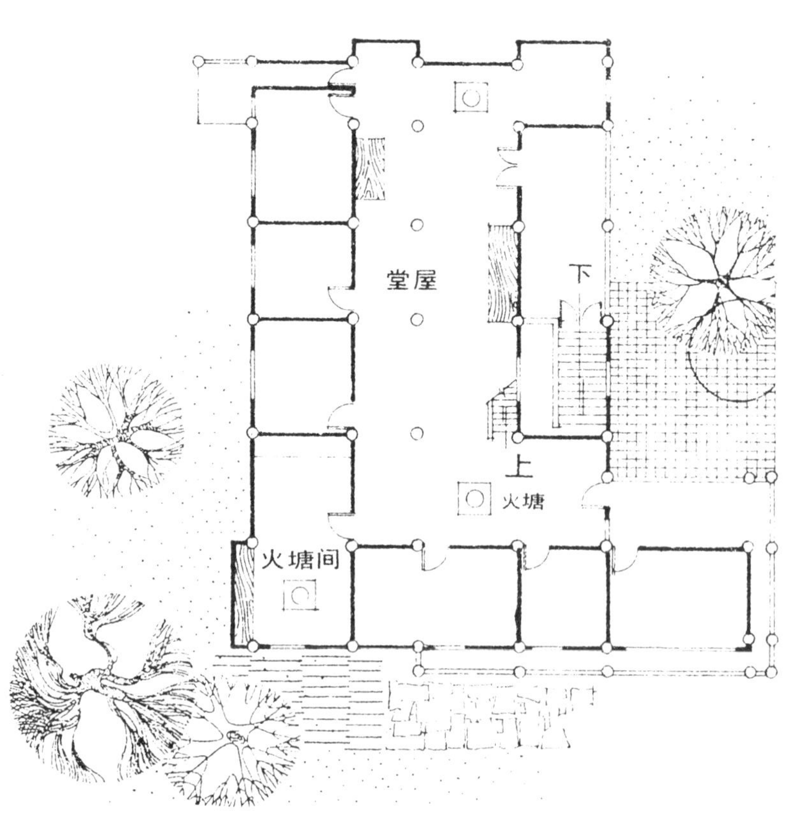

矩形平面是基本的平面形式，多为小型家庭采用。其特点是内部空间联系紧凑，以“间”的大小分割房间。

“L”形平面在龙胜地区较为普遍，如龙胜金竹某宅。在房屋端头一侧伸出一个小卧室，晒台及檐廊，构成“L”形平面。该宅的特点是堂屋与火塘间未作分割，一厅多用，过廊与晒台及楼梯联系紧密。

“凹”形平面与汉族的三合院类似，主要房间设置在右侧，两端伸出一个杂务间与廊形成“凹”形。

除上述平面类型外，尚有许多民居建筑平面布置灵活多变。一方面是受高低起伏的地形影响，另一方面是由于分期扩建受到周围建筑或环境影响所致。

图13 三江独峒某宅屋顶平面
图14 独峒某宅二层平面
图15 龙胜金竹某宅二层平面

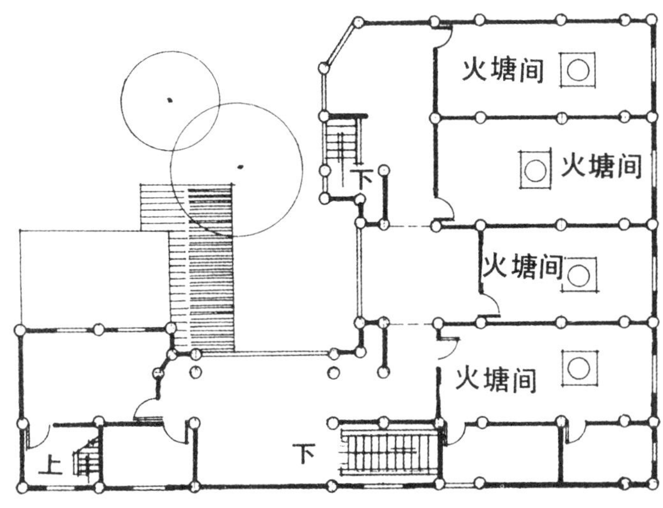

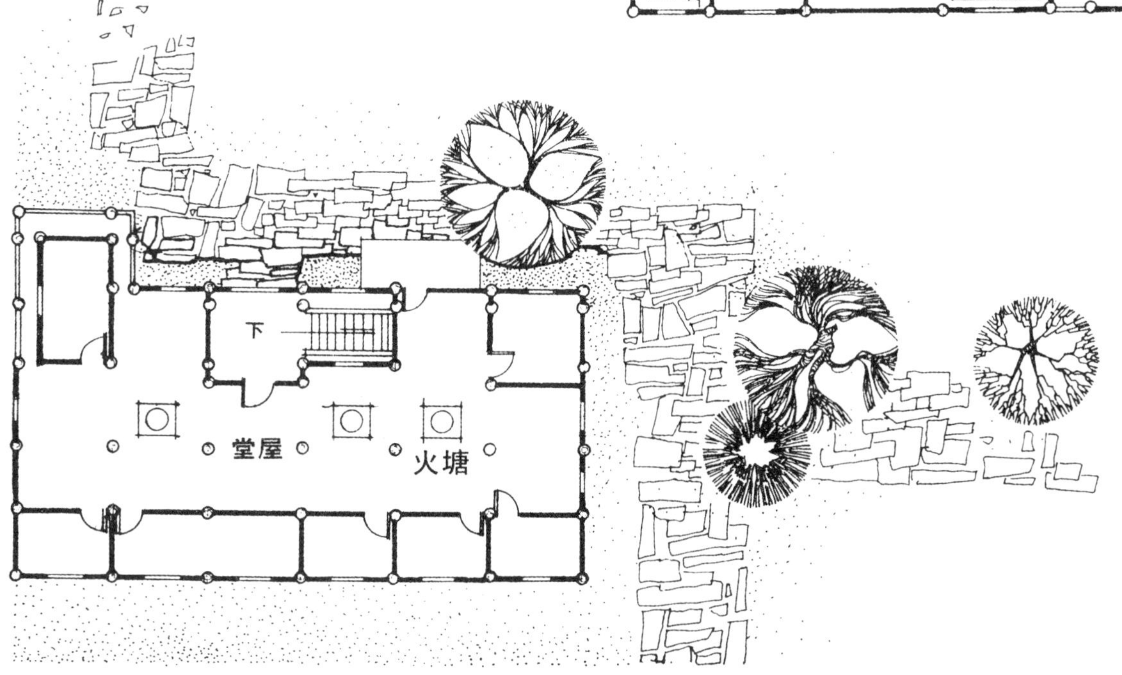

如三江独峒某宅。该宅原有一条小溪流过，建房时，为了不使自然环境遭到破坏，把小溪完整地保留下来，穿房而过，与建筑浑然一体。

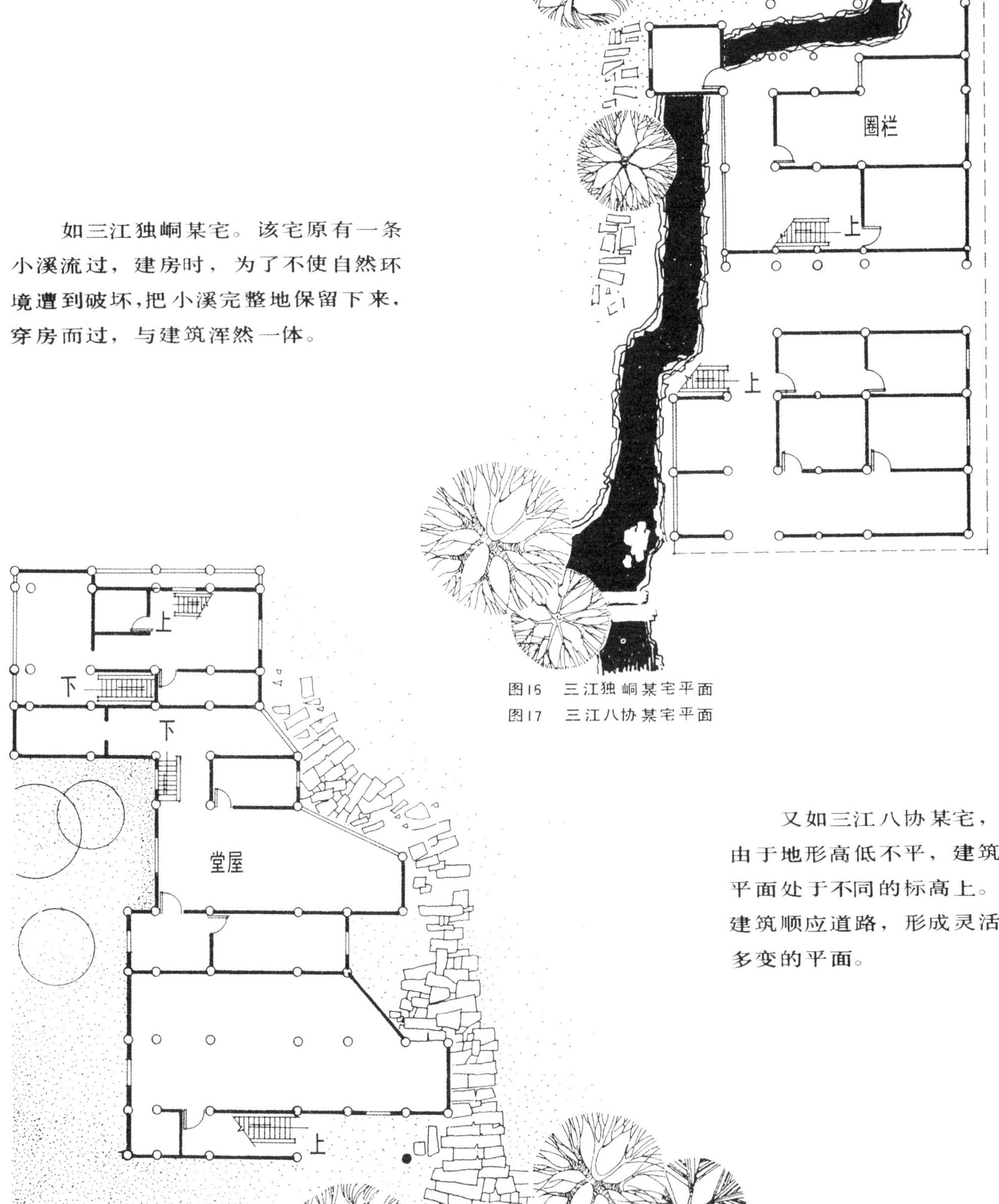

图16　三江独峒某宅平面
图17　三江八协某宅平面

又如三江八协某宅，由于地形高低不平，建筑平面处于不同的标高上。建筑顺应道路，形成灵活多变的平面。

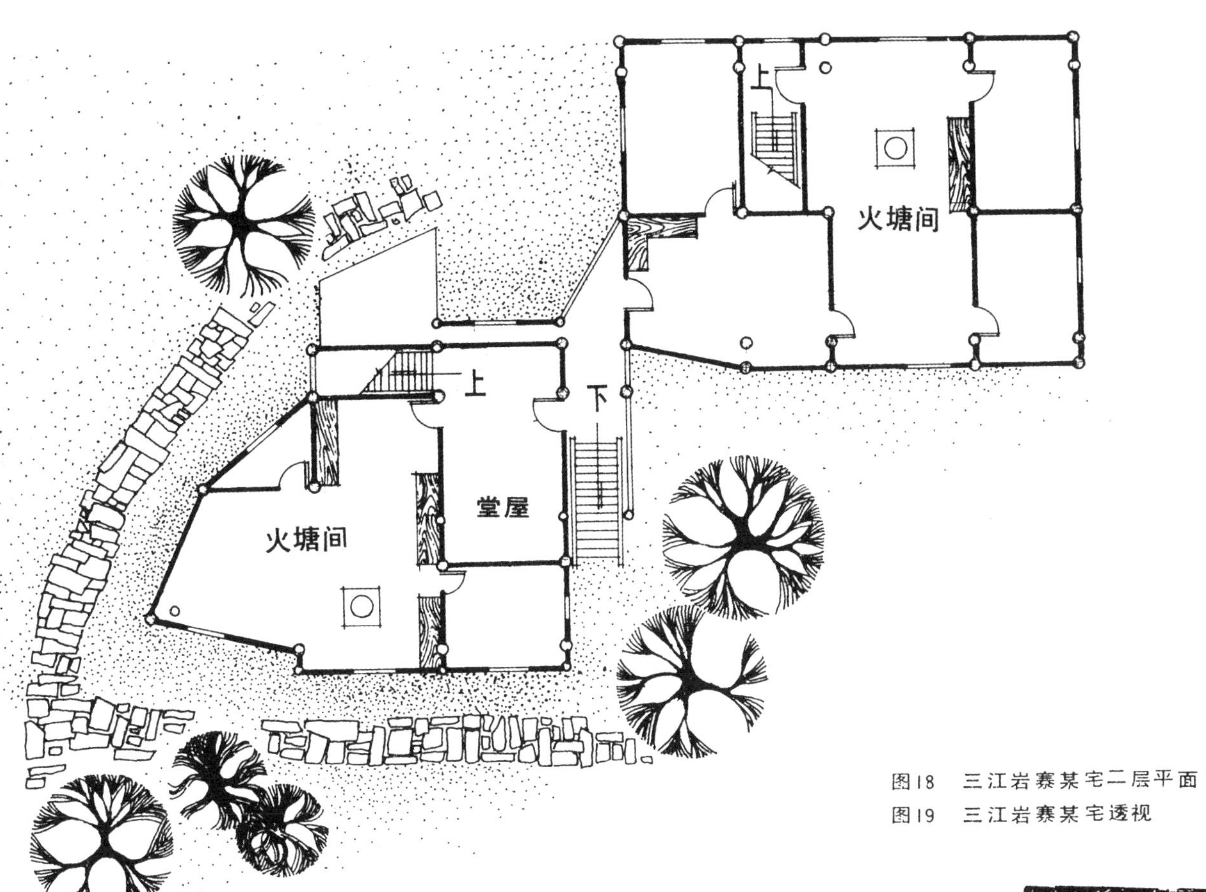

图18　三江岩寨某宅二层平面

图19　三江岩寨某宅透视

三江岩寨某宅平面右侧是一矩形平面，属原有建筑，扩建部分处于不规则地段，平面呈不规则多边形。新旧建筑以楼梯和廊连接。

图20　三江林溪民居透视

和全国其他地区一样沿街民居一般为纵长方形住宅。在住宅进深较大的情况下，多采用顶面采光或分层处理的手法。平面布置一般前店后库；前店后居或前店后院等。

林溪小镇，类似江南水乡，河溪成网，镇上几乎每家都临水而建，民居建筑或退或挑，层叠多变，独具风韵。

2. 布局特点

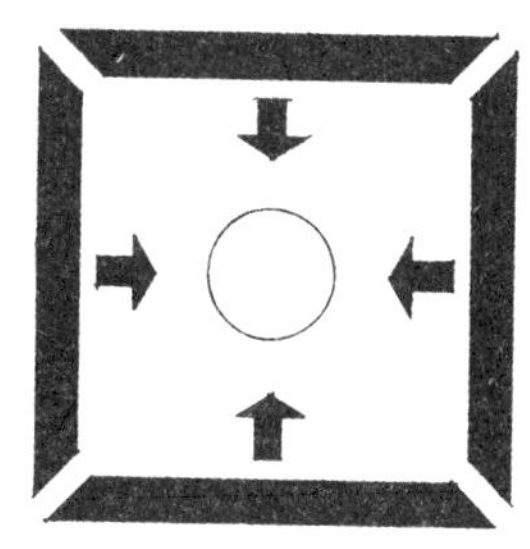

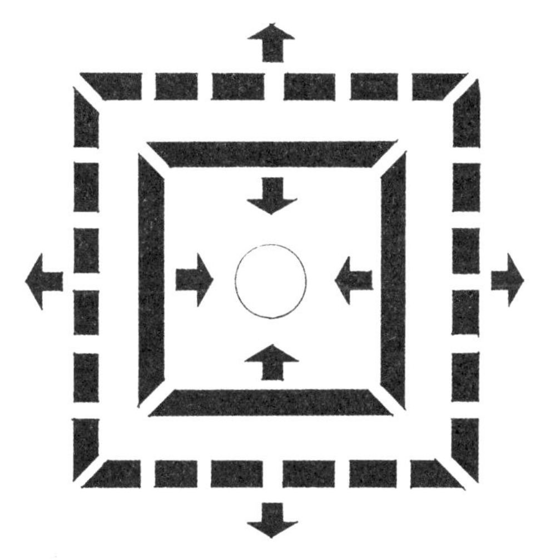

图21　内聚图式
图22　内向与外向图式

(1) 内向与外向

桂北的几个少数民族，解放前，长期禁锢在封建宗教的法统之中，逐渐形成一种以内向为主要特征的民族性格，渗透于人们生活的各个方面，在民居中表现也较典型。

北方及中原地区民居，一般都以三合院或四合院，形成以内院为中心，外封闭、内开敞的布局。由于“干栏”式建筑竖向联系的特点，以及气候，地势影响，桂北民居布局，很少有院落，以单栋建筑为主。平面布局以堂屋、神龛、火塘为中心，贯穿全宅，形成典型的内向性布置形式。这种平面布局形式在龙胜壮族地区最为普遍。而桂北侗族地区村寨则以鼓楼、戏台为中心。侗族人们的社交、聚会及祀典都在鼓楼进行。因此，侗族民居建筑的平面布局，内向性不很明显，是内向与外向的统一。

①以神龛为中心的布局

桂北民居建筑中，一般都有神位。一些较大的住宅，神位设在建筑的主轴上，并采用楼井加以强调。

图23　以神龛为中心的几种形式

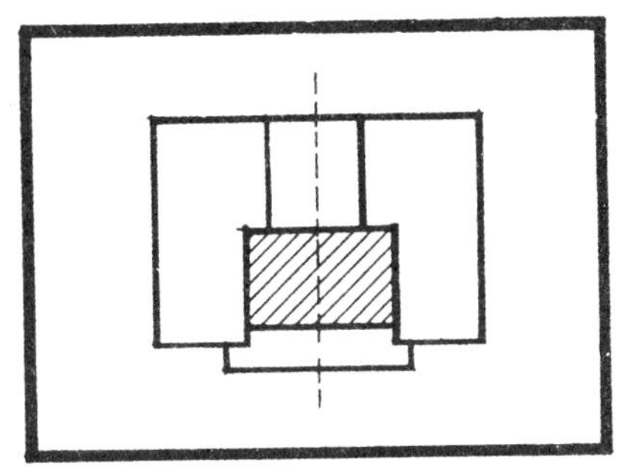

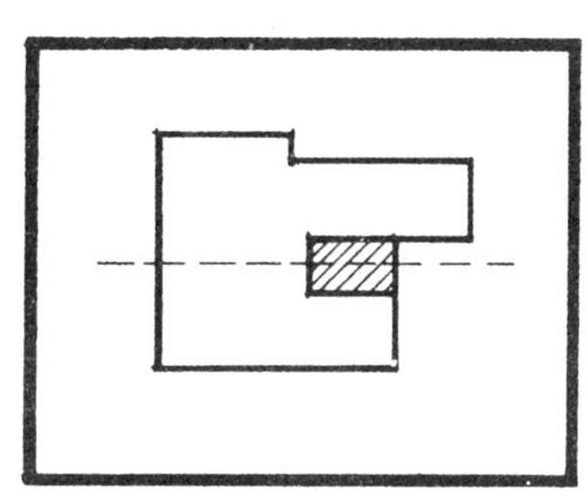

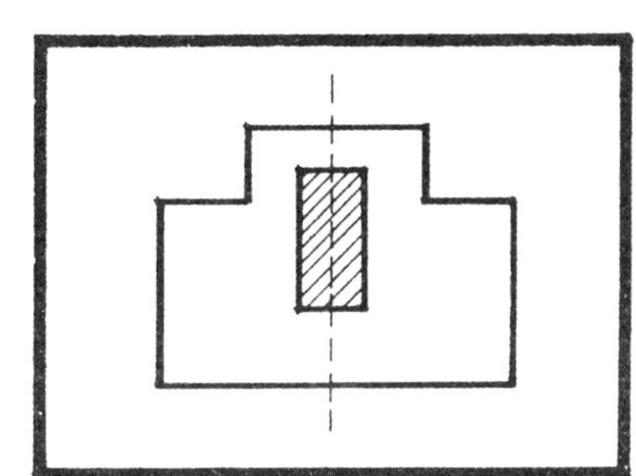

神龛后是一个封闭空间，侧向而入。沿轴线左右两侧是一系列生活用房。火塘在堂屋的两侧。大型住宅中，火塘与堂屋一般不作分隔，形成完整、统一的生活空间。

一般小型民居，入口门廊与神龛在一条轴线上，并不完全对称，这种布局形式，灵活自由，各个房间组合多变，形成不同的格局。

如龙胜平安寨某宅，入口门廊布置在建筑一角，神龛设于建筑的中轴线上。楼井是一迴形开敞空间，楼井上空有一个用木枋围合成八角形的空洞，好似“虚”的夹层。整个建筑以“神龛”为中心，其他用房围绕“神龛”布置。

图24　龙胜平安某宅神龛剖视

图25　龙胜平安某宅平面

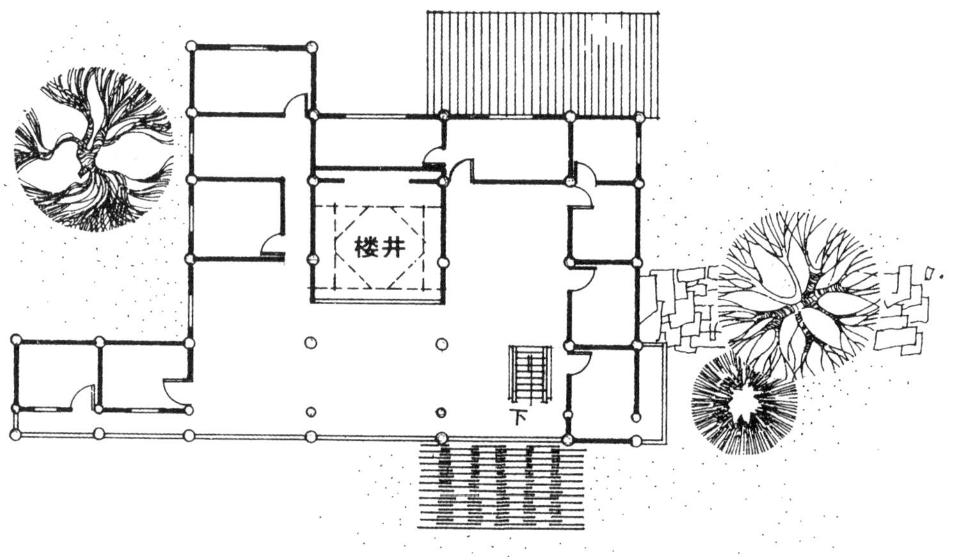

图25　桂北民居火塘内景

②以火塘为中心的布局形式

火塘在桂北民居建筑中占有重要地位，除满足做饭外，火塘空间还用以聚会、议事等社交活动。无论春、夏、秋、冬，人们都以火塘为中心围聚。与侗族鼓楼中的火塘一样，民居中的火塘也具有象征意义，从使用的需求上升到一种对火的崇拜。民居住宅中以火塘为中心的平面布局，反映了桂北各民族的内向群聚性。

③堂屋的地位

汉族传统民居，堂屋居中的设计思想，反映了儒家的“礼”“乐”精神。堂屋中心供奉“天地君亲师”牌位，居室按长、幼、主、次分置于堂屋周围，并按中轴线完全对称。与之不同的是，桂北民居的堂屋，并不完全作为全宅的中心，而是根据他们的实际生活需求进行安排。

侗族的一切礼仪庆典、议事聚会等，都集中在鼓楼进行，具有一个共同的活动中心。因此，在家庭中，堂屋的功能有所简化。而在壮族村寨中，没有像鼓楼这样的公共“聚合场所”，一切活动都集中在家庭。以堂屋为中心作“几何构图”。

图27　三江林溪民居一角

图28　桂北民居"骑楼"透视

（2）布局合理、流线明确

桂北民居除平面布置具有特色外，分层布局也较合理，各层都有明确的功能。

桂北"干栏"建筑，底层一面靠坡。或全部架空，主要功能是存栏牲畜，饲养家禽、放置农具、杂务等，也是进行加工活动的场所。因而分隔灵活、开敞。有时底层还是入口空间的一部分。通常在平面转角或山墙部位作垂直交通分达各层。

第二层是民居的主层，是全宅功能中心层。堂屋、火塘及主要卧室都设在该层。前廊开敞明亮，是联系室内外的过渡空间。由前廊进入堂屋，其余房间则通过堂屋联系。

第三层为阁楼层，一般以贮存为主要功能，也有一些民居只做夹层。

（3）巧于结合地形

桂北民居以结合地形、布置灵活著称。房屋多横向延伸，与等高线平行布置，或适当采用挖、填、筑等手段对陡坡地形进行处理，将房屋垂直于等高线。桂北民居具有较强的山地适应性，如遇缓坡，将房屋前移，以争取底层空间，这种处理方式，称之为“半边楼”。

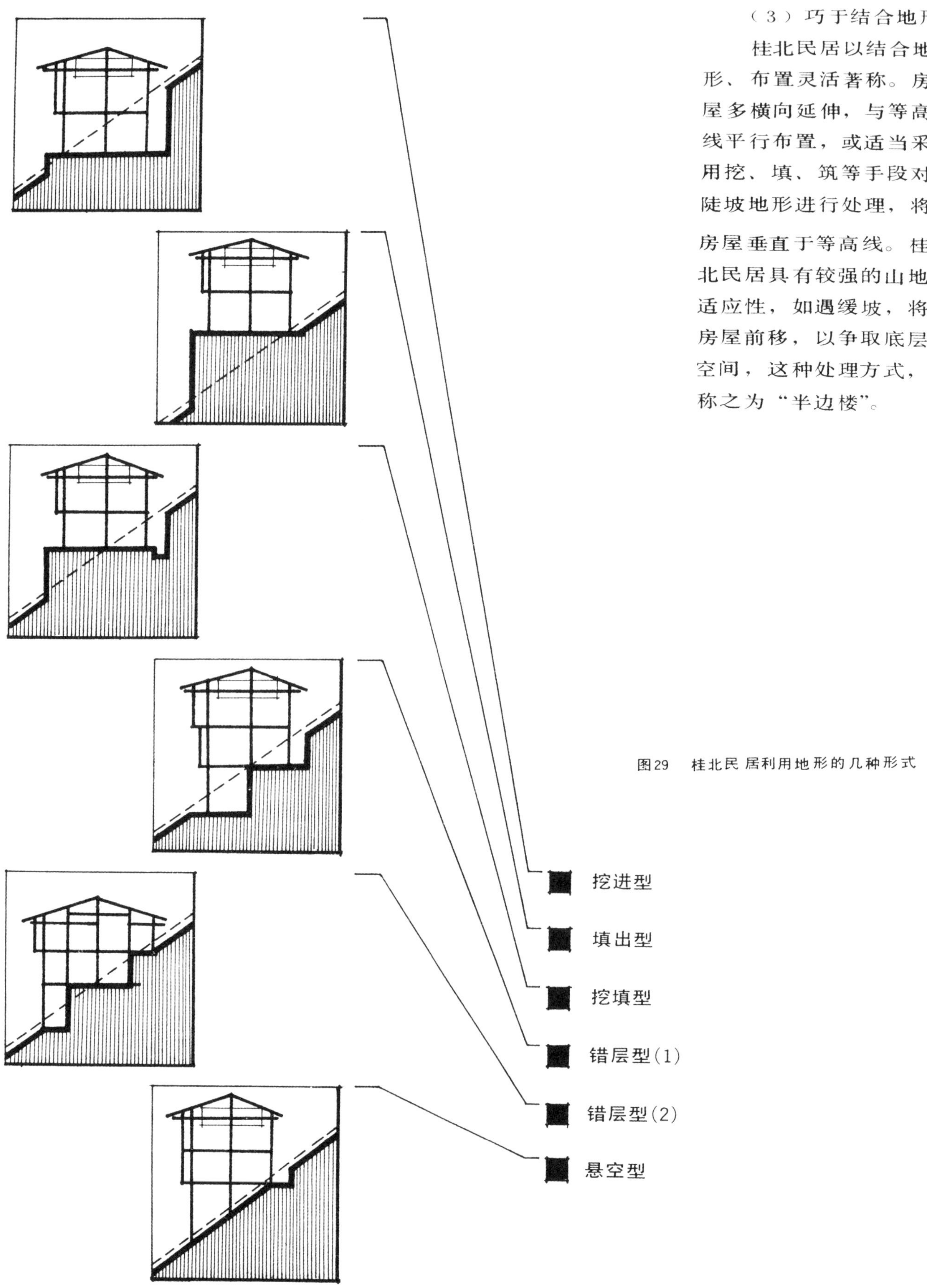

图29 桂北民居利用地形的几种形式

图30　龙脊寨某宅透视

建筑处于缓坡时，一般采用片石垒平基础，防止滑坡，取得一个平整的基地，利于建房。但也有不少建筑，顺应山势坡度，底层的贴山一面用挡土墙，使楼层从背面直接出入室外，形成正面看三层，背面看两层的贴山建筑。

图31 三江林溪沿河建筑透视

桂北村寨的沿河建筑，为了利用河岸，几乎连成一条河街，每隔一定距离留空一段作码头，形成面街背河的布局。沿街面设店铺或堂屋，沿河一般设置火塘及杂务间，这样可随时下河洗物、取水。沿街建筑横向不能占面太宽，纵向发展。沿河采取悬挑或吊脚楼等处理手法，争取利用有效空间。

如三江林溪镇沿河建筑，采用悬挑及吊脚等处理方法，既可充分利用沿岸斜面空间，又丰富了建筑外观。

图32　龙脊寨小学透视

龙脊寨小学，建于山地上，建筑一角有一巨石，为避免破坏环境，在建房过程中，建筑巧妙地利用现有地形，将底层架空一角，保留这一巨石，达到与自然的完美结合。

图33　桂北民居外部空间

三、建筑空间

桂北民居的建筑布局，在适应山地变化过程中，有许多经验。

1.空间的基本组成单元

间。与我国传统民居建筑一样，桂北民居以“间”为基本单元。房屋开间多为三、五间不等，每间宽 2—4 米，进深一般三至五架，每架一般 3 米。

廊。在桂北民居中，廊是不可缺少的组成部分。有过廊、前廊、后廊等，作用各不相同。侗族的廊多与堂屋连接作为堂屋的延伸，成为一个半室外的活动空间，可倚廊观景，纳凉等。

出檐。桂北山区日照较强，出檐可避免阳光直射，防止雨水冲刷，同时丰富了立面造型。

披厦。由于村寨的自给生活方式，为满足日常生产，不少民居在房屋一侧依附主体建筑增设“披厦”，以利于室内生产。

图34　桂北民居中的“廊”

图35　民居中“披”的运用

图35　龙胜平安某宅前廊
图37　前廊构造

图38　桂北民居中的阁楼形式

阁楼。桂北民居阁楼可分两大类：一种是局部升高作楼层，楼身一半高出屋面；一种是完全隐于屋顶下的空间。阁楼的作用是充分利用有限空间，加强空气流通，并丰富外部造型。

图 39　桂北民居中的堂屋

图 40　桂北壮族民居中的"楼井"

堂屋。堂屋作为空间的基本组成要素，主要有两种形式：一是廊与堂屋连成完整空间，另一是堂屋与火塘形成封闭空间，廊与堂屋之间作适当划分。前者堂屋一般占一至二个开间作为全宅中心；后者堂屋界限不明显。

楼井。在三楼板面开洞，楼层设置回廊，除满足精神需要外，也是增加采光、通风的最佳方法。

图41　桂北民居架空层内景

图42　晒台透视

架空层。干栏建筑的主要特征是底层架空，由数十根木柱支承上部建筑，底层分割视功能而定，主要设有杂务，圈养等。

凉台。凉台多用竹材做成。面积约15—20平方米，设矮栏或无栏。大都由入口前廊处伸出，以柱支撑，主要用途为盥洗、晒衣，晾物等。

图43　龙胜金竹某宅过街连廊

过街楼。过街楼横跨村寨道路而建。两侧建筑属同一户主，兼作休息凉台。过街楼在桂北民居中，使用较广泛，占天不占地。过街楼使村寨道路畅通，景观丰富。

图44　桂北某民居入口透视

楼梯。干栏民居以楼层为主，楼梯基本位置有两类：一是垂直山墙靠近底层一角设置；另一是利用山墙偏厦作为楼梯间。楼梯平行于山墙，或透空，或加栅栏，空间处理有明确的指向性。

图45　桂北某宅一角

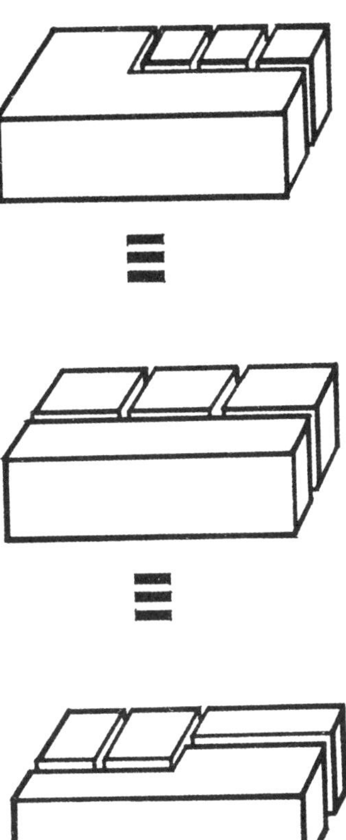

2. 内部空间处理

上述空间的基本组成单元，是构成桂北民居的基本元素。无论大、中、小各类型民居，都以基本元素构成较完整的空间体系，形成桂北民居自己的建筑语言。由于它的结构体系均为木构架，给建筑空间的灵活处理带来很大方便。

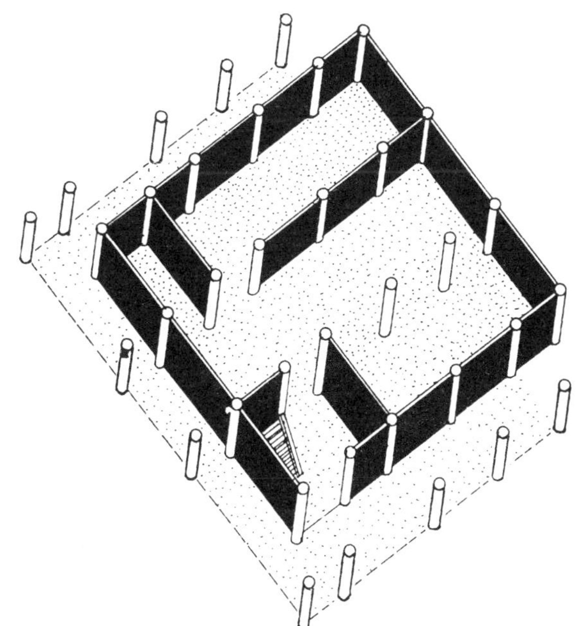

图46 民居内部空间构成
图47 民居底层空间构成

（1） 内部空间构成

桂北民居的内部空间构成特点是按层分区，形成以生产为中心的底层；以生活、居住为中心的楼层；以贮藏为中心的阁楼层空间等。系层层引伸的空间序列。

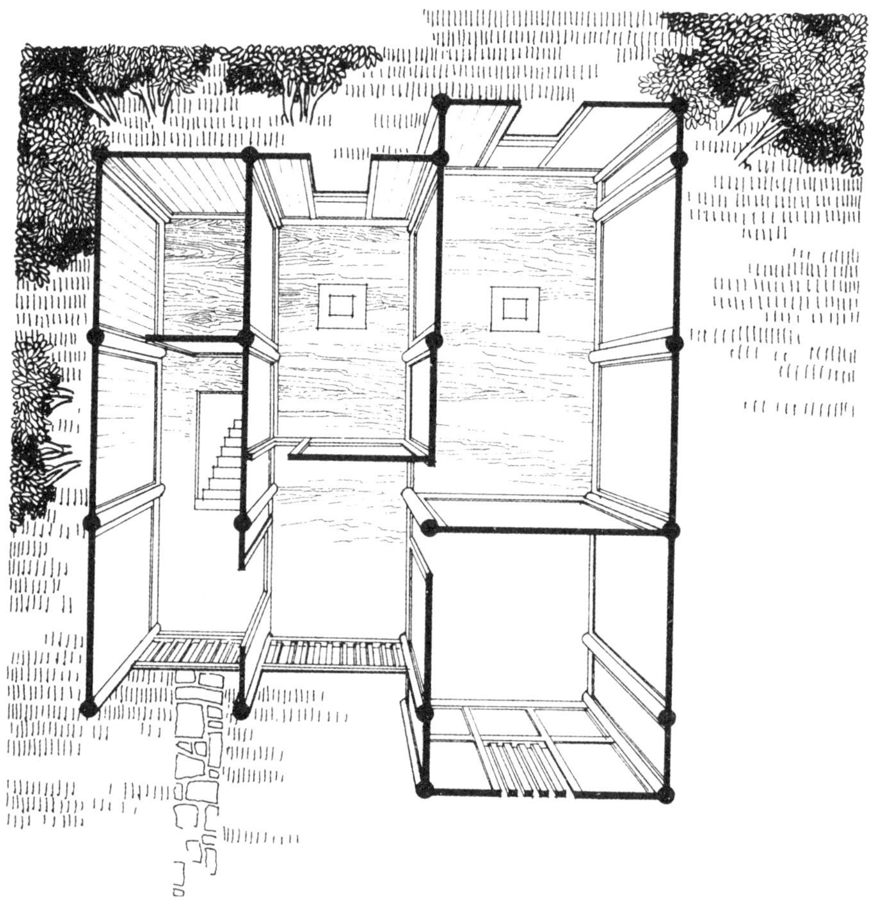

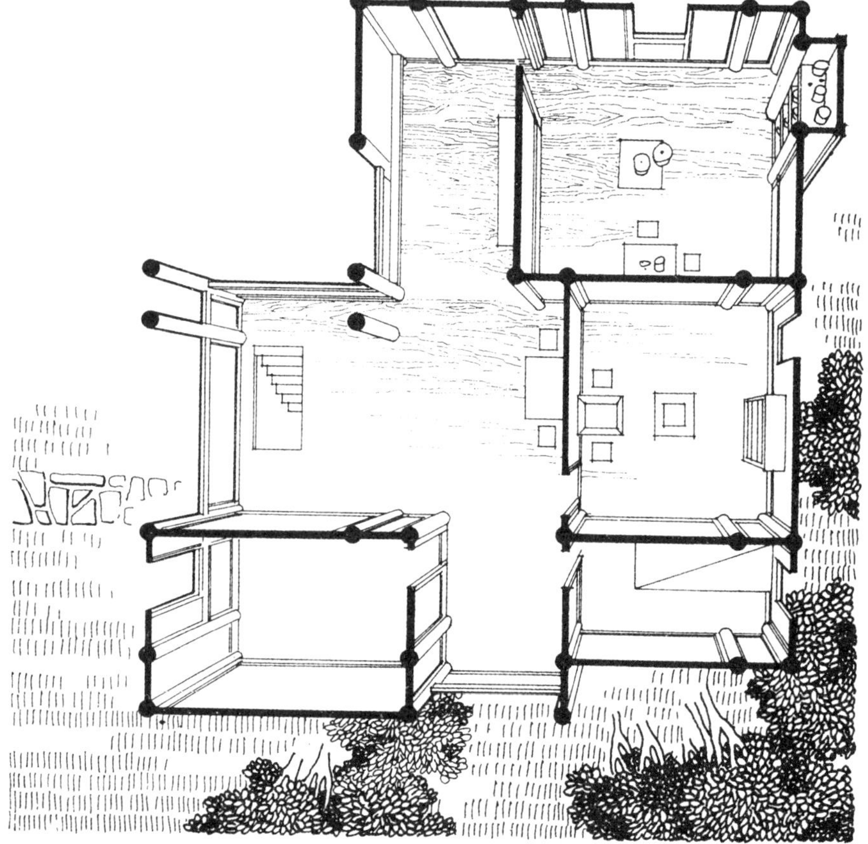

图48　三江八协某宅空间构成
图49　三江独峒某民居空间构成

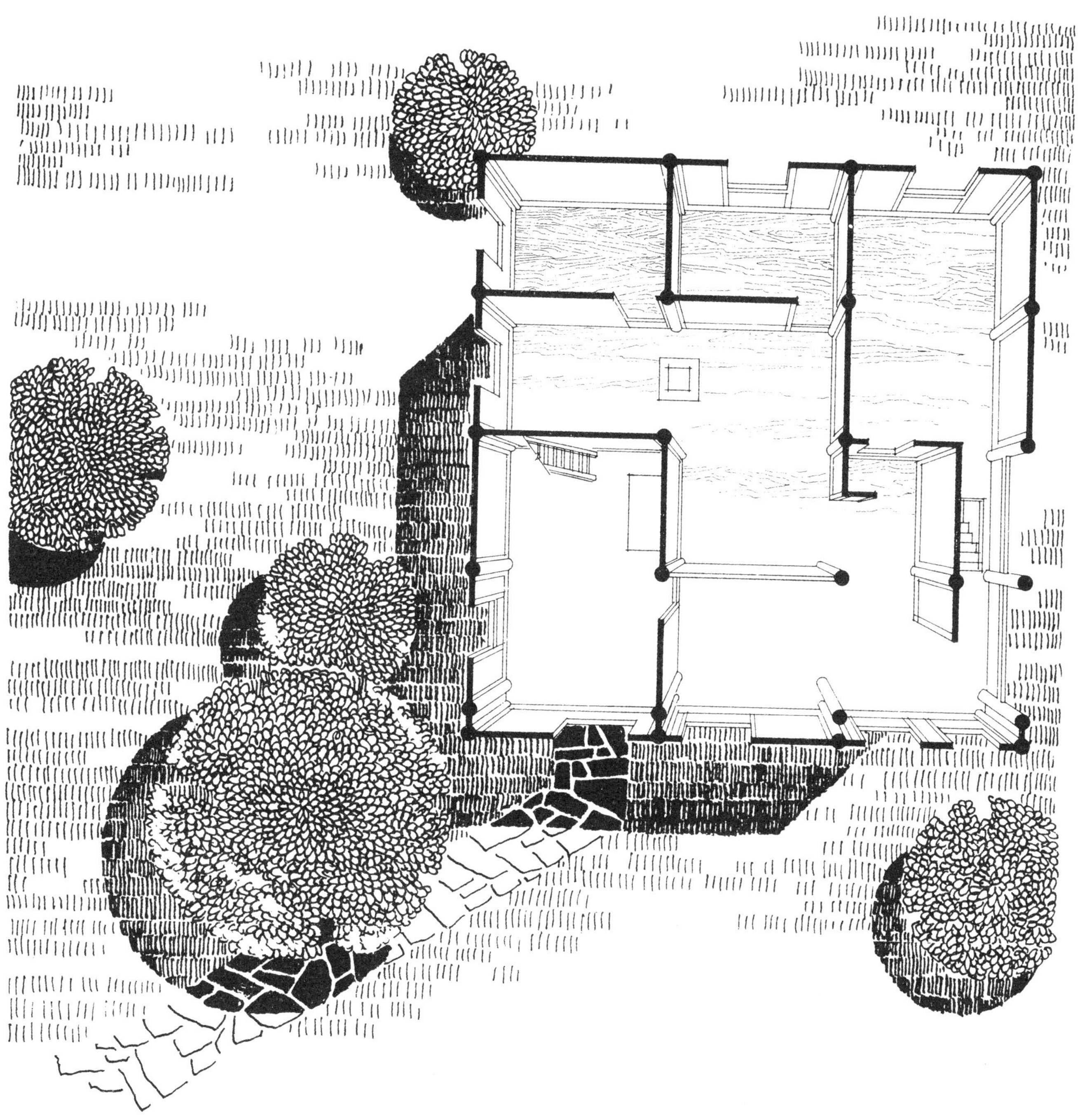

图50　三江独峒某宅空间构成

三江独峒寨某宅，底层空间由廊堂、楼梯廊、饲养间和售货间组成。二层设堂屋、火塘间及卧室等。三层为贮藏空间，每层都具有空间的流动性，虽然各自按功能划分空间，但又互相渗透，整个空间序列为：开一收一开一收。简洁明确。

三江马安寨杨宅的空间序列，从底层小厅上至二层，楼梯间是进入堂屋的过渡空间，堂屋呈狭长形，部分全开敞，端头与外廊连接。堂屋处于全宅中心，是联系各个房间的枢纽。杨宅共三家，与堂屋直接对应的是各家火塘间，火塘间内设楼梯上至阁楼层。

图51　马安杨宅入口透视

图52　马安杨宅二层空间

图53　三江马安杨宅三层空间

图54　三江马安杨宅内廊透视

图55　金竹某宅堂屋透视
图56　金竹某宅平面

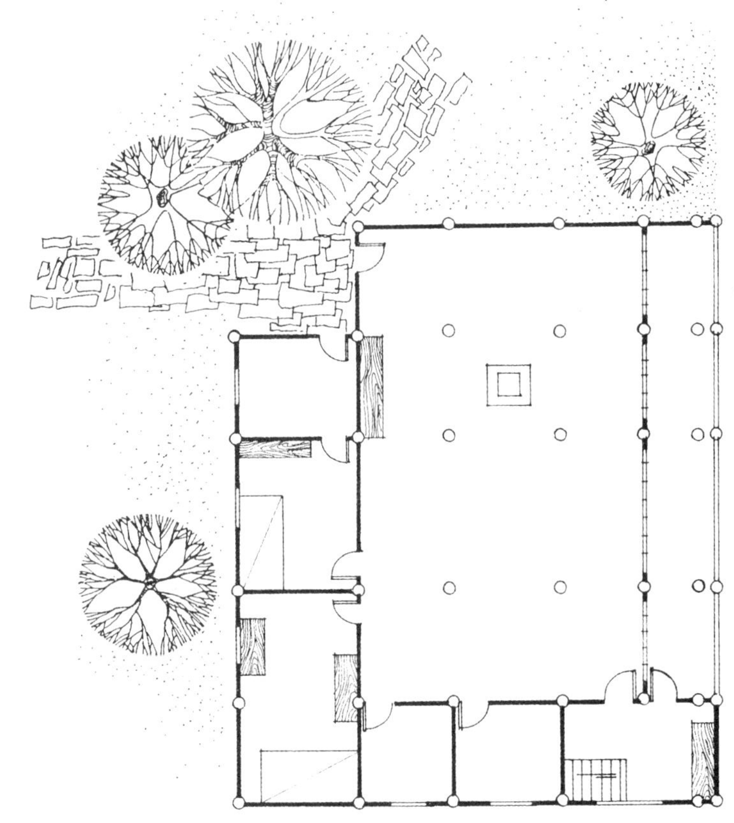

（2）空间的分隔与联系

由于承重结构系木构架，板墙不受荷载，给室内空间的划分带来很大方便。桂北壮族民居、堂屋与火塘一般不作板墙划分，而是由排柱自然分隔。这由桂北壮族中内聚生活习惯所决定。

在侗族民居中，建筑内部空间多按单一功能划分，并保持相对的独立性。由于木结构的灵活性，还可以随时根据需要变动板墙位置。农忙季节或举办红白喜事等，可拆除几个板墙合成一个大空间，以满足使用。

图57　桂北马胖寨民居透视

桂北民居空间序列多是纵向联系，层层引伸。楼梯作为空间的竖向交通枢纽，起到划分空间和衔接过渡的作用。在壮族民居中，楼梯一般不起空间划分作用；而在侗族民居中，楼梯则有双重性功能，即衔接与划分。

如龙胜枫木寨某宅。利用火塘的凹角设置楼梯，连接楼层与阁楼层，两部分彼此独立，相互渗透。

图58　龙胜枫木寨某宅内景

图59　三江皇朝某宅入口空间划分

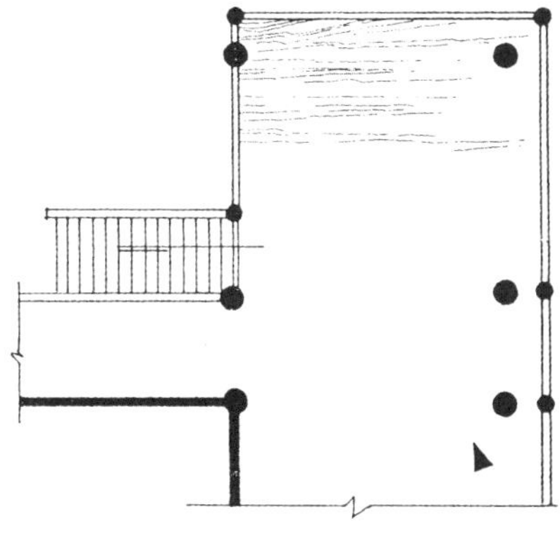

图60　三江林溪某宅廊道局部平面

图61　三江林溪某宅廊道透视

图62　金竹某宅入口透视
图63　金竹某宅平面

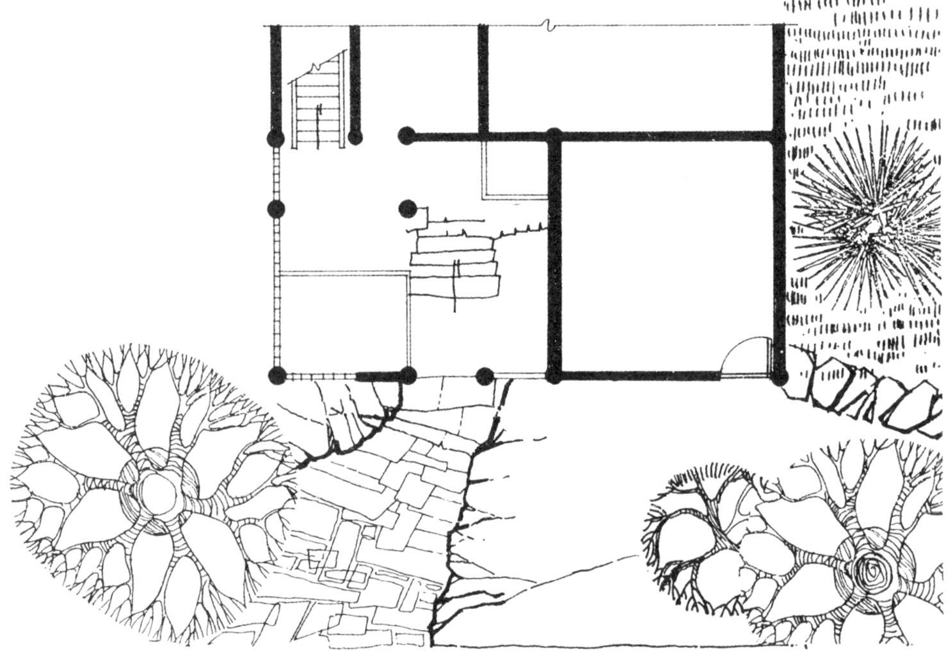

图64　民居入口空间透视
图65　龙胜枫木某宅前廊透视

桂北民居入口空间围合处理，不采用无过渡的直接进入，而往往设置前廊或凹廊作为小空间过渡。

桂北民居很注重前廊的设置。前廊不仅仅是空间的过渡，同时又是通风、采光、观景、休息等功能的需要。

图65 三江马安寨某宅前廊透视
图67 某民居晒台透视

（3）空间的渗透

桂北民居很注重外观视野，这与造园中的“借景”手法相似，也是为了取得良好的通风条件，特别是堂屋、前廊、一般都较空透。

底楼架空层，主要有三种围护形式，即四周设通透栏栅，三面围合，一面透空或全部开敞。这种处理，远看建筑尤如一片“浮萍”。

二楼居住层，通常采用挑廊、挑台、栅墙等开敞做法、置身其内，可领略室外景色。壮族民居中，还往往设置晒台与二楼廊道连接，并用作日常生活的晾、晒之用。

图68　三江侗族民居前廊透视
图69　龙胜壮族民居空间透视

在侗族民居中，前廊一般作为人们休息等半室内生活空间，同时也是内外空间的过渡。前廊一般较为开敞，可满足采光，通风等功能需要，同时还把室外自然景观引入室内，使空间相互渗透。

图70　三江林溪某宅内廊
图71　壮族民居中开敞楼梯

图72　三江马安寨某宅二层入口过廊

图73　龙胜金竹某宅过厅

图74　龙胜金竹某宅过街楼透视

3.空间的争取与利用

桂北民居，为更多地争取有效空间，根据“干栏”建筑特点，除增设阁楼外，最常见的是采用“出挑”和“吊柜”等手法。

出挑是为了争取和利用更多的可用空间，“干栏”建筑几乎“逢楼必挑”，出挑已成为一种习惯作法。通常是由二层出挑，也有二、三层都出挑的。

挑廊一般由穿斗式木构架的二、三层横梁出挑悬臂，上下悬臂端都贯以悬空木柱铺设楼面和栏杆。

出挑卧台是在楼层出挑的基础上，在窗栏高度再挑一通长台板，外檐设栅窗，出挑台板主要用于夏日坐卧纳凉等用。

出挑卧台

图75　金竹民居挑廊透视

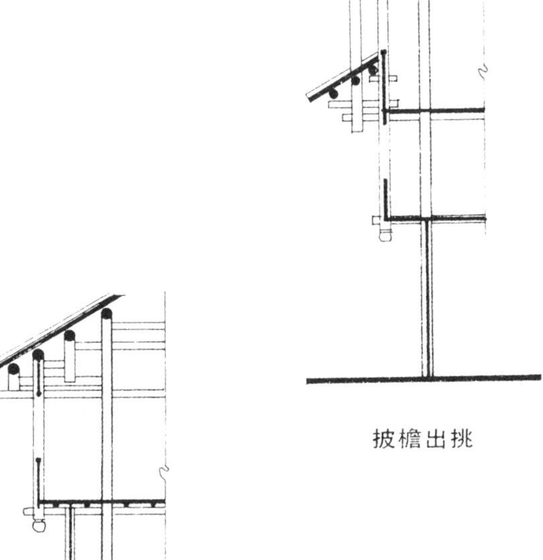

披檐出挑

层层出挑

图76　民居出挑的几种形式
出挑卧台
披檐出挑
层层出挑

图77　龙胜平安寨某宅骑楼
图78　桂北民居挑柜透视

挑台直接出挑，或利用支撑的无盖平台，作为楼层户外空间的延续，用以晾晒杂物等（俗称晒排）。

挑柜。最常见是在火塘间的内外壁上挑出箱柜。这种利用墙面而又不占用室内面积的固定家具做法，巧妙地运用了空间“潜伏”设计手法。

总之，出挑作法既争取了使用面积，扩大了空间领域，也丰富了民居建筑的立面造型。

图79 "占天不占地"桂北民居争取上部空间一例

图80 桂北民居挑台透视

图81　桂北民居层层出挑透视

由于木结构悬挑的灵活性，采用层层出挑，既可增加使用面积，又可起到防雨作用、增加建筑层次与丰富建筑外观。

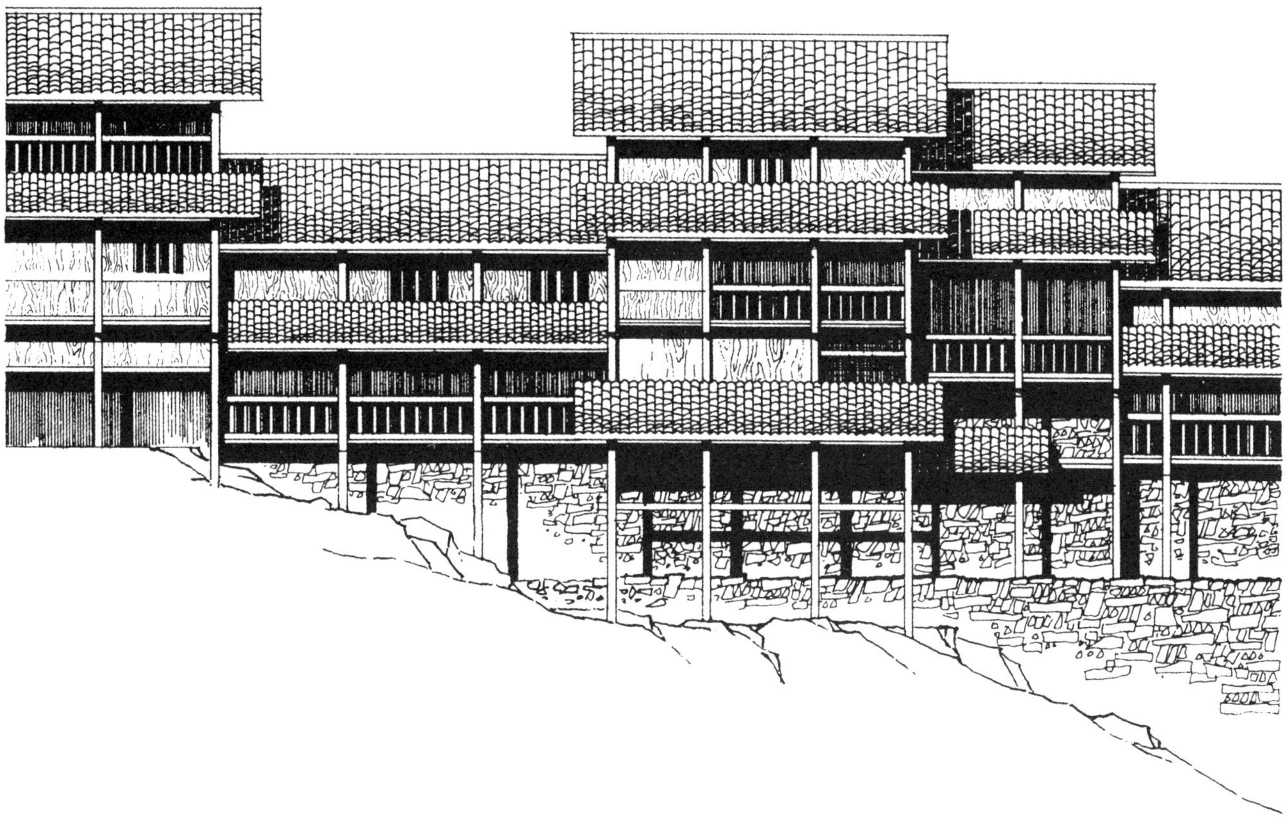

图82　丰富的桂北民居立面

图83　枫木寨某宅立面

四、外部造型

1.桂北民居造型特征

桂北民居的外部造型不仅尺度小巧、外形丰富、屋面错落、体态轻盈、构架自由，而且顺应山势，秀丽、壮观。加之自然环境的烘托，还具有亲切、宁静的田园风味。

（1）如鸟斯革、如翚斯飞

我国民居以坡顶形式为主要特征，坡顶变化多样。人们在建造房屋的历史过程中，创造出千姿百态的屋顶形式。

图84 龙脊寨某宅外观

早在西周时期，人们就用“如鸟斯革，如翚斯飞”来赞美传统建筑的屋顶。桂北地区，由于自然环境和“干栏”式建筑的特点，民居的屋顶任其自然交错重叠形成独特的桂北风貌。

例如龙脊某宅，是一长方形建筑，端部伸出一小阁楼，打破了一字体形的单调。屋顶采用悬山披檐、底层再收进约70厘米，达到防雨目的。再如龙脊候宅，由于地形所限，只得借用邻家楼梯前廊进入室内，两家先后建成，采用跌落式屋面，既丰富了造型，又减少了工程量，达到了预想不到的效果。

图85　龙脊寨候宅立面
图86　平安寨某宅透视

图87　三江平岩民居群体透视

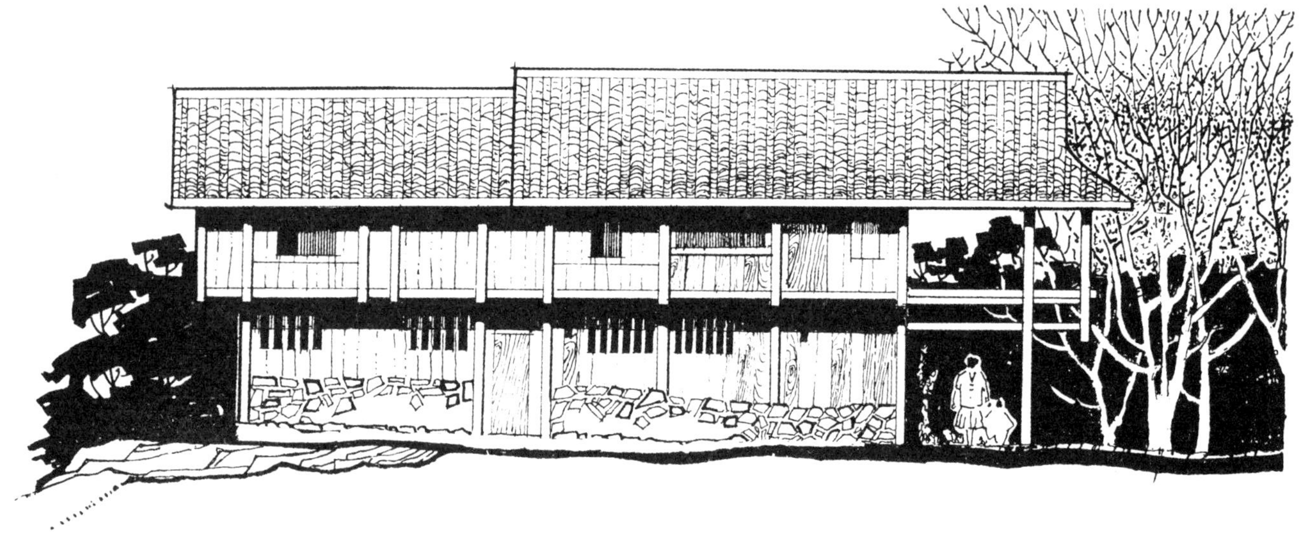

图88 平段寨某宅立面
图89 平安寨某宅立面
图90 皇朝寨某宅立面

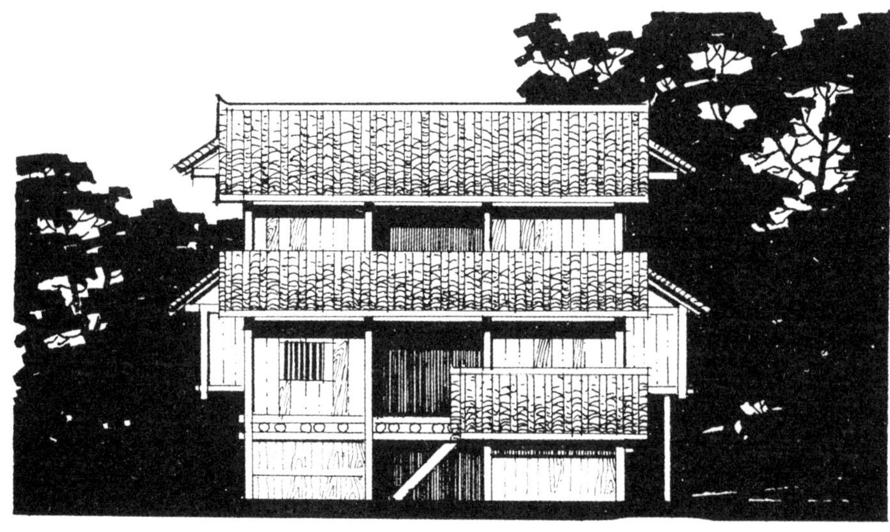

图91　马胖寨某宅立面
图92　平安某宅透视

三江侗族一带，虽然也属干栏式建筑，由于民族习俗的不同，民居与壮族有一定差异。如马胖某宅，通过腰檐与屋顶相呼应，山墙上的披檐打破了单一的水平划分，同时也强调了入口。

侗族除鼓楼、戏台使用歇山顶外，民居中很少出现，以悬山顶为主。山墙增设挡雨披檐，四周加设腰檐，弥补悬山的不足。外观高低错落，富于变化。

图93　三江独峒寨一瞥

图94　龙胜平安寨某宅立面

（2）主从分明、有机结合

桂北民居外部造型的另一特点是主从分明，有机结合，功能决定造型。

龙胜壮族一带，火塘间及堂屋是人们交往活动的场所。因而较为宽敞，构成建筑的主体。主体建筑尺度大，体量高，而贮藏间、过街楼及晒台等辅助部分则依附于主体建筑。这种做法不仅使功能关系明确，而且便于分批加建。由于体型上的主次分明，互相呼应，使建筑统一和谐，造型丰富。

如平安某宅火塘间及堂屋设置在建筑左侧，采用歇山顶形式，便于采光、通风。右侧是卧室及辅助用房。其民居外观，主体建筑高大，用披檐将主、从连为一体。

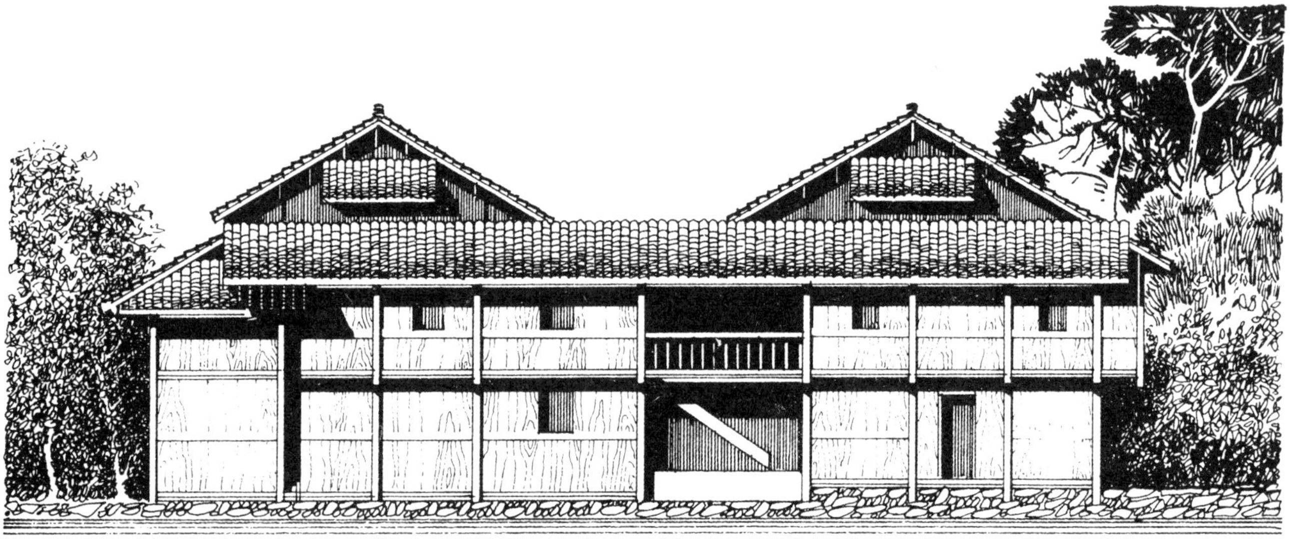

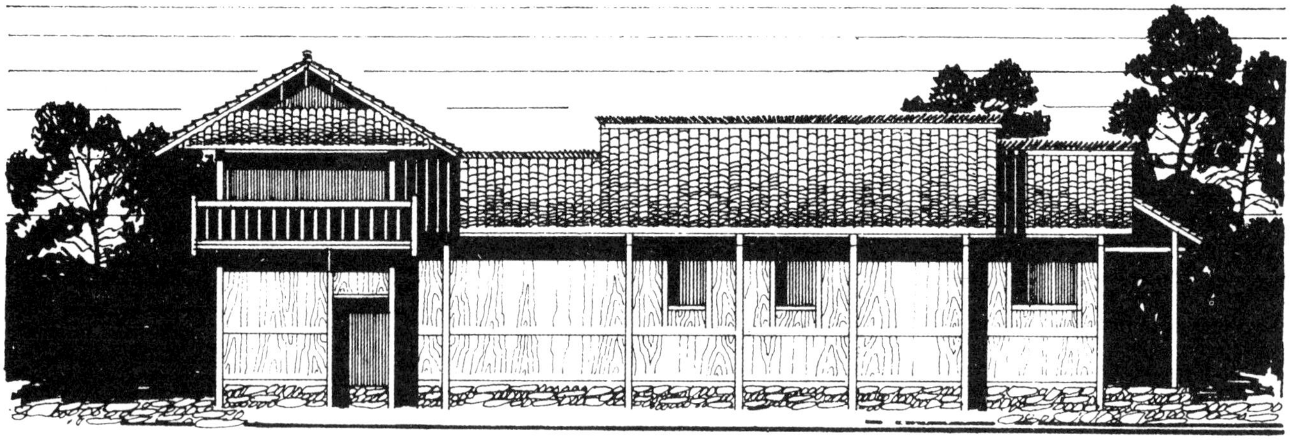

图95　三江独峒某宅立面
图96　龙脊寨某宅立面

图97　桂北民居悬挑剖面

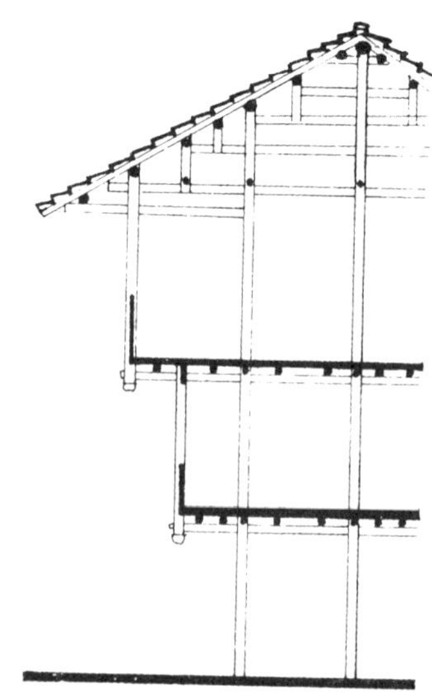

三江侗族地区、常把火塘与前廊隔开，前廊构成建筑的主体，设在景观较佳的方向，有利于通风。火塘与一些辅助房间设置在后面或侧面，外观高度及屋顶形式等处理上，主从分明，有机结合。

如三江独峒某宅，两栋纵向主体建筑，由披檐连成左、右对称的整体外观。左侧披檐与楼梯间“虚”的处理，打破了呆板与平淡，外观在均衡中求得变化。

图98　马安寨某宅立面
图99　独峒某宅立面

图100　平铺某宅透视
图101　马胖某宅立面

图102　龙胜平安寨某宅透视

图103　金竹寨建筑群局部

图104　三江冠洞寨一角

图105　八协某宅立面
图106　阁楼平面处理

（3）巧用地形、工于营造

桂北山区，平地极少。人们在建造房屋过程中，充分利用山地，化不利为有利，顺其自然而建。不仅给平面布局带来灵活性，而且还具有伸展特点。正如赖特所说："在山坡上修房屋、房屋属于山坡，而山坡不属于房屋"。

八协某宅，造型别致，小巧玲珑。入口一侧由于有道路从凹处穿过，由对面高坎上搭桥进入第二层。临江一面为了取得良好景观，增加了转角处理，扩大了视野，丰富了建筑立面。

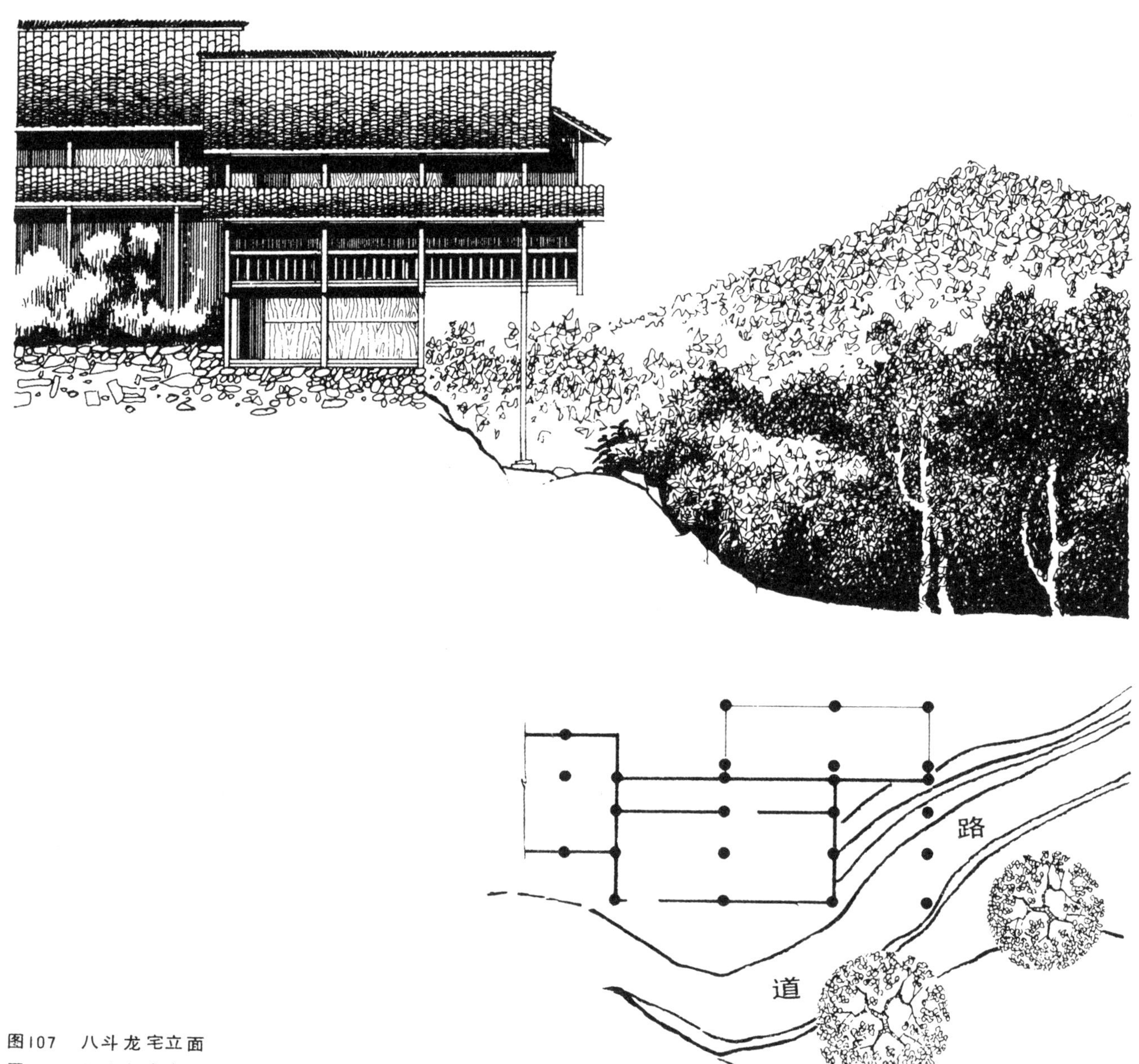

图107　八斗龙宅立面
图108　八斗龙宅底层平面

八斗寨龙宅，一侧频临道路，采用跨路架空，底层留出通道的作法，与道路有机结合。为不使道路感到压抑，用块石筑成台基，提高房屋基底标高。架空部分再向外挑出迴廊，并设披檐，使建筑十分轻巧，通透。立面造型强调水平线，二层重檐加强了屋顶分量，前廊做成悬挑并设栏杆，突出了居民的地方性。

图109　金江某宅立面
图110　八协某宅立面
图111　屋顶平面

图112 三江马安寨某宅透视
图113 龙脊寨某宅过街楼

过街楼使道路空间富于情趣，建筑与道路融为一体，形成有机结合。

如三江马安寨某宅，右侧是原有建筑，左侧是后来加建部分，中间原有道路保留，将二层做成过街楼，把两边建筑连为一体。

图114　新宅某宅入口透视

2. 材尽其美　物尽其用

桂北民居，善长运用木材的特性，把简朴的构件组成充满生机而富有自然情趣的建筑空间。就其外观而言，运用木构架的外露，形成富有韵律的划分。利用构件的榫接特点和拉伸特性，形成各种形式的悬挑处理，使建筑本身造型丰富。特别是挑柱上常用的吊脚，雕刻粗犷，简洁，轻巧灵活，充分表现出木料的自然美。

图115　林溪皇朝寨陈宅透视

林溪皇朝寨陈宅，是一栋由五户人家组成的大型民居，七开间。建筑一角由于地形落差大，以木柱作支撑，形成悬挑于山崖的“吊脚楼”。它的轻巧、通透与山崖的厚重、坚实形成鲜明对比。

图116　三江冠洞某宅透视

图117　龙胜金竹某宅局部透视

桂北民居以木材和石块为主要建筑材料。工匠们充分掌握了这些材料的特性，找出与之相适应的建筑方式和装饰手法。通常是从下到上，用石块筑台，圆木作构架，底层围护体多用木栅或竹材、楼层用板壁封墙，青瓦屋面。材料由粗而细，由重而轻，由天然而人工，变化自然，有轻巧而又稳定之感。瓦脊，吊瓜、窗格等装饰的运用，既有画龙点睛之效，又反衬出建筑的粗放、质朴之特征。

图118　龙胜枫木某宅透视

枫木寨某宅充分利用木材特性，挑出长廊，争取使用空间。底层垒筑基石，防止滑坡。

桂北民居中，前廊一般较为开敞，大量采用空透的装修构件，以利通风效果。单、双层栅栏，兼通风，采光、防护之效。

如独峒牙寨某宅，是该寨最大的一栋住宅，整个前廊用圆木围成栅栏，后面嵌木板，可根据不同季节，封闭或开启木板。

图119 栅板木板墙透视

图120 栅板木板墙横剖

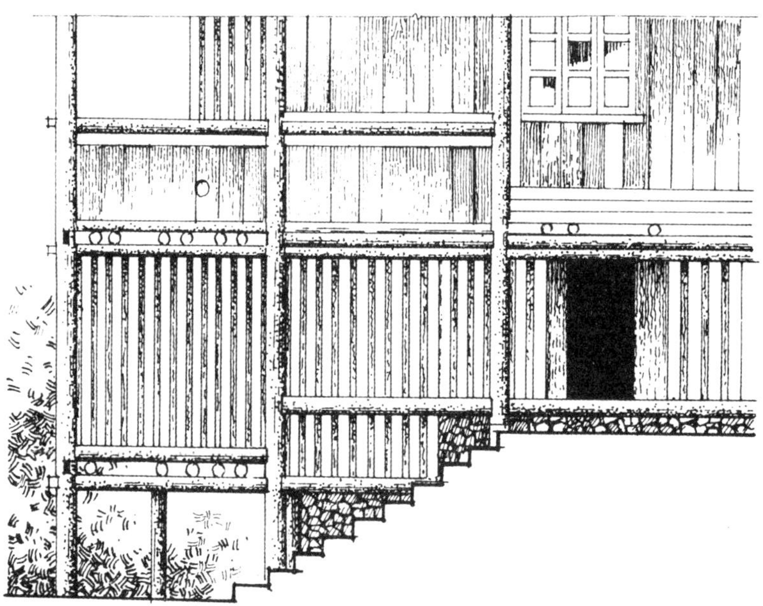

图121 栅板木板墙立面

图122 平安某宅透视

3. 比例与尺度

民居的整体及各个局部，以居住功能、材料性能和美学法则赋予相应的尺度。桂北民居建筑以小巧、灵活、多变、质朴、轻盈的特性来感染人。一般以中小型民居为多，开间3—5米不等，尺度比例适宜。

图123　平安寨某宅透视
图124　林溪沿河骑楼

三江林溪小街某多户住宅，背山面河、底层做成骑楼，是林溪镇集市过廊和贸易场所的一部分，为铺面。二楼为卧室，每户只占一个开间，向纵深发展，以便每户都能面河。

图125　皇朝某宅透视

图126　马安寨某宅立面

图127　林溪某宅透视

图128　岩寨某宅透视

图129　马安寨某宅透视

图130 桂北民居构架形式

五、结构构成

1.构架形式与特点

桂北民居的结构以干栏穿斗式木构架为主，基本做法是以主柱承梁，通过立柱直接将屋面重量传至基础。穿枋联系檐柱和中柱，保持立柱的稳定。桂北民居一般为五柱排架，由于进深较大，柱与柱之间设二步梁、三步梁等，因地而定。

由于屋面重量分散在较多的主柱上，所以柱径较小。穿枋亦用圆木连接，贯通中柱。近屋顶的穿枋多在中柱前后各用一枋，往下则是从前檐到内檐用一根穿枋连接。木构架节点一般采用榫接，各构件都有一定的尺寸规格。这些构架的特性，直接影响到民居的功能组合、平面布局及空间效果。

桂北民居木构架自成完整体系。墙体只是用作围护或分隔空间。民居墙体用材以木板为主，使用灵活、外观丰富。

穿斗式构架的步架、各檩之间的距离基本按等距布置，各檩之上的椽木均匀承受屋面重量。

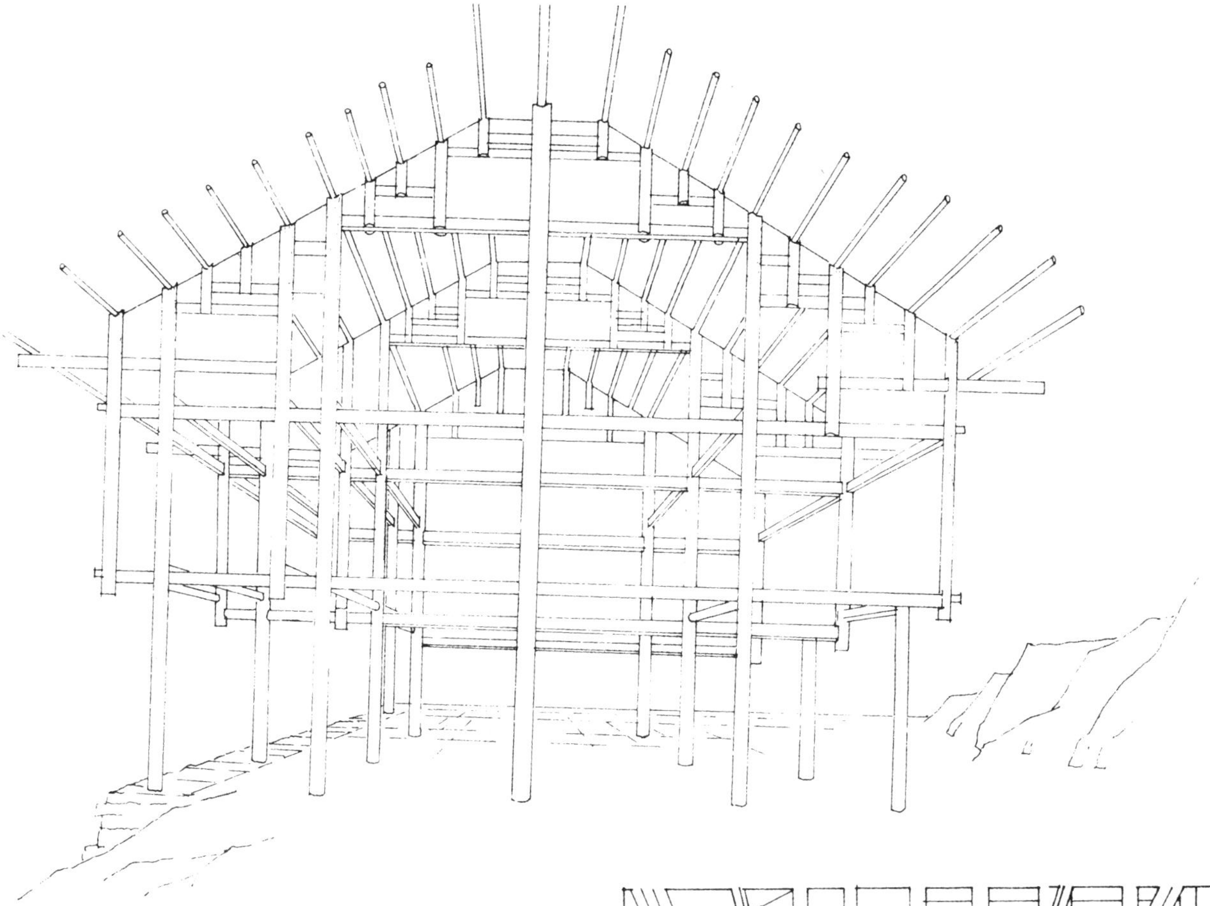

图131　桂北民居封板排架手法

图132　桂北民居中梁与柱的关系

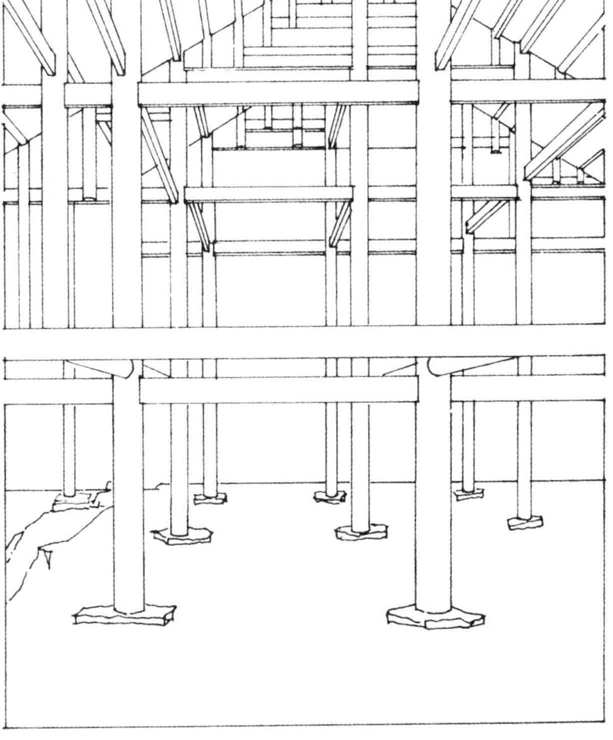

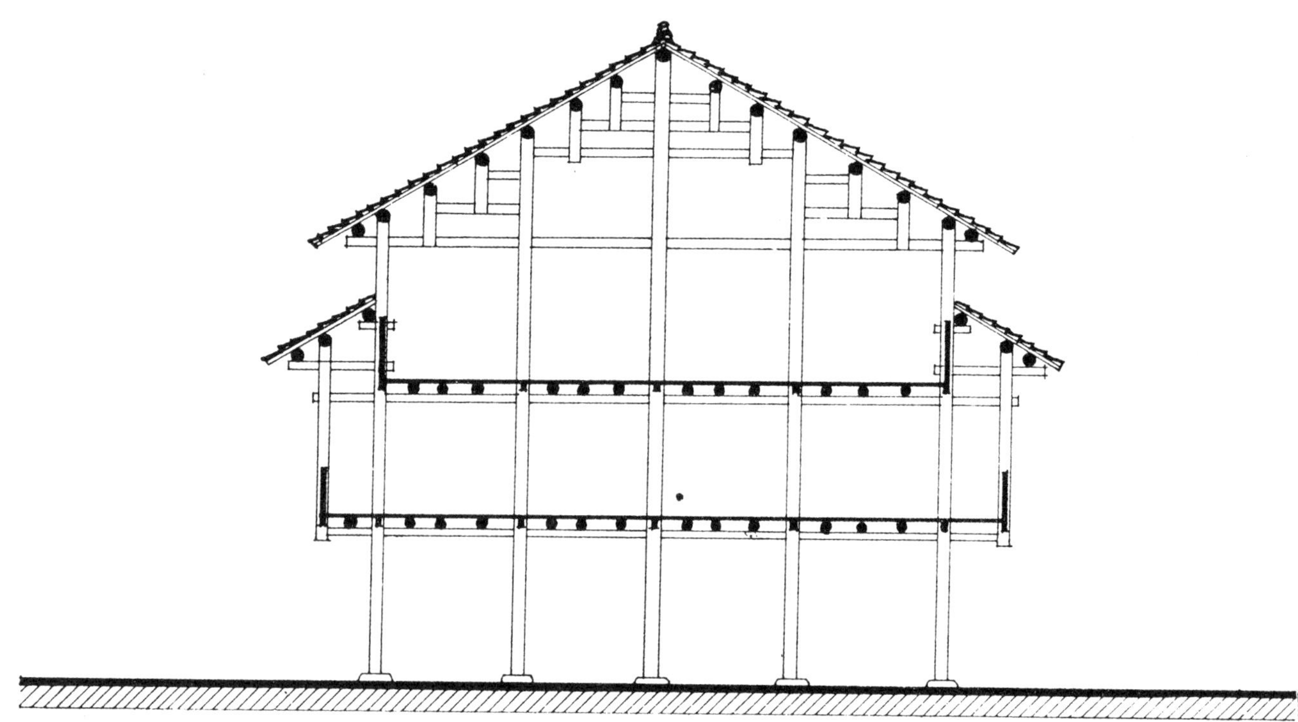

图133 桂北民居一般构架形式
图134 桂北民居各种排架形式

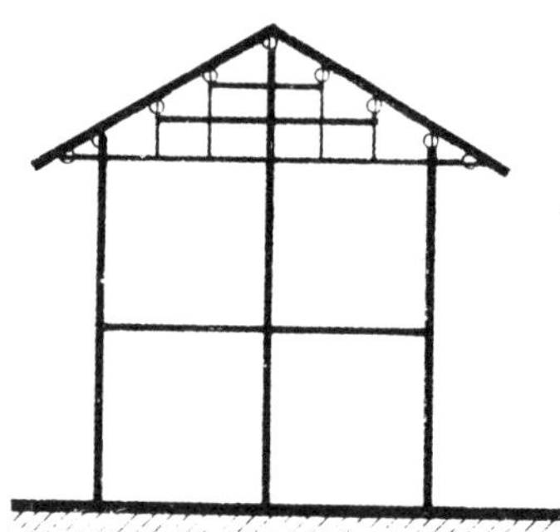

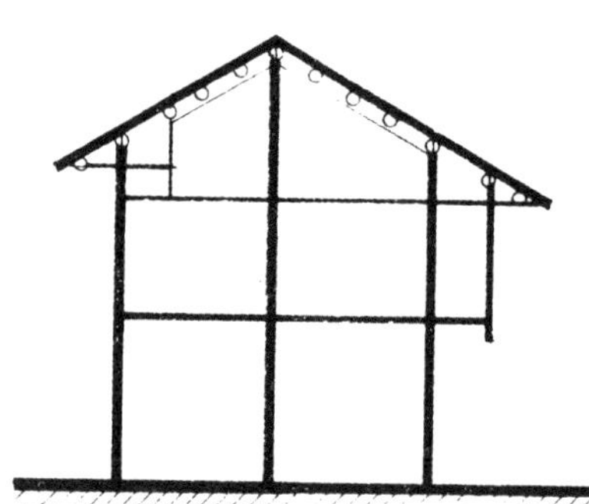

桂北的斜屋面举折不大，各檩间的连线基本等坡。檩间的垂直距离也基本等距。各层穿枋间距相等。

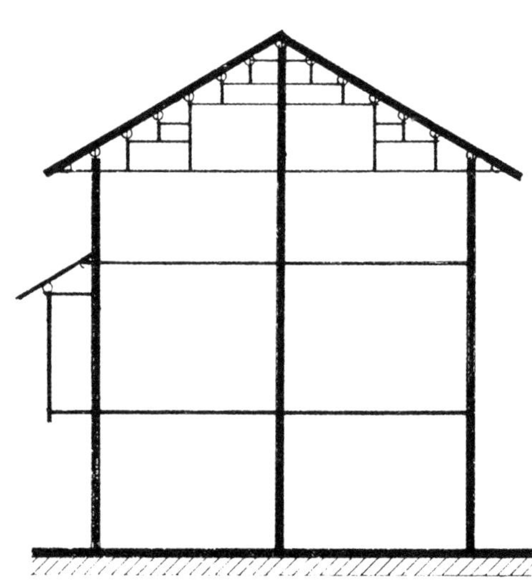

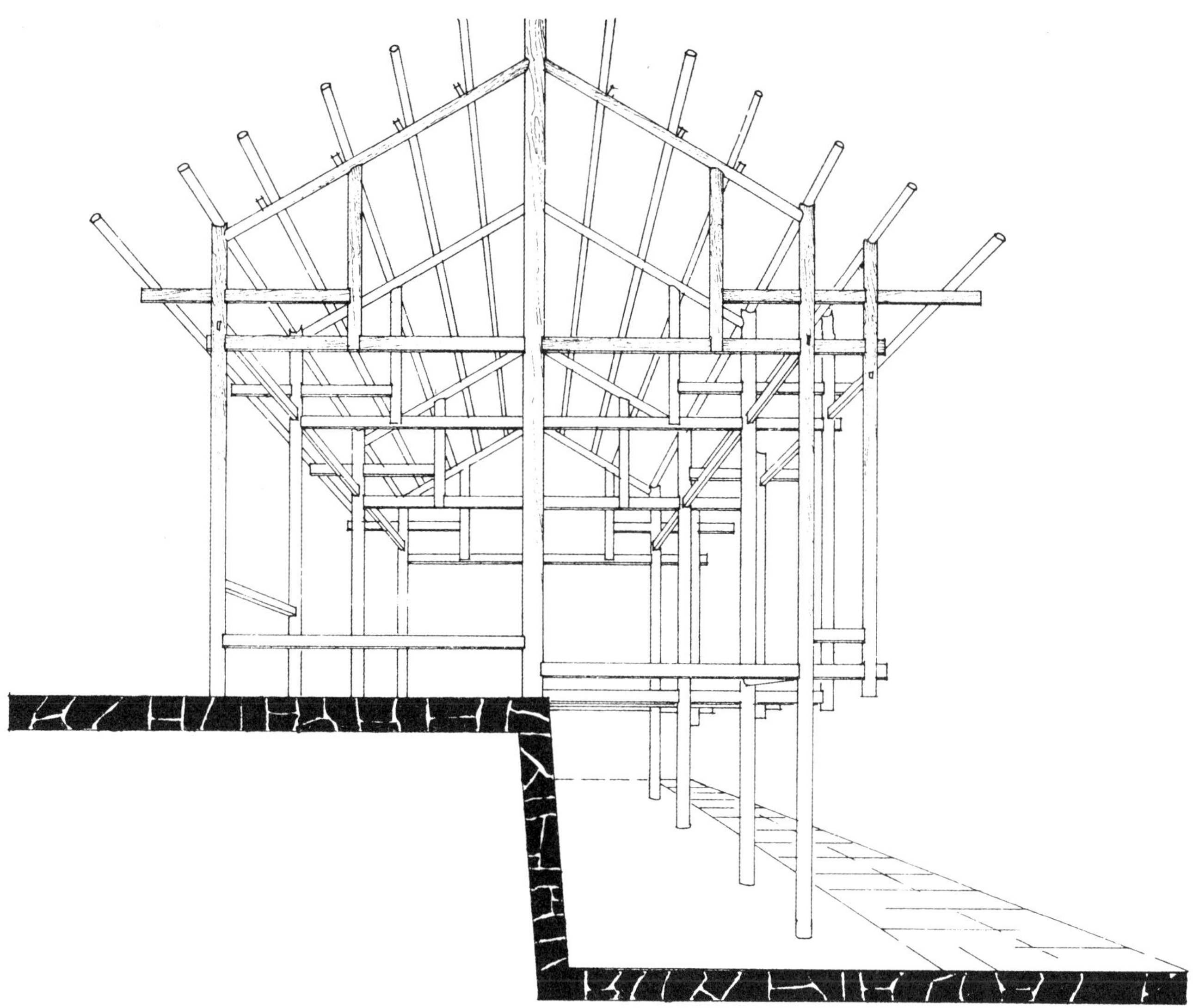

图135　桂北民居构架组成

2. 构架组成

桂北民居以房屋进深大小确定穿斗抬梁的长短，除檐柱及挑柱外，其余主柱位置因地而定。左右两侧可随意扩建。

桂北民居多为二、三层（壮族多为二层、侗族多为三层）。楼层作法，是在柱上按层高架梁铺板。楼层悬挑作法，是将梁枋延伸出柱外，或另用梁枋连接内外檐柱。桂北民居的悬挑形式较多，有层层悬挑或单层悬挑，也有两面出挑或四面出挑。

腰檐是从横梁下挑出悬臂，上置檀桷盖瓦形成披檐，以保护梁枋、梁柱、节点、楼板端头和其他构件不被腐蚀，也起遮阳降温作用。桂北雨量多、风速大、飘雨角度大且无规则，为使披檐做到挡雨、遮阳、通风互不矛盾，往往采取层层密挑形式。披檐出挑一般为1.0~1.5米，斜角26°~30°。腰檐的设置，不仅加强了结构的稳定性，还突出了地方特色。

图136　八协民居构架透视

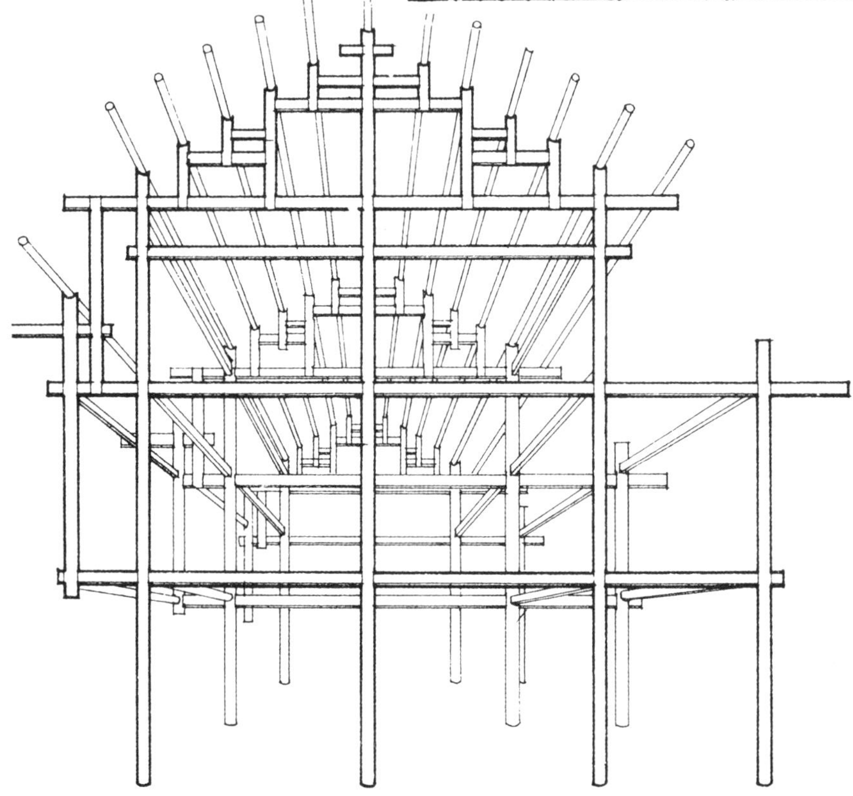

图137　民居构架组成透视

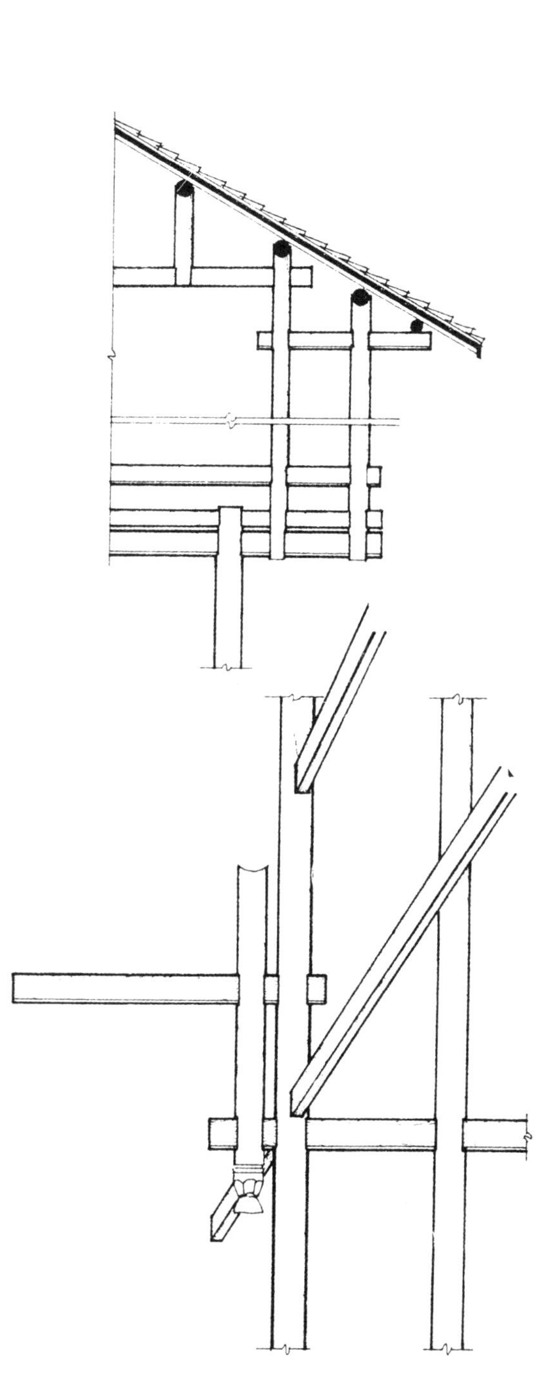

图138　腰檐构架透视
图139　腰檐构架构造

图140　檐部单挑斗栱
图141　构架的榫卯接头大样

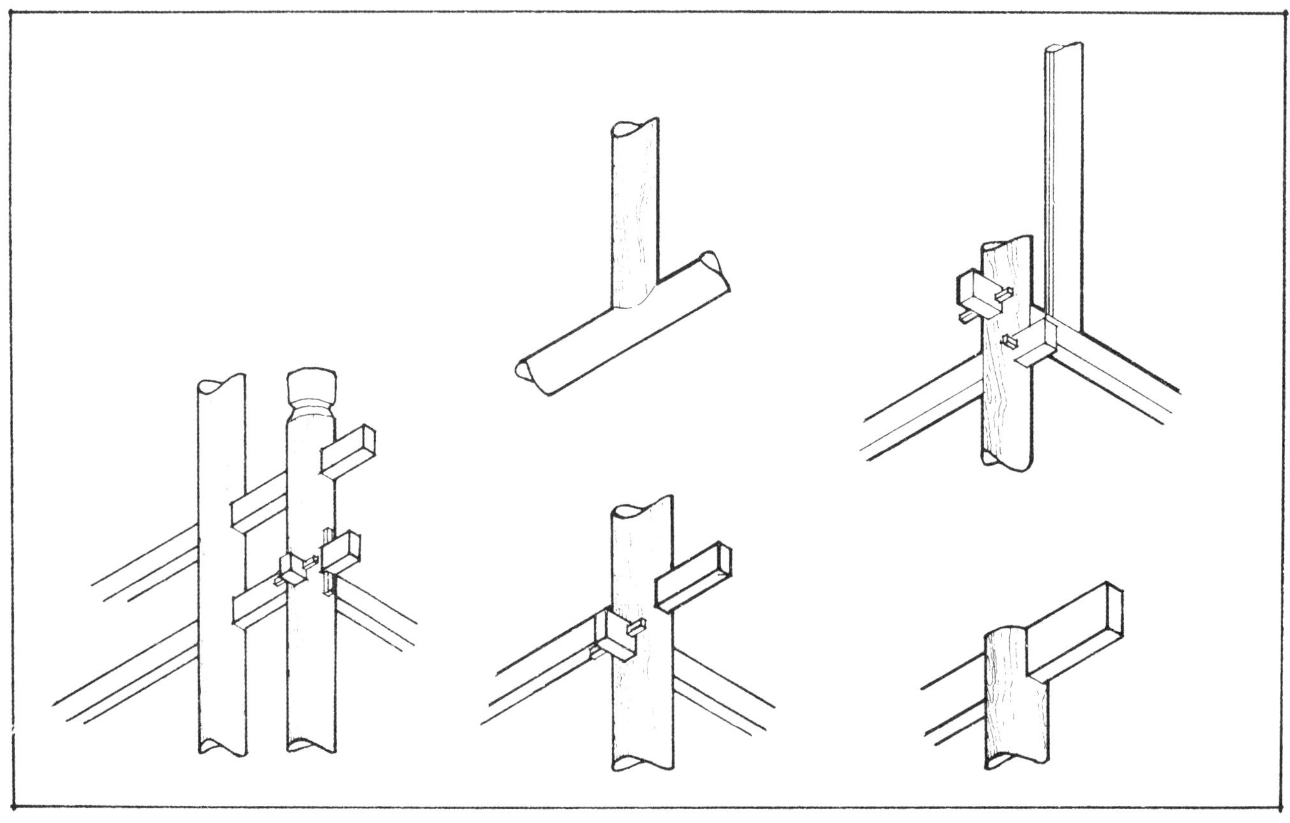

图142　龙脊新寨某宅凹式入口透视

六、建筑入口

桂北民居的入口处理手法多样，丰富而有趣。入口的主要形式有凸式、凹式、平式、悬挑和入口门楼等几类。凸式入口由主体建筑接出披檐或挑柜等组成。凹式入口由主体建筑底层凹进一角作入口，使室外空间过渡到建筑内部。平式入口由主体建筑外墙直接开门，可保持墙面的连续性。悬挑入口一般分上、下两层出入，下层入口可归为凹式，上层入口设有休息平台、栏杆及挡雨檐等。入口门楼是在宅外独立设置入口，是建筑空间的序幕，对建筑的空间与造型有着直接的影响。

图143 马胖某宅入口

独峒某宅入口。该宅与村寨道路高差较大，通过步级使室内标高与室外标高各差一半。入口前廊架空，是室内、外空间的过渡，也给人提供一个缓冲余地，不致感到突然。

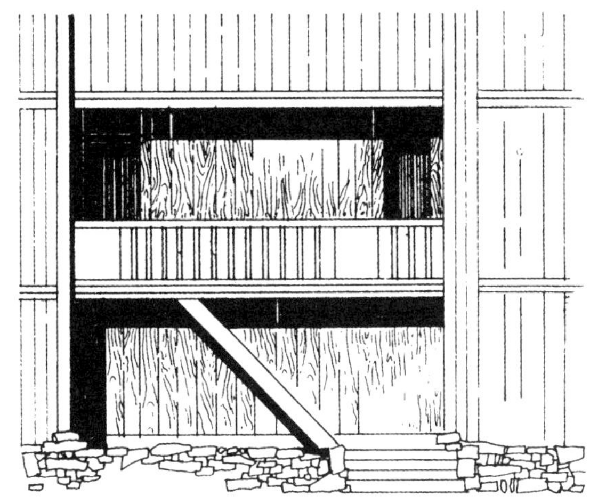

图144　皇朝某宅悬挑入口立面

图145　悬挑入口二层平面

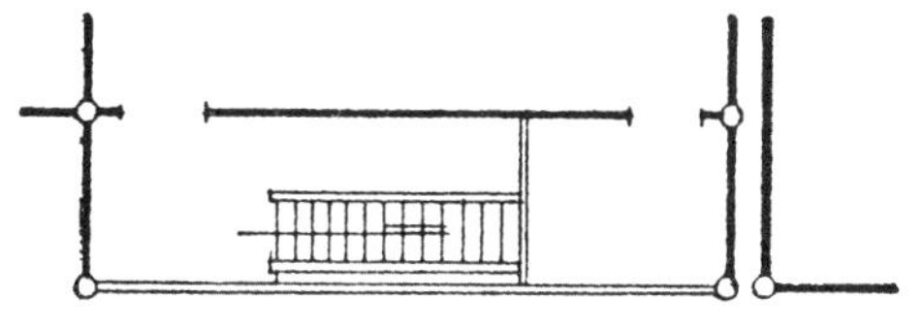

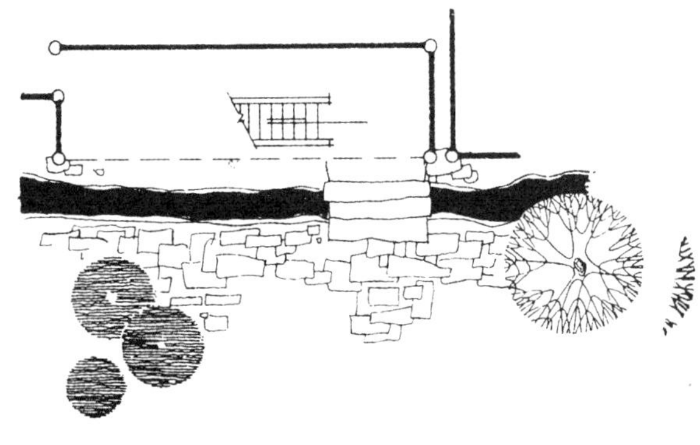

图146　悬挑入口底层平面

图147　独峒某宅入口平面

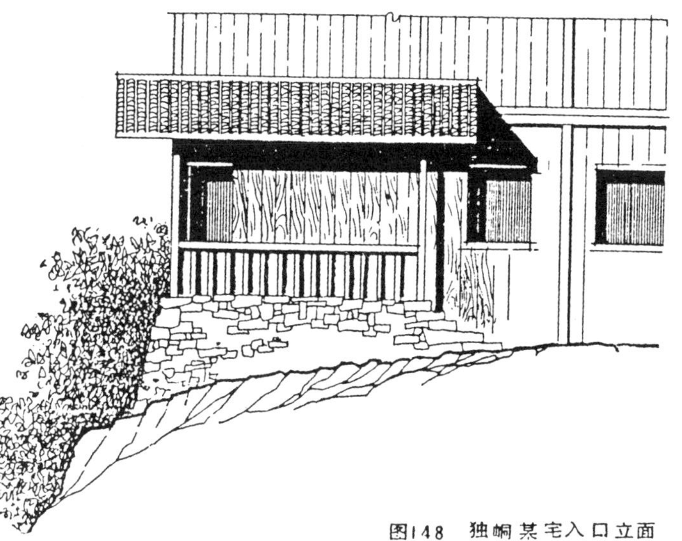

图148　独峒某宅入口立面

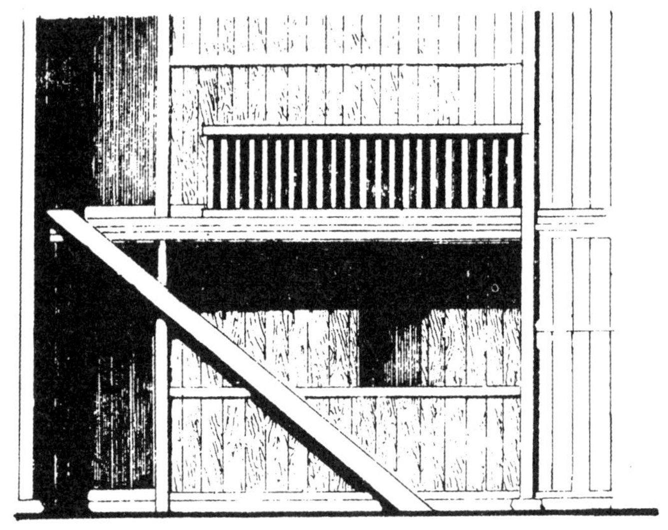

图149 凹式入口立面

图153 凸式入口立面

图154 凸式入口平面

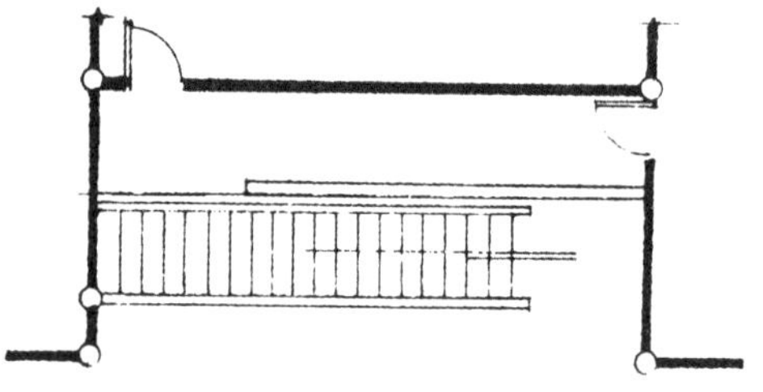

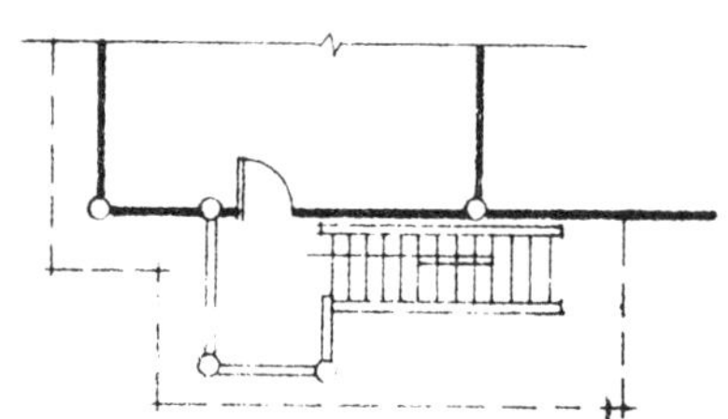

图150 凹式入口平面

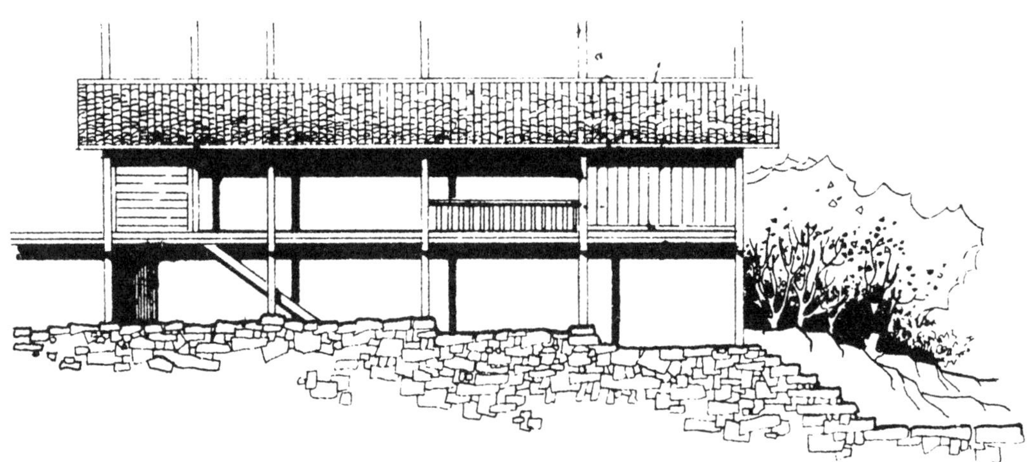

图151 门楼入口立面

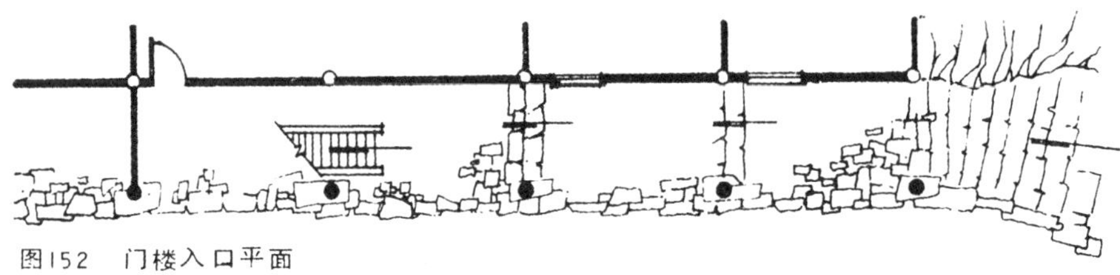

图152 门楼入口平面

图155　林溪某宅凸式入口透视

林溪某宅分上、下层两个入口。底层入口用小桥跨溪而进，为凹式入口；二楼入口系从室外建一披檐楼梯而进，为凸式入口。在桂北民居中，同一住宅而具两种以上不同形式的入口，为数也是不多的。

图156　新寨某宅凹式入口透视
图157　平段某宅下沉凸式入口

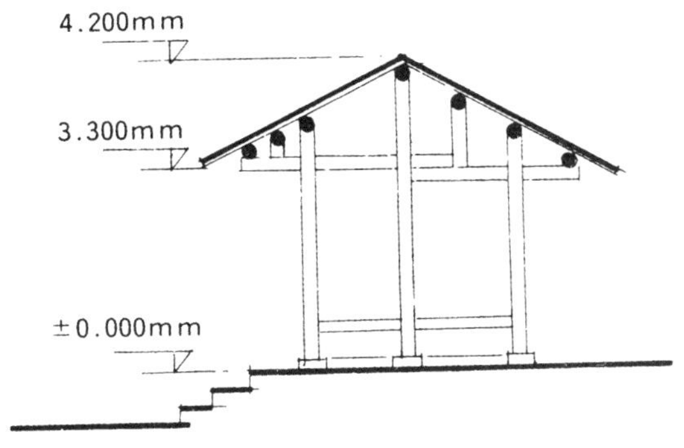

图158　门楼剖面

图159　门楼平面

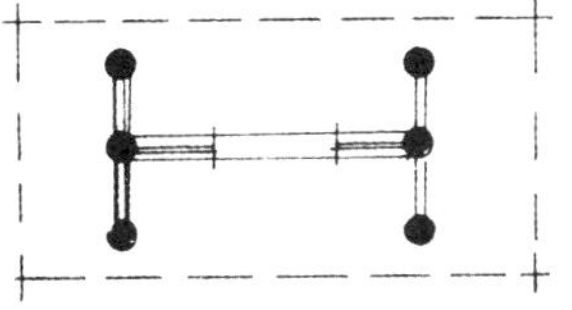

图160　龙脊某宅门楼透视

图161　龙脊某宅总平面

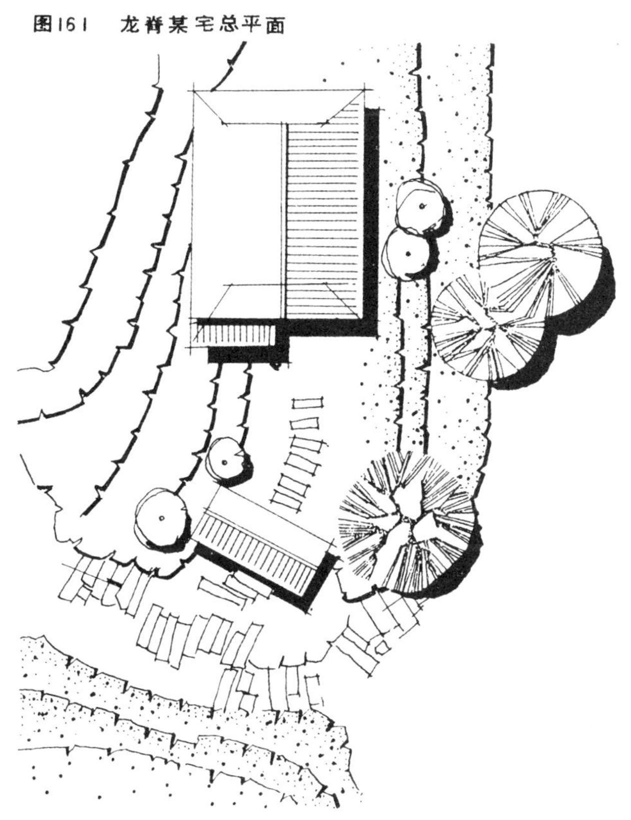

龙胜龙脊某民居入口宅门，从总平面中可看出，宅门与主体扭转了一定角度。这样避免视线与主体在同一轴上，达到“欲扬先抑”的效果。此外，由于该宅选址于山坡上，下面两侧以灌木为丛，沿等高线种植，既丰富了景观层次，又使之达到“围墙”的目的。

图162　金竹某宅凹式入口透视
图163　龙脊某宅入口透视

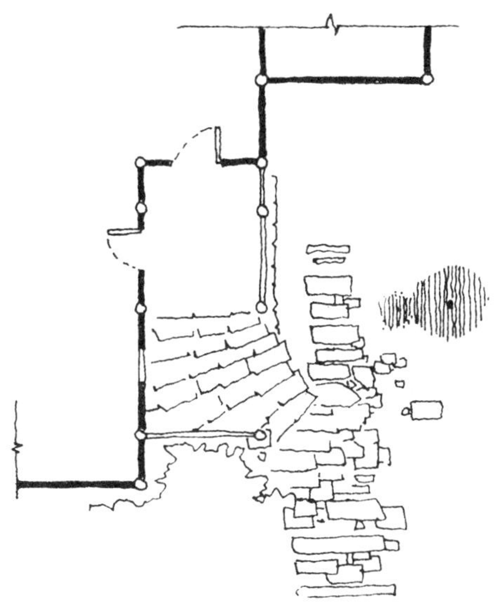

图164　金竹某宅凸式入口平面

图165　金竹某宅凸式入口透视

金竹某宅入口，前廊标高高于村寨道路，目的在于阻止雨水侵入。入口门廊采用半封闭式围合，形成空间的过渡。从室外进入室内，形成开敞—半封闭—封闭的过程，使人不感到突然。

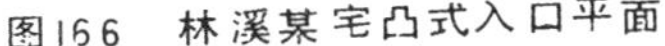

图166　林溪某宅凸式入口平面

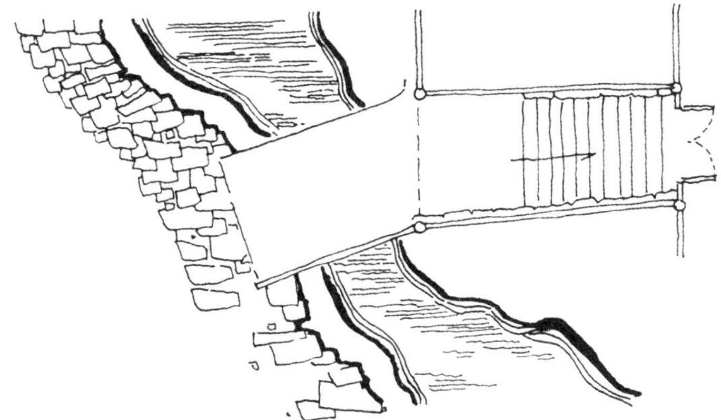

图167 马胖某宅直入式入口

图168 三江八协寨小巷内的架空入口

七、 装修与细部

桂北民居也是大木构架建筑。人们在长期实践中，对建筑装修及细部处理，创造出一系列适应木结构特点的装修手法。

1.门窗棂格

门窗棂格的运用，是民间建筑艺术处理的重要手段之一，也是装修木作的主要内容。

桂北民居中门、窗扇多为可装可拆型，便于灵活组织空间，同时也有利于建筑通风、采光等。门扇多划分为虚实两部分，下部为封板实体，上部虚面做成通格式图案花纹 一般为长方形比例，花纹横竖相间成菱花、四角形等，也有雕刻十分精美的花鸟图案。

图169 枫木寨某宅双扇门

图170 不同形状的门洞

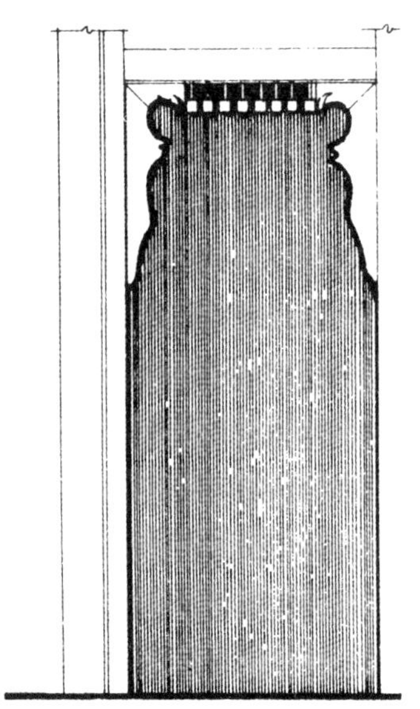

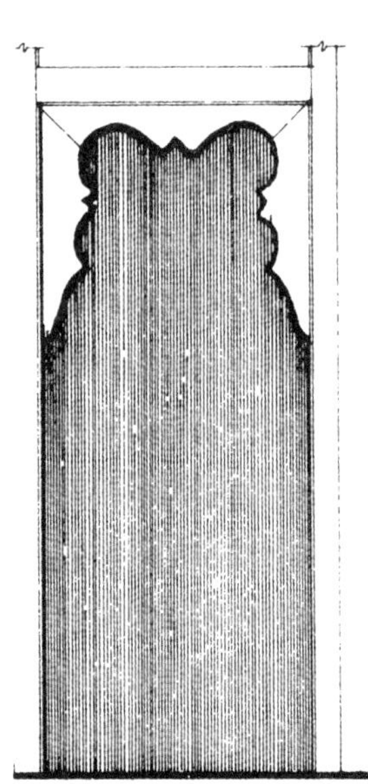

图171　枫木某宅门透视

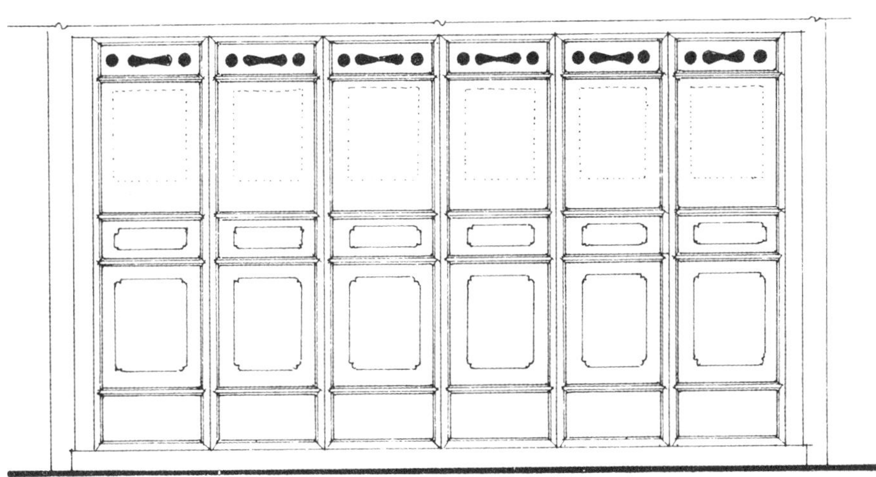

图172　枫木某宅门立面

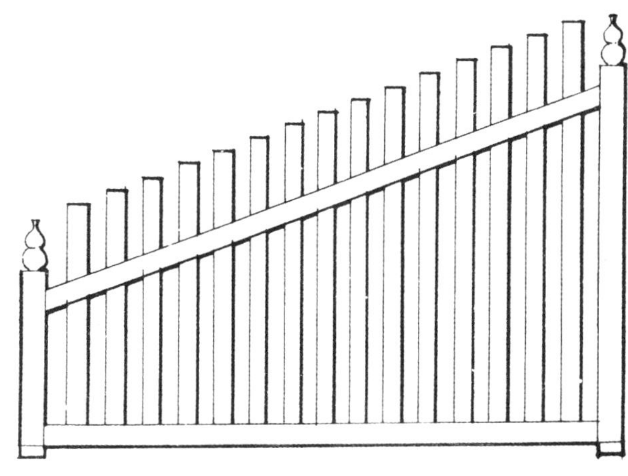

图173　林溪某宅格栅门

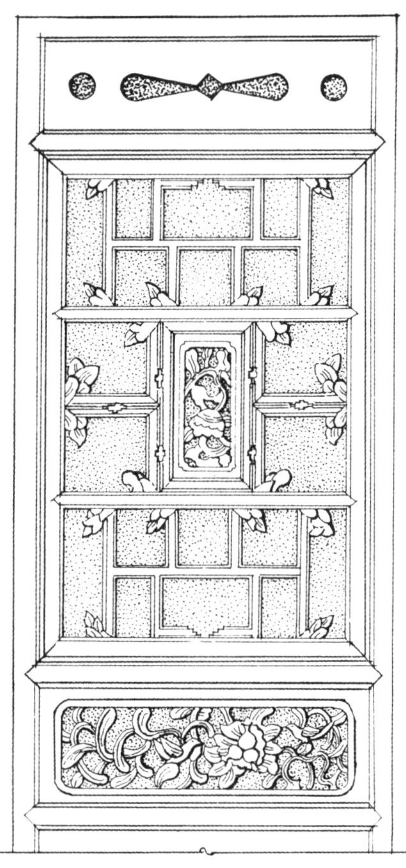

图174 龙脊某宅门棂花式

图175 龙脊某宅堂屋门扇

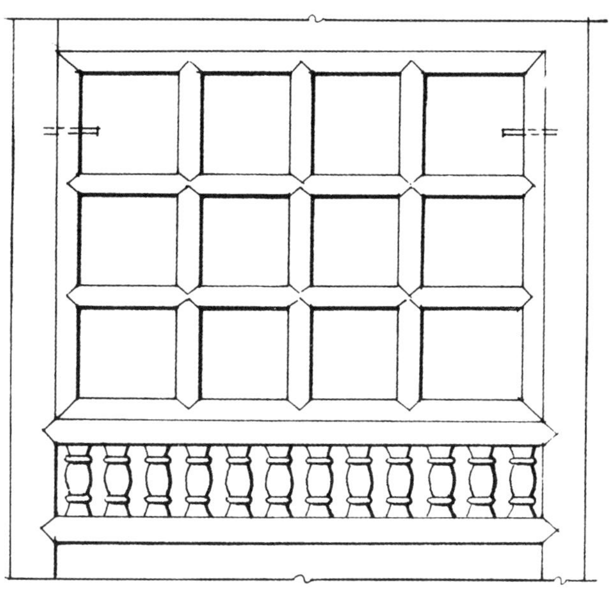

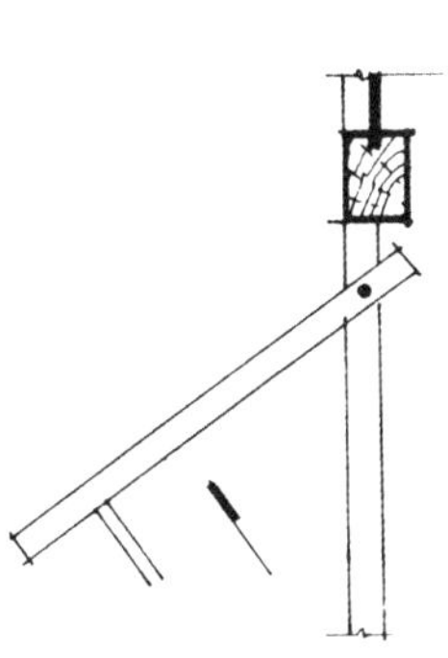

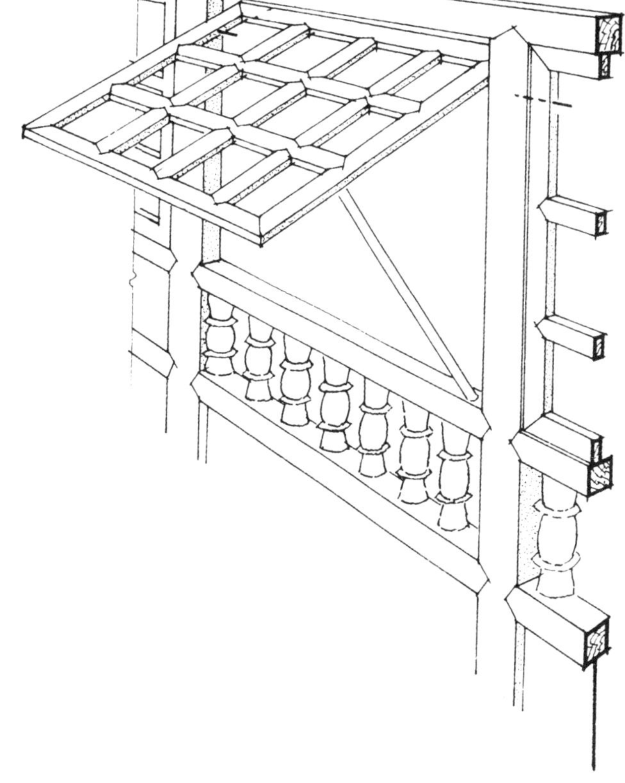

图176　龙脊某宅双层支窗

图177　龙脊某宅门窗立面及横剖面

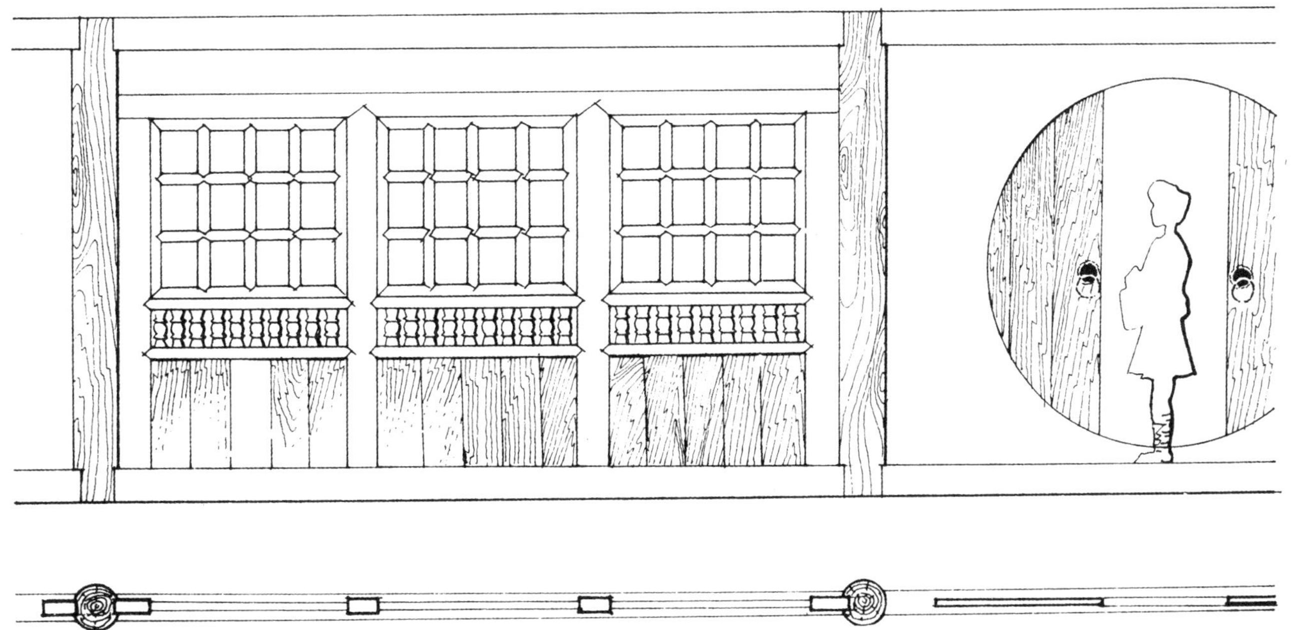

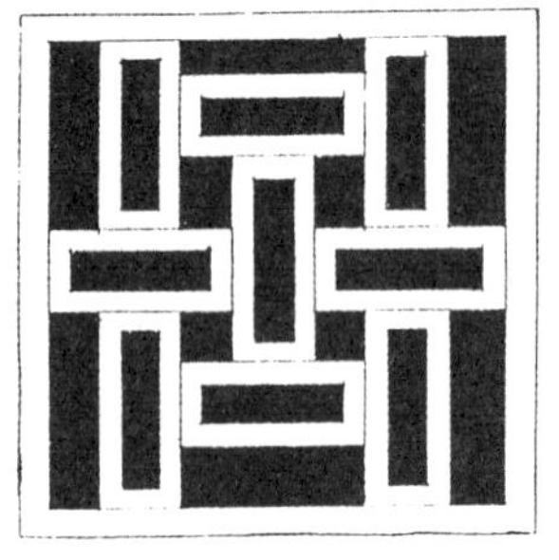
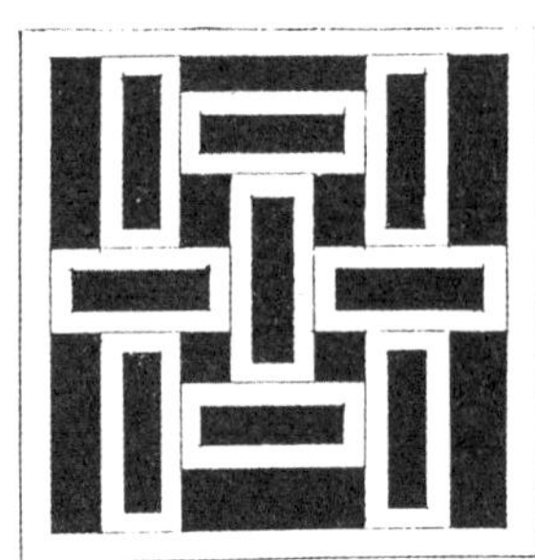
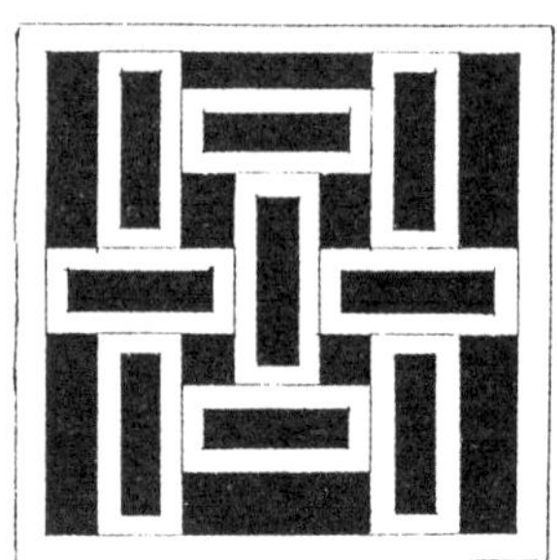

图178　窗棂图案之一

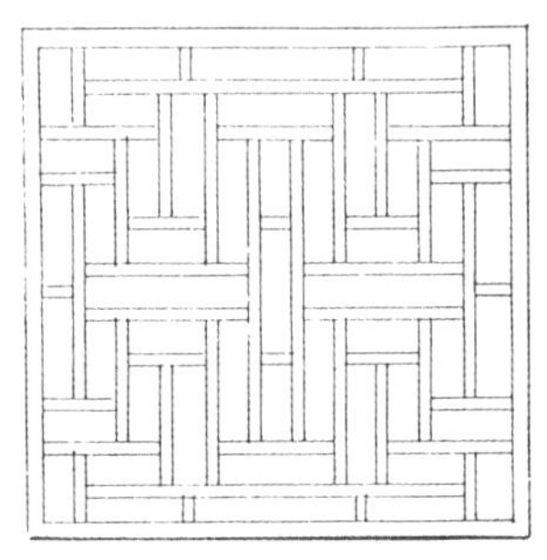

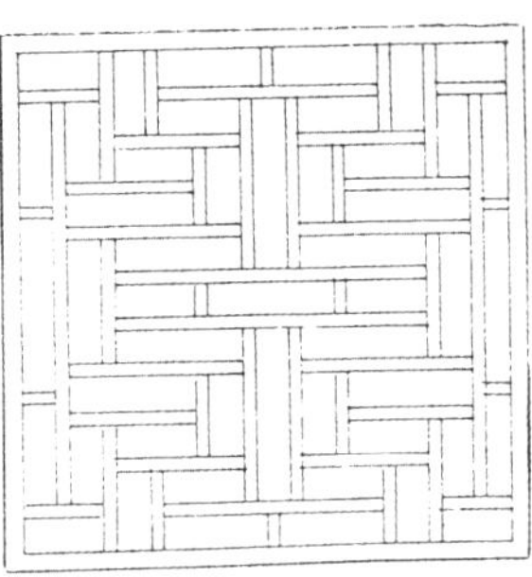
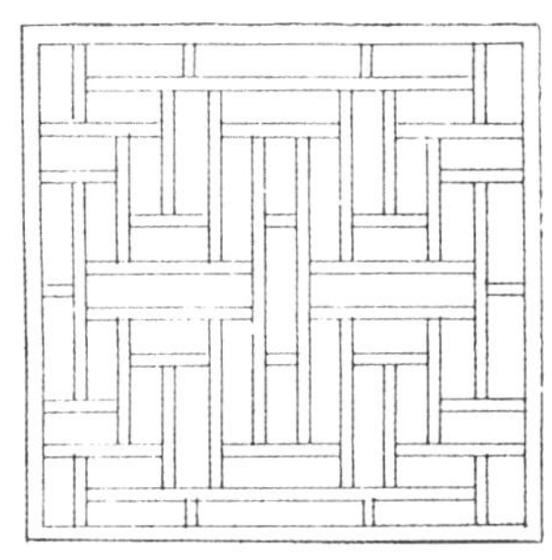

图179　窗棂图案之二

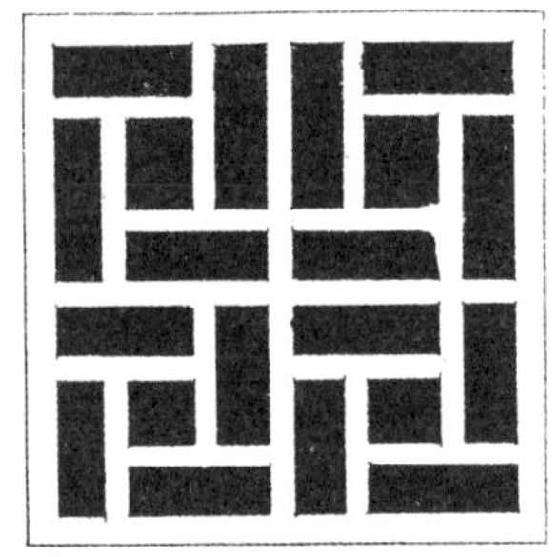
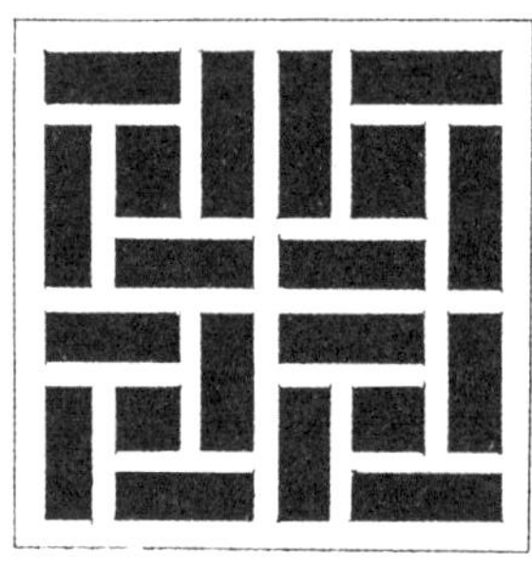

图180　窗棂图案之三

桂北民居建筑中窗棂造型多样，美观、朴实。充分利用棂条间相互榫结拼联的特点，组织各式造型精美的图案，增加建筑的艺术表现力，体现了桂北人民的精湛技艺。

图181 窗棂大样
图182 窗棂图案

桂北民居窗棂造型题材广泛，除一般常见的平棂，回纹、锦纹等外，还有图案化的动植物纹样与吉祥文字，年轮图案等。

各种不同图案的运用与房间的功能性质密切相关，构成协调的装饰效果。有的还点缀一些木雕画及木雕花心、结子等小饰件，增添了不少意趣。

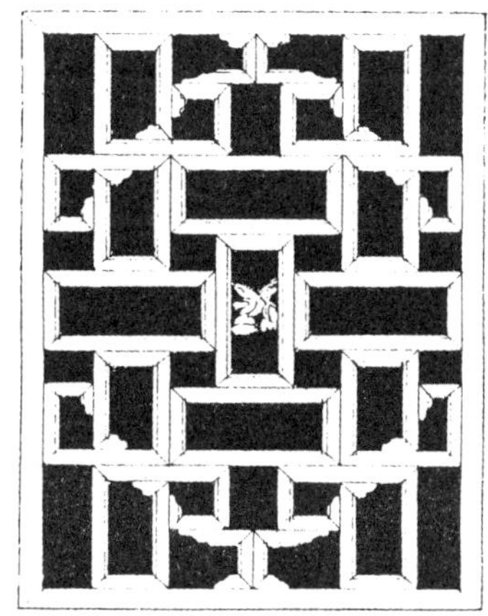

图183 窗棂大样
图184 龙脊某宅窗格花饰

图185　窗根图案
图186　图案大样

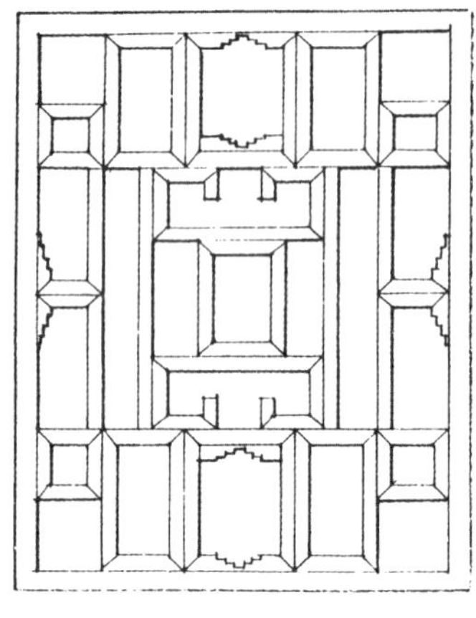
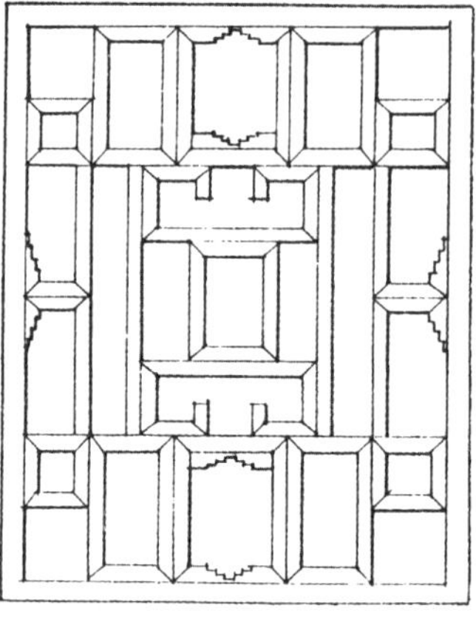
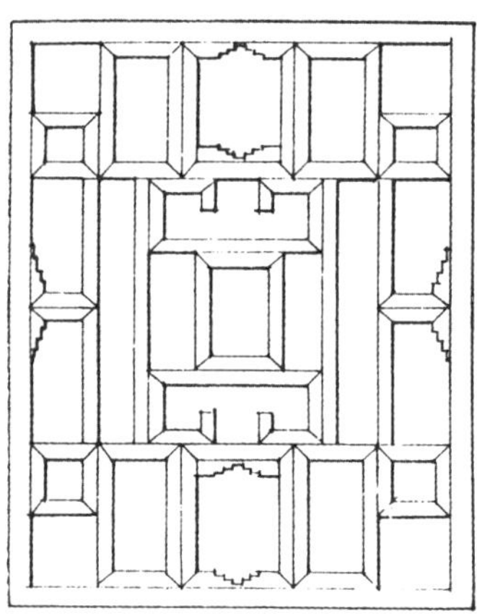

图187　窗棂图案
图188　窗棂大样

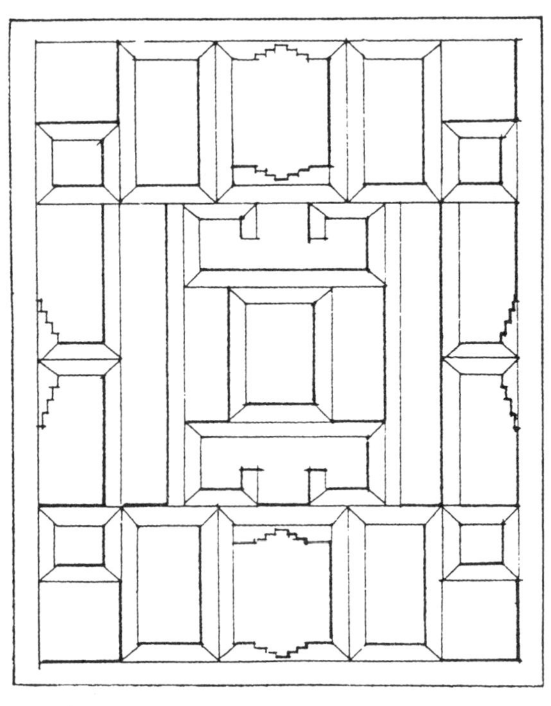

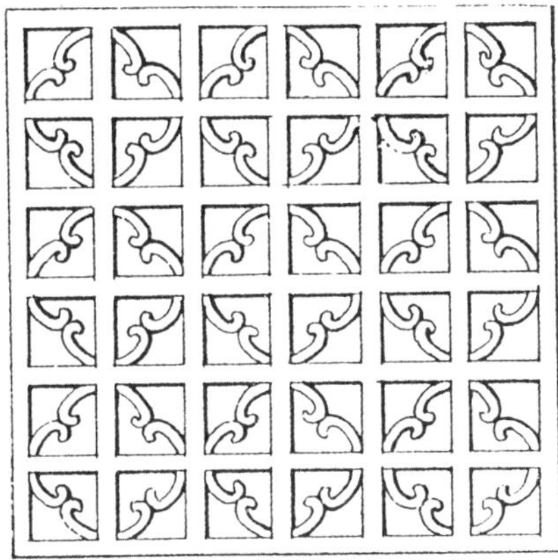

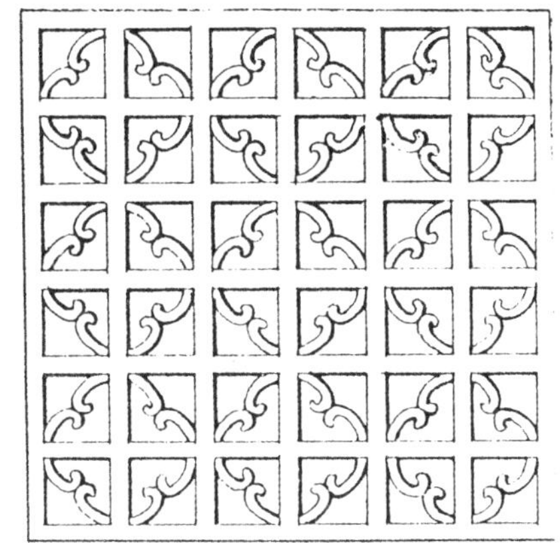

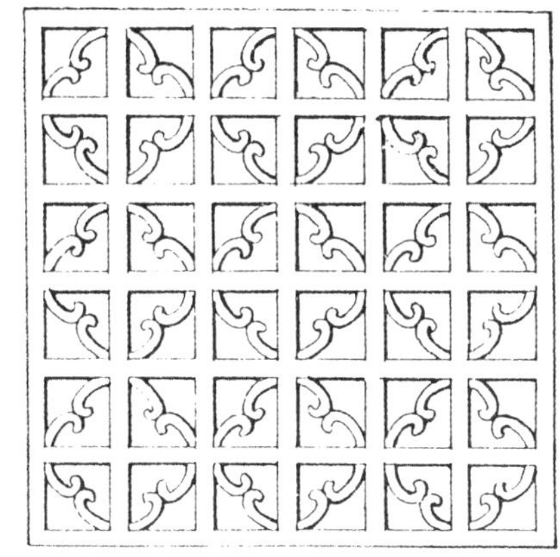

图189　窗棂图案

图190　窗棂大样

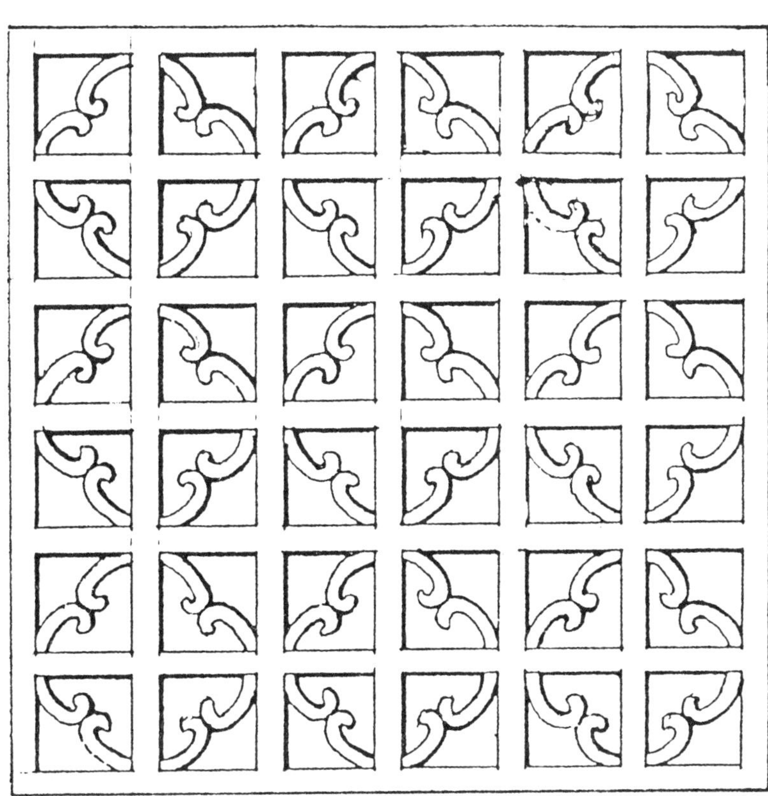

图191　窗棂图案

图192　窗棂大样

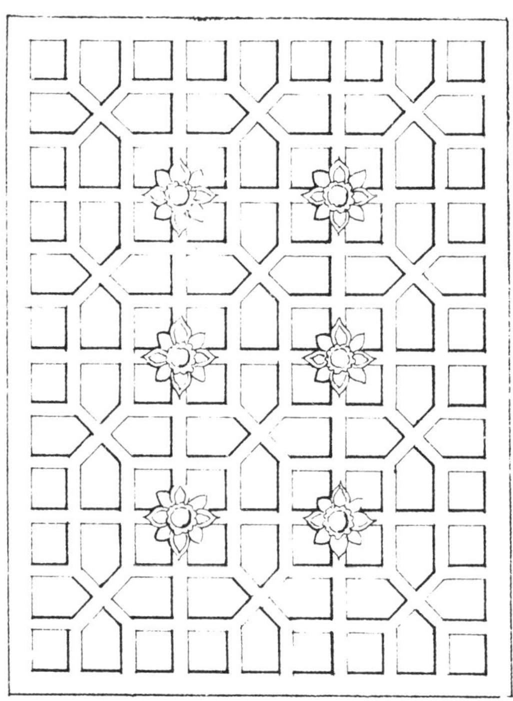

图193 龙脊某宅窗棂花饰

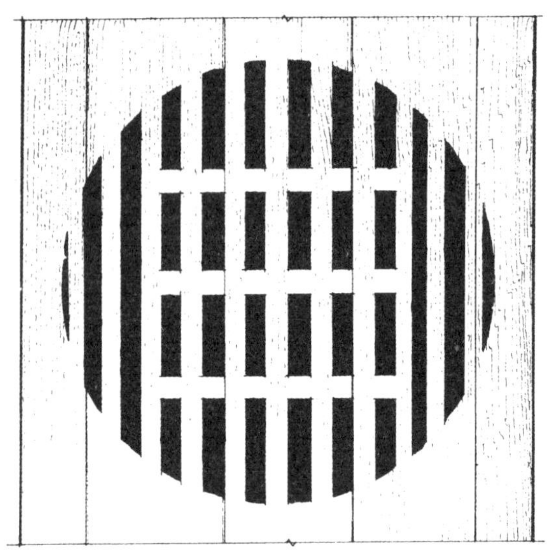

图194 圆形窗棂
图195 圆形窗棂
图196 斜三角窗棂花饰

图197 火塘底部
图198 火塘平面
图199 火塘剖面

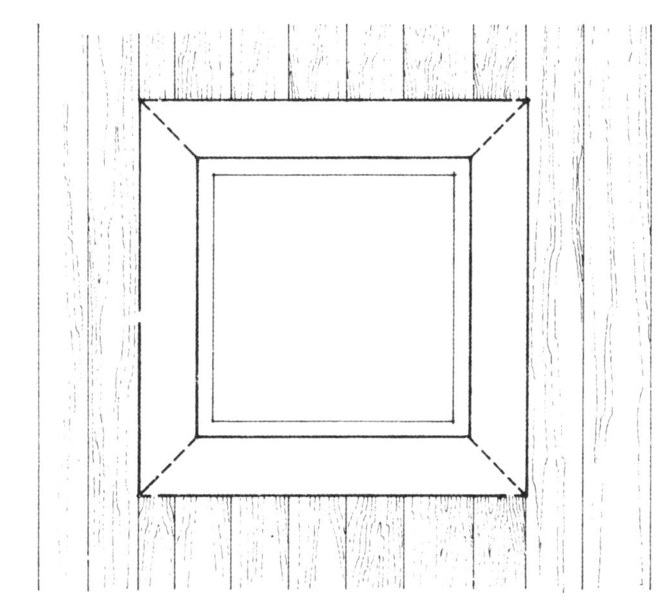

2. 火塘构造

火塘在桂北民居中占有相当重要的位置，除满足做饭，烧菜等日常需要外，还有聚会、议事等内聚功能，无论春、夏、秋、冬，人们都将火塘作为生活中心，火塘内的“火”终日不断。

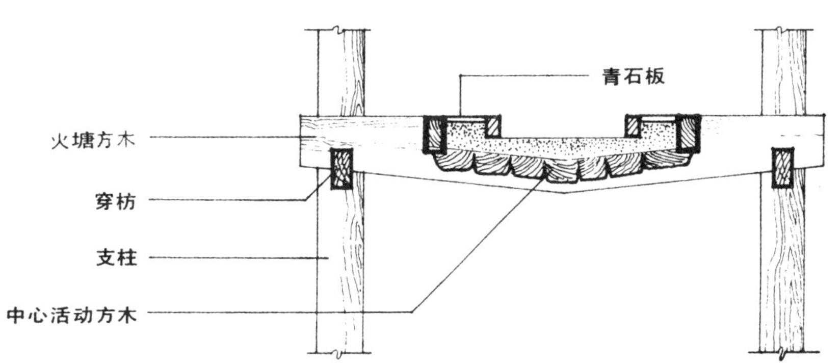

图200　吊式火塘
图201　单柱支撑火塘

为解决防火问题，火塘间的楼板上开一约1米见方的火塘口，做成下沉式方斗，支承重量的火塘方木架于穿枋上，在火塘枋上横铺火塘底木，再于底木上垫防火泥，作成方形火塘坑，用防火砖或青石板将火塘坑四周嵌边，并与木楼板取平，起隔热防火作用。火塘一般都设计成方形，四角分别与楼梁连成方形构架，底部用方木做成活动式火塘底，便于排放灰渣。

由于木结构建筑的局限，传统作法的火塘防火功能较差。因此，新建的一些住宅，也有把火塘放置在楼下另设新灶的做法。火塘则作为单一的内聚功能存在。

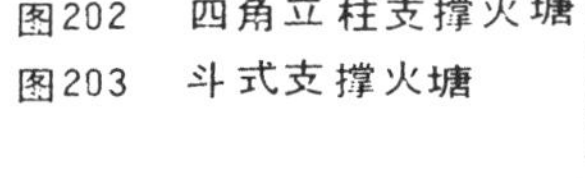

图202　四角立柱支撑火塘

图203　斗式支撑火塘

图204 桂北民居中香桌雕花
图205 雕花大样

3. 家具、吊柜

家具。桂北民居中的家具制作牢固、耐用。施材合理，一般不用单板面材、注意材料纹理，比例严格，造型简朴雅致，具有浓厚的地方传统风格。许多家具上精雕民族图案。雕饰用于神龛下的香桌为最多，以表达对祖先及神灵的虔诚。

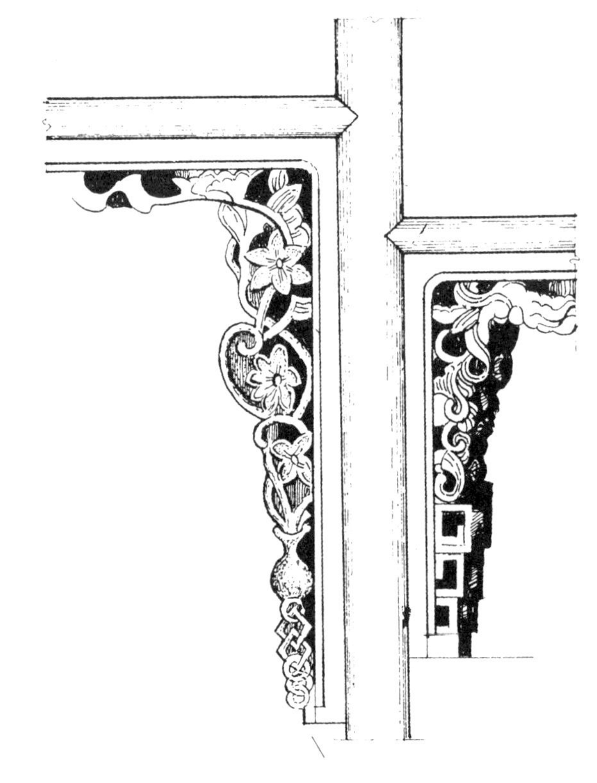

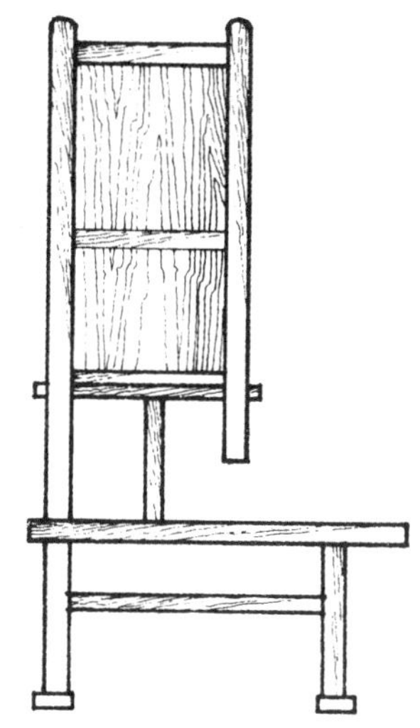

图206　碗柜立面

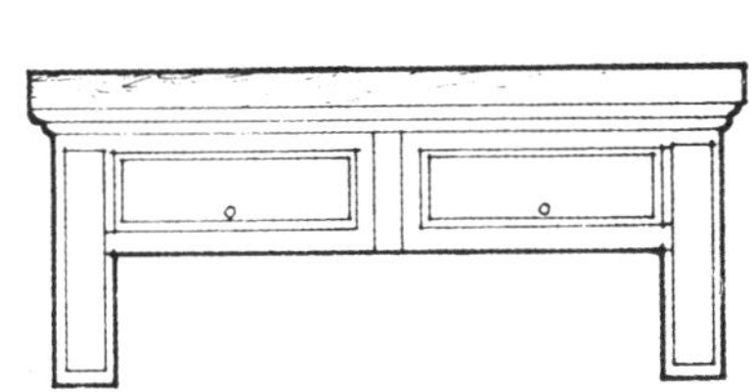

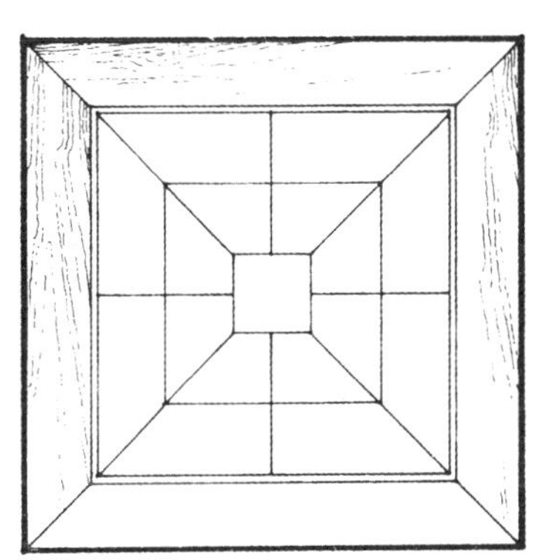

图207　餐桌平面、立面
图208　桶厕平面、立面

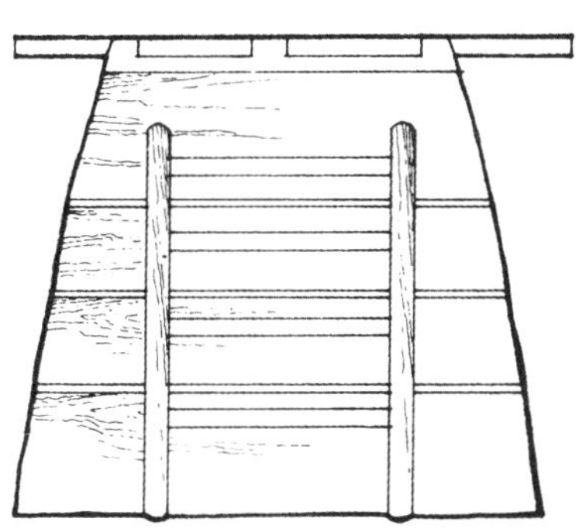

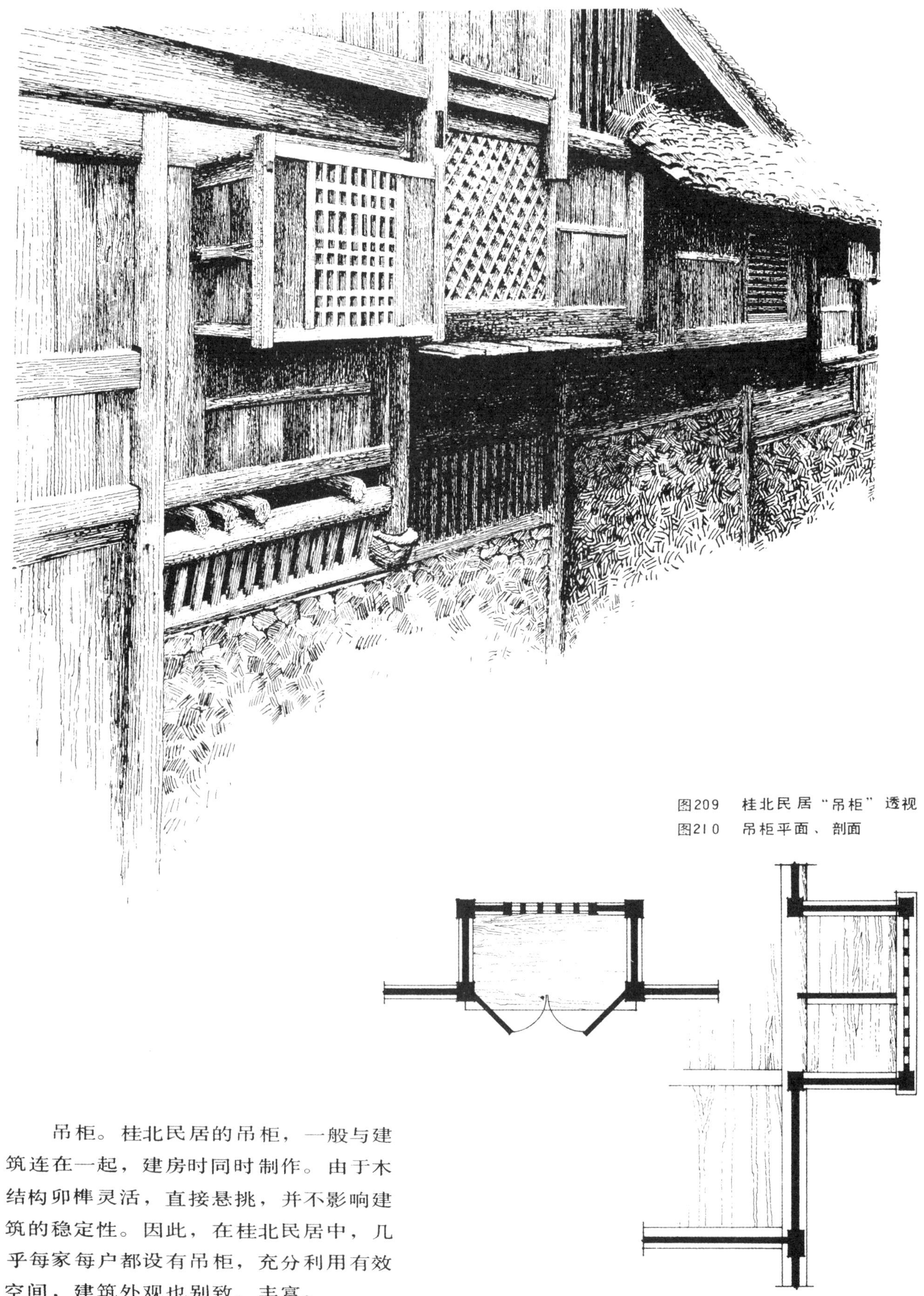

图209 桂北民居“吊柜”透视
图210 吊柜平面、剖面

吊柜。桂北民居的吊柜，一般与建筑连在一起，建房时同时制作。由于木结构卯榫灵活，直接悬挑，并不影响建筑的稳定性。因此，在桂北民居中，几乎每家每户都设有吊柜，充分利用有效空间，建筑外观也别致、丰富。

图211　民居柱础透视

图212　柱础花式

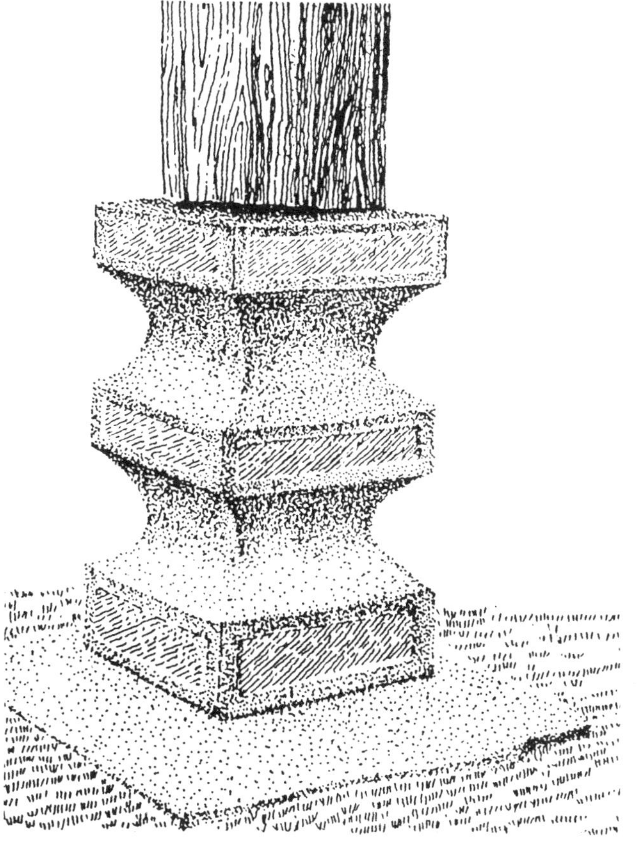

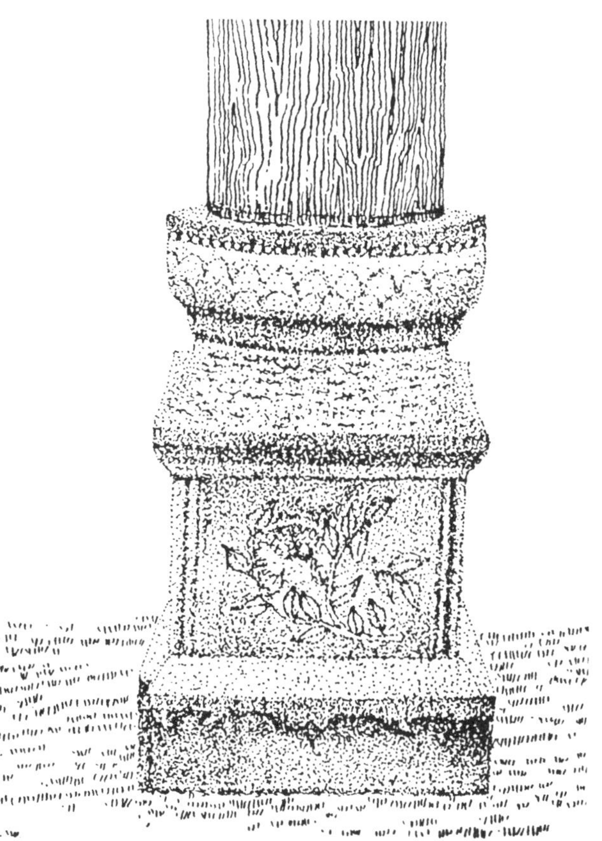

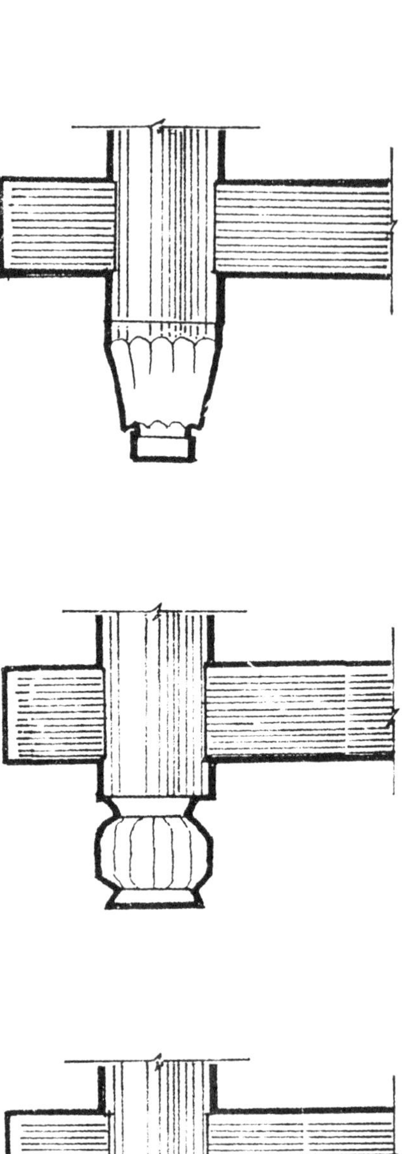

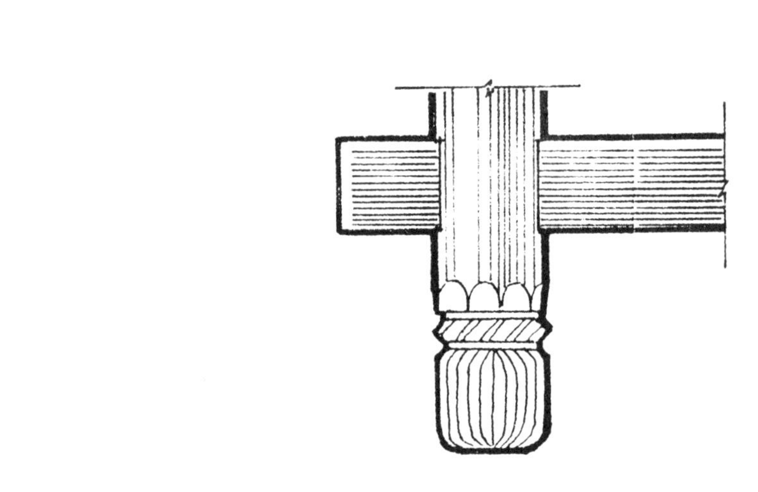

图213　垂花透视之一
图214　民居垂花大样

垂花与柱础。垂花与柱础多以自然生物为造型依据，有瓜形、莲形等，造型简朴，不重雕琢。受汉族装饰手法的影响，也有一些建筑的垂花及柱础雕刻精细、严密。特别是民居中的鼓楼与戏台等公共建筑，其雕刻更为精细、华丽。

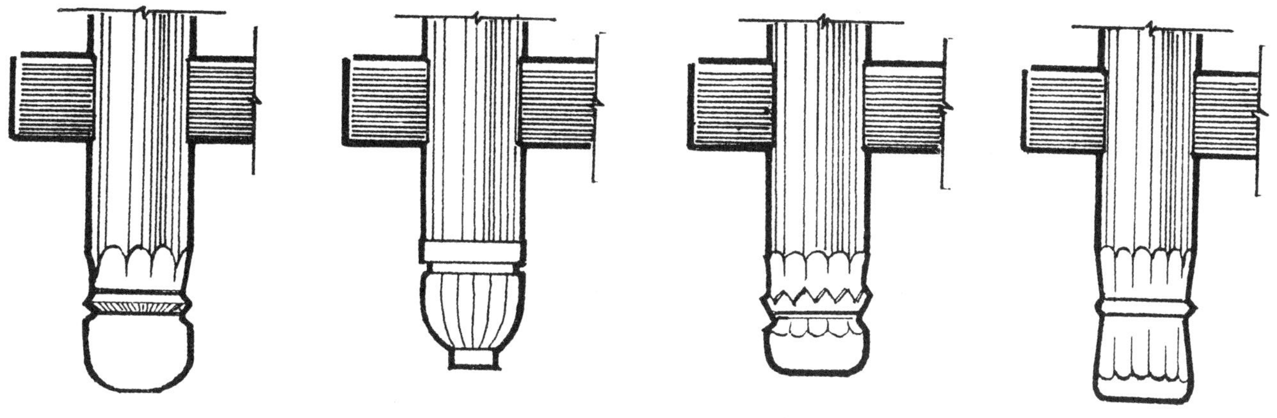

图215　民居垂花大样

图216　垂花透视

八、民居实例

图217 皇朝陈宅骑楼透视

图218　林溪镇皇朝陈宅透视
图219　皇朝陈宅局部透视

1. 皇朝陈宅

林溪镇皇朝陈宅由五户人家组成，七开间，沿路旁一侧伸出阁楼以木柱作支撑架空，保留现有村寨道路，“借天不借地”。由于地形高差大，主要入口从建筑正面直接进入第二层，五户人家均以同一个长廊作为联系枢纽，这种做法，具有平房出入的方便性。该宅造型别致，阁楼及山墙防雨披檐与主体大片屋面相衬，形成强烈对比。

图220　皇朝陈宅正立面
图221　皇朝陈宅总平面
图222　皇朝陈宅二层平面

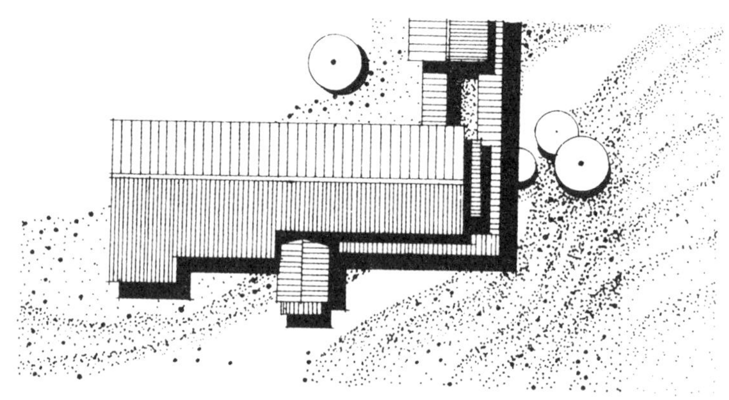

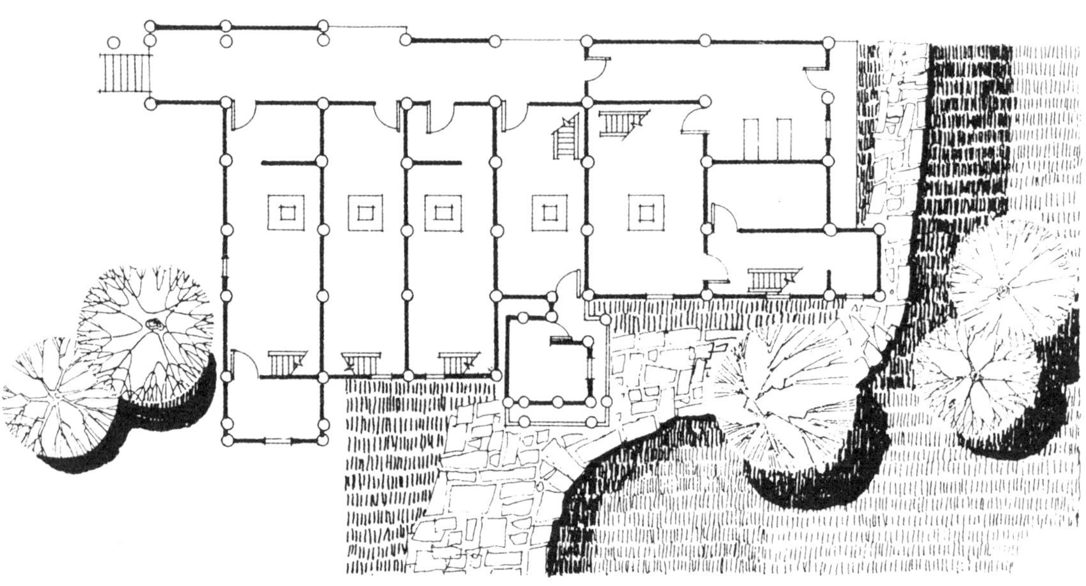

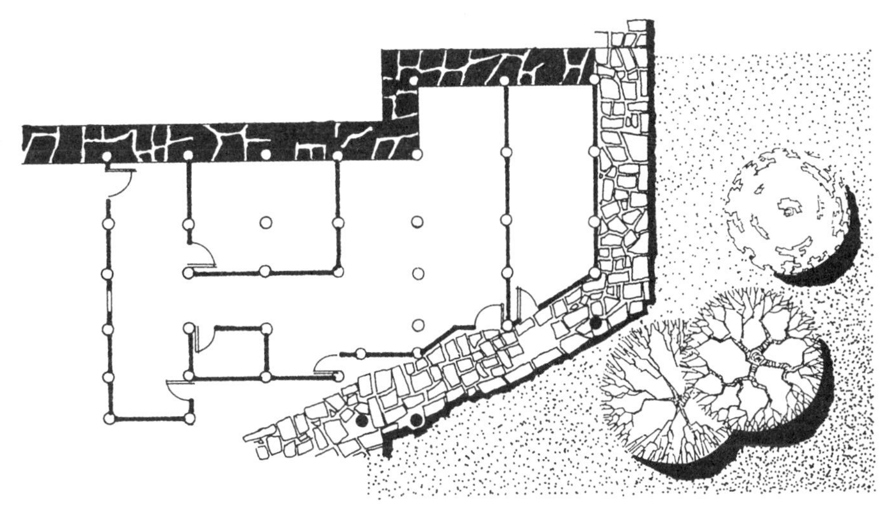

图223　皇朝陈宅立面
图224　皇朝陈宅底层平面
图225　皇朝陈宅三层平面

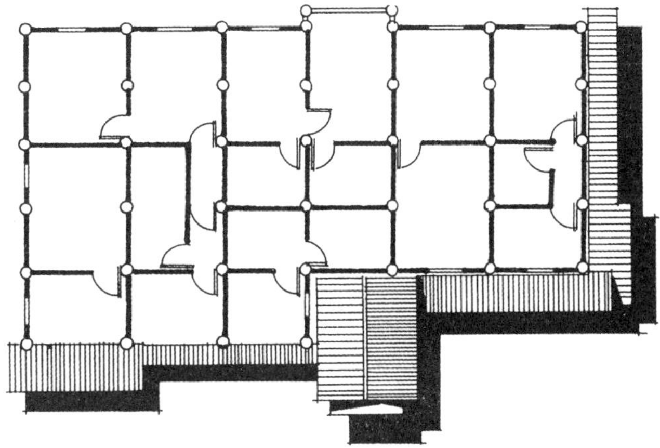

图226 皇朝陈宅骑楼局部透视
图227 皇朝陈宅前廊透视

图228　马安寨陈宅入口透视

2. 马安陈宅

马安陈宅的建筑造型，是侗族中较为典型的造型之一。采用悬山屋顶，山墙伸出披檐，房屋四面设置腰檐，这种处理手法在三江一带较为普遍。

图229　马安陈宅前廊透视
图230　马安陈宅二层平面

图231　陈宅三层平面

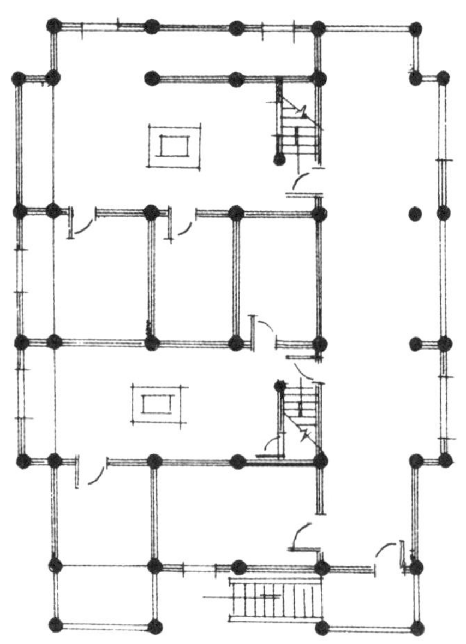

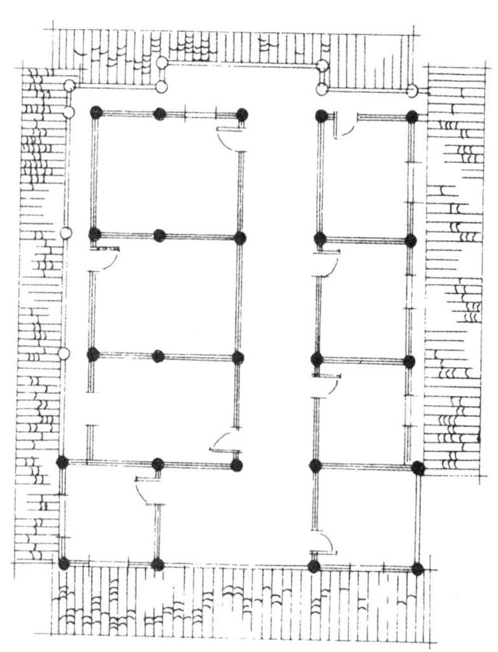

图232　马安陈宅立面

图233　马安陈宅总平面

图234　林溪冠洞某宅一瞥

3．冠洞某宅

林溪冠洞寨某宅择地于林溪河堤坝边，背山面河，为防止洪水浸蚀，基础堆砌较高，并把贮藏及饲养牲畜等活动性大的生产空间设置在第一、二层。卧室均设在第三、四层。

图235　冠洞某宅正立面

图236　神龛透视

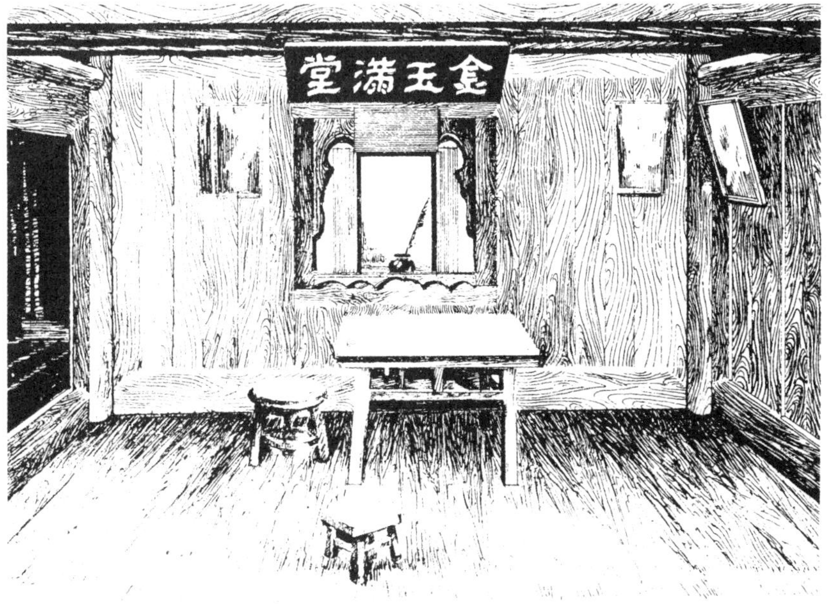

图237　冠洞某宅侧立面

图238　冠洞某宅二层平面

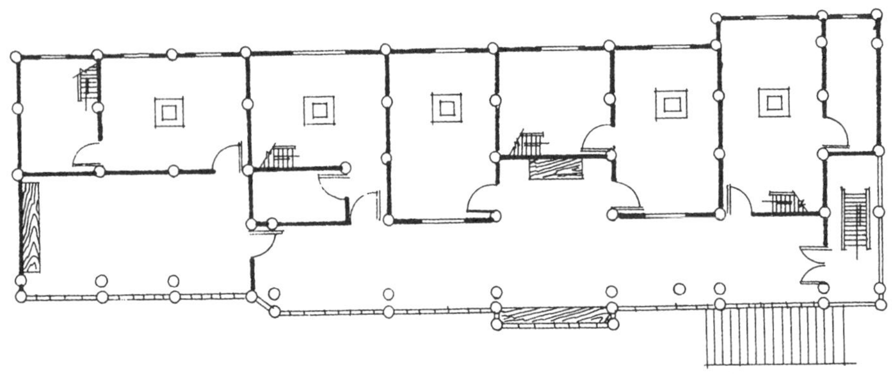

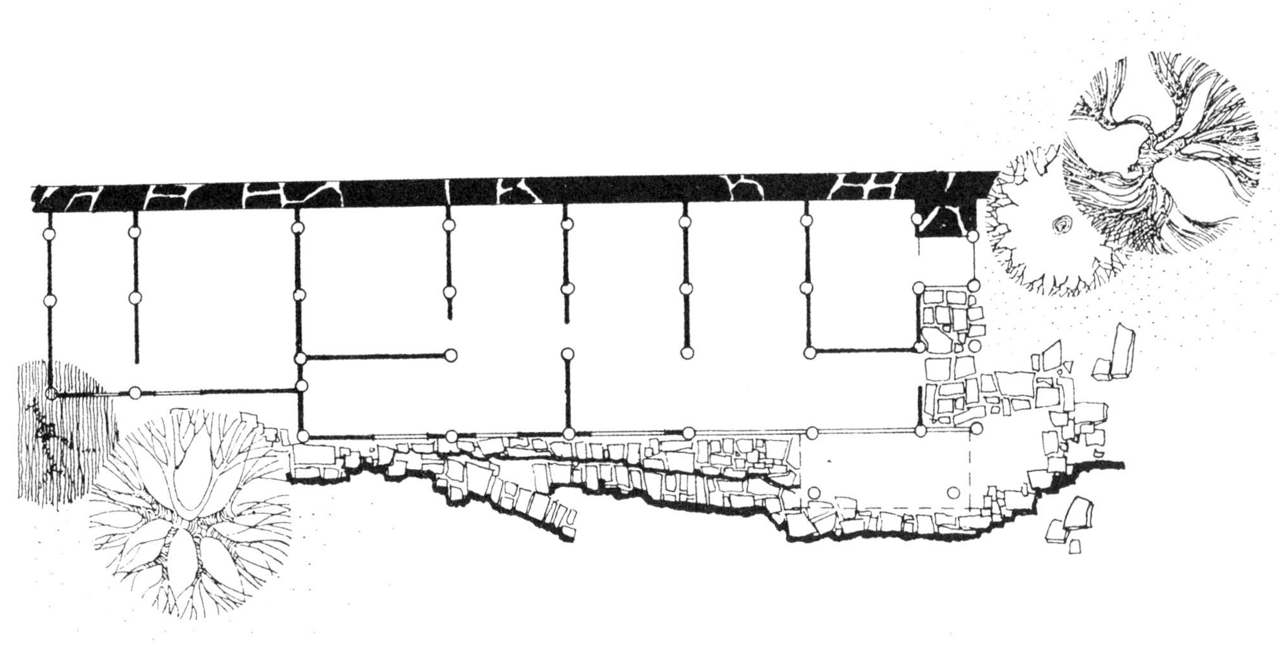

图239　冠洞某宅底层平面

图240　冠洞某宅总平面

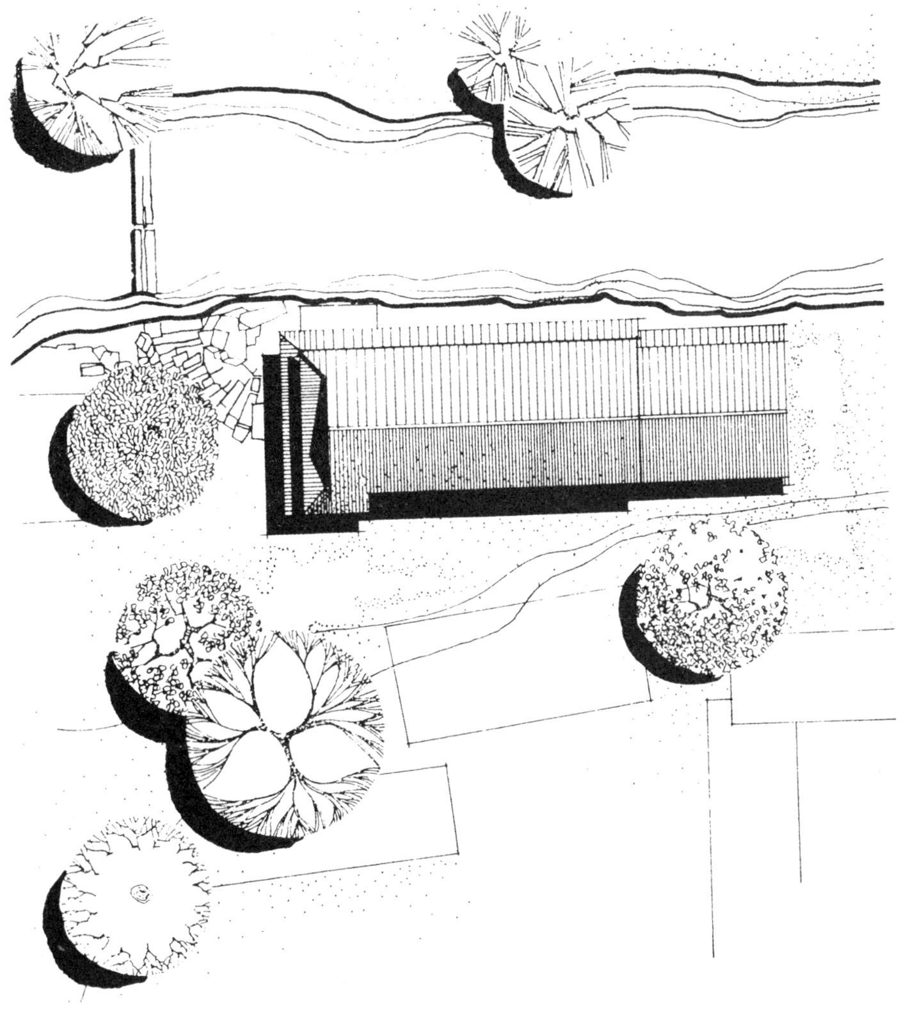

图241 冠洞某宅堂屋内景

冠洞某宅第二层从地面有直接出入口，简化了交通路线。全宅由五户人家组成，并列排成一字型，平面布局采用外廊式串联各住户，并在房屋轴线上设置神龛，使内部空间富于变化，形成全宅的中心。五户人家火塘间全部设置在第三层，外廊公用，各家火塘间均设置楼梯进入第四层，确保其私密性。

建筑外观轻巧，与基石形成强烈对比，充分体现了木结构的特性。入口一侧山墙采用歇山顶形式。长廊的窗格在立面上形成和谐的韵律。

图242　冠洞某宅长廊透视

图243　冠洞某宅剖面图

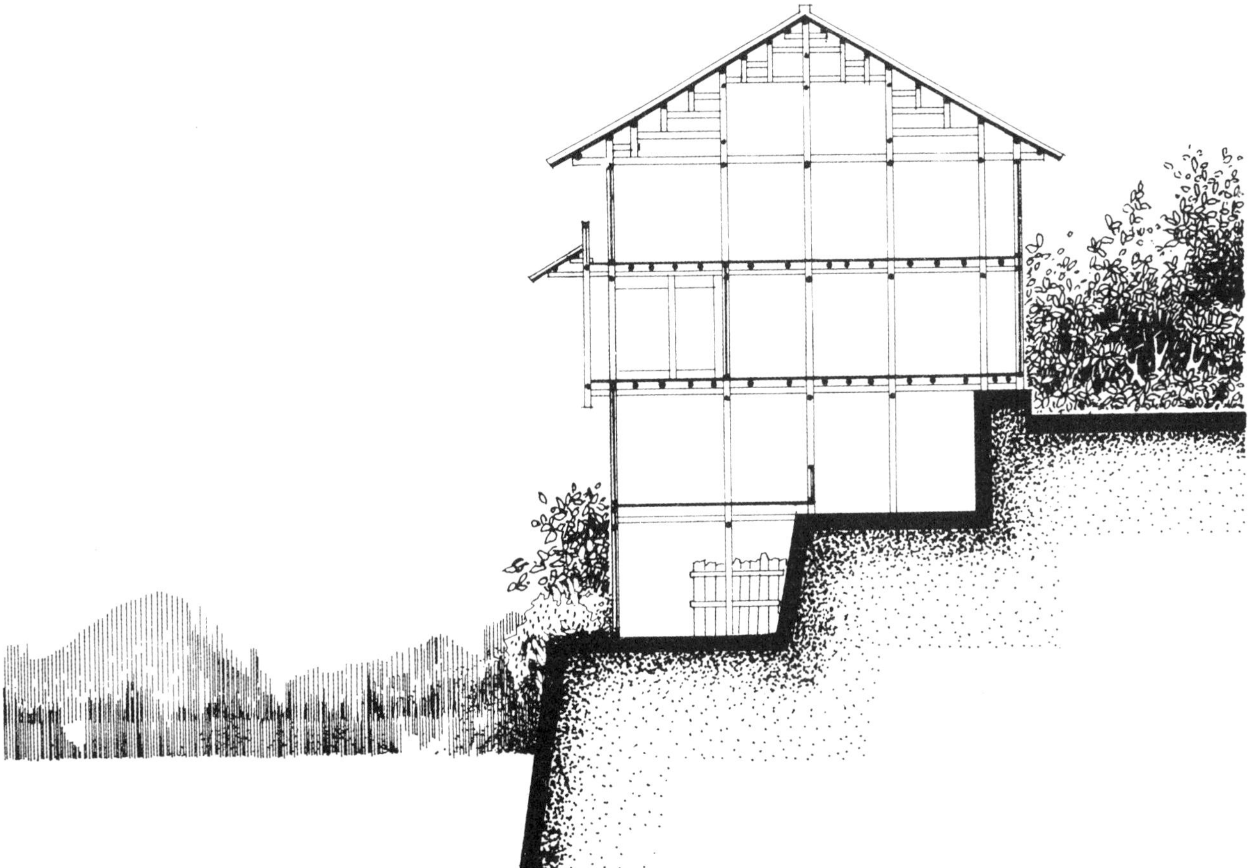

图244 皇朝吴宅前廊透视

4.皇朝吴宅

桂北村寨多傍山而建。因此，地形对于建筑的影响既有约束的一面，又有利用创造特色的一面。

林溪皇朝吴宅选址于一大坡地段，为防止建筑滑坡，用片石层层坚垒，筑成阶梯形台基。建筑外观处理轻巧、空透，与厚重坚实的基石形成虚实对比。由于地处高坡，人们别出心裁地把前廊作为“亭”的形式处理，尽可能扩大视野，使人可以尽情眺望室外景色。由于“亭”的出现，使建筑本身也增加了趣味。

吴宅的另一特点是充分利用空间的渗透来增强层次感。平面为“L”型，沿崖边一侧是该宅的前廊，内侧设置神龛，从入口到火塘间的整个空间秩序中，穿插前廊及神龛空间，采用不分割的渗透手法，引导建立一个完整统一的空间序列。

图245　皇朝吴宅入口透视

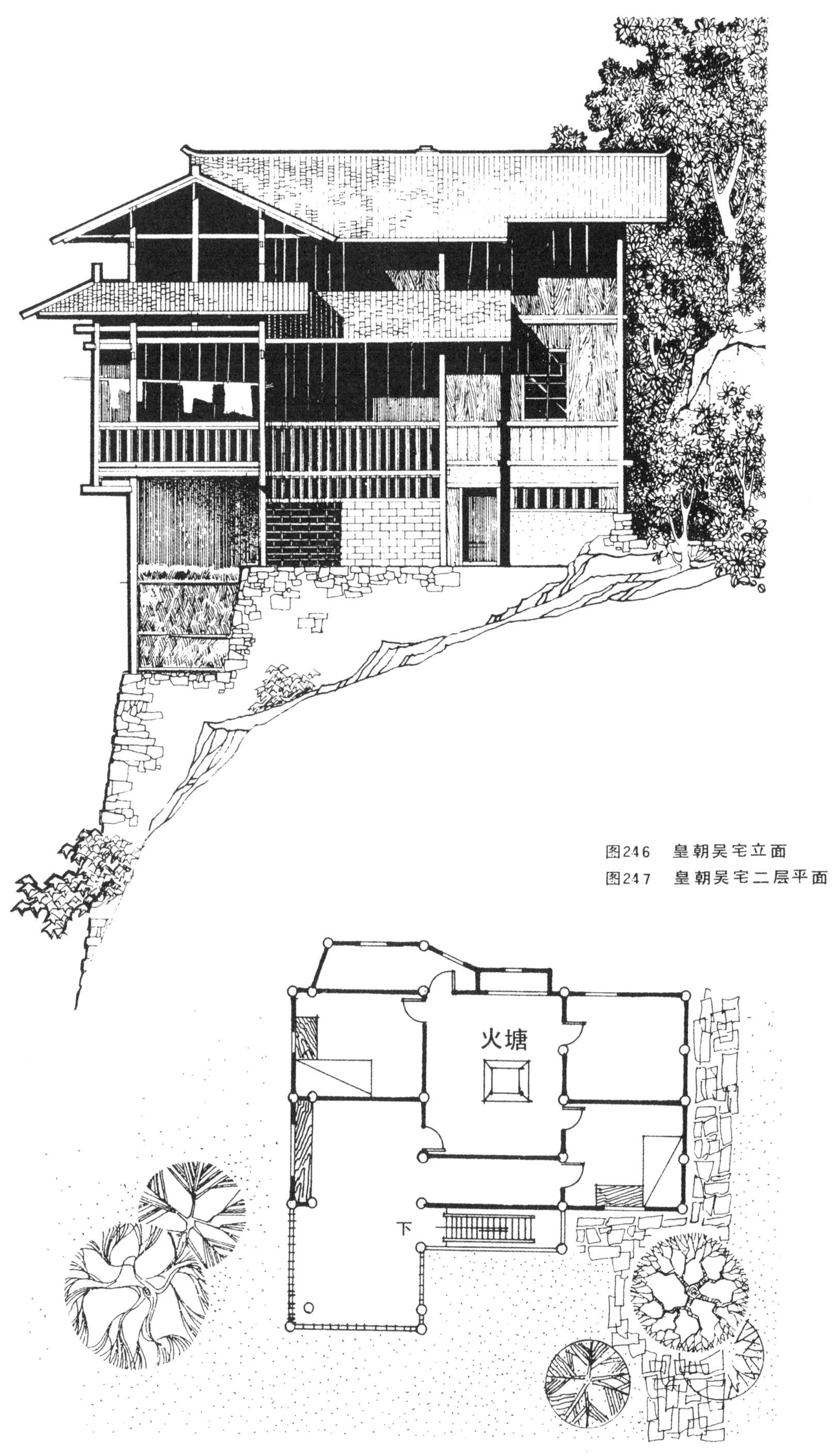

图246　皇朝吴宅立面
图247　皇朝吴宅二层平面

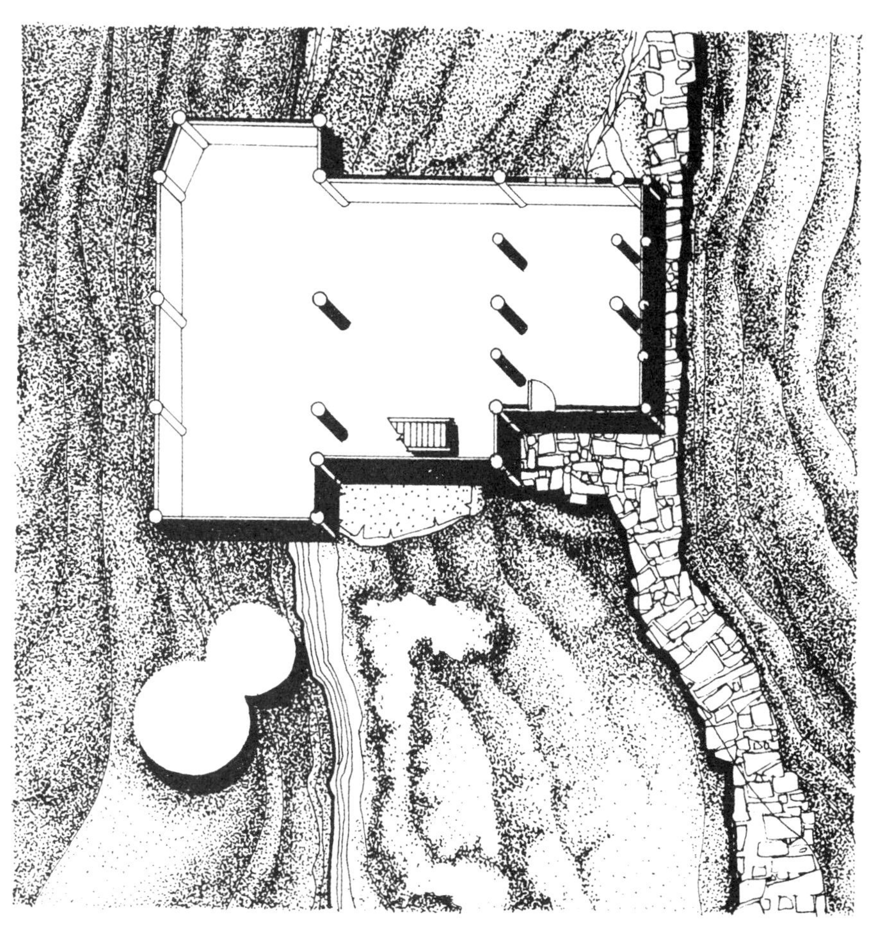

图248　吴宅底层平面
图249　吴宅屋顶平面

图250 吴宅堂屋透视
图251 吴宅入口透视

5. 林溪某宅

图252　林溪某宅正立面
图253　林溪某宅二层平面

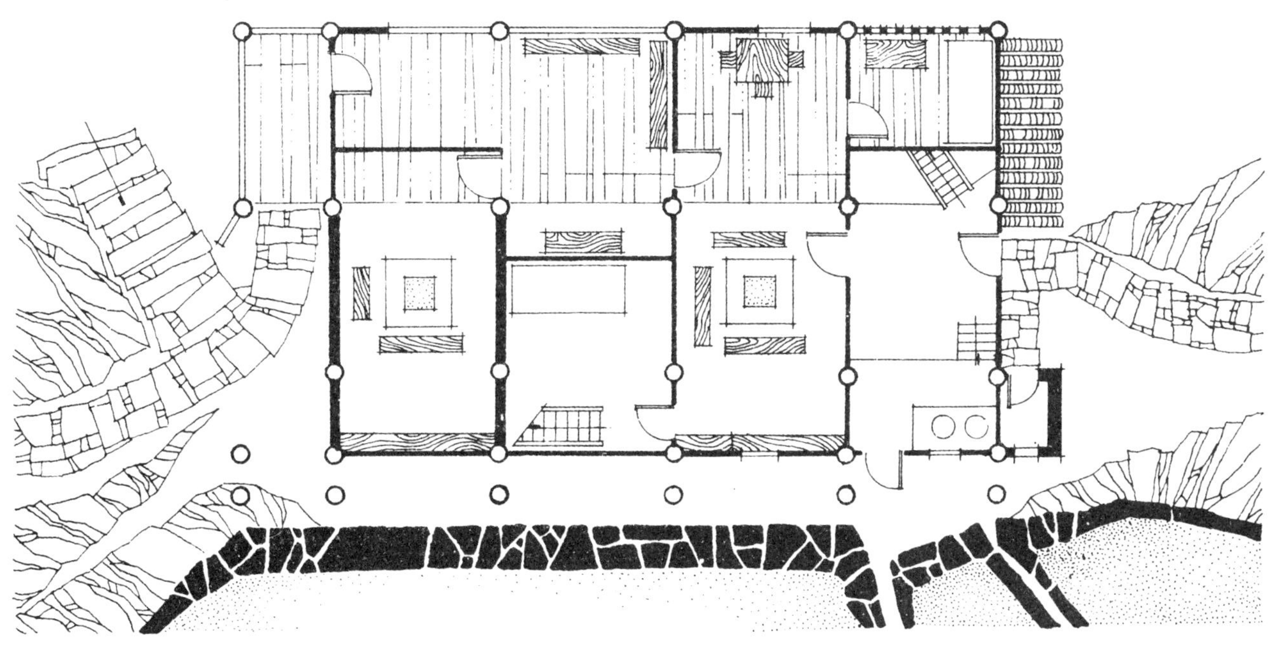

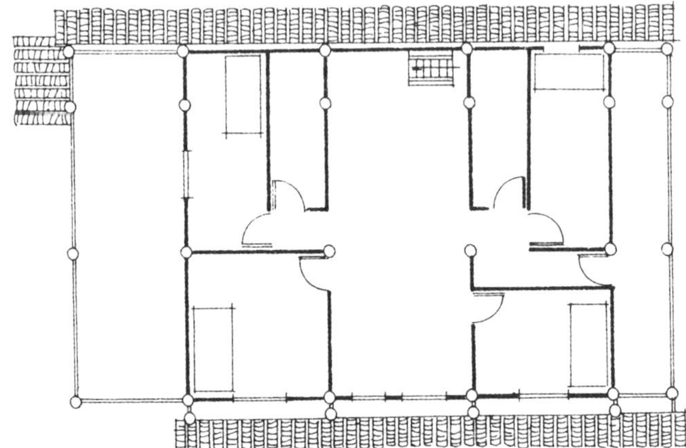

图254　林溪某宅立面

图255　林溪某宅三层平面

图256　林溪某宅底层平面

林溪某宅傍山而建，利用地形的跌落布置建筑平面。底层杂务间为半地下空间，二楼入口及前廊是木楼板，后半部房间设置在与楼面标高一致的地面上，火塘间与厨房各占一个开间，并增设出入口，较好地解决了木结构民居的防火问题。

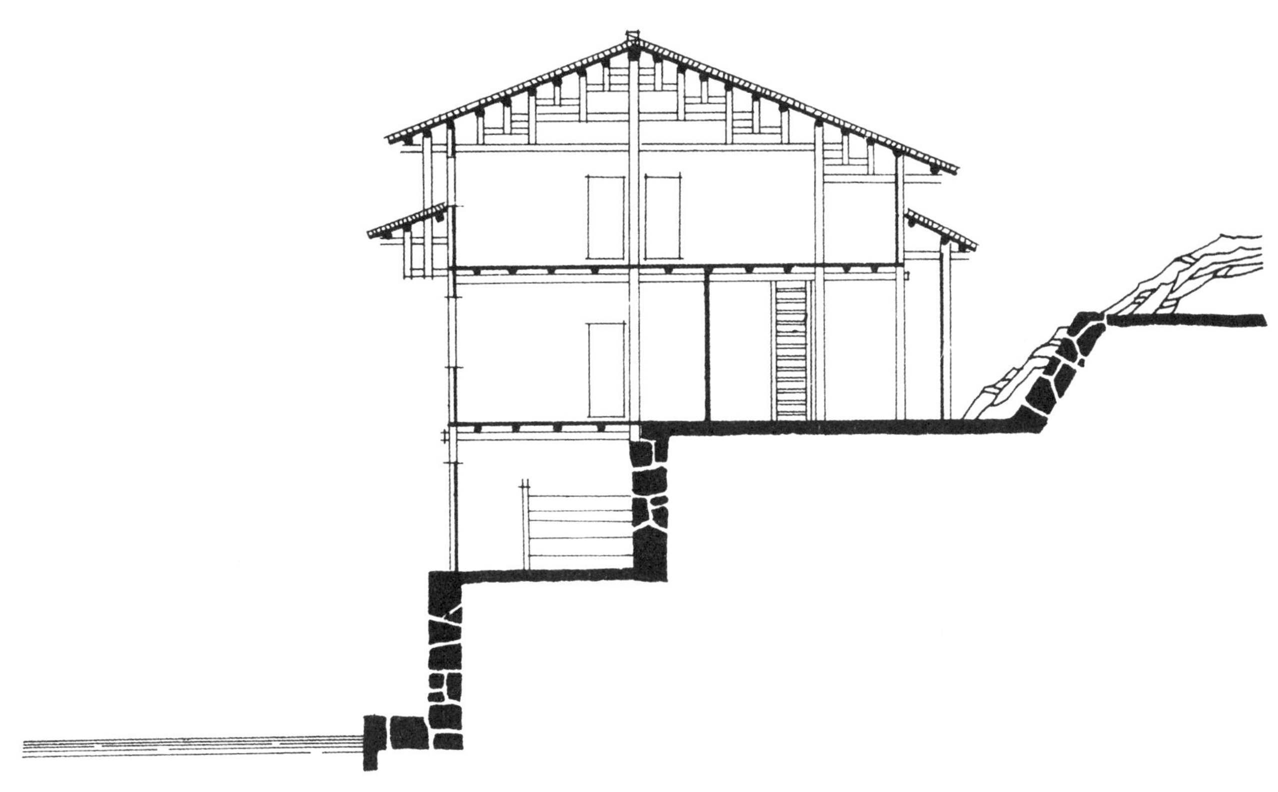

图257　林溪某宅剖面图
图258　林溪某宅入口透视

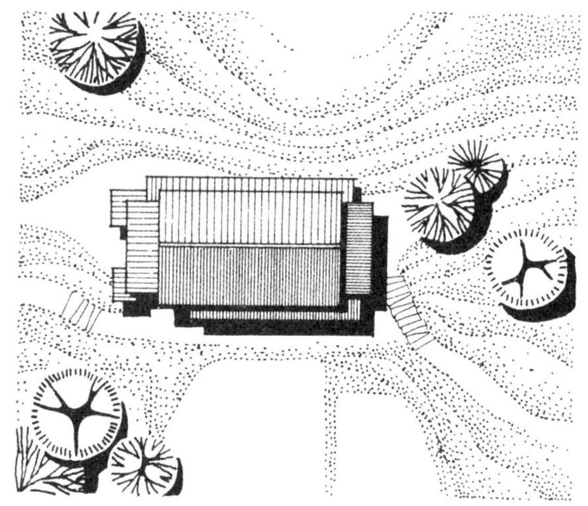

图259 林溪某宅总平面图
图260 林溪某宅前廊透视
图261 林溪某宅局部透视

图262　枫木廖宅立面
图263　枫木廖宅三层平面
图264　枫木廖宅二层平面

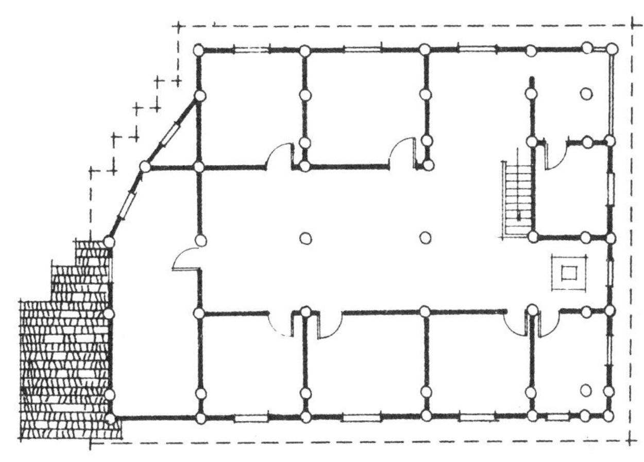

6. 枫木廖宅

枫木廖宅主体建筑三层，入口山墙采用歇山屋顶，层层外挑，颇有气势。另一侧山墙屋面与接出的披檐叠落内收，与主体建筑的规整形成对比，打破了立面的呆板。堂屋设置在明间，次间分割为火塘和楼梯间。明间与次间以柱划分空间，增加了空间的流动性。

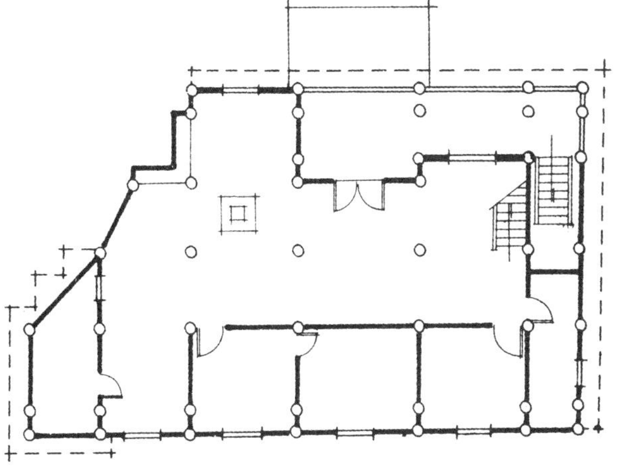

图265 枫木廖宅侧立面

图266 枫木廖宅正立面

图267 枫木廖宅底层平面

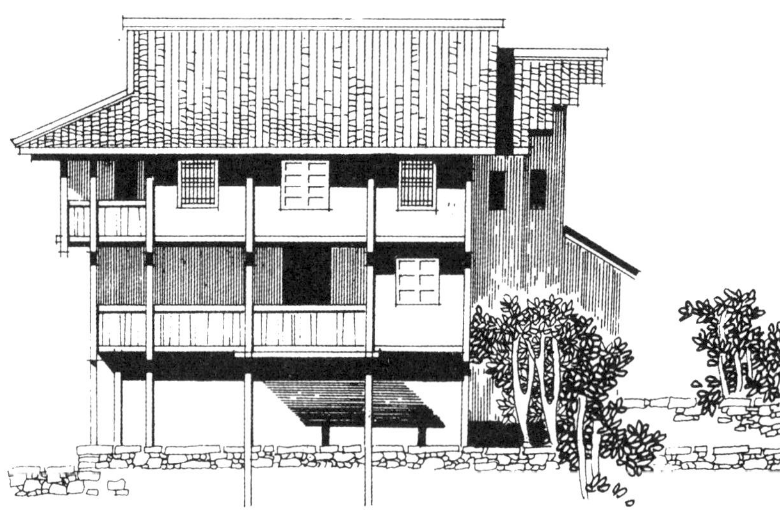

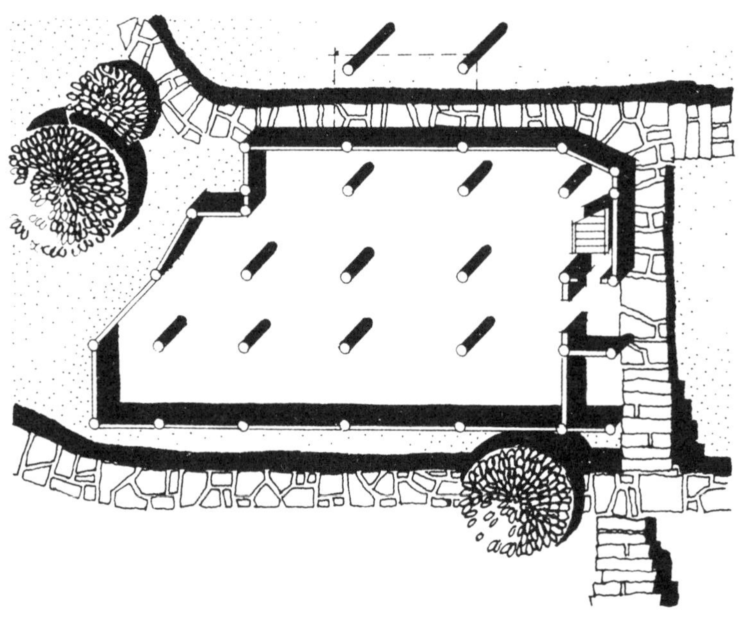

图 268　枫木廖宅挑廊透视及剖面

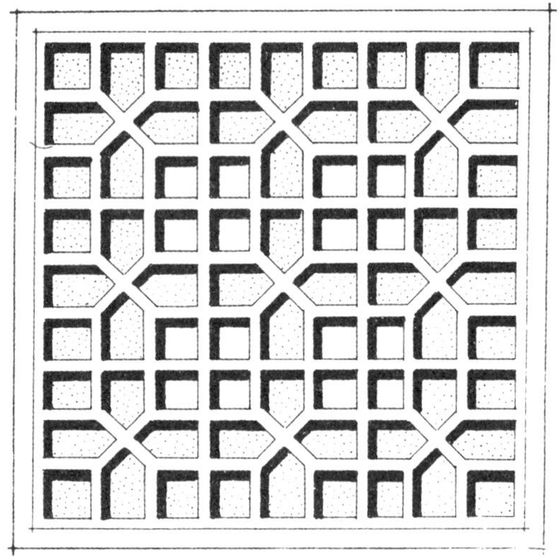

图269　廖宅窗棂花式

图270　廖宅前廊透视
图271　廖宅火塘透视

图272　枫木廖宅剖视图

7. 金竹1号民居

图273 金竹1号民居透视

图274　金竹1号民居透视
图275　金竹1号民居底层平面

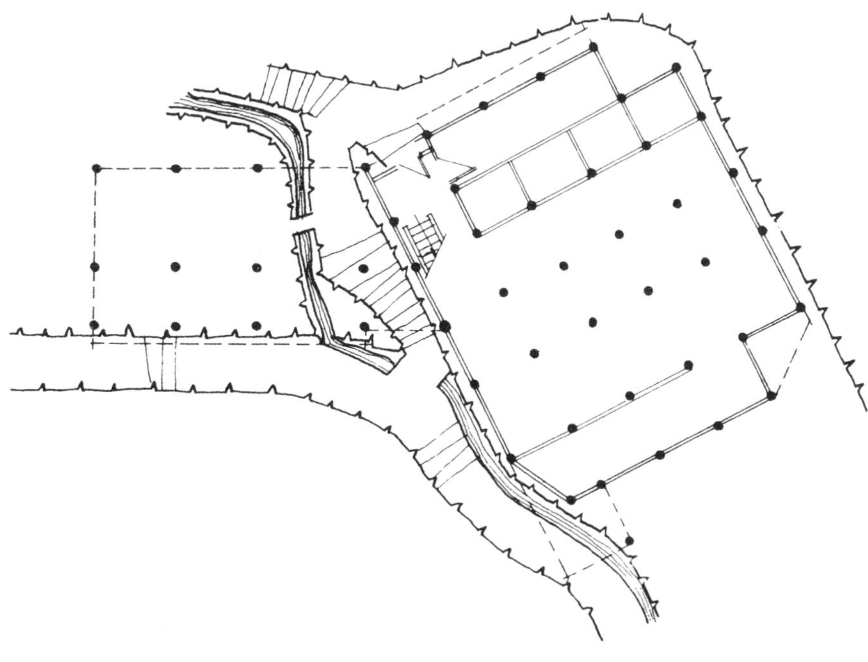

图276　金竹1号民居立面
图277　金竹1号民居二层平面

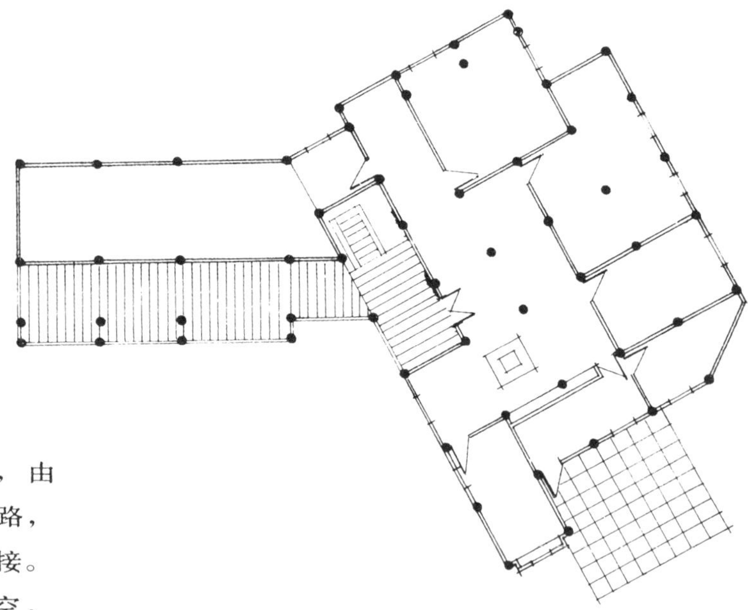

龙胜金竹1号民居建于山坡地段，由两部分组成，主体建筑平行于村寨道路，附体部分根据地形，与之呈一斜角连接。由于地处丁字路口，附体建筑底层架空，道路横穿架空层而过。

该宅主要生活间设置在主体部份，附体建筑作为库房及晒廊。建筑处理主从分明、虚实对比明显。

图278　金竹Ⅰ号民居吊脚楼

图279　金竹Ⅰ号民居局部剖视

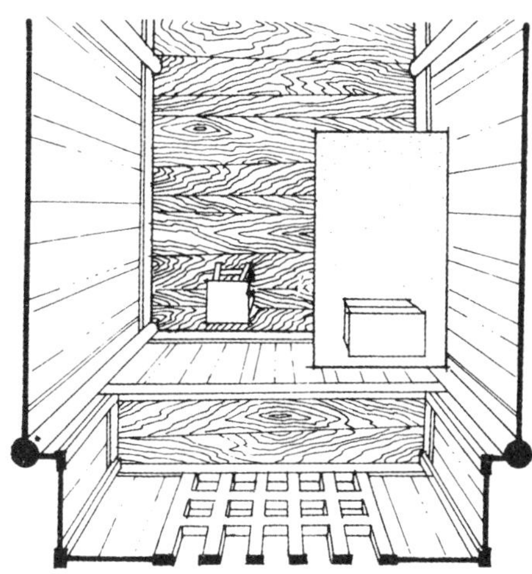

图280 金竹1号民居
图281 金竹1号民居屋顶平面

8. 金竹3号民居

图282　金竹3号民居入口透视

图283　金竹3号民居正立面
图284　金竹3号民居总平面

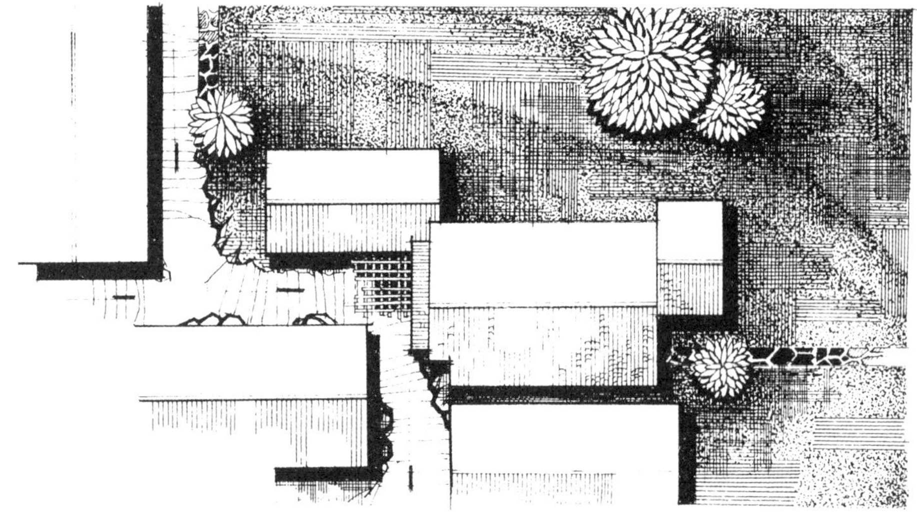

图285　金竹3号民居角楼透视

图286　金竹3号民居室内一角

金竹3号民居地处"∟"型路口，在入口处巧妙地伸出晒台，形成入口空间的起序。该宅充分利用地形，在不规则的平面中，很好地安排了各个房间。入口设置过厅，使复杂的交通流线得以简化。楼梯间有四条交通流线，为避免交叉，进入不同层高的楼梯平行设置。二楼居住层堂屋及神龛设置在主轴上，并以立柱划分空间，通过凹凸处理形成各个生活空间部分。为充分争取利用有效空间，采取吊角及悬挑方法，把贮藏等房间向空间伸出。

图287 金竹3号民居晒廊透视

图288 金竹3号民居二层平面

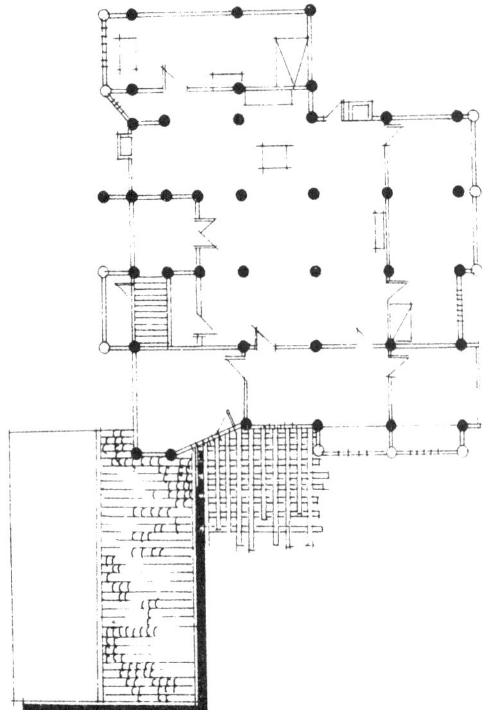

图289 金竹3号民居底层平面

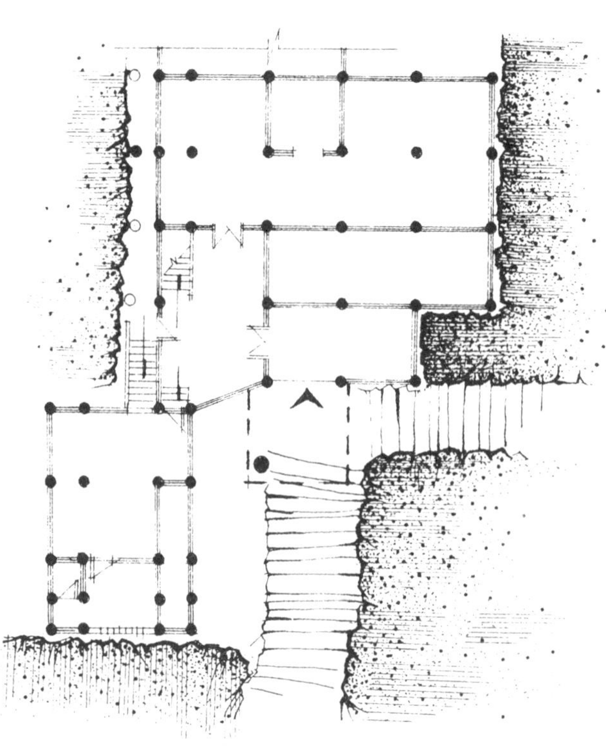

图290　金竹3号民居剖视图

图291　金竹3号民居窗花立面

图 292　龙脊侯宅立面

图 293　龙脊侯宅二层平面

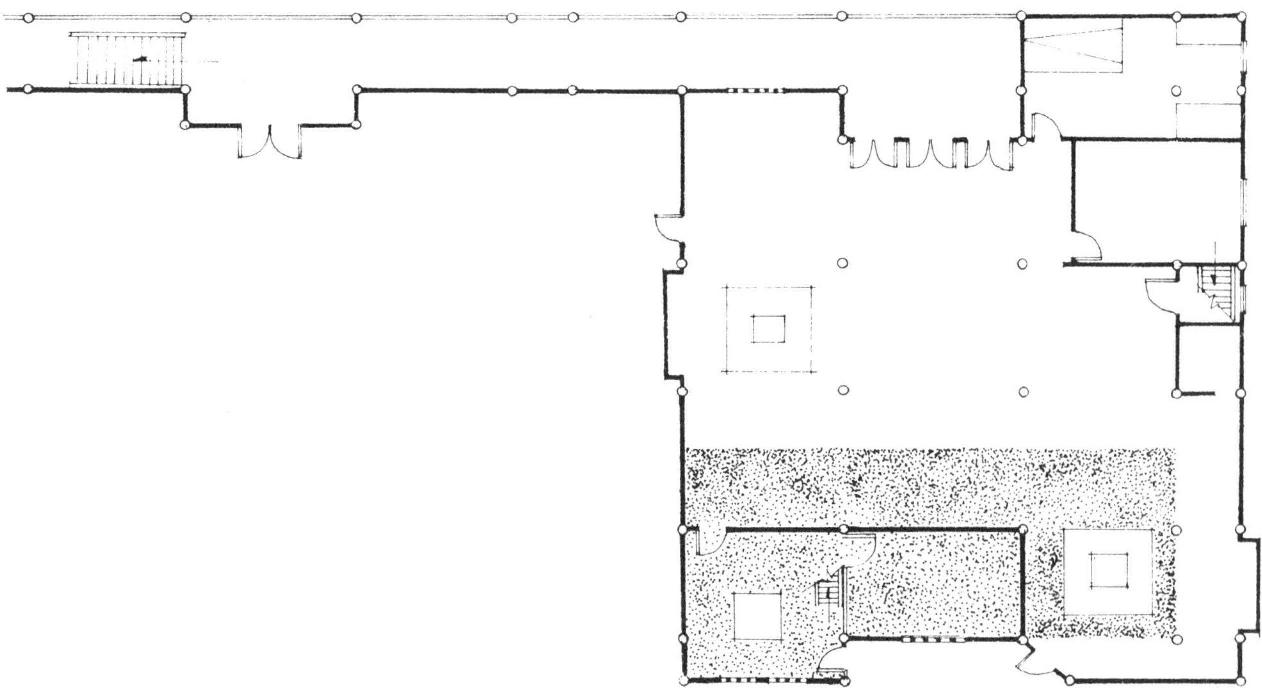

图294　龙脊侯宅正立面

图295　龙脊侯宅三层平面

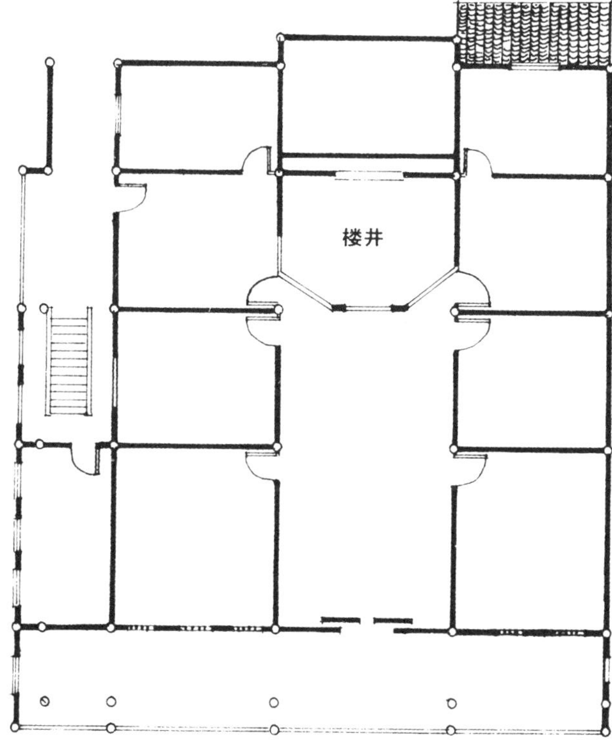

图296　龙脊侯宅楼井透视

图297　龙脊侯宅屋顶平面

9. 龙脊侯宅

图298　龙脊侯宅前廊透视

龙脊寨侯宅利用邻家山墙相依而建，并作为一个建筑整体设计。主要建筑入口也借用邻宅楼梯，两家共用一个前廊。利用屋面高低不同，在外观上保持了各自的独立性。两家各用一个歇山面，新老建筑相互呼应，成为一体。

该宅平面成正方形，以神龛为中心布置房间。堂屋中的四根立柱，不仅起到空间划分的作用，同时也使神龛的神秘气氛更浓。卧室设置于三楼，神龛前做成楼井直通屋顶，用亮瓦采光，以满足功能需要。该宅另一特点是采用了圆门、圆窗，使住宅外形更富艺术变化。

图299 侯宅前廊一侧透视

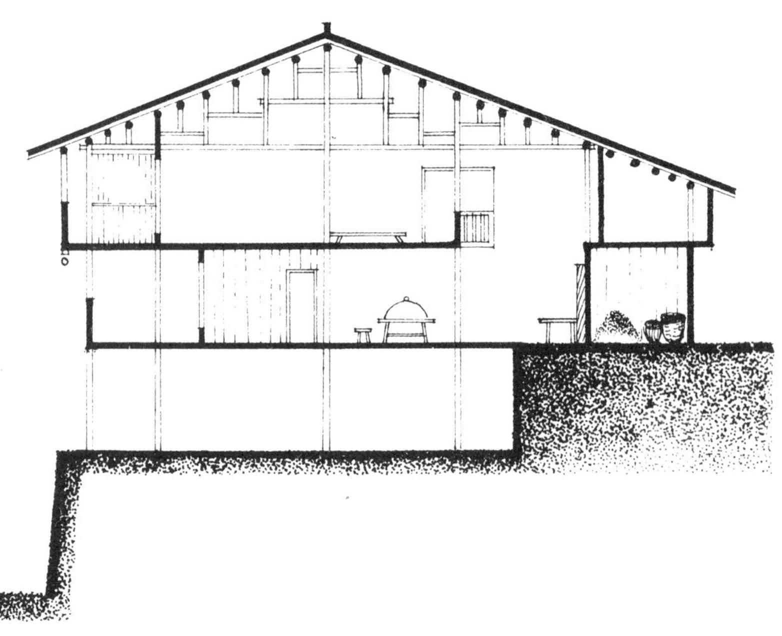

图300 龙脊侯宅剖面图

图301 平安廖宅平面轴测图

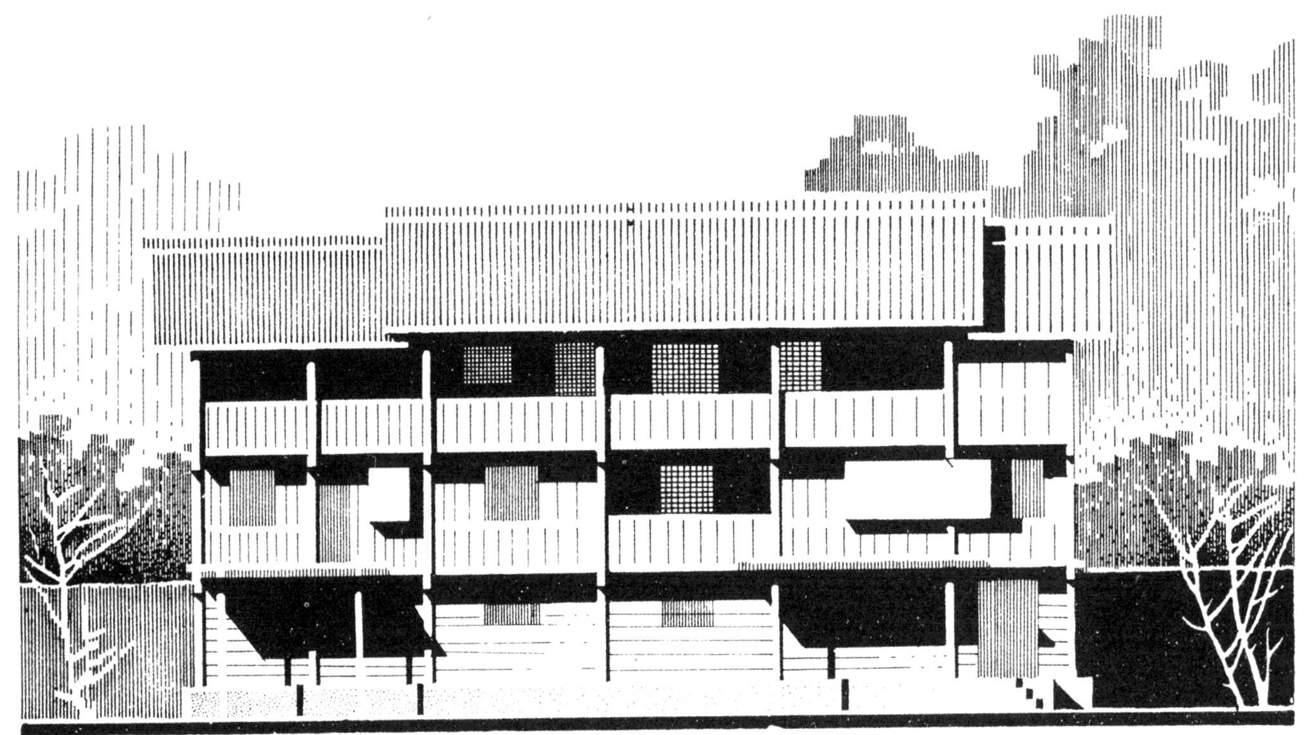

图302 平安廖宅正立面

10．平安廖宅

平安廖宅是寨中大宅之一，由于该宅体量较大，立面处理分成三段。中段屋顶较高，为建筑的主体部份。该宅平面布局规整，堂屋及神龛设置在建筑主轴线上，第三层楼井左右两侧封板至该层穿枋处，着重强调神龛，同时也起到划分空间的作用。

图303 平安廖宅侧立面

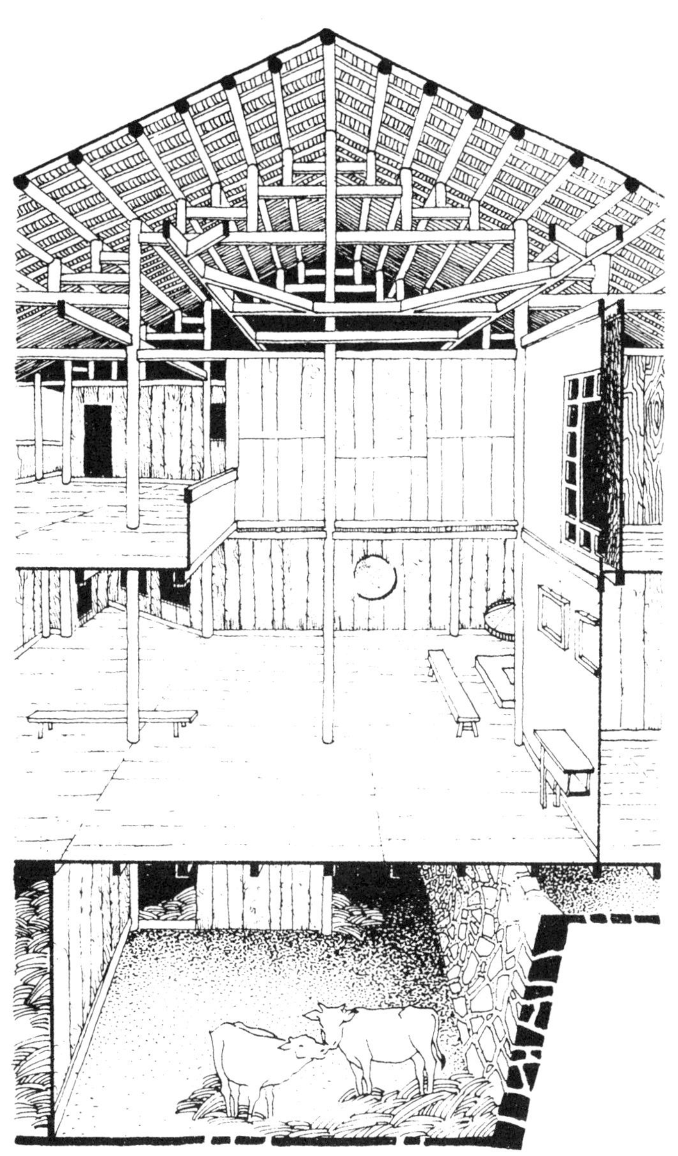

图304　平安廖宅剖视图

图305　平安廖宅室内透视

图306　平安廖宅屋顶平面
图307　廖宅楼井穿枋大样
图308　平安廖宅三层平面

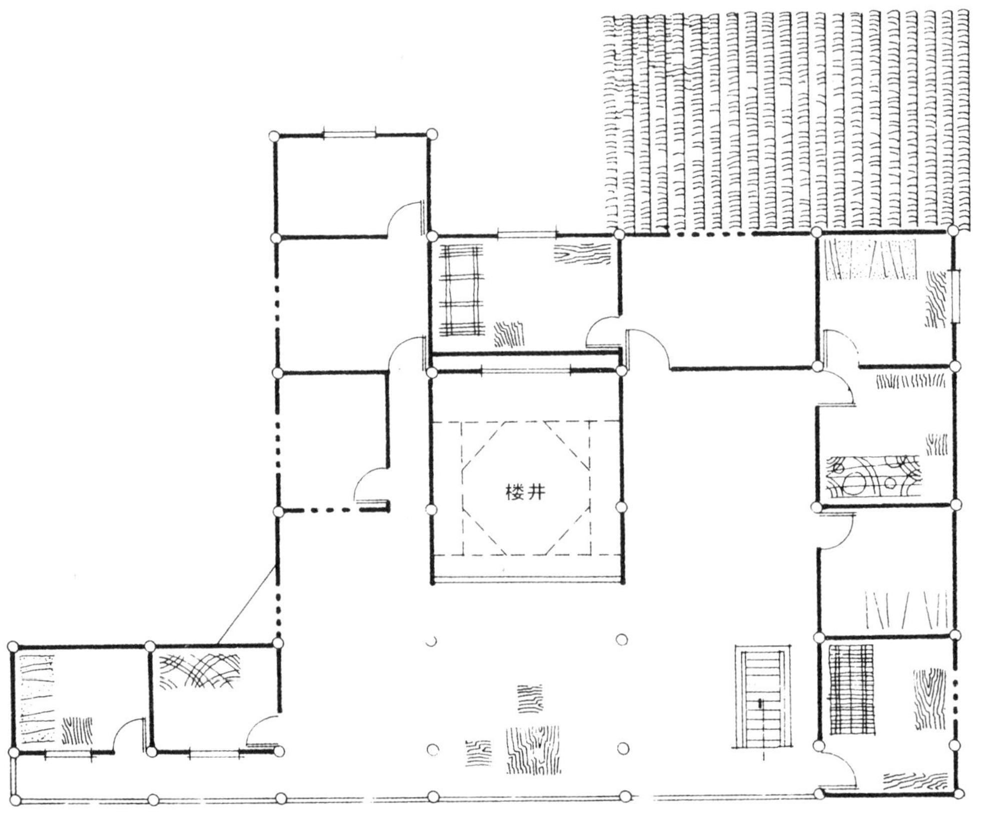

图309　平安廖宅入口透视

图310　廖宅房间平面剖视

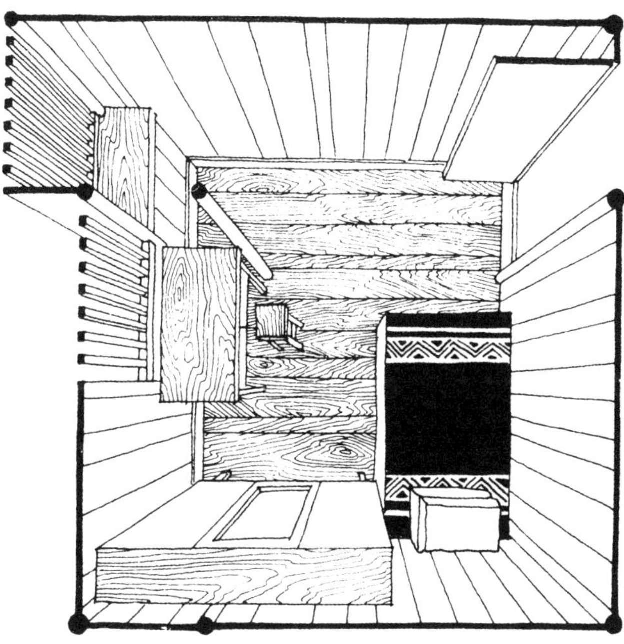

图311 金竹2号民居立面

11．金竹2号民居

图312　金竹2号民居侧立面

金竹寨建筑一般都平行于坡地等高线。

金竹2号民居分左、右两栋，先后建成于道路两旁，左侧栋为该宅的主体建筑，其主要生产、生活空间都设在内。入口处利用架空连廊作为空间的前奏。过厅较封闭，楼梯间较开敞，不仅满足了采光、通风等功能，同时也取得了开阔的视野，使整个空间序列富于变化。在保留原有村寨道路的前提下，底层架空，形成过街楼，楼层用连廊将两栋建筑连为整体，并与周围环境相呼应，形成村寨的中心空间。由于地形有高差，右侧一栋底层标高做成与左侧民居楼层一致，并单独设出入口，避免流线交叉。

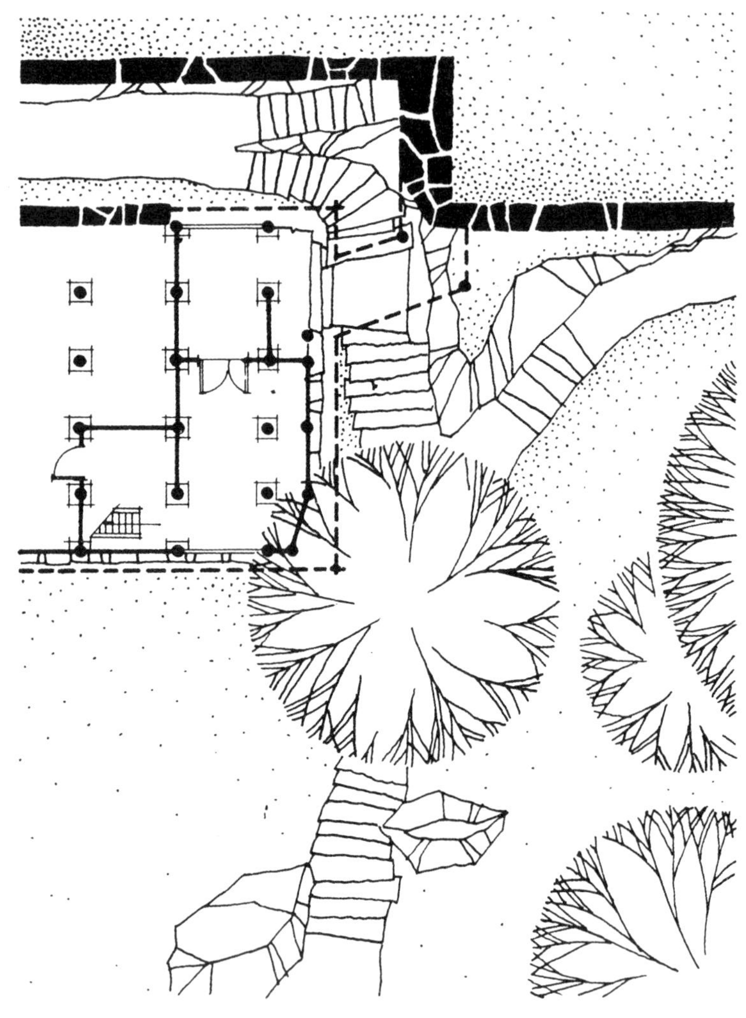

图313　金竹2号民居入口平面
图314　金竹2号民居二层平面

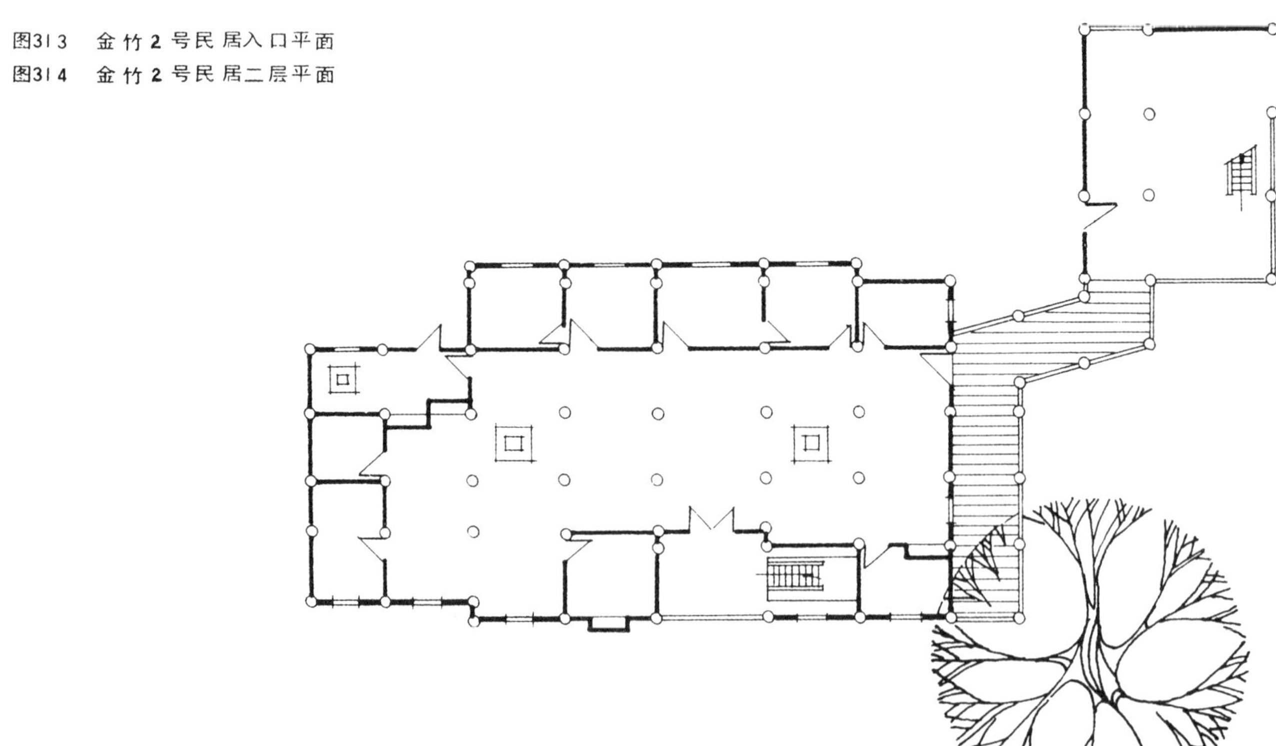

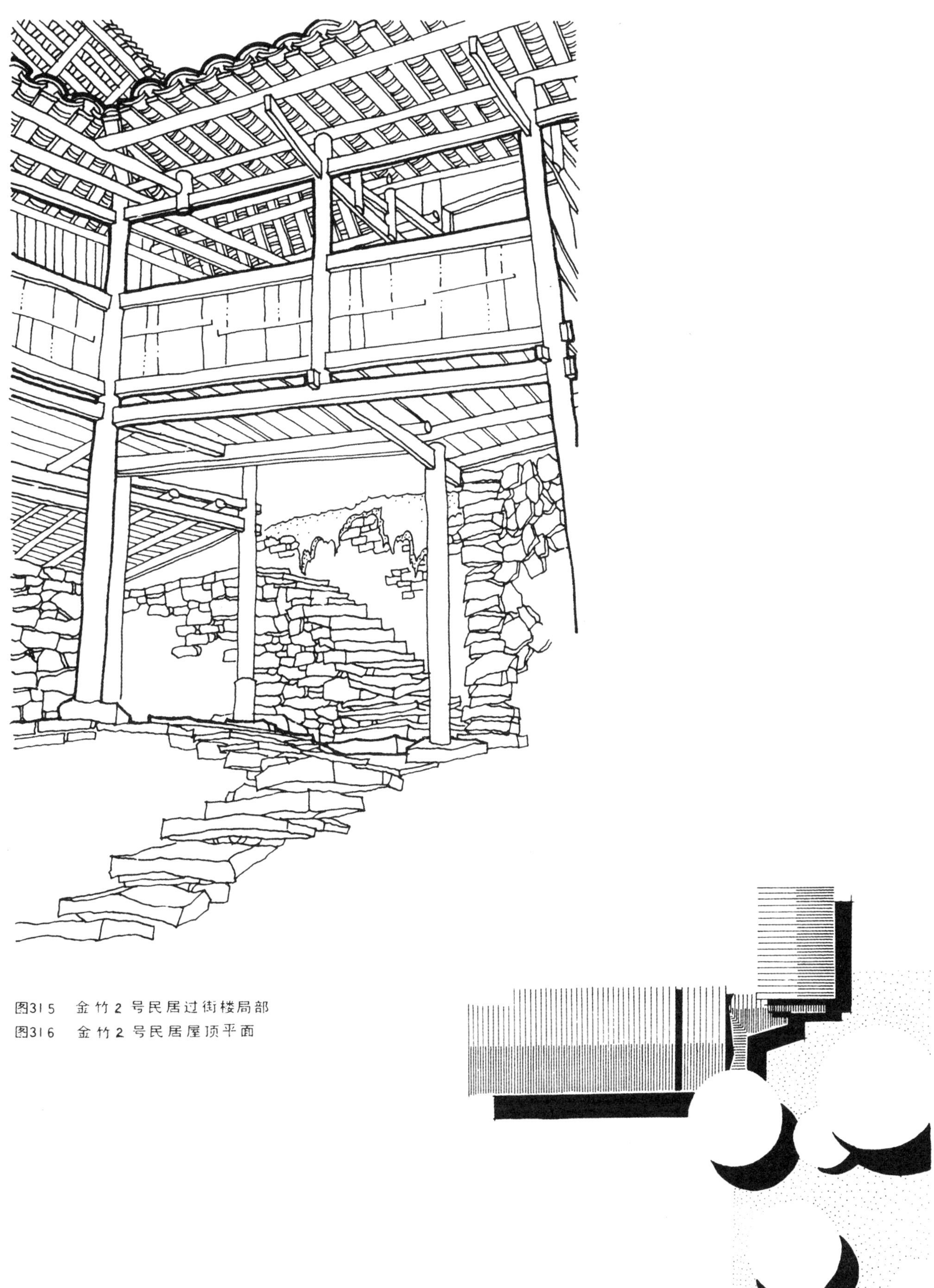

图315　金竹2号民居过街楼局部
图316　金竹2号民居屋顶平面

图317　金竹2号民居过街楼透视

图 1 龙胜龙脊寨外景一

图 2 龙胜龙脊寨外景二

图 3　龙脊新寨远眺

图4　龙脊新寨
图5　平安寨

图 6　冠洞寨鼓楼

图 7　八斗寨鼓楼

图 8　八协寨鼓楼

图 9　龙胜金竹寨

图10　三江盘贵寨

图11　三江马安寨

图12　民居构架之一
图13　民居构架之二

图14　巴团风雨桥
图15　普济风雨桥

图16　马胖岩寨鼓楼

图17　马安寨鼓楼结构构架

图18　马胖鼓楼与戏台

图19　马胖鼓楼牛皮鼓

图20　侗族姑娘织布场景

图21　平铺寨某宅外观

图22　金江廖宅外观

图23　平铺寨民居组团水空间

图24　程阳桥远眺

图25　龙脊新寨过街楼

图26　皇朝寨座落在葱绿的山丘之中

图27　三江和里村三王宫 1535 年建纪念夜郎侯

图28　三江和里村三王宫入口架空戏楼

图29 本书作者李长杰（左 2）在三江调查民居

图30 三江高定寨民居群

图31　三江程阳八寨俯视

图32　龙胜金竹壮寨民居底层架空过道

后　记

桂北民间建筑是我国传统建筑艺术中的一颗鲜为人知的瑰宝。将这些风格独特、造型优美的民间建筑收集整理成册，奉献给我国的建筑事业，是我们多年的愿望。

经过较长的筹备，于1987年开始了正式的调研工作。工作组深入桂北各村寨，对有着浓郁民族特色、造型千姿百态的风雨桥、鼓楼等村寨公共建筑，以及与环境浑然一体、朴素美观的民居建筑进行了细致的调研。对其平面、立面、空间、结构等测绘了大量实例资料，并测绘了典型村寨的地形图，借助此图在现场对村寨选址、道路布局、村寨空间等进行分析研究，总结其内在联系。我们在调研测绘过程中，都居住在山寨木楼里，与桂北各族群众有较多的接触。并了解和掌握了大量丰富、翔实的人文资料，包括壮、侗、瑶、苗等各少数民族的历史文化、民族风俗、生活习惯以及“向地”、“择日”等传统风水方法。在大量的第一手资料基础上，进行科学归类，对其外部造型、平面组合、空间构成、结构构造以及内在本质因素等进行了深入分析和探索，与汉式建筑中的相似类型横向比较，使分析研究具有广泛的实际意义。在这一高度上进行编制和写作，经数次反复修改与不断重返实地核对、补充资料，然后精心绘制整理，共用三年时间，在刚刚跨入九十年代之际，完成了《桂北民间建筑》一书。

本书在筹备和编写过程中，得到了建设部叶如棠副部长等领导同志的关心和指导，也得到有关同行的支持与指正。已故著名国画大师李可染先生生前抱病为本书题写了书名，且为绝笔。我们谨向李可染大师表示深切的怀念。在调研过程中，我们还得到了桂北各县领导机关、有关部门及各族群众的大力支持和协助。在此，对上述给予我们的关心、指导、支持和协助一并致谢。

本书由桂林市规划设计院李长杰院长任主编，全湘副院长和鲁愚力同志任副主编，编委由李长杰、全湘、鲁愚力、刘亮、卿小华、祝长生等同志组成。

参加本书绘图工作的还有欧阳桦、陆楚石、张克俭、马骏等同志。参加本书地形测绘工作的有王延清、黄瑞林、黄时高等同志。吴可钦、马骏等同志也参加了部分现场调查工作。

本书的照片由祝长生、李细秋、刘亮、卿小华等同志拍摄。

由于我们经验不足、水平有限、时间紧促，书中难免存在缺点，恳请同行们指正。

编 者

一九九〇年二月

再版后记

《桂北民间建筑》一书由中国建筑工业出版社于1990年5月出版。全书89.6万字，刊图共1105幅，均为钢笔画，是一本“建筑艺术”民居专著。书尾所附的照片，更加真实地再现了这些奇特的建筑的存在。

桂北龙胜、三江一带，到处都是“民族村寨”，单是三江一县就有400多个“民族村寨”，仅三江县独峒、八江、林溪三个民族乡，就有风雨桥112座，鼓楼186座。全是木结构建筑，保存均好，全部都有村民居住使用，是一个鲜活的“民族村寨”居住环境。

本书真实地再现了桂北民间建筑的特色与原有风貌，具有较高的学术研究价值。

1990年5月，我曾带着一批刚出版的书去龙胜、三江两县送给县委、县政府、县人大、县政协、县文物局、县文化馆、县建委等领导和部门。当时他们很惊呀，纷纷表示万万没有想到这些偏远山沟里的破旧木头房子，还有如此价值。他们很早就想把这些破旧木头房子改造成砖砌的平顶房了，看到这本书后，给了他们鼓舞和力量，也使居住在这些民族村寨的村民和工作在这里的人由“自卑感”变成了“自豪感”，增强了保护民居的意识。

《桂北民间建筑》问世后，在全国的影响较大，1990年底我们将其写成了“桂北民间建筑”专题片的电视脚本，1991年与广西电视台联合拍摄了时长50分钟的“桂北民间建筑”专题片（上、下集），1992年在中央电视台和有关省台连续播出。该专题片获得1992年全国第四届少数民族题材电视艺术“骏马奖”、全国优秀电视专题片三等奖、广西优秀电视专题片一等奖、“中国华厦一奇”1993年全国一等奖。

桂林是国际旅游胜地，为了使国内外游人能就近看到“桂北民间建筑”的“英姿”，在桂林叠彩山对面的漓江边按照壮、侗、苗、瑶四个民族的典型民居和村寨中典型的风雨桥、鼓楼、戏台、寨门、鼓楼广场、图腾柱等，以“修旧如旧”的原则，完全按照“桂北民居”和“村寨”“原样复建”了一处名为“桂林民俗风情园”的《桂北民间建筑》一书的实地“样板房”，作为桂林重要的旅游景点。该园1991年建设，1992年竣工。1992年11月8日“中国电影百花奖、桂林山水电影节”在“桂林民俗风情园”内的鼓楼广场上举行。中央电视台播放后，“桂林民俗风情园”名气大振，成为桂林一个颇受欢迎的“民居旅游点”。

《桂北民间建筑》一书在国际上也产生了一定影响。在法兰克福书展上，欧洲同行对此书很感兴趣，他们多次邀请我赴欧讲学。1994年9月至1995年2月我应邀到德国慕尼黑大学、瑞士比尔大学、德国卡塞尔市米歇尔建筑设计事务所、汉诺威斯图特建筑师事务所、法兰克福斯特隆克建筑师事务所等单位，以《桂北民间建筑》一书为蓝本，作《中国传统民居与文化》讲学，弘扬与传播中国传统民族建筑文化。期间的1994年10月3日慕尼黑大学建筑学院沃尔夫教授邀请了十多位教授参加的座谈会，我带去的《桂北民间建筑》的书放了几本在桌上，他们一边座谈一边看书。1小时后，有位教授激动的多次说："我醉了！"、"我醉了"！沃尔夫教授说你并未喝酒，何醉之有？那位教授说："我不是酒醉了，而是看了这本书醉了，非常精彩的民居和村寨公共建筑，地域特色很强。一直看到书后所附的照片，才相信现在确实还有如此美妙的民居、风雨桥、鼓楼等奇特建筑。"他又说："希望这些难得的'稀世建筑'，要好好保护，不要损坏了。他们还希望用德文出版《桂北民间建筑》。另一次令我印象深刻的是1994年10月17日，在瑞士比尔大学讲"村寨风雨桥与鼓楼"的情景，课前，该校图特教授与我说："今天安排在大型阶梯教室听你讲课，听课人除教授和大学生外，我们还邀请了许多'同行社会名流'听课，他们走遍全世界，见多识广，眼光很高，喜欢挑剌，态度傲慢，你要准时下课，如超过5分钟不下课，他们就会自动离开讲堂"。 果然在讲座中他们提的问题很多，甚至还有人来到讲台上，在黑板上画图，问我应该怎么解决？我都一一解答。讲座已经超时5分钟了，但还没有一个人离开课堂，直至超过半小时才讲完全部内容，此时仍然没见一人离开讲堂，气氛和谐热烈。这是《桂北民间建筑》一书的精彩内容把他们吸引住了，忘了离开课堂。他们被中国民族建筑文化征服了，表现出了对中国人尊重和礼貌，主动与我们合影，与我们握手依依惜别，并一再表示要到中国去。最后，图特教授对我说："我刚才捏着一把汗，很怕听课人自动走掉。你的《中国传统民居与文化》的讲学，创造了奇迹，创造了我校超时最多而无一人自动离开的记录。"足见中国传统建筑文化的巨大魅力。

李长杰

2016年初于桂林

桂北民间建筑桂北民间建筑桂北民间建筑桂北民间建筑桂北民间建筑桂北民间建筑桂北民间建筑桂北民

筑桂北民间建筑桂北民间建筑桂北民间建筑桂北民间建筑桂北民间建筑桂北民间建筑桂北民间建筑桂北民

桂北民间建筑桂北民间建筑桂北民间建筑桂北民间建筑桂北民间建筑桂北民间建筑桂北民间建筑桂北民间